ここまでわかる！
廃棄物処理法 問題集 改訂第2版

長岡文明
廃棄物処理法研究会 編著

一般社団法人 産業環境管理協会
Japan Environmental Management Association for Industry

はじめに

　「廃棄物処理法は非常にわかりにくい法律だ」との言葉をしばしば耳にする。

　たしかに，条文の枝番が多く，改正も頻繁に行われたために非常に読みにくいといえる。また，日常生活や事業活動に密着している事項を定めているにもかかわらず，現実的に規定を遵守することが困難な条文もある。

　一方，廃棄物処理法には消防法の危険物取扱者や水質汚濁防止法や大気汚染防止法の公害防止管理者といった国家試験による国家資格というものがないため，自らの知識のレベルを客観的に確認する手段がない。一通りわかったつもりで運用していたはずがいつの間にか法令違反になってしまうこともあり，公正な知識のモノサシが強く求められているといえる。

　そこで排出事業者や処理業許可業者の方々に向けて，最新の改正情報をもとに「廃棄物処理法問題集」としてまとめたのが本書である。問題集形式にしたことにより，現場で湧き上がるちょっとした疑問や迷いに答えるとともに，読者は自らの廃棄物処理法に関する知識がどの程度のレベルにあるのかを確認でき，法律の筋を読めるようになる。社内教育の必要性を実感されている企業には，とくにこの問題集を活用していただければと思う。

　廃棄物処理法の運用はとても難しく，同じ条文を根拠にする行為であっても，周りの状況が違っていたりすると，その後の運用や結論が違うものになったりもする。そもそも廃棄物かどうかといった根源的な要因さえ「総合的に判断」されなければならないとされているのだから，ある程度は宿命と思って諦めていただくしかない範囲もあることをご理解いただきたい。

　本書では，第Ⅰ部で法令通りの規程である問題を，第Ⅱ部で環境省からの通知等に根拠をおく問題を掲載している。とくに第Ⅱ部では，通常は「そのように取り扱われている」が，今後裁判等になった場合には異なった判断もあり得るといった問題であるため，実際に行動に起こすときは行政窓口で確認することをお願いしたい。

　なお，この問題集は公益財団法人日本産業廃棄物処理振興センター及び一般財団法人日本環境衛生センター，その他種々の団体が主催する講習会，研修会等の修了試験とはまったく関わりのないことをご承知おきいただきたい。

　初版を 2012 年に刊行してから、今回の改訂第 2 版（2020 年版）までも廃棄物処理

法は度々改正され改訂版や追補版を刊行してきた。この度、これらを改めて見直し、一段と取り組みやすい形に仕上がった。ぜひ一度挑戦し、廃棄物処理法の知識を確認いただければ幸甚である。

2020 年 11 月吉日

著者代表　長岡文明

廃棄物処理法研究会メンバー

長岡文明　　　BUN 環境課題研修事務所主宰・
　　　　　　　環境省環境調査研修所産廃アカデミー講師
是永　剛　　　長野県諏訪地域振興局環境課長・
　　　　　　　環境省環境調査研修所産廃アカデミー講師
田村輝彦　　　岩手県環境保健研究センター所長・
　　　　　　　環境省環境調査研修所産廃アカデミー講師

本書で用いる用語説明

(1) 本書で用いる法令等の省略形

省略形	法令名等	注
廃棄物処理法又は法	廃棄物の処理及び清掃に関する法律	通常は「法」と記載し、他法令との混同が懸念される場合は「廃棄物処理法」と記載する。
政令	廃棄物の処理及び清掃に関する法律施行令（政令）	通常は「政令」と記載し、他法令の政令との混同が懸念される場合は「廃棄物処理法政令」もしくは交付年月日号も記載する。
省令	廃棄物の処理及び清掃に関する法律施行規則（省令）	通常は「省令」と記載し、他法令の省令との混同が懸念される場合は、「廃棄物処理法省令」もしくは交付年月日号も記載する。
都道府県等	都道府県及び廃棄物処理法第24条の2で規定する廃棄物処理法政令で定める市	
都道府県知事等	都道府県知事及び廃棄物処理法第24条の2で規定する廃棄物処理法政令で定める市長	
マニフェスト又は管理票	産業廃棄物管理票	
PCB	ポリ塩化ビフェニル	
大防法	大気汚染防止法	
容器包装リサイクル法	容器包装に係る分別収集及び再商品化の促進等に関する法律	
家電リサイクル法	特定家庭用機器再商品化法	
建設リサイクル法	建設工事に係る資材の再資源化等に関する法律	
食品リサイクル法	食品循環資源の再生利用等の促進に関する法律	
自動車リサイクル法	使用済自動車の再資源化等に関する法律	
最終処分場基準省令	一般廃棄物の最終処分場及び産業廃棄物の最終処分場に係る技術上の基準を定める省令　昭和52年3月14日総理府・厚生省令第1号、最終改正：平成18年11月10日環境省令第33号	

管理票通知	平成 13 年 3 月 23 日付環廃産第 116 号「産業廃棄物管理票制度の運用について」環境省産業廃棄物課長通知	
電子マニフェスト	事業活動に伴い産業廃棄物を生ずる事業者が，産業廃棄物の運搬又は処分を他人に委託する場合において，運搬受託者及び処分受託者から電子情報処理組織を使用し，情報処理センターを経由して当該産業廃棄物の運搬又は処分が終了した旨を報告することを求め，電子情報処理組織を使用して，当該委託に係る産業廃棄物の種類及び数量，運搬又は処分を受託した者の氏名又は名称その他環境省令で定める事項を情報処理センターに登録する方法のこと。	

⑵　一般廃棄物，産業廃棄物，特別管理一般廃棄物，特別管理産業廃棄物

　廃棄物は一般廃棄物と産業廃棄物に分類され，さらにそれぞれに特別管理一般廃棄物と特別管理産業廃棄物がある。図で表せば次のようになる。

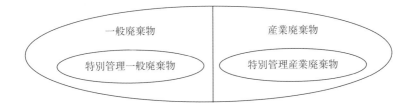

　すなわち，特別管理一般廃棄物は一般廃棄物に含まれ，その一部であるのだが，通常単に「一般廃棄物」といったときには「特別管理一般廃棄物を除く一般廃棄物」の概念で述べられていることも多い。

　これを明確に表すために，「特別管理一般廃棄物を除く一般廃棄物」を「普通の一般廃棄物」と表現している場合も多い。

　本書では単に「一般廃棄物」と使用した場合は，上の概念図のとおり「特別管理一般廃棄物も含んだ一般廃棄物全体」を表現している。

　特に区別が必要な場合は「特別管理一般廃棄物を除く一般廃棄物」や「普通の一般廃棄物」と表現している。

　なお，産業廃棄物についても同様である。

(3) 小型焼却炉

廃棄物処理法に基づく設置許可を要しない小規模な廃棄物焼却炉。

許可対象の焼却炉は「処理能力 200kg/h 以上」または「火格子面積 2.0m² 以上のもの」であるが，廃プラスチック類を焼却するときは「処理能力 100kg/ 日以上」である。本書で「小型焼却炉」と記載したものは，これらに該当しない焼却炉という趣旨である。

廃棄物を焼却する施設についての規制は，大気汚染防止法，ダイオキシン類対策特別措置法，廃棄物処理法に基づいている。この問題集では廃棄物処理法の小型廃棄物焼却炉を特記がない限り「小型焼却炉」としている。

法	法律等における施設名		規模
大気汚染防止法	廃棄物焼却炉		処理能力 200kg/h 以上又は火格子面積 2m² 以上
ダイオキシン類対策特別措置法	廃棄物焼却炉		処理能力 50kg/h 以上又は火床面積 0.5m² 以上
廃棄物処理法	産業廃棄物処理施設（法 15 条）		
		汚泥の焼却施設	処理能力が 5m³/ 日超又は 200kg/h 以上又は火格子面積 2m² 以上
		廃油の焼却施設	1m³/ 日超又は 200kg/h 以上又は火格子面積 2m² 以上
		廃プラスチック類の焼却施設	100kg/ 日超又は火格子面積 2m² 以上
		PCB の焼却施設	すべて
		産業廃棄物の焼却施設	200kg/h 以上又は火格子面積 2m² 以上
	焼却設備（政令第 3 条）		すべて
	小型廃棄物焼却炉 平成 16 年 10 月 27 日 環廃対発 041027004 号・環廃産発 041027003 号		（法第 15 条でないもの）

目次 | Contents

はじめに　i
廃棄物処理法研究会メンバー　iii
本書で用いる用語説明　iv
難易度について　x

第 I 部　廃棄物処理法根拠編

第 1 章　廃棄物の定義 ………………………………………………… 003

廃棄物の定義　**004**
一般廃棄物と産業廃棄物の区分　**008**
特別管理廃棄物の区分　**030**
特別管理廃棄物（水銀廃棄物）　**054**
有害使用済機器の保管等　**070**

第 2 章　産業廃棄物の処理 …………………………………………… 079

保管基準　**080**
収集運搬基準　**099**
積替保管　**106**
安定型最終処分場　**107**
管理型産業廃棄物　**115**
焼却施設　**126**
委託契約　**130**
マニフェスト　**166**
処理困難通知　**194**
事業者の処理　**198**
2 以上の事業者による産業廃棄物の処理に係る特例　**236**

第 3 章　産業廃棄物処理業 …………………………………………… 243

産業廃棄物処理業　**244**
産業廃棄物収集運搬業　**269**
産業廃棄物処分業　**279**
優良認定業者　**287**

第 4 章　産業廃棄物処理施設 ………………………………………… 291

処理施設　**292**

第5章	行政処分，報告徴収	········· 333

欠格要件　**334**
行政処分　**359**
報告徴収　**386**

第6章	一般廃棄物の処理	········· 393

一般廃棄物処理基準　**394**
一般廃棄物委託基準　**402**
一般廃棄物処理業　**409**
一般廃棄物処理施設　**425**
災害廃棄物　**441**

第7章	総則，雑則，罰則	········· 443

総則　**444**
輸入廃棄物　**459**
土地の形質変更　**461**
不法投棄　**466**
その他　**475**

第Ⅱ部　運用，通知，他法令根拠編

第8章	運用，通知，他法令根拠	········· 497

総合判断説　**498**
建設廃棄物　**500**
廃棄物の種類　**505**
排出者　**509**
マニフェスト運用　**516**
再生利用　**524**
規制緩和通知　**532**
行政処分指針　**538**
野外焼却　**552**
その他の法令，通知書運用　**556**

□**巻末資料　565**
　①特別管理一般廃棄物・特別管理産業廃棄物の一覧
　②大気汚染防止法の対象となるばい煙発生施設
　③特別管理産業廃棄物の判定基準（廃棄物処理法施行規則第 1 条の 2）
　④廃棄物処理法第 15 条第 1 項の政令で定める産業廃棄物の処理施設（許可が必要な
　　施設）
　⑤認定・指定制度比較表
　⑥罰則一覧

□**索引　579**

難易度について

基 本	容易，知っておくべき基本事項
難 解	難解
超 難	特に難解，だが，実際の運用において重要というわけではない。マニアック，トリビア的な事項も多い。

　難易度は編集委員会にて判定したランクである。一つの目安として活用していただきたい。

第Ⅰ部

廃棄物処理法根拠編

第1章

廃棄物の定義

廃棄物処理法で規定する「廃棄物」について，次の空欄 a 〜 c に入る言葉の組み合わせとして適当なものは(1)〜(5)のどれか。

「廃棄物」とは，ごみ，粗大ごみ，燃え殻，汚泥，ふん尿，廃油，廃酸，廃アルカリ，動物の死体その他の（ a ）であって，（ b ）又は液状のもの（（ c ）及びこれによって汚染された物を除く）をいう。

	a	b	c
(1)	廃品	泥状	毒物・劇物
(2)	汚物又は不要物	泥状	放射性物質
(3)	汚物又は不要物	固形状	毒物・劇物
(4)	廃品	泥状	放射性物質
(5)	汚物又は不要物	固形状	放射性物質

■ 解 説 ■

法第2条第1項の規定により気体状のもの及び放射性廃棄物は不要であっても廃棄物処理法で定義する「廃棄物」から除かれている。また，次のものも施行時の通知により廃棄物処理法の対象となる廃棄物でないとして取り扱われている。

・港湾，河川等のしゅんせつに伴って生ずる土砂その他これに類するもの
・漁業活動に伴って漁網にかかった水産動植物等であって，当該漁業活動を行った現場附近において排出したもの
・土砂及び専ら土地造成の目的となる土砂に準ずるもの

正解　(5)

【法令】法2(1)

I-002　　第 2 条　廃棄物の定義　　

産業廃棄物の定義に関する記述中，下線を付した箇所のうち，誤っている ものはどれか。

産業廃棄物とは事業活動に伴って生じた廃棄物のうち，(1)燃え殻，(2)汚泥，(3)土砂，(4)廃油，(5)廃酸，廃アルカリ，廃プラスチック類その他政令で定める廃棄物をいう。

▌ 解 説 ▌

産業廃棄物は次のように定義されている。

（定義）

第 2 条（中略）

4　この法律において「産業廃棄物」とは，次に掲げる廃棄物をいう。

　一　事業活動に伴つて生じた廃棄物のうち，燃え殻，汚泥，廃油，廃酸，廃アルカリ，廃プラスチック類その他政令で定める廃棄物

　二　輸入された廃棄物（前号に掲げる廃棄物，船舶及び航空機の航行に伴い生ずる廃棄物（政令で定めるものに限る。第 15 条の 4 の 5 第 1 項において「航行廃棄物」という。）並びに本邦に入国する者が携帯する廃棄物（政令で定めるものに限る。同項において「携帯廃棄物」という。）を除く。）

したがって，(3)の「土砂」が誤り。

また，「輸入された廃棄物」は事業活動の有無を問わず「産業廃棄物」となる。

なお，第 2 条第 4 項第 1 号の「その他政令で定める廃棄物」とは，表 1「産業廃棄物の種類と具体例」に示す 20 種類である。これらは事業活動に伴って生じた廃棄物が該当し，事業活動を伴わずに生じた廃棄物は「産業廃棄物」には該当しない。

廃棄物処理法では「産業廃棄物」を具体的に定め，それ以外の廃棄物を「一般廃棄物」と定義している。

正解　(3)

【法令】法 2(4)，政令 2

表1　産業廃棄物の種類と具体例

区分	種　類	具　体　例
あらゆる事業活動に伴うもの	(1)燃え殻	石炭殻，焼却炉の残灰，炉清掃排出物，その他の焼却残さ
	(2)汚　泥	排水処理後及び各種製造業生産工程で排出された泥状のもの，活性汚泥法による余剰汚泥，ビルピット汚泥，カーバイトかす，ベントナイト汚泥，洗車場汚泥，建設汚泥等
	(3)廃　油	鉱物性油，動植物性油，潤滑油，絶縁油，洗浄油，切削油，溶剤，タールピッチ等
	(4)廃　酸	写真定着廃液，廃硫酸，廃塩酸，各種の有機廃酸類等，すべての酸性廃液
	(5)廃アルカリ	写真現像廃液，廃ソーダ液，金属せっけん廃液等，すべてのアルカリ性廃液
	(6)廃プラスチック類	合成樹脂くず，合成繊維くず，合成ゴムくず（廃タイヤを含む）等，固形状・液状のすべての合成高分子系化合物
	(7)ゴムくず	生ゴム，天然ゴムくず
	(8)金属くず	鉄鋼，非鉄金属の破片，研磨くず，切削くず等
	(9)ガラスくず，コンクリートくず及び陶磁器くず	ガラス類（板ガラス等），製品の製造過程等で生ずるコンクリートくず，インターロッキングブロックくず，レンガくず，廃石膏ボード，セメントくず，モルタルくず，陶磁器くず等
	(10)鉱さい	鋳物廃砂，電気炉等溶解炉かす，ボタ，不良石炭，粉炭かす等
	(11)がれき類	工作物の新築，改築又は除去により生じたコンクリート破片，アスファルト破片その他これらに類する不要物
特定の事業活動に伴うもの	(12)ばいじん	大気汚染防止法に定めるばい煙発生施設，DXN対策特別措置法に定める特定施設又は産業廃棄物焼却施設において発生するばいじんであって集じん施設によって集められたもの
	(13)紙くず	建設業に係るもの（工作物の新築，改築又は除去により生じたもの），パルプ製造業，製紙業，紙加工品製造業，新聞業，出版業，製本業，印刷物加工業から生ずる紙くず
	(14)木くず	建設業に係るもの（範囲は紙くずと同じ），木材又は木製品製造業（家具製品製造業），パルプ製造業，輸入木材の卸売業及び物品賃貸業から生ずる木材片，おがくず，バーク類等 貨物の流通のために使用したパレット等
	(15)繊維くず	建設業に係るもの（範囲は紙くずと同じ），衣服その他繊維製品製造業以外の繊維工業から生ずる木綿くず，羊毛くず等の天然繊維くず
	(16)動植物性残さ	食料品，医薬品，香料製造業から生ずるあめかす，のりかす，醸造かす，発酵かす，魚及び獣のあら等の固形状の不要物
	(17)動物系固形不要物	と畜場において処分した獣畜，食鳥処理場において処理した食鳥
	(18)動物のふん尿	畜産農業から排出される牛，馬，豚，めん羊，にわとり等のふん尿
	(19)動物の死体	畜産農業から排出される牛，馬，豚，めん羊，にわとり等の死体
(20)以上の産業廃棄物を処分するために処理したもので，上記の産業廃棄物に該当しな　　いもの（例えばコンクリート固型化物）		

（出典：平成21年度産業廃棄物又は特別管理産業廃棄物処理業の許可申請に関する講習会テキスト／
　　　　財団法人日本産業廃棄物処理振興センター）一部加筆

I-003　第2条　廃棄物の定義

次のうち，誤っているものはどれか。

なお，いずれも有価物としての価値はない物体であるものとする。

(1) リンゴの缶詰製造工場から排出される，原料リンゴの皮は産業廃棄物である。

(2) 香料製造工場から排出される，原料のカボスの絞りかすは産業廃棄物である。

(3) 旅館業の厨房から排出される魚の骨は産業廃棄物である。

(4) 印刷工場から排出されるプラスチックは産業廃棄物である。

(5) 電化製品製造工場から排出されるガラスくずは産業廃棄物である。

解　説

　廃棄物は一般廃棄物と産業廃棄物に分類され，産業廃棄物は20の種類に分類されている。

　一般廃棄物は法律上の定義としては「産業廃棄物以外の廃棄物」としていることから，廃棄物であって，産業廃棄物でないものは一般廃棄物となる。

　産業廃棄物20種類には，排出する業種にかかわらず，事業活動を伴って排出されれば産業廃棄物になる11種類と，特定の業種（排出形態）から出た場合だけ産業廃棄物となる9種類がある。

　「リンゴの皮」や「カボスの絞りかす」「魚の骨」は，性状からはいずれも「動植物性残さ」に分類される。

　その上で，排出する業種をチェックすると，(1)のリンゴの缶詰製造工場は食料品製造業，(2)は香料製造業であり，この業種は「動植物性残さ」が産業廃棄物になる業種（通称「指定業種」）であることから，産業廃棄物である。

　しかし，旅館業は宿泊業であり，動植物性残さが産業廃棄物となる業種ではない。このため，いくら事業活動を伴って排出されていても，この「魚の骨」は産業廃棄物とならず，従って一般廃棄物である。

　(4)の廃プラスチック類，(5)のガラスくずは，業種に関係なく事業活動を伴って排出されれば産業廃棄物となる廃棄物であるので，産業廃棄物である。

正解　(3)

　第2条　一般廃棄物と産業廃棄物の区分　

次のうち，産業廃棄物はどれか。

(1)　綿織物工場から排出される不要となった綿布切れ
(2)　繊維製品製造工場から排出される不要となった麻の布切れ
(3)　家屋において畳の入れ替え時に発生した廃天然畳
(4)　廃梱包用資材（パレットに固定するための麻製のロープ）
(5)　廃オフィスペーパー

■ 解 説 ■

(1)　繊維くずの指定業種であることから，産業廃棄物である。
(2)　繊維製品製造業は，繊維くずが産業廃棄物となる業種（指定業種）から除外されている。そのため，衣服を製造，縫製しているところから出る繊維くずは一般廃棄物である。

【政令第2条第1項第3号】（参考）

　　繊維くず（建設業に係るもの（工作物の新築，改築又は除去に伴つて生じたものに限る），繊維工業（衣服その他の繊維製品製造業を除く）に係るもの及びポリ塩化ビフェニル（PCB）が染み込んだものに限る）

(3)　天然畳の畳表は編まれていることから繊維くずになるが，繊維くずが産業廃棄物になるのは建設業の新築，改築，解体工事から排出されるとき等に限定されている。「畳の入れ替え」はこれにあたらないので，一般廃棄物となる。
(4)　木製パレットそのものは産業廃棄物になるが，「固定するための麻製のロープ」はこれにあたらないことから一般廃棄物である。
(5)　紙くずの指定業種は紙製造業等に限定されていることからオフィスから排出される紙くずは一般廃棄物である。

　　なお，業種分類については日本標準産業分類（平成25年10月改定）にて確認のこと。

正解　(1)

【法令】政令2(1)(三)
【参照】I-003

I-005　第2条　一般廃棄物と産業廃棄物の区分　基本

次のうち，産業廃棄物でないものはどれか。なお，すべて不要な物である。

(1)　旅館業の汚水処理施設から排出される汚泥

(2)　建築物の解体作業から排出されるコンクリート片

(3)　レストランから出る厨芥類

(4)　畜産農業から排出される家畜のふん尿

(5)　市役所，町村役場から排出される廃プラスチック

■ 解 説 ■

　産業廃棄物にはその排出事業所の業種が限定されるものがある。この業種を法定用語ではないが「指定業種」と呼称している。事業活動を伴って排出される廃棄物であっても，この指定業種が限定されている種類の廃棄物は産業廃棄物ではなく，一般廃棄物となり，（これも法定用語ではないが）事業系一般廃棄物と呼称している。

　(1)汚泥，(5)廃プラスチック類は指定業種はなく事業活動を伴って排出されれば産業廃棄物となる。

　(2)(4)は指定業種から排出されているので産業廃棄物である。

　(3)の「厨芥類」は動植物残さとなるが，この指定業種は食料品製造業等であり，飲食店は指定業種ではない。よって，一般廃棄物となる。

正解　(3)

【参照】 I-003

次のうち，産業廃棄物にあたるのはどれか。なお，すべて不要物である。

(1) 金属加工製造業者が製品倉庫を自ら解体して排出された木くず

(2) 畜産農家が自ら排出した紙製の肥料袋

(3) 機械器具製造業者が原材料倉庫を自ら解体して排出されたコンクリートの破片

(4) 精密機械製造業者が交換した応接室の古い天然繊維じゅうたん

(5) 産業廃棄物処理業者の飼っていた番犬の死体

【 解 説 】

　産業廃棄物は，法第2条第4項で定義されるものである。このうち木くずは政令第2条第2号で建設業に係る工作物の新築，改築又は除去に伴って排出されたものや，木材又は木製品の製造業などから排出されたものが産業廃棄物に該当する。また，紙くずは政令第2条1号で建設業やパルプ，紙製造業など，天然繊維じゅうたんの繊維くずも政令第2条第3号で建設業や繊維工業から排出されるものが産業廃棄物に該当する。さらに動物の死体は畜産農業から排出されたもののみが産業廃棄物に該当し，それ以外のものは一般廃棄物となる。

　一方，政令第2条第9号の工作物の新築，改築又は除去に伴って生じたコンクリートの破片その他これに類する不要物（いわゆるがれき類）は業種指定がないので，工作物の新築，改築又は除去が事業活動の一環であれば産業廃棄物に該当する。

正解 (3)

【法令】法2(4)，政令2(二)，政令2(一)，政令2(三)，政令2(九)
【参照】I-010

I-007　第2条　一般廃棄物と産業廃棄物の区分　

　次のうち，道路の改修工事により排出される廃棄物について誤っているものはどれか。

(1)　アスファルト・コンクリートは，産業廃棄物の定義にないので，一般廃棄物である。

(2)　工作物の除去に伴って排出されるレンガ破片は，産業廃棄物のがれき類に該当する。

(3)　下層にある再生路盤材を除去したものは，産業廃棄物のがれき類に該当する。

(4)　金属製のガードレールは，産業廃棄物の金属くずに該当する。

(5)　コンクリート製の側溝は，産業廃棄物のがれき類に該当する。

【解説】

　道路の改修工事は建設業に伴う事業活動であり，主な廃棄物の種類や処理の方法は「建設工事から生ずる廃棄物の適正処理について（通知）」（平成23年3月30日環廃産第110329004号環境省通知）に例示されている。このうちがれき類については，工作物の新築，改築又は除去に伴って排出されるコンクリートの破片，その他これに類する不要物として，①コンクリート破片，②アスファルト・コンクリート破片，③レンガ破片が例示されている。

正解　(1)

【法令】平成23年3月30日環廃産第110329004号環境省通知
【参照】I-003

I-008　　第2条　一般廃棄物と産業廃棄物の区分　　

次のうち，誤っているものはどれか。

(1) 建築業者が一般住宅の新築工事の際に排出する柱の木片の木くずは産業廃棄物である。

(2) 建築業者が一般住宅の新築工事の際に排出する塩ビ管のくずは産業廃棄物である。

(3) 日曜大工で個人が排出するコンクリート破片は産業廃棄物である。

(4) 日曜大工で個人が排出する壁紙の紙くずは一般廃棄物である。

(5) 日曜大工で個人が排出する端材の木くずは一般廃棄物である。

【 解 説 】

　一般住宅の新築工事は建築業者が行う建設業に伴う事業活動であるが，個人が行う日曜大工の場合は事業活動ではなく，当該日曜大工から排出した廃棄物はすべて一般廃棄物に該当する。

正解　(3)

【参照】 I-003

I-009　第2条　一般廃棄物と産業廃棄物の区分　

次のうち，誤っているものはどれか。

(1)　改築工事を請け負った建築業者が当該工事により取り外し，不要となった金属製の風呂釜は産業廃棄物である。

(2)　改築工事を請け負った建築業者が当該工事により取り外し，不要となったアルミサッシは産業廃棄物である。

(3)　改築工事を請け負った建築業者が当該工事により取り外し，不要となったステンレスの流し台は産業廃棄物である。

(4)　住宅の増築に伴う土地造成工事を請け負った建築業者が当該工事により伐採した樹木は一般廃棄物である。

(5)　改築工事を請け負った建築業者が当該工事の仮設トイレから排出したし尿は一般廃棄物である。

■ 解 説 ■

　住宅などの改築や増築工事は建築業者の建設業に伴う事業活動であり，工作物の新築，改築又は除去に伴って排出される紙くず，木くず，繊維くずやがれき類などのほか，業種の指定がない廃プラスチック類やガラスくず，コンクリートくず，陶磁器くずなどが産業廃棄物に該当する。特に木くずについては，住宅の増築や林道の開設など工作物の設置に伴い除去する樹木も産業廃棄物の木くずに該当する。なお，工作物の新・改築，解体が伴わずに発生する剪定枝は一般廃棄物である。また，し尿については，法第2条第4項第1号及び政令第2条の産業廃棄物の定義に規定されておらず，一般廃棄物に該当する。

正解　(4)

【法令】法2(4)(一)，政令2
【参照】Ⅰ-003

次のうち，産業廃棄物に該当しないものはどれか。

(1) 肉用牛生産業から排出されるウシのふん尿

(2) 愛がん動物小売業から排出されるイヌやネコのふん尿

(3) 養豚業から排出されるブタのふん尿

(4) 養鶏業から排出されるニワトリのふん尿

(5) 養兎業から排出されるウサギのふん尿

■ 解 説 ■

　産業廃棄物である動物のふん尿は畜産農業に係るものに限られており，畜産農業とは，乳用牛，肉用牛，馬，鹿，豚，いのぶた，いのしし，めん羊，やぎ，にわとり，あひる，うずら，七面鳥，うさぎ，たぬき，きつね，ミンクなどの飼養，ふ卵，育すうを行うことで，種付け目的のものも含まれる。

　また，モルモット，マウス，ラット，カナリヤ，文鳥などを実験用又は愛がん用に供することを目的として飼育する場合及びいたち，きじなどを森林保護又は種族保護を目的として人工的に増殖，飼育する場合も含まれる。

　一方，競馬などに専ら使用する目的で飼養しているもの及び家畜仲買商が一時的に飼養しているものや店舗で愛がん用の鳥獣を飼養する場合は含まれない。

正解 (2)

【参照】 I-003

I-011 第2条 一般廃棄物と産業廃棄物の区分

次の廃棄物のうち，産業廃棄物に該当しないものはどれか。

(1) 酪農業者が飼養する乳牛のふん尿

(2) 養豚業者が飼養する豚のふん尿

(3) 養蚕農業者が飼育する蚕のふん

(4) 動物園の象のふん尿

(5) 愛がん用動物飼育業者が飼育する犬のふん尿

【 解 説 】

　産業廃棄物のうち家畜ふん尿については業種の指定があり，日本産業分類による小分類畜産農業に該当する事業の事業活動に伴って生ずる動物のふん尿である。ここでこの小分類には酪農業，養豚業，養蚕業，実験用や愛がん用動物飼育業が該当する。しかし，動物園は教育学習支援業に分類されるため，(4)は一般廃棄物となる。

正解 (4)

【参照】I-004

　　第２条　一般廃棄物と産業廃棄物の区分　　　　　

次のうち，産業廃棄物に該当するものはどれか。

(1)　一般家庭から排出されるペットの死体

(2)　動物病院から排出される動物の死体

(3)　動物園から排出される動物の死体

(4)　牧場から排出されるウシの死体

(5)　競馬のトレーニングセンターから排出されるウマの死体

解　説

　産業廃棄物である動物の死体は，畜産農業に係るものに限られており，畜産農業に該当するか否かについては，問Ⅰ-010の解説を参照されたい。

正解　(4)

【参照】Ⅰ-010

I-013　第2条　一般廃棄物と産業廃棄物の区分　基本

次のうち，産業廃棄物に該当しないものはどれか。

(1)　建設業に係る工作物の除去に伴って排出される紙くず

(2)　製本業の事業活動に伴って排出される紙くず

(3)　出版業のうち印刷出版を行うものの事業活動に伴って排出される紙くず

(4)　パルプ製造業の事業活動に伴って排出される紙くず

(5)　新聞小売業の事業活動に伴って排出される紙くず

■ 解 説 ■

　産業廃棄物となる紙くずは，次の業種に該当する事業の事業活動に伴って生ずる紙くずである。

　新聞小売業は，新聞業に該当しないので誤り。

①建設業（工作物の新築，改築又は除去に伴って生じたものに限る）

②パルプ・紙・紙加工品製造業

③新聞業のうち新聞巻取紙を使用して印刷発行を行うもの

④製本業，印刷物加工業

⑤出版業のうち印刷出版を行うもの

正解　(5)

【参照】 Ⅰ-004

次のうち，一般廃棄物はどれか。なお，すべて事業活動を伴って排出された不要なものである。

(1) 建設業に係るもので工作物の新築に伴って排出された木くず

(2) 家具の製造業から排出された木くず

(3) パルプ製造業から排出された木くず

(4) 貨物の流通のために使用した木製パレット

(5) 貨物の流通のために使用した木箱

【 解 説 】

木くずが産業廃棄物となるには，排出形態が限定されていて，その多くはいわゆる「指定業種」といわれる業種が政令により例示されているものである。

ただし，「指定業種」に該当していなくとも，ポリ塩化ビフェニル（PCB）が付着した木くずや有価物時代に「貨物の流通のために使用したパレット」であった木くずは，業種によらずに産業廃棄物となる。

「貨物の流通のために使用したパレット」は，廃棄物となった場合は産業廃棄物となるが，これは「パレット」と「パレットへの貨物の積付けのために使用したこん包用の木材」に限定されていることから，単なる木箱であった木くずは該当せず一般廃棄物となる。

正解 (5)

【参照】 I-003

I-015　第2条　一般廃棄物と産業廃棄物の区分　　基本

次のうち，誤っているものはどれか。

(1) 事務所から排出される不要となった金属やプラスチック製の事務用机は産業廃棄物である。

(2) 事務所から排出される不要となった木製の事務用机は一般廃棄物である。

(3) 事務所から排出される不要となったコンピュータやプリンターは産業廃棄物である。

(4) 事務所から排出される不要となったテレビは一般廃棄物である。

(5) 事務所から排出される不要となった書類は一般廃棄物である。

■ 解 説 ■

　事務所から排出される廃棄物の分類については，廃棄物処理法の産業廃棄物にあたるか否かで判断することになる。例えば，金属や廃プラスチック製の事務用机は業種指定がないので産業廃棄物に該当するし，木くずである事務用机や紙くずである書類は業種指定により，一般廃棄物に該当する。

　(3)のコンピュータやプリンターは，その素材から廃プラスチック類，金属くず，ガラス陶磁器くずの混合物と判断される。これらは指定業種は規定されていない。よって，事務所から排出される場合は産業廃棄物である。

　(4)のテレビも同様であり，産業廃棄物である。

　なお，通知の趣旨は異なるが「引越時に発生する廃棄物の取扱マニュアル」（平成15年2月10日環廃産第83号環境省通知）の表1には「事務所の引越廃棄物の種類と主な処理先」が掲げられており，参考になる。

正解　(4)

【法令】平成15年2月10日環廃産第83号環境省通知
【参照】 I-003

次のうち，誤っているものはどれか。
(1)　工事現場から発生する廃発泡スチロール梱包材は産業廃棄物の廃プラスチック類である。
(2)　工事現場から発生する不要になった足場パイプや鉄骨鉄筋くずは産業廃棄物の金属くずである。
(3)　工事現場から発生する工作物の新築に伴って排出される不要になった木製の型枠や内装工事等の残材は産業廃棄物の木くずである。
(4)　工事現場から発生するセメントミルクを注入し掘削孔から発生したセメントミルクと土砂の混合物は産業廃棄物の汚泥である。
(5)　工事現場事務所から発生する雑誌，新聞類の紙くずは産業廃棄物の紙くずである。

■ 解 説 ■

　建設工事から発生する廃棄物が産業廃棄物か一般廃棄物であるかは，それぞれの種類に業種指定のあるなしで判断する。この問題の紙くずは工事現場から排出されてはいるが，工作物の施工から直接排出されたものではないので，一般廃棄物に該当する。なお，建設廃棄物については「建設工事等から生ずる廃棄物の適正処理について」（平成 23 年 3 月 30 日環廃産第110329004 号環境省通知）に「建設廃棄物処理指針」が示されているので参考にされたい。

正解　(5)

【法令】平成 23 年 3 月 30 日環廃産第 110329004 号環境省通知

I-017 第2条 一般廃棄物と産業廃棄物の区分 〔難 解〕

次のa～eの業種の事業活動に伴って生ずる「木くず」のうち，産業廃棄物に該当するものの組み合わせとして，正しいものはどれか。ただし，産業廃棄物に該当するものは「○」と表す。

a 建設業（工作物の新築，改築又は除去に伴って生じたものに限る）
b 木材又は木製品の製造業（家具の製造業を含む）
c パルプ製造業
d 輸入木材の卸売業
e 物品賃貸業

	a	b	c	d	e
(1)	○	○	×	○	○
(2)	×	○	○	×	○
(3)	○	×	○	○	×
(4)	○	○	×	○	×
(5)	○	○	○	○	○

■ 解 説 ■

産業廃棄物に該当する「木くず」は，建設業に係るもの（工作物の新築，改築又は除去に伴って生じたものに限る），木材又は木製品の製造業（家具の製造業を含む），パルプ製造業，輸入木材の卸売業及び物品賃貸業に係るもの，貨物の流通のために使用したパレット（パレットへの貨物の積付けのために使用したこん包用の木材を含む），ポリ塩化ビフェニル（PCB）が染み込んだものと規定されている。

物品賃貸業に係る木くず及び貨物の流通のために使用したパレットについては，平成19年の政令改正で追加されたものであるが，「物品賃貸業に係る木くず」はリース事業者から排出されるリース物品（家具・器具類等）に係る木くずが該当し，「貨物の流通のために使用したパレット」については，業種による限定が設けられていないため，排出事業者の業種を問わず，事業活動に伴って生じた木製パレットはすべて産業廃棄物に該当することとなる。

正解 (5)

【参照】 I-014

I-018　第2条　一般廃棄物と産業廃棄物の区分

次の業種のうち，その事業活動に伴って生ずる「動植物性残さ」が産業廃棄物とならない業種はどれか。

(1)　医薬品製造業

(2)　飲料製造業

(3)　たばこ製造業

(4)　飼料製造業

(5)　香料製造業

【 解　説 】

産業廃棄物に該当する「動植物性残さ」は，政令では食料品製造業，医薬品製造業，香料製造業に該当する事業の事業活動に伴って生ずる動植物性の残さ物である。このうち食料品製造業については，日本標準産業分類により飲料，飼料製造業を含むが，たばこ製造業は除くとされている（昭和46年10月25日環整第45号厚生省課長通知参照）。

正解　(3)

【法令】平成46年10月25日環整第45号厚生省課長通知

【参照】Ⅰ-004

I-019　第2条　一般廃棄物と産業廃棄物の区分　難解

次のうち，病院から排出される物体に関して，正しいものはどれか。

(1)　臨床検査室で使用した廃有機溶剤は医療行為により生じたものではないので一般廃棄物に該当する。

(2)　病院から排出されるレントゲンフィルム現像液で，銀が多量に含まれることから買いとられている場合でも，産業廃棄物の廃酸に該当する。

(3)　不要となった合成ゴム製のディスポーサブル手袋は産業廃棄物のゴムくずに該当する。

(4)　乾燥したガーゼを入れていたガラス瓶で不要となったものは，産業廃棄物のガラスくず，コンクリートくず及び陶磁器くずに該当する。

(5)　治療に使用した木綿のガーゼや包帯で不要となったものは産業廃棄物に該当する。

■ 解 説 ■

(1)　医療行為により生じたものではないが，事業活動に伴い生じたものであるから，産業廃棄物となるので誤り。

(2)　物が有価物か廃棄物かは総合的に判断しなければならないが，通常，設問の状態で買いとられている現像液は有価物である。

(3)　「ゴムくず」は不要となった天然ゴムくずのみ該当するので誤り。合成ゴム製の産業廃棄物は廃プラスチック類となる。

(4)　設問のとおり正しい。

(5)　治療に使用した木綿のガーゼや包帯で不要となったものは事業系一般廃棄物である。ただし，血液が付着したカーゼ，包帯等は，産業廃棄物と一般廃棄物の混合物になるのか，これについては問Ⅰ-026を参照のこと。

正解　(4)

【参照】Ⅰ-026

次のうち，製造業から排出される廃棄物に関して，正しいものはどれか。

(1) 製品の流通に使用した木製の廃パレットは事業系一般廃棄物である。

(2) 製造業から排出される動植物由来の残さ物はすべて産業廃棄物である。

(3) 生産工程以外の管理部門などから排出される廃棄物はすべて事業系一般廃棄物である。

(4) たとえ原料として購入したものであっても，期限切れなどにより原料として使用できないため不要となったものは廃棄物となる。

(5) 製品製造に使用したものでガス状の不要物は，事業活動に伴い排出された産業廃棄物である。

■ 解 説 ■

(1) 流通のために使用した木製の廃パレットは，平成20年4月1日以降，産業廃棄物として取り扱われることとなったので誤り。

(2) 食料品製造業，医薬品製造業，香料製造業に該当する事業の事業活動に伴って生ずる動植物性残さのみが産業廃棄物となるので誤り。

(3) 管理部門であっても事業活動であることから，業種限定のない廃プラスチック類や金属くずなどを排出する場合は，産業廃棄物となる。

(4) 設問のとおり正しい。

(5) ガス状の不要物及び放射性廃棄物は廃棄物処理法で定義される「廃棄物」から除外されているので誤り。

正解 (4)

【参照】 I -003

I-021　第2条　一般廃棄物と産業廃棄物の区分 （難解）

次のうち，一般廃棄物はどれか。なお，すべて事業活動を伴って排出されるものである。

(1) 建設業に係るもので工作物の新築に伴って排出された木綿繊維くず

(2) 建設業に係るもので工作物の改築に伴って排出された木綿繊維くず

(3) 建設業に係るもので工作物の除去に伴って排出された木綿繊維くず

(4) 衣服その他の繊維製品製造業から排出された木綿繊維くず

(5) ポリ塩化ビフェニルが染み込んだ木綿繊維くず

■ 解 説 ■

繊維くずが産業廃棄物となるには，排出形態が限定されていて，その多くはいわゆる「指定業種」と言われる業種が政令により例示されているものである。

繊維工業に係る繊維くずは産業廃棄物であるが，カッコ書きにより「衣服その他の繊維製品製造業を除く」とあることから，衣服その他の繊維製品製造業から排出される繊維くずは一般廃棄物となる。

ただし，「指定業種」に該当していなくとも，ポリ塩化ビフェニル（PCB）が染み込んだ繊維くずは，業種によらずに産業廃棄物となる。

正解　(4)

【参照】 I-003，I-014

次のうち，排出する施設の規模・能力にかかわらず，産業廃棄物である「ば
いじん」に該当しないものはどれか。
　(1)　石炭を燃料とした発電所のボイラーから発生し，乾式集じん施設に
　　　よって集められたもの。
　(2)　製鋼用電気炉から発生し，乾式集じん施設によって集められたもの。
　(3)　廃油の焼却施設から発生し，乾式集じん施設によって集められたもの。
　(4)　がれき類の破砕機から発生し，乾式集じん施設によって集められたも
　　　の。
　(5)　アルミニウムの精錬の用に供する電解炉から発生し，乾式集じん施設
　　　によって集められたもの。

■ 解　説 ■

　ばいじんは大気汚染防止法に規定するばい煙発生施設，ダイオキシン類対
策特別措置法に規定する特定施設，産業廃棄物の焼却施設から発生するばい
じん（煤塵：すすとちり，ダスト類ともいう）であって，集じん施設によっ
て集められたものである（政令第2条第12号）。

　(4)以外は大気汚染防止法に規定されるばい煙発生施設として，大気汚染防
止法第2条第2項に規定される特定施設から発生するもの。巻末資料「②
大気汚染防止法の対象となるばい煙発生施設」参照。

　破砕機は大気汚染防止法が定める一般粉じん発生施設（大気汚染防止法施
行令第3条）であって対象外。なお，廃棄物の焼却炉については能力の制
限はない。

正解　(4)

【法令】政令2（十二），大防法2(2)，大防法政令3

I-023　第2条　一般廃棄物と産業廃棄物の区分

次のうち，建設業から排出される廃棄物に関して，正しいものはどれか。

(1)　道路の維持管理として行った樹木剪定で生じた剪定枝は産業廃棄物である。

(2)　道路の維持管理として行った草刈で生じた刈り草は一般廃棄物である。

(3)　道路の維持管理として行った清掃で生じた道路側溝の汚泥は一般廃棄物である。

(4)　建設資材の流通のために使用した木製の廃パレットは一般廃棄物である。

(5)　建設現場の現場事務所から排出する作業員が読んだ新聞や雑誌は産業廃棄物である。

■ 解 説 ■

(1)　道路の維持管理は，「建設業に係る新築，改築又は除去」に該当しないので一般廃棄物となるので誤り。

(2)　設問のとおりであり正しい。

(3)　汚泥については業種の限定がないので産業廃棄物となる。ただし，この場合，排出者は発注者である道路管理者となるので留意する必要がある。

(4)　流通のために使用した木製の廃パレットは，平成20年4月1日以降，産業廃棄物として取り扱われることとなったので誤り。

(5)　建設現場の現場事務所から排出する新聞や雑誌は，「建設業に係る新築，改築又は除去」に伴い排出されるものではないことから一般廃棄物となるので誤り。

正解　(2)

【参照】　I-003

　第2条　一般廃棄物と産業廃棄物の区分　　

次のうち，産業廃棄物はどれか。

(1)　輸入廃棄物

(2)　航行廃棄物

(3)　携帯廃棄物

(4)　し尿

(5)　浄化槽汚泥（めん類製造業からの排水を併せて処理している）

■ 解 説 ■

　法第2条第4項第2号に輸入された廃棄物は産業廃棄物とする旨の規定がある。

　これは，一般廃棄物の処理原則が市町村にあることから，輸入地の市町村に負担がかかることは適当ではなく，輸入者の責任において処理されることが適当である旨が，この条文ができた平成6年の通知にある。（平成6年2月2日衛環40号厚生省課長通知）

　しかし，航行廃棄物と携帯廃棄物については，現状においても問題が生じていないこと等から輸入廃棄物から除外した（すなわち，産業廃棄物でないので一般廃棄物）経緯がある。

　「し尿」は人間の糞便であり，典型的な一般廃棄物である。

　浄化槽は浄化槽法施行（昭和60年）以前は「し尿浄化槽」と呼称しており，数的には圧倒的にし尿のみを処理する単独処理が多かった。そういった経緯もあり，浄化槽汚泥は一般廃棄物として扱われてきている。近年，雑排水も処理できる合併処理浄化槽が発達し，平成12年からは食品製造業に限定ではあるが，事業場排水の受入れも可能としている。

　こういった製造業の排水を併せて処理する場合であっても，浄化槽汚泥については一般廃棄物とする旨の通知がなされている。（平成12年3月31日衛浄20号厚生省課長通知）

正解　(1)

【法令】法2(4)(二)，平成6年2月2日衛環40号厚生省課長通知，平成12年3月31日衛浄20号厚生省課長通知

I-025　第2条　一般廃棄物と産業廃棄物の区分

次のうち，法令で定義されていない廃棄物はどれか。

(1)　転居廃棄物

(2)　航行廃棄物

(3)　携帯廃棄物

(4)　管理型産業廃棄物

(5)　安定型産業廃棄物

■ 解 説 ■

　安定型産業廃棄物に対し，一般的に「管理型産業廃棄物」という用語を使用することはあるが，法令で定義されているものではない。これは，最終処分場基準省令※において，産業廃棄物の最終処分場が「安定型最終処分場」「管理型最終処分場」「遮断型最終処分場」に分類されており，安定型産業廃棄物を埋め立てる最終処分場が安定型最終処分場であることから，これと対比させ，管理型最終処分場に埋立する産業廃棄物を管理型産業廃棄物と一般的に呼んでいるものである。法令では，「安定型産業廃棄物以外の産業廃棄物」という語句を用いているので，正確な用語を使用しなければならない場合（行政では報告徴収や改善命令，措置命令等）は注意する必要がある。(1)の「転居廃棄物」は省令第2条第10号で，(2)の「航行廃棄物」及び(3)の「携帯廃棄物」は法第2条第4項第2号で，(5)の「安定型産業廃棄物」は政令第6条第1項第3号イでそれぞれ定義されている。

※最終処分場基準省令：巻頭「本書で用いる用語説明」参照

正解　(4)

【法令】省令2（十），法2(4)（二），政令6(1)（三）イ

次のうち，特別管理一般廃棄物の組み合わせとして，正しいものはどれか。ただし，特別管理一般廃棄物に該当するものは「○」と表す。

a　家庭から排出される家電製品に使用されている PCB 部品

b　病院から排出される血の付いたガーゼ

c　市町村の一般廃棄物焼却施設から排出される「ばいじん」

d　家庭から排出される血の付いたガーゼ

e　家庭から排出される変質灯油

	a	b	c	d	e
(1)	×	×	○	○	○
(2)	×	○	○	×	○
(3)	○	○	×	×	○
(4)	○	×	○	×	○
(5)	○	○	○	×	×

■ 解 説 ■

　「特別管理」とは，「扱いに注意を要する」というイメージである。感染性がある物，燃えやすい物，強酸・強アルカリ，毒物等の廃棄物である。

　特別管理廃棄物（特管物）は，特別管理一般廃棄物か特別管理産業廃棄物である。したがって，大原則として，廃棄物でない物は特管物にもならない。次に，特別管理<u>一般廃棄物</u>か特別管理<u>産業廃棄物</u>と規定していることから，種類として一般廃棄物か産業廃棄物かで分類される。

　事業活動が伴わなければ産業廃棄物にはならないから，このことは特管物にも共通していることで，事業活動が伴わないのに特別管理<u>産業廃棄物</u>になっているものはない。

　また，廃棄物であって「扱いに注意を要する」物はすべて特管物に指定されているかというとそうではない。特管物として指定している物は，通常の社会活動，事業活動で「相応に発生するだろうと想定される廃棄物」だけを指定しているといってもよい。

　特別管理一般廃棄物は号数は増えてしまったが，初心者のうちは大別すれば次の四つと覚えておけばよいのでないか。

　①PCB 部品　②ばいじん　③感染性廃棄物　④廃水銀

①かつて（ほとんどは昭和40年代までに）作られたテレビ，電子レンジ，エアコンにはPCBを使ったコンデンサが使用されているものがある。これがPCB部品である。これらは一般家庭から廃家電として排出されるので，事業活動が伴わない。だから一般廃棄物であり，また，PCBは有害だという位置付けで特別管理一般廃棄物となっている。（政令第1条第1号）

②ばいじんとは，一般廃棄物を処理するために発生した，すなわち一般廃棄物である「ごみ」を焼却したときに発生する「すす」である。このすすの中にはダイオキシンが高濃度で入り込む場合が多いことから，指定したものである。また，ばいじんそのものだけでなく，このばいじんを処理するために様々手を加えた「物」も一般廃棄物と規定している。（政令第1条第2～7号）

③感染性廃棄物は，具体的には「血の付いたガーゼ」等である。

特別管理一般廃棄物としての感染性廃棄物（政令第1条第8号）はあくまでも一般廃棄物としての特管である。したがって，産業廃棄物に分類される「事業活動が伴って」の「金属くず」や「プラスチック類」は特別管理一般廃棄物とはならない。

「血の付いた注射針」は，「血」は「液状であれば廃アルカリ，固形状であれば汚泥」との解釈であるから産業廃棄物であるし，「針」は「金属くず」であるから，やはり産廃である。

「血の付いたガーゼ」は，「血」は産廃であるが，「ガーゼ」は「繊維くず」に該当し，指定業種のある品目である。「繊維くず」の指定業種は「繊維工業」等であり，病院は入っていない。したがって，「ガーゼ」は事業系の一般廃棄物ということになる。このことから，「血の付いたガーゼ」は，「産廃と一廃の混合物」となり，特別管理一般廃棄物と特別管理産業廃棄物との混合物となる。

感染性廃棄物の注意すべきもう1点は，排出事業所を限定していることである。産業廃棄物における指定業種のようなものである。

政令と省令で，病院，診療所をはじめとして，10種類の施設を規定している。

したがって，この施設以外から排出される場合は，いくら血液が付いていようとそれは法律的には「感染性廃棄物」とはならない。その一例が「家庭」である。

灯油も，産業廃棄物として廃棄される場合は引火点70度未満なので特管産廃となるが，一般廃棄物では引火点による特別管理廃棄物を規定していないことから，家庭から灯油が廃棄物として出された場合は，特別管理一般廃

棄物とはならず普通の一般廃棄物となる。

　よって，a，b，c は特別管理一般廃棄物であるが，d，e は普通の一般廃棄物となる。

　なお，本書では巻頭の「本書で用いる法令等の省略形」でも示したとおり，一般廃棄物のうち「特別管理一般廃棄物以外の一般廃棄物」を「普通の一般廃棄物」，産業廃棄物のうち「特別管理産業廃棄物以外の産業廃棄物」を「普通の産業廃棄物」，廃棄物のうち「特別管理廃棄物以外の廃棄物」を「普通の廃棄物」と記述する。これは，法令で定義するものではないが，廃棄物業界では，一般的に使用されている用語である。

　特別管理一般廃棄物については I -046 を参照のこと。

正解　(5)

【法令】 政令 1 ㈠～㈧

【参照】 I -029，I -046，巻末資料「①特別管理一般廃棄物・特別管理
　　　　産業廃棄物の一覧」

I-027　第2条　特別管理廃棄物の区分　　基本

次のうち，廃棄物の定義として誤っているものはどれか。

(1) 一般廃棄物とは，産業廃棄物以外の廃棄物をいう。

(2) 産業廃棄物とは，事業活動に伴って生じた廃棄物のうち，燃え殻，汚泥，廃油，廃酸，廃アルカリ，廃プラスチック類その他政令で定める廃棄物及び輸入された廃棄物（前段の廃棄物，航行廃棄物，携帯廃棄物を除く）をいう。

(3) 特別管理一般廃棄物とは，一般廃棄物のうち，爆発性，毒性，感染性その他の人の健康又は生活環境に係る被害を生ずるおそれがある性状を有するものとして政令で定めるものをいう。

(4) 特別管理産業廃棄物とは，産業廃棄物のうち，爆発性，毒性，感染性その他の人の健康又は生活環境に係る被害を生ずるおそれがある性状を有するものとして政令で定めるものをいう。

(5) 特別管理一般廃棄物とは，特別管理産業廃棄物以外の廃棄物をいう。

■ 解 説 ■

　一般廃棄物は，産業廃棄物以外の廃棄物であるが，特別管理一般廃棄物は，特別管理産業廃棄物以外の廃棄物とはならないので注意する必要がある。「特別管理廃棄物」という廃棄物が定義され，それが特別管理一般廃棄物と特別管理産業廃棄物に分かれているものではない。特別管理一般廃棄物は，一般廃棄物のうち爆発性，毒性，感染性など人の健康や生活環境に係る被害を生じるおそれがあるものをいい，特別管理産業廃棄物は産業廃棄物のうち爆発性，毒性，感染性など人の健康や生活環境に係る被害を生じるおそれがあるものをいう。したがって，(5)は誤り。(1)は法第2条第2項，(2)は法第2条第4項，(3)は法第2条第3項，(4)は法第2条第5項にそれぞれ規定されている。

正解 (5)

【法令】法2(2)，法2(4)，法2(3)，法2(5)

法で定義する特別管理産業廃棄物に関する記述中，（　）の中に挿入すべき語句の組み合わせとして，正しいものはどれか。

「特別管理産業廃棄物」とは産業廃棄物のうち，（　　），（　　），（　　）その他の健康又は生活環境に係る被害を生ずるおそれがある性状を有するものとして政令で定めるものをいう。

(1) 引火性，腐食性，伝染性

(2) 爆発性，毒性，感染性

(3) 発火性，腐敗性，病原性

(4) 爆発性，腐食性，感染性

(5) 引火性，毒性，感染性

■ 解 説 ■

法律条文どおり。

正解　(2)

【法令】法2(3)

【参照】I-027

I-029　第2条　特別管理廃棄物の区分　

次のうち，特別管理一般廃棄物でないものはどれか。

(1) 国内における日常生活に伴って生じた廃エアコンディショナーに含まれるポリ塩化ビフェニルを使用する部品

(2) 国内における日常生活に伴って生じた廃電子レンジに含まれるポリ塩化ビフェニルを使用する部品

(3) 国内における日常生活に伴って生じた廃洗濯機に含まれるポリ塩化ビフェニルを使用する部品

(4) 水銀又は水銀使用製品が一般廃棄物となったものから回収した廃水銀

(5) 病院から排出される血の付いたガーゼ

▌解　説▐

特別管理一般廃棄物については政令第1条に列挙している。

家庭から排出される廃棄物は事業活動が伴っていないことから，すべて一般廃棄物となる。廃家電製品も家庭から排出されれば一般廃棄物であるが，このうちエアコン，テレビ，電子レンジの3品目に使用されていた「ポリ塩化ビフェニルを使用する部品」が特別管理一般廃棄物として規定されている。廃洗濯機は列記されていない。

(4)の廃水銀は平成27年改正により，特別管理一般廃棄物に追加された。

(5)については問 I -026 参照。

なお，特別管理一般廃棄物としてはこのほかに，ごみ処理施設（一般廃棄物焼却施設）から排出される「ばいじん」がある。この施設は政令第5条で規定する，いわゆる「設置許可が必要な焼却施設」で，処理能力 200kg/h 以上等の要件を満たす施設がこれに該当する。この施設から排出される「ばいじん」は，有害金属やダイオキシン類の含有量にかかわらず特別管理一般廃棄物となる。

正解　(3)

【法令】政令1，政令5
【参照】I -026

次のうち，特別管理一般廃棄物とならないものはどれか。

(1)　家庭から排出される廃家電製品の PCB 部品

(2)　市町村の一般廃棄物焼却施設から排出される「ばいじん」

(3)　病院から排出される血の付いたガーゼ

(4)　家庭から排出される血の付いたガーゼ

(5)　市町村の一般廃棄物焼却施設から排出される燃え殻で 1g 中のダイオ
　　キシン類の量が 9ng-TEQ であるもの

■ 解　説 ■

　(1)～(4)は問 I-029 及び問 I-026 を参照のこと。

　(5)の燃え殻では 1g 中に 3ng を超えてダイオキシン類が含有していれば
特別管理一般廃棄物である。(2)のばいじんと比較し注意するべきことは，(2)
の焼却灰と分離して排出し，貯留することができる灰出し設備及び貯留設備
が設けられているごみ処理施設（一般廃棄物焼却施設）から排出されるばい
じんは，ダイオキシン類の含有量にかかわらず特別管理一般廃棄物となるが，
燃え殻や産業廃棄物としてのばいじんは含有量によって特別管理になるかな
らないかが決まることである。

　なお，ng（ナノグラム）の n は 10^{-9} のことで 1ng は 1g の 10 億分の
1 であり，TEQ は毒性等量である。

正解　(4)

【法令】法 2 (3)

【参照】I-029，I-026

I-031　第2条　特別管理廃棄物の区分　　基本

次のうち，特別管理産業廃棄物でないものはどれか。なお，すべて事業活動を伴って排出されるものである。

(1) 引火点65度の廃油

(2) 水素イオン濃度指数（pH）が1.8である廃酸

(3) 水素イオン濃度指数（pH）が9.5である廃アルカリ

(4) 病院から排出される血の付いた注射針

(5) 吹き付け石綿を建築物から除去した際に発生する飛散性の廃石綿

■ 解 説 ■

特別管理産業廃棄物は政令第2条の4で列挙されているが，省令により条件が設定されている場合もある。

(1)は法令上「引火点70度未満」と明示していないが，「軽油灯油類」との例示から，このように取り扱われてきている。

(2)(3)水素イオン濃度指数が2.0以下である廃酸，12.5以上である廃アルカリは特別管理産業廃棄物である。

(4)は感染性産業廃棄物に該当する。

(5)は「廃石綿等」に該当し，特別管理産業廃棄物である。なお，飛散性のない石綿含有産業廃棄物は特別管理産業廃棄物ではなく，普通の産業廃棄物である。

正解　(3)

【法令】政令2の4，省令1の2
【参照】I-026

次のうち，誤っているものはどれか。

(1)　特別管理産業廃棄物である感染性産業廃棄物を高圧蒸気滅菌装置により滅菌したものは普通の産業廃棄物※となる。

(2)　特別管理一般廃棄物のばいじんを溶融設備により溶融し，固化したものは普通の一般廃棄物となる。

(3)　特別管理産業廃棄物である廃石綿等（飛散性アスベスト）をコンクリート固化し飛散させないよう措置したものは普通の産業廃棄物となる。

(4)　特別管理産業廃棄物である pH2 以下の廃酸を中和設備により中和し，pH3 となったものは普通の産業廃棄物となる。

(5)　特別管理産業廃棄物である燃焼しやすい廃油を蒸留設備により再生し，再生後，燃焼しにくくなったものは普通の産業廃棄物となる。

※普通の産業廃棄物：巻頭「本書で用いる用語説明」参照

■ 解 説 ■

　特別管理廃棄物は，その毒性や感染性が失われれば普通の廃棄物として処理できる（平成4年8月13日衛環第233号厚生省通知）。その毒性や感染性を失わせる方法について廃油や廃石綿などは，政令第4条の2第2号及び第6条の5第1項第2号に環境大臣が定める方法（平成4年7月3日厚生省告示第194号）に規定されている。この規定において廃石綿については，溶融施設による方法や無害化認定を受けた者による処理に限られており，廃石綿等をコンクリート固化したものは，特別管理産業廃棄物となる。

正解　(3)

【法令】平成4年8月13日衛環第233号厚生省通知，政令4の2㈡，政令6の5(1)㈡，平成4年7月3日厚生省告示第194号

I-033　　第2条　特別管理廃棄物の区分　　超　難

次の廃棄物の定義に関する記述のうち，誤っているものはどれか。

(1)　自動車等破砕物は「ガラスくず，コンクリートくず（工作物の新築，改築又は除去に伴って生じたものを除く）及び陶磁器くず」「金属くず」「廃プラスチック類」の混合物である。

(2)　鉛はんだが使用された廃プリント配線板は廃プラスチック類と金属くずの混合物である。

(3)　石綿含有産業廃棄物とは石綿をその重量の0.1％を超えて含有する「ガラスくず，コンクリートくず（工作物の新築，改築又は除去に伴って生じたものを除く）及び陶磁器くず」のことである。

(4)　廃石膏ボードは「ガラスくず，コンクリートくず（工作物の新築，改築又は除去に伴って生じたものを除く）及び陶磁器くず」に該当する。

(5)　不要となった鉛蓄電池の電極は金属くずに該当する。

■ 解 説 ■

　石綿含有産業廃棄物は，工作物の新築，改築又は除去に伴って生じた産業廃棄物であって，石綿をその重量の0.1％を超えて含有するもの（廃石綿等を除く）と規定されている（省令第7条の2の3）。いわゆる「ガラス陶磁器くず」に限定されるものではない。

　特別管理産業廃棄物である廃石綿等に該当するのは，吹き付けられた石綿等の石綿建材除去事業に係るものであって飛散するおそれのあるものと規定されている（政令第2条の4第5号へ）。

正解　(3)

【法令】省令7の2の3

次の店舗・事業所から排出される廃棄物に関する記述の正誤の組み合わせとして，適当なものはどれか。

a　店舗・事務所で業務に使用していた CD や DVD で不要となったものは産業廃棄物である。

b　店舗・事務所で業務に使用していた DVD プレーヤーが不要となった場合であっても，家庭用電気機器であることから，家庭ごみとして集積所に出しても構わない。

c　社員食堂から排出される厨芥類は一般廃棄物である。

d　廃蛍光管には水銀が含まれるので特別管理産業廃棄物の許可を受けた処理業者に委託しなければならない。

e　製品の流通のために使用した木製の廃パレットは産業廃棄物である。

	a	b	c	d	e
(1)	正	誤	正	正	正
(2)	正	正	誤	正	正
(3)	正	正	正	誤	正
(4)	誤	正	正	正	誤
(5)	正	誤	正	誤	正

【 解 説 】

a 廃プラスチック類に該当するので正しい。

b 家庭用電気機器であっても，事業活動に伴い排出されるものであることから，産業廃棄物となるので誤り。

c 設問のとおりであり正しい。

d 廃蛍光管は，その構成材料から「金属くず」，「ガラスくず，コンクリートくず及び陶磁器くず」と判断されるが，これは汚泥，廃油，廃酸，廃アルカリのように水銀を含有又は溶出することにより特別管理産業廃棄物となるものではないので誤り。

e 設問のとおりであり正しい。

正解　(5)

【参照】I-035

I-035　第2条　特別管理廃棄物の区分　超難

廃酸の中にいくら高濃度含まれていたとしても，また，どのような業態から排出されても，そのことだけでは，その廃酸が特定有害産業廃棄物とならない物質は次のうちどれか。

(1)　カドミウム

(2)　鉛

(3)　シアン

(4)　ひ素

(5)　イソブタノール

【 解 説 】

廃油，汚泥，廃酸，廃アルカリが，有害物質の含有により特定有害産業廃棄物となるには次の四つの要件をすべて具備したときである。

①含有（溶存）物質（溶質）が規定されている25種類の有害物質であること。

②溶かしている物質（溶媒）が規定の物であること（廃油，汚泥，廃酸，廃アルカリ）。

③①の物質が規定の濃度以上であること。

④排出する事業形態が規定の施設であること。

この設問は①に関する問題である。

(5)のイソブタノールは規定してある25物質ではないので，「いくら高濃度で入っていても」特定有害産業廃棄物とならない。

25種類の有害物質については，巻末資料「③特別管理産業廃棄物の判定基準」参照。

正解　(5)

【参照】Ⅰ-041

次の事業活動に伴って排出される廃棄物のうち，特別管理産業廃棄物に該当しないものはどれか。

(1)　電気メッキ施設から排出されるカドミウムを1mg/L以上含む廃酸

(2)　引火点が60℃である廃軽油

(3)　水素イオン濃度指数が13.0の腐食性を有する廃アルカリ

(4)　水素イオン濃度指数が1.5の腐食性を有する廃酸

(5)　解体工事で排出したアスベスト成型板（石綿の重量が0.1%を超えて含有するもの）の屋根用スレート

【　解　説　】

　特別管理産業廃棄物である廃石綿等に該当するのは，吹き付けられた石綿等の石綿建材除去事業に係るものであって飛散するおそれのあるものと規定されている。（政令第2条の4第5号ヘ）

　工作物の新築，改築又は除去に伴って生じた産業廃棄物であって，石綿をその重量の0.1%を超えて含有するもの（廃石綿等を除く）は石綿含有産業廃棄物であり，特別管理産業廃棄物には該当しない。

正解　(5)

【法令】政令2の4㈤ヘ

【参照】Ⅰ-035，Ⅰ-031

I-037　第2条　特別管理廃棄物の区分　　超難

　事業活動に伴って排出される次の産業廃棄物のうち，特別管理産業廃棄物に該当しないものはどれか。

(1)　洗たく業の洗たく施設から排出されるテトラクロロエチレンを0.5mg/L以上溶出する汚泥

(2)　引火点が60℃である廃軽油

(3)　水素イオン濃度指数が12.0の腐食性を有する廃アルカリ

(4)　水素イオン濃度指数が1.5の腐食性を有する廃酸

(5)　病院から排出された感染性病原体が含まれるおそれのある血液が付着した注射針

【 解 説 】

　特別管理産業廃棄物に該当する廃アルカリの基準は水素イオン濃度指数が12.5以上であることと規定されている（省令第1条の2第3項）ので(3)は誤り。

正解　(3)

【法令】省令1の2(3)
【参照】Ⅰ-036

次のうち，特別管理産業廃棄物でないものはどれか。なお，すべて事業活動に伴って排出されるものである。

(1) 廃ポリ塩化ビフェニル等（廃ポリ塩化ビフェニル及びポリ塩化ビフェニルを含む廃油をいう。以下同じ）

(2) 紙くずのうち，ポリ塩化ビフェニルが塗布され，又は染み込んだもの。

(3) 木くずのうち，ポリ塩化ビフェニルが染み込んだもの。

(4) 陶磁器くずのうち，ポリ塩化ビフェニルが付着したもの。

(5) 廃油であるポリ塩化ビフェニル処理物で，当該廃油に含まれるポリ塩化ビフェニルの量が試料1kgにつき0.3mgであるもの。

█ 解 説 █

　特別管理産業廃棄物であるポリ塩化ビフェニル（PCB）関連物質は政令第2条の4第5号のイロハで列挙されている。

　(1)～(4)のものは設問とおり，ポリ塩化ビフェニルの濃度等の数値が示されていないことから，この状態の物はそれだけで特別管理産業廃棄物となる。

　(5)はいわゆる「処理物」であるが，これについては，省令により条件が設定されていて，廃油の場合は「試料1kgにつき0.5mgを超える」場合が特別管理産業廃棄物となる。

　ちなみに，廃酸又は廃アルカリの場合は「当該廃酸又は廃アルカリに含まれるポリ塩化ビフェニルの量が試料1/Lにつき0.03mg以下であること」とされている。

　なお，(2)(3)(4)以外のいわゆる「付着物」としては，次のものが規定されている。

　汚泥，繊維くず，廃プラスチック類，金属くず，工作物の新築，改築又は除去に伴って生じたコンクリートの破片その他これに類する不要物。

正解　(5)

【法令】政令2の4㈤イ～ハ

I-039　　第 2 条　特別管理廃棄物の区分　　

　　次の廃油のうち，いくら高濃度であっても特定有害産業廃棄物とならない
ものはどれか。

　(1)　廃溶剤であるトリクロロエチレン

　(2)　廃溶剤であるテトラクロロエチレン

　(3)　廃溶剤である 1,4- ジオキサン

　(4)　廃溶剤である四塩化炭素

　(5)　廃溶剤であるトルエン

■ 解　説 ■

　　特定有害産業廃棄物は特別管理産業廃棄物の一つの分野として，政令第 2
条の 4 第 5 号に列挙されている。この種類はイロハを用いているが，イか
らルの 11 に大分類し，さらにそれぞれ詳細に分けている。ロ 8，チ 2，リ 6，
ヌ 12，ル 25 なので 59 分類が規定されている。

　　このうち，「廃油（廃溶剤に限る）」が 12 種類あるが，トルエンは規定さ
れていない。

　　なお，(3)の有害物質の一つである 1,4- ジオキサンは，一定濃度以上で公
共用水域に放出された場合に人の健康に悪影響を与えることが報告されたた
め，公共用水域における人の健康の保護に関する環境基準（以下「水質環境
基準」という。）に追加することが適当である旨，中央環境審議会から環境
大臣に対し答申された（平成 21 年 9 月）。この答申を踏まえ，同年 11 月，
水質環境基準に 1,4- ジオキサンの項目が追加された。

　　このため，平成 25 年 6 月 1 日の政令改正により，最終処分場の放流水
等からの 1,4- ジオキサンの排出を抑制するため，廃棄物処理法の法体系に
おいても，放流水中の 1,4- ジオキサンに係る濃度基準を設けるとともに，
これを遵守させる観点から，最終処分場に埋立処分する 1,4- ジオキサンを
含む廃棄物に係る処理基準を強化した。

　①特定の施設から排出される一定濃度以上の 1,4- ジオキサンを含むばい
　　じん，廃油（廃溶剤），汚泥，廃酸又は廃アルカリが，特別管理産業廃
　　棄物に指定された。

　②一定濃度以上の 1,4- ジオキサンを含む燃え殻及びばいじんについては，
　　遮断型最終処分場へ埋立処分を行うものとするなど，埋立処分基準等の

整備が行われた。

【トリクロロエチレンの判定基準の改正】
　金属等を含む産業廃棄物に係る判定基準を定める省令が平成 28 年 6 月 20 日に改正され，平成 28 年 9 月 15 日に次のとおり施行された。
①トリクロロエチレンを含む汚泥及びトリクロロエチレンを含む廃棄物を処分するために処理したものであって廃酸又は廃アルカリ以外のものにあっては溶出濃度を 0.3mg/L から 0.1mg/L に変更。
②トリクロロエチレンを含む廃酸及び廃アルカリ並びにトリクロロエチレンを含む廃棄物を処分するために処理したものであって廃酸又は廃アルカリに該当するものにあっては含有濃度を 3mg/L から 1mg/L に変更。
③トリクロロエチレンを含む産業廃棄物及び特別管理産業廃棄物の埋立処分の場所を判定する基準を溶出濃度で 0.3mg/L から 0.1mg/L に変更。この基準以下の廃棄物は公共の水域及び地下水の汚染を防止するための措置が講じられた場所に埋め立てることができる。一方，この基準に適合しない廃棄物は焼却処理等を行い，この基準以下とした上で，公共の水域及び地下水と遮断されている場所に埋め立てなければならない。
④一般廃棄物最終処分場及び管理型最終処分場の放流水に係るトリクロロエチレンの基準値を 0.3mg/L から 0.1mg/L とし，廃棄物最終処分場の周縁地下水及び安定型最終処分場の浸透水に係るトリクロロエチレンの基準値を 0.03mg/L から 0.01mg/L に変更。

正解　(5)

【法令】政令 2 の 4 (五)

I-040　第2条　特別管理廃棄物の区分　　超 難

　次の廃油のうち，いくら高濃度であっても特定有害産業廃棄物とならない
ものはどれか。

(1)　廃溶剤であるアセトン

(2)　廃溶剤である 1,3- ジクロロプロペン

(3)　廃溶剤であるベンゼン

(4)　廃溶剤である 1,1- ジクロロエチレン

(5)　廃溶剤である 1,2- ジクロロエタン

■ 解 説 ■

「廃油（廃溶剤に限る）」が 12 種類あるが，アセトンは規定されていない。

正解 (1)

【参照】 I -039

I-041 　　**第2条　特別管理廃棄物の区分**

　　次のうち，特定の業態・施設から排出されたときに，特別管理産業廃棄物となるものはどれか。

　(1)　ダイオキシン類を一定量以上含む汚泥

　(2)　臭素化ダイオキシンを一定量以上含む汚泥

　(3)　アンチモン化合物を一定量以上含む汚泥

　(4)　テルル化合物を一定量以上含む汚泥

　(5)　タリウム化合物を一定量以上含む汚泥

■ 解 説 ■

　特別管理産業廃棄物に該当するものは政令第2条の4に該当するもので，基準は「金属等を含む産業廃棄物に係る判定基準を定める省令」（昭和48年総理府令第5号）に掲げられている。これらに該当する物質は，アルキル水銀化合物やダイオキシン類など25の物質である。(2)から(5)までの物質はこれに該当しない。

　なお，廃棄物処理法省令第1条第3項に，ダイオキシン類とはダイオキシン類対策特別措置法第2条第1項に規定するダイオキシン類と定義され，ポリ塩化ジベンゾフラン，ポリ塩化ジベンゾ−パラ−ジオキシン，コプラナーポリ塩化ビフェニルと規定されている。これらの塩素の一つ以上が臭素に置き換わった臭素化ダイオキシンは「ダイオキシン類」に該当しない。

正解　(1)

【法令】政令2の4，昭和48年総理府令第5号，省令1(3)

I-042　第2条　特別管理廃棄物の区分　超難

　廃酸の中にいくら高濃度に含まれていたとしても，また，どのような業態から排出されても，そのことだけでは，その廃酸が特定有害産業廃棄物とならない物質は次のうちどれか。

(1)　酢酸エチル

(2)　シマジン

(3)　チウラム

(4)　六価クロム

(5)　水銀

■ 解 説 ■

　(1)酢酸エチルは規定してある25物質ではないので，「いくら高濃度で入っていても」特定有害産業廃棄物とならない。

正解　(1)

【参照】 I-035

廃酸の中にいくら高濃度含まれていたとしても，また，どのような業態から排出されても，そのことだけでは，その廃酸が特定有害産業廃棄物とならない物質は次のうちどれか。

(1)　チオベンカルブ

(2)　セレン

(3)　有機リン化合物

(4)　ヘキサン

(5)　ベンゼン

【 解　説 】

(4)ヘキサンは規定してある 25 物質ではないので，「いくら高濃度で入っていても」特定有害産業廃棄物とならない。

正解 （4）

【参照】 I -035

I-044　第2条　特別管理廃棄物の区分　　超難

次のうち，大気汚染防止法に基づくばい煙発生施設であるボイラーの集じん機によって集められた「ばいじん」について，正しいものはどれか。

(1)　カドミウムが一定量以上溶出する場合は，特別管理産業廃棄物に該当する。

(2)　鉛が一定量以上溶出する場合は，特別管理産業廃棄物に該当する。

(3)　六価クロムが一定量以上溶出する場合は，特別管理産業廃棄物に該当する。

(4)　ひ素が一定量以上溶出する場合は，特別管理産業廃棄物に該当する。

(5)　特別管理産業廃棄物には該当することはないが，カドミウムなどの有害な物質が一定量以上含まれる場合は，埋立基準が適用となる。

■ 解 説 ■

政令第2条第12号に大気汚染防止法第2条第2項に規定するばい煙発生施設，ダイオキシン類対策特別措置法第2条第2項に規定する特定施設及び政令第2条第12号イからトの焼却施設で集じん施設によって集められたばいじんは産業廃棄物と規定されている。

そして，このばいじんのうち政令第2条の4第5号チ(1)，(2)，リ(1)から(6)に水銀，カドミウム，鉛，ひ素，セレン（以上その化合物を含む），六価クロム化合物，1,4-ジオキサン，ダイオキシン類が一定量以上溶出又は含有し，大気汚染防止法の金属精錬の焙焼炉や溶鉱炉など14施設，ダイオキシン類対策特別措置法の製鋼用電気炉や時間50kg以上の処理能力を有する廃棄物焼却炉など5施設，廃棄物処理法の汚泥の焼却施設など3施設から排出されるばいじんについて，特別管理産業廃棄物に定められている。

一方，その他のばい煙発生施設から発生するばいじんについては，有害な物質が一定量以上溶出しても特別管理産業廃棄物に該当しないが，これらを直接埋立処分しようとする場合は，政令第6条第1項第3号ハ(1)及び(2)の埋立処分基準が適用され，「有害な産業廃棄物」として，遮断型最終処分場に処分しなければならない。

なお，「有害な産業廃棄物」に該当するかの判断は，事業者が検査を行うのは当然のことであり（昭和54年11月26日環整第128号厚生省通知など），また，廃棄物の埋立処分に伴う環境への負荷の最小化を図る点から

も，無害化処理を行い，遮断型最終処分場への埋立は回避することが望ましい。（平成 10 年 7 月 16 日環水企第 299 号環境庁通知）

【カドミウムの判定基準の改正】
　前述のとおり，一定濃度を超えるカドミウム又はその化合物を含むばいじんなどの産業廃棄物は，平成 3 年の特別管理廃棄物の創設時から特別管理産業廃棄物として規制されている。平成 22 年 4 月の水道水質基準の改定や平成 23 年 10 月のカドミウムの公共用水域の水質汚濁に係る人の健康の保護に関する環境基準の基準値等の改正を受けて，法第 2 第 5 項の特別管理産業廃棄物の判定基準である金属等を含む産業廃棄物に係る判定基準を定める省令が平成 27 年 12 月 25 日に改正され，次のとおり強化された。

①カドミウム又はその化合物を含む燃え殻，ばいじん，鉱さい，汚泥及びカドミウム又はその化合物を含む廃棄物を処分するために処理したものであって廃酸又は廃アルカリ以外のものにあっては溶出濃度を 0.3mg/L から 0.09mg/L に変更。

②カドミウム又はその化合物を含む廃酸及び廃アルカリ並びにカドミウム又はその化合物を含む廃棄物を処分するために処理したものであって廃酸又は廃アルカリに該当するものにあっては含有濃度を 1mg/L から 0.3mg/L に変更。

③カドミウム又はその化合物を含む産業廃棄物及び特別管理産業廃棄物の埋立処分の場所を判定する基準を溶出濃度で 0.3mg/L から 0.09mg/L に変更。この基準以下の廃棄物は公共の水域及び地下水の汚染を防止するための措置が講じられた場所に埋め立てることができる。一方，この基準に適合しない廃棄物は公共の水域及び地下水と遮断されている場所に埋め立てなければならない。

④一般廃棄物最終処分場及び管理型最終処分場の放流水に係るカドミウム及びその化合物の基準値を 0.1mg/L から 0.03mg/L とし，廃棄物最終処分場の周縁地下水及び安定型最終処分場の浸透水に係るカドミウムの基準値を 0.01mg/L から 0.003mg/L に変更。

正解 (5)

【法令】政令 2（十二），政令 2 の 4 ㈤ト〜ル，大気汚染防止法第 2 条 2 項，
　　　　政令 6 ⑴㈢ハ⑴〜⑵，昭和 54 年 11 月 26 日環整第 128 号厚生
　　　　省通知，平成 10 年 7 月 16 日環水企第 299 号環境庁通知

I-045　　第2条　特別管理廃棄物の区分　　　　　　　　難 解

　燃え殻が特定有害産業廃棄物であるか判断するにあたって，その方法が溶
出試験によるものでない物質は次のうちどれか。

(1)　アルキル水銀

(2)　ベンゼン

(3)　セレン

(4)　チオベンカルブ

(5)　ダイオキシン類

■ 解 説 ■

　ダイオキシン類のみ含有量，その他は溶出量。

　廃棄物に関する分析方法として以下の方法等が示されている。

　特定有害産業廃棄物の基準についての検定方法のほとんどが⑤に定められ
ているが，ダイオキシン類のみ②に規定されている。

①ダイオキシン類対策特別措置法施行規則第2条第1項第4号の規定に
　基づき環境大臣が定める方法（平成17年9月14日環境省告示第92号）

②ダイオキシン類対策特別措置法施行規則第2条第2項第1号の規定に
　基づき環境大臣が定める方法（平成16年12月27日環境省告示第
　80号）

③最終処分場に係るダイオキシン類の水質検査の方法（平成12年1月
　14日環境庁告示第1号）

④特別管理一般廃棄物及び特別管理産業廃棄物に係る基準の検定方法（平
　成4年7月3日厚生省告示第192号）

⑤産業廃棄物に含まれる金属等の検定方法（昭和48年2月17日，環境
　庁告示第13号）

正解　(5)

【法令】平成17年9月14日環境省告示第92号，平成16年12月27
　　　　日環境省告示第80号，平成12年1月14日環境庁告示第1号，
　　　　昭和48年2月17日環境庁告示第13号，平成4年7月3日厚
　　　　生省告示第192号

I-046　第2条　特別管理廃棄物（水銀廃棄物）

水銀廃棄物に関する記述として，正しいものはどれか。

(1) 病院から排出される水銀体温計は水銀使用製品産業廃棄物に該当し，処分に当たっては水銀回収が義務付けられている。

(2) 水銀使用製品が一般廃棄物となったもので，水銀の含有量が一定以上のものは，特別管理一般廃棄物となる。

(3) 一般家庭で水銀使用製品が破損して漏洩した水銀は，特別管理一般廃棄物に該当する。

(4) 市町村が住民から回収した廃蛍光管は，特別管理一般廃棄物に該当する。

(5) 小中学校の理科の実験で使用した水銀で不要となったものは，特別管理産業廃棄物に該当する。

【 解 説 】

(1) 水銀使用製品産業廃棄物は，政令第6条第1項第1号ロに規定され，省令第7条の2の4に定める省令別表第4の水銀使用製品，別表第4の水銀使用製品を材料又は部品として使用し製造される水銀使用製品（別表第4の下欄（編注：右欄）の×印を除く），水銀又はその化合物の使用に関する表示のある水銀使用製品が規定されている（表1）。このうち，液体の金属を含む水銀体温計は別表第4の第16号に規定されている。

　　また，水銀使用製品産業廃棄物の処理基準は政令第6条第1項第2号ホに規定されており，すべての水銀使用製品産業廃棄物に共通の基準は「水銀又はその化合物が大気中に飛散しないよう必要な措置を講ずること」であり，また，水銀使用製品産業廃棄物のうち，水銀の回収が義務付けられるのは，液体の金属水銀を含む製品である省令第7条の8の3別表第5（表2）に掲げるものであり，水銀体温計は同表の第10号に規定され，水銀の回収が義務付けられている。したがって，(1)が正しい。

(2) 特別管理一般廃棄物とは，「一般廃棄物のうち，爆発性，毒性，感染性その他の人の健康又は生活環境に係る被害を生ずるおそれがある性状を有するものとして政令で定めるもの。」である（法第2条第3項）。水銀に関しては，水銀使用製品が一般廃棄物となったものから回収したものを廃水銀と定め（政令第1条第1号の2，省令第1条第1項），廃水銀を処

分するために処理したもので環境大臣が定める硫化及び固型化の方法の基準に適合しないものとしている（政令第 1 条第 1 号の 3，省令第 1 条第 2 項，平成 12 年 1 月 14 日厚生省告示 4 号）。したがって，「水銀の含有量が一定以上のもの」は誤りである。

　なお，「一般廃棄物となったものから回収した廃水銀」の回収とは，「ばい焼設備により水銀ガスを回収する方法」等の廃棄物処理施設等で回収することであり，例えば保管場所で水銀使用製品の破損により漏洩した廃水銀を単に「集めた」ものは回収にはあたらない。

⑶　前述したように，一般家庭で水銀使用製品が破損し漏洩した水銀は特別管理一般廃棄物には該当しない。

⑷　家庭から排出される廃蛍光管は水銀使用製品が一般廃棄物となったものであり，⑵で示した要件のいずれにも該当しないので，特別管理一般廃棄物には該当しない。また，廃蛍光管が破損し漏洩した水銀も特別管理一般廃棄物には該当しない。

⑸　小中学校は，日本産業分類（平成 25 年 10 月改定）の大分類 O の「教育，学習支援業」の中分類 81 の学校教育に該当し，当該教育の事業所である小中学校から排出される廃棄物は政令第 2 条の規定により産業廃棄物に該当するか判断されるものであり，廃プラスチック類や金属くず等は産業廃棄物に該当する。しかし，特別管理産業廃棄物に該当する廃水銀等は省令第 1 条の 2 で省令別表 1 （表 3）に該当する施設から排出された場合であり，小中学校は省令別表第 1 に規定されていないため，通常の産業廃棄物となる。

　ただし，「水銀廃棄物ガイドライン（第 2 版）」（平成 31 年 3 月環境省）では，特別管理産業廃棄物である廃水銀等と同様に環境上適正に扱うことを求めている。

正解　⑴

【法令】法 12 ⑴，政令 6 ⑴㈠ロ，省令 7 の 2 の 4，省令 7 の 8 の 3，
　　　　省令 1 の 2

表1　水銀又はその化合物の使用に関する表示の有無に関わらず水銀使用製品産業廃棄物の対象となるもの（省令別表第4（第7条の2の4関係））

1	水銀電池	
2	空気亜鉛電池	
3	スイッチ及びリレー（水銀が目視で確認できるものに限る。）	×
4	蛍光ランプ（冷陰極蛍光ランプ及び外部電極蛍光ランプを含む。）	×
5	HIDランプ（高輝度放電ランプ）	×
6	放電ランプ（蛍光ランプ及びHIDランプを除く。）	×
7	農薬	
8	気圧計	
9	湿度計	
10	液柱形圧力計	
11	弾性圧力計（ダイアフラム式のものに限る。）	×
12	圧力伝送器（ダイアフラム式のものに限る。）	×
13	真空計	×
14	ガラス製温度計	
15	水銀充満圧力式温度計	×
16	水銀体温計	
17	水銀式血圧計	
18	温度定点セル	
19	顔料	×
20	ボイラ（二流体サイクルに用いられるものに限る。）	
21	灯台の回転装置	
22	水銀トリム・ヒール調整装置	
23	水銀抵抗原器	
24	差圧式流量計	
25	傾斜計	
26	周波数標準機	×
27	参照電極	
28	握力計	
29	医薬品	
30	水銀の製剤	
31	塩化第一水銀の製剤	
32	塩化第二水銀の製剤	
33	よう化第二水銀の製剤	
34	硝酸第一水銀の製剤	
35	硝酸第二水銀の製剤	
36	チオシアン酸第二水銀の製剤	
37	酢酸フェニル水銀の製剤	

備考　19の項に掲げる水銀使用製品は，水銀使用製品に塗布されるものに限り×印に該当する。

表2 水銀使用製品産業廃棄物のうち水銀回収が義務付けられるもの（省令別表第5（第7条の8の3関係））

1	スイッチ及びリレー	12	灯台の回転装置
2	気圧計	13	水銀トリム・ヒール調整装置
3	湿度計	14	差圧式流量計
4	液柱形圧力計	15	浮ひょう形密度計
5	弾性圧力計（ダイアフラム式のものに限る。）	16	傾斜計
6	圧力伝送器（ダイアフラム式のものに限る。）	17	積算時間計
7	真空計	18	ひずみゲージ式センサ
8	ガラス製温度計	19	電量計
9	水銀充満圧力式温度計	20	ジャイロコンパス
10	水銀体温計	21	握力計
11	水銀式血圧計		

表3 廃水銀等の対象となる特定の施設（省令別表第1（第1条の2関係））

1	水銀若しくはその化合物が含まれている物又は水銀使用製品廃棄物から水銀を回収する施設
2	水銀使用製品の製造の用に供する施設
3	灯台の回転装置が備え付けられた施設
4	水銀を媒体とする測定機器（水銀使用製品を除く。）を有する施設
5	国又は地方公共団体の試験研究機関
6	大学及びその附属試験研究機関
7	学術研究又は製品の製造若しくは技術の改良，考案若しくは発明に係る試験研究を行う研究所
8	農業，水産又は工業に関する学科を含む専門教育を行う高等学校，高等専門学校，専修学校，各種学校，職員訓練施設又は職業訓練施設
9	保健所
10	検疫所
11	動物検疫所
12	植物防疫所
13	家畜保健衛生所
14	検査業に属する施設
15	商品検査業に属する施設
16	臨床検査業に属する施設
17	犯罪鑑識施設

水銀廃棄物に関する記述として，誤っているものはどれか。

(1)　特別管理産業廃棄物である廃水銀等を硫化・固型化したものは，特別管理産業廃棄物に該当する。

(2)　水銀含有ばいじん等とは水銀又はその化合物が含まれているばいじん，燃え殻，汚泥，廃酸，廃アルカリであって，水銀が 15mg/kg（廃酸，廃アルカリの場合は 15mg/L）を超えて含まれるものをいう。

(3)　ばいじんのうち水銀を 1,000mg/kg 以上含むものには，特別管理産業廃棄物になるものと普通の産業廃棄物になるものがある。

(4)　水銀使用製品の製造施設において生じた廃水銀や，同施設で製造された水銀使用製品が産業廃棄物となったものに封入された廃水銀は，どちらも特別管理産業廃棄物に該当する。

(5)　灯台の回転装置が備え付けられた施設から生じる水銀は，特別管理産業廃棄物となる。

■ 解　説 ■

(1)　特別管理産業廃棄物である廃水銀等を埋立処分しようとする場合には，あらかじめ硫化・固型化しなければならない。硫化・固型化した廃水銀等は政令第２条の４第５号ニに規定する特別管理産業廃棄物の「廃水銀等を処分するために処理したもの」に該当する。

　　なお，同条において廃水銀等を処分するために処理したもののうち，環境省令で定める基準に適合しないものを特別管理産業廃棄物に指定している。この環境省令で定める基準とは「水銀の精製設備を用いて行われる精製に伴って生じた残さである」としており，当該残さ以外のものが特別管理産業廃棄物である。

　　図１に水銀関連廃棄物の処理フローを示す。以降，水銀関連廃棄物の処理については図１を参照されたい。

(2)　政令第６条第１項第２号ホには水銀含有ばいじん等の定義が置かれ，省令第７条の８の２においてばいじん，燃え殻，汚泥，鉱さいに水銀が 15mg/kg を超えて含まれるもの，廃酸，廃アルカリにおいては水銀が 15mg/L を超えるものが該当する。

　　ただし，水銀含有ばいじん等には水銀に係る特別管理産業廃棄物（鉱さ

いは除く。）のように施設の限定はない。例えば，水銀精錬に係る焙焼炉は水銀に係る特別管理産業廃棄物の要件の施設に規定されており，当該施設の集じん機から生じるばいじん（溶出試験で 0.005mg/L を超える水銀が含まれるもの）は政令第 2 条の 4 第 5 号チ(1)により特別管理産業廃棄物となる。一方，産業廃棄物焼却施設は水銀に係る特別管理産業廃棄物の指定の施設ではないので，当該施設の集じん機から生じるばいじん（含有量で 15mg/kg を超える水銀が含まれるもの）は普通の産業廃棄物である水銀含有ばいじん等となる。また，水銀含有ばいじん等に係る水銀濃度は，水銀の大気排出に係る規制を効果的に行う観点から設定されており，焼却処理を行わないことが適当とされている。そのため，水銀含有ばいじん等の中間処理に係る産業廃棄物処理基準は「水銀又はその化合物が大気中に飛散しないよう必要な措置を講ずること」（政令第 6 条第 1 項第 2 号ホ(1)）とされ，密閉された設備内で処理をする，排気は集じん機や活性炭フィルターで処理する等が求められている。

　なお，焼却処理は禁止されていないため，その性状から焼却処理を行うことが適切と判断されるケースも出てくるが，その場合は，大気汚染防止法の水銀の大気排出基準を達成できるバグフィルター，スクラバー（キレート剤添加），活性炭処理等の排出ガス処理設備を有する焼却施設で処分することが求められる。

⑶　水銀を含むばいじんのうち，政令第 2 条の 4 第 5 号チ(1)に該当するものは平成 3 年改正から特別管理産業廃棄物に指定されている。これは，政令別表 3 の 2 に該当する施設で大気汚染防止法の水銀の精錬の用に供する施設，水銀の精製の用に供する施設，水銀化合物の製造の用に供する施設の集じん機から排出されるばいじんであって，「金属等を含む産業廃棄物に係る判定基準を定める省令」の別表第 1 の 1 の 3 の基準（アルキル水銀化合物が検出されないこと，水銀が溶出試験で 0.005mg/L 以下であること。）に適合しないものである。

　これら特別管理産業廃棄物であって水銀を 1,000mg/kg 以上含むものは処分又は再生を行う場合には，あらかじめ水銀を回収しなければならない（政令第 6 条の 5 第 1 項第 2 号チ）。

　一方，例えば産業廃棄物焼却施設の集じん機から回収されたばいじんに水銀が含まれていても特別管理産業廃棄物にはならない。

　ただし，当該ばいじんに水銀が 1,000mg/kg 以上含むものは普通の産業廃棄物である水銀含有ばいじん等に該当し，処分又は再生する場合は特別管理産業廃棄物と同様にあらかじめ水銀を回収しなければならない（政

図 1　水銀関連廃棄物の処理フロー

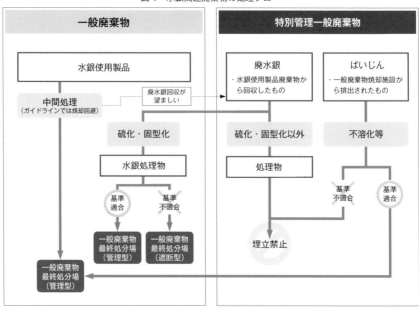

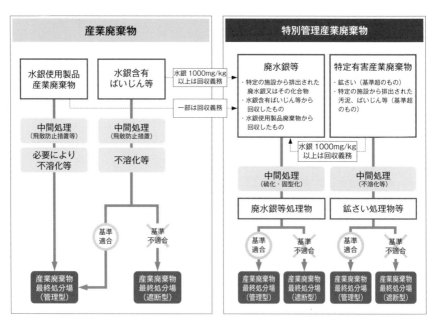

図2　水銀槽式回転機械（越前岬灯台）

出典：海上保安庁ホームページ

　　令第6条第1項第2号ホ(2))。

(4)　特定の施設（省令別表第1の施設。表3参照）において生じた廃水銀又は廃水銀化合物であって，水銀使用製品が産業廃棄物となったものに封入された廃水銀又は廃水銀化合物を除くものが特別管理産業廃棄物に該当する。したがって，「水銀使用製品が産業廃棄物となったものに封入された廃水銀又は廃水銀化合物」は該当しない。(4)が誤りである。

(5)　ある種の灯台のランプレンズの重量は約200kgもあるが，これを小さな力で回転できるようにするために，比重の大きい水銀約30kgの入った「たらい」のような容器（水銀槽）に浮かべている。これを水銀槽式回転機械という（図2）。この機械が備え付けられた施設は，省令別表第1（前掲Ⅰ-046表3）の3号の「灯台の回転装置が備え付けられた施設」に該当し，この施設から生じる水銀は「廃水銀等」に該当するため特別管理産業廃棄物となる。

正解　(4)

　【法令】政令6の5㈢ル，省令1の2(6)，政令6(1)㈡ホ，省令7の8の2，政令2の4㈤チ(1)，政令6の5(1)㈡チ，政令6(1)㈡ホ，省令7の8の3，政令第2条の4，省令1の2(5)，省令1の2，省令別表第1

　第２条　特別管理廃棄物（水銀廃棄物の委託）　

水銀廃棄物の委託に関する記述として，誤っているものはどれか。

(1)　排出事業者が廃蛍光管を廃プラスチック類の許可のみを有する処分業者に委託した場合，排出事業者は委託基準違反になる。

(2)　水銀使用製品産業廃棄物である金属水銀が封入された水銀式血圧計や気圧計，ガラス製温度計は，水銀の回収が義務付けられているが，事業場の事務所から排出される蛍光管については水銀の回収は義務付けられていない。

(3)　食品製造ラインに組み込まれた水銀が含まれる殺菌ランプを廃棄しようとするとき，殺菌ランプの取り外しが困難な場合は，取り外さずに水銀使用製品産業廃棄物として取り扱ってもよい。

(4)　事業者が廃蛍光管を排出する際に減量化のために破損させたものは，通常のガラスくず，金属くずとして委託することができる。

(5)　廃蛍光管の処理を委託する場合は，委託契約書に水銀使用製品産業廃棄物に係る事項を記載しなければならない。

■ 解 説 ■

(1)　廃蛍光管は省令第７条の２の４第１号に規定される水銀使用製品産業廃棄物であり，産業廃棄物の種類は金属くず，ガラスくず等である。したがって，産業廃棄物処分業者の事業の範囲に金属くず，ガラスくず等の許可を有し，水銀使用製品産業廃棄物を含む許可を有する者に委託する義務がある。

　　政令第６条の２は委託基準であるが，委託しようとする産業廃棄物の運搬，処分が事業の範囲（産業廃棄物の種類及び処理方法）に含まれるものに委託する義務があり，違反した場合は，法第26条第１号の罰則対象となるので注意が必要である。

(2)　水銀使用製品産業廃棄物のうち，液体の金属水銀を含むものは省令７条の８の３第１号に定める省令別表第５（前掲Ⅰ-046表２）については，政令第６条第１項第２号ホ(2)により，あらかじめ，ばい焼により水銀ガスを回収する方法などによって水銀を回収することが義務付けられている。

　　これらの水銀使用製品産業廃棄物を委託処理しようとするときは，水銀

使用製品産業廃棄物の処分の許可を有し，ばい焼等により水銀回収ができる処分業者に委託する必要がある。

　一方，廃蛍光管は省令別表4（前掲I-046表1）に掲げられる水銀使用製品産業廃棄物には該当するが，水銀使用製品産業廃棄物に共通の処理基準は「水銀又はその化合物が大気中に飛散しないよう必要な措置を講じること」である。さらに，水銀使用製品産業廃棄物のうち，水銀の回収が義務付けられているのは，液体の金属水銀を含む製品である（省令別表第5（前掲I-046表2））。

　廃蛍光管は同表に規定されていないので，水銀の回収の義務はないが，「水銀廃棄物ガイドライン（第2版）」（平成31年3月環境省）においては，上記の処理基準に従い，破砕を行う際は密閉された設備内で行う，設備や施設からの排気は集じん機や活性炭フィルターで処理するなど，水銀が大気中に飛散しないようにすることや，フィルター等の水銀残さについても，その性状に応じた適切な処理を求めている。

⑶　食品製造ライン，殺菌器，日焼け装置などには，水銀を含む放電ランプの一種の殺菌ランプや紫外線放射ランプなどが組み込まれている。これらランプが容易に取り外せる場合は，そのランプを政令第6条第1項第1号に規定する水銀使用製品産業廃棄物とし，それ以外のものを金属くず，廃プラスチック類などと分別して処理をする。

　しかし，装置に組み込まれている放電ランプは取り外しが難しいものもあり，取り外しによりランプが破損し水銀が飛散してしまうおそれがある。

　したがって，取り外しが困難な場合は，取り外さずに水銀使用製品産業廃棄物を含む金属くず，廃プラスチック類として，これらの許可を有する処理業者に委託する。

⑷　事業所から排出される廃蛍光管は政令第6条第1項第1号ロに規定する水銀使用製品産業廃棄物に該当する。これは省令第7条の2の4第1号の新用途水銀使用製品命令第2条に基づく水銀使用製品（前掲I-046表1）のうち蛍光ランプに該当するためである。

　この水銀使用製品産業廃棄物は処理基準に定義されたもので，破損されたものを水銀使用製品産業廃棄物から除く等の規定は置かれていないため，破損したものも水銀使用製品産業廃棄物として処理しなければならない。したがって，⑷が誤りである。

　なお，事業者が水銀使用製品産業廃棄物を収集運搬業者に引き渡すまでは法第12条第2項に定める保管基準が適用され，省令第8条の飛散，流出防止のほか，保管場所には水銀使用製品産業廃棄物がその他の物と混

合するおそれがないように，仕切りを設ける等の措置が必要である。

(5) 省令第8条の4の2では委託契約に含まれるべき事項として「委託する産業廃棄物に石綿含有産業廃棄物，水銀使用製品産業廃棄物又は水銀含有ばいじん等が含まれる場合は，その旨」と規定されている。

ただし，法改正時の現実的な経過措置として，平成29年10月以前から廃蛍光管の処理を委託しており，引き続き処理を委託している場合は，次回契約更新時に対応してよい旨が「水銀廃棄物ガイドライン（第2版）」に記載されている。

正解 (4)

【法令】政令6の2(二)，省令8の21(1)，政令6(1)(一)ロ，省令7の2の4，省令別表第4，水銀廃棄物ガイドライン（第2版）（平成31年3月環境省），廃棄物の処理及び清掃に関する法律施行令の一部を改正する政令等の施行について（通知）（平成29年8月8日環循適発第1708081号・環循規発第1708083号），省令8の4の2

I-049 第2条 特別管理廃棄物（水銀廃棄物の処理）

水銀廃棄物の処理に関する記述として，正しいものはどれか。

(1) 水銀含有ばいじん等に該当する産業廃棄物の汚泥やばいじんは，他の産業廃棄物とは区分して収集運搬，保管することが義務付けられた。

(2) 事業所から排出される蛍光管は，総体として「金属くず」「ガラスくず」と判断される場合であれば，安定型最終処分場に埋め立ててもよい。

(3) 医薬品であるマーキュロクロム液などの水銀回収が義務付けられていない水銀使用製品産業廃棄物についても，焼却処理は禁止されている。

(4) 廃水銀等の硫化施設を設置する場合は都道府県知事等の許可を受ける必要があり，焼却施設や最終処分場と同様に，生活環境影響調査等の告示縦覧や市町村長の意見聴取等の手続が必要となる。

(5) 特別管理産業廃棄物である廃水銀等の収集又は運搬を行う者は，特別管理一般廃棄物である廃水銀の収集又は運搬を行うことができるが，特別管理産業廃棄物である廃水銀等の処分を行う者は特別管理一般廃棄物である廃水銀の処分を行うことはできない。

■ **解 説** ■

(1) 水銀使用製品産業廃棄物は「その他の物と混合するおそれのないように他の物と区分して」という基準が規定されているが，水銀含有ばいじん等については，このような規定はされていない。これは，水銀含有ばいじん等はそもそも「ばいじん」や「汚泥」であり，破砕や切断によるリスクは考えにくいことから，規定されていないものと考えられる。

　なお，水銀含有ばいじん等については，処分の基準（政令第6条第1項第2号ホ）が追加されたことに加え，産業廃棄物の収集運搬業，処分業，処理施設の許可や委託契約書，マニフェスト等において，水銀含有ばいじん等が含まれることを明記するなど，その取扱いを明らかにすることが義務付けられた。

(2) 安定型最終処分場には，有害物質や有機物等が付着しておらず，雨水等にさらされてもほとんど変化しない安定型産業廃棄物(廃プラスチック類，ゴムくず，金属くず，ガラスくず・コンクリートくず・陶磁器くず，がれき類のいわゆる安定5品目及びこれらに準ずるものとして環境大臣が指定した品目（現在，石綿溶融物が指定))を埋立処分することができる。

蛍光管は水銀使用製品産業廃棄物に該当するが，平成 27 年の政令改正により廃水銀使用製品産業廃棄物は安定型産業廃棄物から除かれたため，安定型最終処分場に埋立処分はできない。

　　また，収集又は運搬時に水銀使用製品産業廃棄物が破損した場合であっても，単なるガラスくず等として処理することなく，水銀使用製品産業廃棄物であるガラスくず等として取り扱う必要がある。

(3)　皮膚のきずなどの外皮用局所殺菌に用いられるメルブロミン，いわゆる赤いヨードチンキ（赤チン），商品名ではマーキュロクロム液などは有機水銀二ナトリウム塩化合物を原材料とした医薬品であり，水銀使用製品産業廃棄物に該当する。これは政令第 6 条第 1 項第 1 号ロに規定され，省令第 7 条の 2 の 4 第 2 号の新用途水銀使用製品命令第 2 条に基づく水銀使用製品のうちの医薬品に該当する（前掲 I-046 表 1 の 29）。

　　また，水銀使用製品産業廃棄物のうち，政令第 6 条第 1 項第 2 号ホ(2)に規定する省令第 7 条の 8 の 3 第 1 号で定める別表第 5 の気圧計等は水銀の回収が義務付けられているが，医薬品は別表第 5（前掲 I-046 表 2）に規定されないため，水銀の回収の義務付けはない。また，回収の義務付けのない水銀使用製品産業廃棄物の埋立を除く処分基準は，政令第 6 条第 1 項第 2 号のとおりであり，飛散，流出防止等の基準のほか，同号ホ(1)の「水銀又はその化合物が大気中に飛散しないように必要な措置を講ずる。」としている。

　　したがって，焼却処理は禁止されていないが，廃棄物の性状を踏まえて焼却処理をすることが適切であると判断される場合は，水銀の大気排出を抑制するために焼却による排出ガスが大気汚染防止法の水銀の大気排出基準を達成できる排出ガス処理設備（バグフィルターなど）を有する施設で行うことが適当である。

(4)　廃水銀等の硫化施設は，設置の際に都道府県知事等の許可を受けることが必要となる政令第 7 条の産業廃棄物処理施設に追加されるとともに，焼却施設や最終処分場と同様に，生活環境影響調査等の告示縦覧や市町村長の意見聴取等の手続を要する政令第 7 条の 2 の産業廃棄物処理施設に指定された。したがって，(4)が正しい。

(5)　法第 14 条の 4 第 17 項の環境省令で定める者（第 7 条第 1 項又は第 6 項の規定にかかわらず，特別管理一般廃棄物の収集若しくは運搬又は処分の業を行うことができる者）として，省令第 10 条の 20 第 2 項において，特別管理産業廃棄物である廃水銀等の収集又は運搬を行う者は特別管理一般廃棄物である廃水銀の収集又は運搬を，特別管理産業廃棄物である

廃水銀等の処分を行う者は特別管理一般廃棄物である廃水銀の処分を，それぞれ行うことができると規定されている。

正解　(4)

【法令】政令6(1)(一)ロ・ヘ，政令3(1)(一)ホ・ト，政令6(1)(三)イ，政令6(1)(一)ロ・6(1)(二)ホ，省令7の8の3(一)，省令別表第5，大気汚染防止法18の28・18の30，政令7，政令7の2，省令10の20(2)

次の水銀廃棄物のうち，特別管理産業廃棄物に該当するものはどれか。

(1)　大学の研究機関から発生した水銀血圧計中の水銀

(2)　大学の研究機関から発生した水銀電池

(3)　大学の研究機関から発生した蛍光ランプ

(4)　大学の研究機関から発生した練り朱肉

(5)　大学の研究機関から発生した試薬びんに入っている 25g の臭化水銀(Ⅱ)

■ 解　説 ■

　水銀回収施設や大学の研究機関など省令第１条の２第５項により別表第１（前掲Ⅰ-046 表 3）に掲げる特定施設において生じた廃水銀又は廃水銀化合物（水銀使用製品が産業廃棄物となったものに封入された廃水銀又は廃水銀化合物を除く。）は廃水銀等として政令第２条の４第５号ニに特別管理産業廃棄物とされている。「大学及びその附属試験研究機関」は省令別表第１に指定されており，当該施設から排出される臭化水銀(Ⅱ)の試薬は量にかかわらず特別管理産業廃棄物の廃水銀化合物に該当する。

　(1)〜(4)は水銀使用製品産業廃棄物であり，(5)が正解である。

　また，試薬としての水銀又はその化合物については，特定施設から生じたもので原体（希釈，混合等の加工が施されていないもの。）とみなせるものは廃水銀等に該当するが，使用後の試薬を含む廃液は原体とはみなせないので，従来の特別管理産業廃棄物又は水銀含有ばいじん等に該当する。

　なお，廃水銀等の産業廃棄物処理基準は政令第６条の５第１項第３号ルに規定され，量にかかわらず廃水銀等を埋立処分する場合には，あらかじめ精製設備を用いて廃水銀等を精製し，純度を高め，硫黄と混合して硫化水銀とし，さらに固型化しなければならない。

　この固型化物は「廃水銀等を処分するために処理したもの」となり，「金属等を含む産業廃棄物に係る判定基準を定める省令」に基づきアルキル水銀化合物が検出されないこと，水銀又はその化合物が 0.005mg/L 以下であれば，省令第８条の６第４号に定める「基準適合廃水銀等処理物」に該当し，政令第６条の５第１項第３号ヲ(2)により分散の禁止や他の廃棄物との混合禁止等の追加措置を講じた管理型最終処分場に処分できる。

　一方，アルキル水銀化合物の検出や，水銀又はその化合物が 0.005mg/L

超の場合は，省令第8条の6の4第3号に定める「基準不適合廃水銀等処理物」に該当し，政令第6条の5第1項第3号ロにより遮断型最終処分場に埋立処分することになる。

正解 (5)

【法令】省令1の2(5)，省令別表第1，省令8の6の4㈢，省令8の12の3

有害使用済機器に関する記述として，正しいものはどれか。

(1) 「有害使用済機器」とは「使用を終了し，収集された機器（廃棄物を除く。）のうち，その一部が原材料として相当程度の価値を有し，かつ，適正でない保管又は処分が行われた場合に人の健康又は生活環境に係る被害を生ずるおそれがあるもの」とされているが，具体的には家電リサイクル法で規定されている 4 品目と小型家電リサイクル法で規定されている 28 品目である。

(2) 「有害使用済機器」には，その製品の附属品である AC アダプターやリモコンは含まれない。

(3) 有害使用済機器として，家電リサイクル法及び小型家電リサイクル法の対象となる機器が規定されているが，家庭用機器に限定され，業務用機器はすべて除外されている。

(4) 市民から排出された有害使用済機器について，当該機器の保管を業として行おうとする者は，市町村長に届け出なければならない。

(5) 有害使用済機器の保管又は処分を業として行う者は，事業を開始した後 10 日以内に，当該区域を管轄する都道府県知事等に届け出なければならない。

■ 解 説 ■

(1) 法第 17 条の 2 では「有害使用済機器」は，「使用を終了し，収集された機器（廃棄物を除く。）のうち，その一部が原材料として相当程度の価値を有し，かつ，適正でない保管又は処分が行われた場合に人の健康又は生活環境に係る被害を生ずるおそれがあるものとして政令で定めるもの」と規定されている。これを受けて，政令第 16 条の 2 で「有害使用済機器」として 32 品目を規定しているが，具体的には，

　　①家電リサイクル法で規定されている 4 品目

　　②小型家電リサイクル法で規定されている 28 品目

である。したがって，(1)が正しい。

(2) 政令第 16 条の 2 では，有害使用済機器は「法第 17 条の 2 第 1 項の政令で定める機器は，次に掲げる機器（一般消費者が通常生活の用に供する機器及びこれと同様の構造を有するものに限り，その附属品を含む。）

であつて，使用を終了し，収集されたもの（廃棄物を除く。）とする。」と規定されており，「有害使用済機器の保管等に関するガイドライン（第1版）」（平成 30 年 3 月）では，附属品として AC アダプターやリモコンが示されている。

(3)　有害使用済機器は，家電リサイクル法及び小型家電リサイクル法の対象となる機器など 32 品目が政令第 16 条の 2 に規定されているが，「一般消費者が通常生活の用に供する機器及びこれと同様の構造を有するもの」とされており，業務用であっても一般消費者が通常生活の用に供する機器と同様の構造を有するものは有害使用済機器となる（現場での判断が容易でない機器は業務用も対象）。

(4)　廃棄物が一般国民から排出された場合は，事業活動を伴わずに排出されたと解釈され一般廃棄物となり，処理業の許可等その所管は市町村となるが，有害使用済機器に関しては，法第 17 条の 2 第 1 項の規定により，有害使用済機器の保管又は処分を業として行おうとする者（「有害使用済機器保管等業者」という）が届け出なければならないのは都道府県知事等となる。

(5)　有害使用済機器の保管等の届出は，有害使用済機器の保管，処分又は再生の事業を開始する日の 10 日前までに行うものと規定されており，「開始した後 10 日以内」ではない。

正解　(1)

【法令】法第 17 条の 2，政令 16 の 2，有害使用済機器の保管等に関するガイドライン（第 1 版）（平成 30 年 3 月），省令 13 の 3

有害使用済機器に関する記述として，正しいものはどれか。

(1)　中古品として液晶式テレビを引き取った家電小売業者が，中古品販売業者に引き渡そうとする場合は，有害使用済機器保管等の届出が必要である。

(2)　ホームセンターの小売業者が車のバッテリーの販売に伴い，消費者から引き取った車のバッテリーを非鉄金属回収業者に引き渡そうとする場合，車のバッテリーの保管場所については届出が必要である。

(3)　家電小売業者が扇風機の販売に伴い消費者から下取りした扇風機を中古として売却使用する場合，当該中古品の保管場所については届出が必要である。

(4)　有害使用済機器保管等届出を提出した有害使用済機器保管等業者が，当該事業を拡張するために，届出をした保管場所から 5km 離れた同一県内である保管場所を追加しようとするときは，法第 17 条の 2 第 1 項後段の規定による有害使用済機器保管等の変更届出書の提出は不要である。

(5)　有害使用済機器の保管等業者の届出をしている者が届出事項の変更を行う場合は，当該変更の日の 10 日前までに届出書を提出しなければならないが，届出をしようとする者が法人で登記事項証明書の添付が必要な場合は事後の届出でよいとされている。

■ 解 説 ■

(1)　有害使用済機器とは「使用を終了し，収集された機器（廃棄物を除く）のうち，その一部が原材料として相当程度の価値を有し」とされている。中古品として使用する場合は，「使用を終了していない」ので有害使用済機器には該当しない。

　　したがって，中古品を引き取り，引き渡す行為は法第 17 条の 2 第 1 項の有害使用済機器の保管等の届出対象とはならない。

　　なお，中古品を扱う場合は，古物営業法の許可が必要となる場合があるので注意が必要である。

(2)　有害使用済機器の対象となるものは政令第 16 条の 2 に 32 品目に限定されており，この中には車のバッテリーは規定されていないので届出は不

要である。

(3) 有害使用済機器とは「使用を終了し，収集された機器（廃棄物を除く）のうち，その一部が原材料として相当程度の価値を有し」とされている。

したがって，扇風機から鉄，銅，アルミ等を取り出す場合は，有害使用済機器に該当するが，中古品として売却使用するものは「その一部が原材料として相当程度の価値を有するもの」には該当しない。

また，扇風機がその使用を終了したもので，一部原材料として相当程度の価値を有する場合は有害使用済機器に該当するが，省令第13条の2第6号に「有害使用済機器の保管，処分又は再生以外の事業をその本来の業務として行う場合であって，当該本来の業務に付随して有害使用済機器の保管のみを一時的に行う者」が規定され，家電小売業者は，有害使用済機器の届出の対象から除外されている。

(4) 法第17条の2第1項後段の変更届出の要件は届出した事項の変更であり，届出事項は省令第13条の3第1項に規定されている。保管場所の追加は省令第13条の3第1項第4号に該当するので，変更の届出が必要である。

(5) 変更の届出をしようとする者が法人であり，定款又は寄附行為及び登記事項証明書の添付が必要な場合は，事後の届出でよいとされている。したがって，(5)が正しい。

正解　(5)

【法令】法17の2，政令16の2，省令13の2㈥，省令13の3，省令13の4

有害使用済機器に関する記述として，正しいものはどれか。

(1)　有害使用済機器保管等業者は，事業を廃止しようとするときは 10 日前までに，当該区域を管轄する都道府県知事等に届け出なければならない。

(2)　市町村等及び市町村から許可を受けた一般廃棄物収集運搬業者（積替保管あり），一般廃棄物処分業者は，適正な有害使用済機器の保管を行うことができる者に該当するが，市町村の委託を受けて一般廃棄物を収集運搬及び処分を業として行う者は該当しない。

(3)　有害使用済機器の保管の用に供する事業場の敷地面積 100m² 未満の場合など，有害使用済機器の保管量が少ないこと等により，人の健康又は生活環境に係る被害を生ずるおそれが少ない場合は，有害使用済機器保管等業者の届出を行うことなく，有害使用済機器の保管を業として行うことができる。

(4)　有害使用済機器の保管に当たっては，室内保管又は堅牢な容器による保管が義務付けられている。

(5)　有害使用済機器の保管に当たっては，有害物質による人の健康又は生活環境に係る被害を防止することが重要であり，油を使用している場合を除き，火災防止については特に留意する必要はない。

■ 解 説 ■

(1)　有害使用済機器の保管等に係る廃止の届出は，廃止後 10 日以内に行うものと規定されており，「10 日前まで」ではない。

(2)　省令第 13 条の 2 第 1 号において，有害使用済機器の保管，処分又は再生に係る許可等を受け，かつ，当該許可等に係る事業場において有害使用済機器の保管を業として行おうとする場合は，法第 17 条の 2 に規定する「適正な有害使用済機器の保管」を行うことができる者として届出を要する有害使用済機器保管等業者から除外されている。

　　また，具体的な「許可等」については，規則第 13 条の 2 第 1 号イからウまで規定されており，市町村から委託を受けた者についても「リ　第 2 条第 1 号の委託」と規定されている。

(3)　省令第 13 条の 2 第 5 号において，有害使用済機器の保管の用に供す

る事業場の敷地面積が100m^{2}を超えないものを設置する場合については，法第17条の2に規定する「適正な有害使用済機器の保管」を行うことができる者として，届出を要する有害使用済機器保管等業者から除外されている。したがって，(3)が正しい。

(4)　有害使用済機器の保管の基準については，政令第16条の3に規定されており，室内保管又は堅牢な容器による保管は義務付けられていない。

(5)　政令第16条の3第1号ニにおいて，火災の発生又は延焼を防止するため，有害使用済機器がその他の物と混合するおそれのないように他の物と区分して保管することその他の環境省令で定める措置を講ずることとされている。

正解　(3)

【法令】省令13の11，省令13の2，省令2㈠，政令16の3㈠

第 17 条の 2　有害使用済機器の保管等

有害使用済機器に関する記述として，誤っているものはどれか。

(1) 有害使用済機器を保管している A 社が，保管場所の甲から乙に有害使用済機器を運搬した場合，乙の保管量の上限は日平均搬出量の 7 日分が適用される。

(2) 隣接する有害使用済機器の保管の単位の間隔は 2m 以上とらなければならないが，当該保管の単位の間に仕切りが設けられている場合は間隔をとらなくてもよい。

(3) 有害使用済機器保管等業者が保管場所において，有害使用済機器から鉛を含む汚水が発生し，環境基準を超える地下水の汚染に至らしめた。この場合，都道府県知事等は有害使用済機器保管等業者に対して措置命令を発出できる。

(4) 有害使用済機器の保管及び処分に関して措置命令を受けた場合は，産業廃棄物の措置命令と同様に，その命令に従わない場合には罰則の適用がある。

(5) 有害使用済機器保管等業者は有害使用済機器の保管を行った場合には，「受入年月日」「受け入れた受入先ごとの受入量及び受け入れた有害使用済機器の品目」等を記載した帳簿を備えなければならない。

■ 解 説 ■

(1) 有害使用済機器保管，処分の基準は政令第 16 条の 3 に規定される。この基準のうち，

　　①屋外において有害使用済機器の保管について容器を用いずに保管する場合の高さ制限（省令第 13 条の 6）

　　②一つの保管の単位の面積を 200m² 以下とすること（省令第 13 条の 8 第 3 号）

　　③隣接する有害使用済機器の保管場所は仕切りがない場合は 2m 以上離すこと（省令第 13 条の 8 第 4 号）

であり，数量に係る具体的な基準は規定されていない。したがって，(1)が誤りである。

　　なお，産業廃棄物処理基準の積替保管における保管量の上限は，政令第 6 条第 1 項第 1 号ホに保管の場所における 1 日当たりの平均的な搬出量

に 7 を乗じた数量としている。

(2)　有害使用済機器の保管に当たっては，火災を防止するための措置について規定されている。仕切りを設けることで火災時の延焼防止効果が見込めるため，仕切りが設けられている場合は，保管の単位の間隔を 2m 以上としなくてもよいこととされている。

(3)　法第 17 条の 2 第 1 項において有害使用済機器とは廃棄物を除くものとされている。しかし，有害使用済機器に含まれている有害物質の周辺への飛散，汚水の流出など生活環境への影響が懸念されているため，環境保全上の適正な取扱いが求められているものである。

　　このため，有害使用済機器の不適正な取扱いによる生活環境への支障又はそのおそれがある場合については，法第 17 条の 2 第 3 項により有害使用済機器保管等業者への措置命令の適用が準用されている。

(4)　有害使用済機器の保管及び処分に関して措置命令に違反した場合も，産業廃棄物の措置命令違反と同様に罰則第 25 条の対象となる。

(5)　有害使用済機器の保管等の業を行う者は，適正な管理を促す観点から，有害使用済機器の取扱いについて，品目ごとに，受入先，受入量，搬出先等を帳簿に記録することが義務付けられている。また，帳簿は 1 年ごとに閉鎖し，5 年間保存することとされている。

正解　(1)

【法令】法 17 の 2，政令 6 (1)(一)，政令 16 の 3，省令 13 の 6，省令 13 の 8，
　　　　法第 17 条の 2 (3)，法 19 の 5 (1)，法 25，省令 13 の 12

産業廃棄物の処理

II-001 第 12 条　保管基準

　　事業者が工場又は事業場で発生した産業廃棄物を処理業者に引き渡すまで
の，場内での産業廃棄物の保管について，正しいものはどれか。
- (1)　工場又は事業場内であれば，特に規制はかからない。
- (2)　工場又は事業場内の建屋の中であれば，特に規制はかからない。
- (3)　工場又は事業場内では，産業廃棄物を保管してはならない。
- (4)　工場又は事業場内であっても，囲いや掲示板などの規制がある。
- (5)　工場又は事業場内であっても，保管量の制限の規制がある。

【 解　説 】

　　工場や事業場から排出される産業廃棄物を運搬するまでの間その場内で
の保管の基準については，平成 10 年の法改正により法第 12 条第 2 項に規
定された。この規定の具体的な内容は省令第 8 条に定められ，囲い，表示，
飛散流出防止，悪臭発生防止，汚水防止の設備の設置，容器を用いない場合
の高さ及び勾配制限，衛生害虫発生防止，石綿含有産業廃棄物のその他の物
との混合防止である。

　　したがって，(4)が正しい。

　　また，一度工場又は事業場から搬出した物は積替保管の基準が適用となり
法第 12 条第 1 項の規定の適用となる。この規定は，法第 12 条第 2 項の
規定に加え，保管量の制限が加わる。具体的には，日平均搬出量の 7 日分
を超えて積替保管はしてはならないとしている。

　　これらの考え方は平成 10 年 5 月 7 日衛環第 37 号厚生省通知の第 7 に
記載されている。

正解　(4)

【法令】法 12 (2)，法 12 (1)，省令 8，平成 10 年 5 月 7 日衛環第 37 号
　　　　厚生省通知

II-002　第12条　保管基準　〔基本〕

　ある状況において，事業者が，その事業活動に伴い廃棄物を生ずる事業場の外で自ら当該産業廃棄物の保管を行おうとする場合，あらかじめその旨を都道府県知事に届け出なければならないとされている。次のうち，この事前届出が必要なものはどれか。

(1)　産業廃棄物処理施設設置場所で，当該保管の用に供される場所の面積が 300m^2 以上である場所において行われる産業廃棄物の保管。

(2)　当該保管の用に供される場所の面積が 500m^2 以上である場所において行われる一般廃棄物の保管。

(3)　当該保管の用に供される場所の面積が 300m^2 以上である場所において行われる建設工事に伴い生ずる産業廃棄物の保管。

(4)　当該保管の用に供される場所の面積が 700m^2 以上である場所において，非常災害のために必要な応急措置として行われる建設工事に伴い生ずる産業廃棄物の保管。

(5)　当該保管の用に供される場所の面積が 300m^2 以上である場所において行われる食品の製造に伴い生ずる産業廃棄物の保管。

◖解　説◗

　届出の対象となる産業廃棄物は，建設工事に伴い生ずる産業廃棄物で，届出の対象となる保管は，当該保管の用に供される場所の面積が 300m^2 以上である場所において行われる保管である。

　ただし，産業廃棄物処理業等の許可に係る事業の用に供される施設において行われる保管については処理業申請の際に，法第 15 条第 1 項の許可に係る産業廃棄物処理施設において行われる保管については設置許可申請の際に，PCB 廃棄物の保管についてはポリ塩化ビフェニル廃棄物の適正な処理の推進に関する特別措置法（以下，PCB 特別措置法）第 8 条の規定による届出の制度が既にあり，都道府県知事が把握できることから，届出対象外としたものである。

　また，「非常災害のために必要な応急措置」の場合は，事前届出ではなく，事後 14 日以内の届出と規定している。

正解　(3)

【法令】法 12 (3)(4)，法 15 (1)，PCB 特別措置法第 8 条

第12条　保管基準（処理基準）

次のうち，積替えのための保管量の上限に関する規定として正しいものはどれか。

(1)　前年度の最大搬出量（1日あたり）に7を乗じた数量

(2)　平均的な搬出量（1日あたり）に7を乗じた数量

(3)　前年度の最大搬出量（1日あたり）に10を乗じた数量

(4)　平均的な搬出量（1日あたり）に10を乗じた数量

(5)　平均的な搬出量（1日あたり）に14を乗じた数量

【解　説】

　収集運搬に伴う保管は，積替えを目的として一時的に行われるもののみが認められており，不適正処理につながる過大な保管を防止するため平均的搬出量の7日分と規定されている。平均的な搬出量とは，前月の産業廃棄物の総搬出量を前月の総日数で除して得た数量であり，新たに保管の場所の使用を開始する場合又は使用を休止していた保管の場所の使用を再開する場合にあっては，計画搬出量をもって平均的な搬出量とする。

　なお，次の場合は，積替えのための保管量の上限に関する規定は適用されない。（政令第6条第1項第1号ホ，省令第7条の4）

・船舶を用いて産業廃棄物を運搬する場合であって，当該産業廃棄物に係る当該船舶の積載量が，当該産業廃棄物に係る積替えのための保管上限を上回るとき

・使用済自動車等を保管する場合

正解　(2)

【法令】政令6(1)(一)ホ，省令7の4

II-004　第12条　保管基準（処理基準）　　基本

　次の表は，事業者Xが設置している積替えのための保管施設から，ある月に搬出された産業廃棄物の数量である。この月の翌月（総日数30日）において，この積替えのための保管場所に保管できる産業廃棄物の上限として正しいものはどれか。

最大搬出量	最小搬出量	平均搬出量
100m³/日	20m³/日	50m³/日

(1)　1,500m³

(2)　700m³

(3)　600m³

(4)　350m³

(5)　140m³

【 解 説 】

積替えのための保管量の上限は，平均的搬出量の7日分である。

したがって，50m³/日×7日＝350m³となる。

正解　(4)

【参照】II-003

産業廃棄物の保管について，廃棄物処理法で規定されていない事項は次のうちどれか。

(1)　産業廃棄物の積替保管を行う場合には，（省令で規定する例外的な事案を除き，原則的には）当該保管する産業廃棄物の数量が，当該保管の場所における1日あたりの平均的な搬出量に7を乗じて得られる数量を超えないようにすること。

(2)　産業廃棄物の処分等にあたっての保管期間は，（省令で規定する例外的な事案を除き，原則的には）当該産業廃棄物の処理施設において，適正な処分又は再生を行うためにやむを得ないと認められる期間である。

(3)　保管する産業廃棄物の数量が，（省令で規定する例外的な事案を除き，原則的には）当該産業廃棄物に係る処理施設の1日あたりの処理能力に相当する数量に14を乗じて得られる数量を超えないようにすること。

(4)　処理施設に船舶を用いて産業廃棄物を運搬する場合であって，当該産業廃棄物に係る当該船舶の積載量が当該産業廃棄物に係る処分等のための保管上限（以下「基本数量」という）を超えるときは，当該産業廃棄物に係る当該船舶の積載量とする。

(5)　処理施設の定期的な点検又は修理（実施時期及び期間があらかじめ定められ，かつ，その期間が7日を超えるものに限る。以下「定期点検等」という）の期間中に産業廃棄物を保管する場合は，当該産業廃棄物に係る処理施設の1日あたりの処理能力に相当する数量に定期点検等の開始の日から経過した日数を乗じて得た数量と基本数量に1/2を乗じて得た数量とを合算した数量とする。

【 解　説 】

廃棄物の保管については，政令第6条で規定しているが，排出者による排出現場での保管と，一旦発生現場から運び出した後の，いわゆる「積替保管」，さらに中間処理時の保管で基準が異なっている。

さらに，廃棄物処理の実情を勘案し，船舶での運搬，各種リサイクル事業，豪雪地帯等の特殊事情に合わせた例外的な規定も多いことから，注意が必要である。

(2)は「期間」の規定であり，(3)は「数量」の規定である。すなわち，いざ

というときは，処理施設をフル稼働させれば，14日以内に保管廃棄物を処理できる，というのであれば，実際は何日間保管していても構わない（もちろん「適正な処分又は再生を行うためにやむを得ないと認められる期間」内であり，マニフェストの回付期限もあるが）。

(1)についても同様の考え方で，一時的にある廃棄物を7日間を超えて保管していても違反ではない。「量」は「1日の平均的搬出量の7日間分を超えないこと」である（もちろん「適正な処分又は再生を行うためにやむを得ないと認められる期間」内であり，マニフェストの回付期限もあるが）。

しかし，これが行為者の勝手な主張とならないようにするために，この規定ができた平成10年5月7日付の通知で「7日分とは，前月における搬出実績から算出した7日分」との趣旨を示している。だから，極論すれば，前月においてまったく搬出の実績がなければ翌月は保管量は0としなければならないことになる。このように，この規定は「置きっぱなし」をさせないための規定となっている。

(4)の正しい規定は次のとおりであり，船舶は一時に大量の廃棄物を搬送できることから，設定されたものである。

「当該産業廃棄物に係る当該船舶の積載量と基本数量に二分の一を乗じて得た数量とを合算した数量とする」

例えば，焼却能力1日100tの焼却炉に積載量2,000tの船で搬入するときは次のようになる。

100t × 14日 ＝ 1,400t（これが基本量）

1,400t × 1/2 ＋ 2,000t ＝ 2,700t

正解　(4)

【法令】政令6，平成10年5月7日衛環第37号厚生省通知

次のうち，産業廃棄物が発生した事業場内の保管場所の掲示板に表示しなければならない事項として規定されていないものはどれか。

(1)　屋外において産業廃棄物を容器を用いずに保管する場合にあっては，最高積上げ高さ

(2)　保管の場所の管理者の氏名又は名称及び連絡先

(3)　保管する産業廃棄物の種類

(4)　保管する産業廃棄物の重量又は体積

(5)　産業廃棄物の保管の場所である旨

【 解 説 】

　廃棄物保管の掲示板について，一般廃棄物は省令第 1 条の 5，産業廃棄物は省令第 8 条で規定している。

　掲示板については，縦横 60cm 以上で表示事項は，産業廃棄物については(1)(2)(3)(5)の事項であるが，一般廃棄物については(5)に相当する「一般廃棄物の保管の場所である旨」は規定されていない。

　また，一般廃棄物，産業廃棄物ともに(1)の「屋外での最高積上げ高さ」は規定しているが，(4)の「重量又は体積（数量）」は表示事項としては規定されていない。

　なお，掲示板の表示項目としては規定されていないものの，積替え時，処分時の保管量については別途規定がある。

正解　(4)

【法令】省令 1 の 5，省令 8

【参照】Ⅱ-005

Ⅱ-007　第12条　保管基準　　難解

　次のうち，事業者が産業廃棄物を排出した事業場において，産業廃棄物が運搬されるまでの間，遵守しなければならない保管の基準（産業廃棄物保管基準）として誤っているものはどれか。

(1)　周囲に囲いを設けなければならない。

(2)　見やすい箇所に掲示板を設置しなければならない。

(3)　屋内に保管する場合は，高さの規定は適用されない。

(4)　産業廃棄物の種類に応じ保管期間が規定されている。

(5)　産業廃棄物が飛散，流出，地下浸透しないようにしなければならない。

【 解 説 】

　産業廃棄物保管基準は，産業廃棄物が運搬されるまでの間の保管に関する基準であり，事業者が遵守しなければならない基準である。この基準には，保管期間及び保管量に関する規定はない。一方，収集運搬に伴う積替えのための保管及び処分のための保管については保管量の上限が規定されている。

　(1)は省令第8条第1号イ，(2)は省令第8条第1号ロ，(3)は省令第8条第2号ロ，(5)は省令第8条第2号でそれぞれ規定されている。

正解　(4)

【法令】省令8(一)イ，省令8(一)ロ，省令8(二)

　第12条　保管基準

　下の図1，図2は，産業廃棄物を屋外で容器を用いず保管する場合を模式
的に表したものであるが，いずれも保管基準に違反した状態となっている。
次のうち，図1，図2の保管基準違反について正しく述べているものはどれか。

(1)　図1は，囲いに直接負荷がかかっていないので違反となる。

(2)　図2は，勾配が50度を超えているので違反となる。

(3)　図1は，勾配が50%未満なので違反となる。

(4)　図2は，囲いに直接負荷がかかっているので違反となる。

(5)　図2は，勾配の起点が囲いから2m離れていないので違反となる。

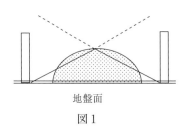

図1

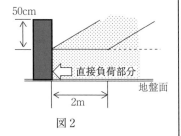

図2

注1)　図中の太線内の網掛け部分が廃棄物であり，実線及び破線は基準
　　線である。

注2)　囲いは白色のものが，荷重に対し構造耐力上安全ではないもので
　　あり，灰色のものは荷重に対し構造耐力上安全であることを示す。

■ 解 説 ■

　屋外において容器を用いず保管する場合の高さの基準は次のとおりであ
る。

【保管の高さ制限】

図 1　廃棄物が囲いに接しない場合

・囲いの下端から勾配 50% 以下

図 2　廃棄物が囲いに接する場合

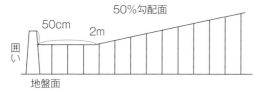

・囲いの内側 2m は，囲い高さより 50cm 以下
・2m 以上内側は，2m 線から勾配 50% 以下

正解　(5)

【参照】Ⅱ-007

下の図1, 図2は, 産業廃棄物を屋外で容器を用いず保管する場合を模式的に表したものであるが, いずれも保管基準に違反した状態となっている。次のうち, 図1, 図2の保管基準違反について最も正しく述べているものはどれか。

(1) 図1は, 囲いに直接負荷がかかっているので違反となる。

(2) 図1は, 囲いから2m以上離れていないので違反となる。

(3) 図1は, 勾配の起点が囲いから50cm以上離れていないので違反となる。

(4) 図2は, 囲いに直接負荷がかかっているので違反となる。

(5) 図2は, 勾配の起点が囲いから2m離れていないので違反となる。

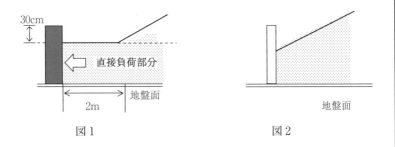

図1　　　　　　　　　　　　　図2

注1) 図中の太線内の網掛け部分が廃棄物であり, 実線及び破線は説明のための線である。

注2) 囲いは白色のものが, 荷重に対し構造耐力上安全ではないものであり, 灰色のものは荷重に対し構造耐力上安全であることを示す。

█ 解　説 █

　II-008 を参照。

正解 (4)

【参照】II-008

Ⅱ-010　第12条　保管基準　基本

　次のうち，屋外において容器を用いずに廃棄物を保管するときの基準である「積上げ勾配」として正しいものはどれか。

(1)　四角錐（ピラミッド形）に積み上げるときは，最高の高さは一辺の長さと同じだけ積み上げることができる。

(2)　円錐状に積み上げるとき，円の直径が 20m の場合の最高の高さは 5m まで積み上げることができる。

(3)　地盤面から，当該点を通る鉛直線と当該保管の場所の囲いの下端を通り水平面に対し上方に約 66% の勾配まで積み上げることができる。

(4)　地盤面と廃棄物の積上げ斜面の角度が約 50 度まで積み上げることができる。

(5)　横 3 に対して高さ 2，すなわち「3：2 勾配」といわれる高さまで積み上げることができる。

■ 解 説 ■

　廃棄物の保管基準について，一般廃棄物は省令第 1 条の 6，産業廃棄物は省令第 8 条で，次のように規定している（趣旨）。

　地盤面から，当該点を通る鉛直線と当該保管の場所の囲いの下端を通り水平面に対し上方に 50% の勾配を超えないこと。

　これは通常「2：1 勾配」といわれ，設問(2)がこれにあたる。円の中心までの距離と，その最高高さが 2：1（10m と 5m）となる。

　この勾配は角度では約 26 度となる。

正解　(2)

【法令】省令 1 の 6，省令 8
【参照】Ⅱ-007

II-011　第12条　保管基準

　難解

　　次の図は，産業廃棄物を屋外で容器を用いず保管する場合で，保管場所の囲いに直接負荷部分がある場合の保管の高さに関する基準を模式的に表したものである。

　　　図のa〜cに入る数値の組み合わせとして正しいものは(1)〜(5)のどれか。

a：囲いの上端から下方に向かう垂直距離（水平距離 b 以内）

b：保管場所の内側に向かう水平距離

c：b を超える範囲で基準線を通る水平面に対する上方の勾配^{こうばい}

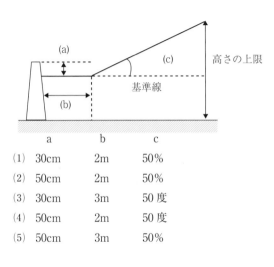

	a	b	c
(1)	30cm	2m	50%
(2)	50cm	2m	50%
(3)	30cm	3m	50度
(4)	50cm	2m	50度
(5)	50cm	3m	50%

【 解 説 】

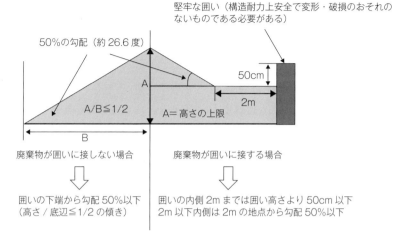

堅牢な囲い（構造耐力上安全で変形・破損のおそれの
ないものである必要がある）

50%の勾配（約26.6度）

A/B≦1/2

A= 高さの上限

A

B

50cm

2m

廃棄物が囲いに接しない場合　　　　廃棄物が囲いに接する場合

囲いの下端から勾配50%以下　　　囲いの内側2mまでは囲い高さより50cm以下
（高さ / 底辺≦1/2の傾き）　　　　2m以下内側は2mの地点から勾配50%以下

正解 (2)

次のうち，処分のための保管量の上限に関する規定として正しいものはどれか。

(1)　処理施設の平均的な処理量（1日あたり）に7を乗じた数量

(2)　処理施設の処理能力（1日あたり）に7を乗じた数量

(3)　処理施設の平均的な処理量（1日あたり）に14を乗じた数量

(4)　処理施設の処理能力（1日あたり）に14を乗じた数量

(5)　処理施設の平均的な処理量（1日あたり）に28を乗じた数量

【　解　説　】

　産業廃棄物の処分又は再生を行うという名目で処理施設の処理能力に比して過大な量の産業廃棄物を保管し，最終的にはその産業廃棄物を放置し事実上の不法投棄に至る事例が多いことから処理施設において保管することができる産業廃棄物の処分等のための保管上限が規定されたものであり，処分等のための保管上限は，処理施設の1日あたりの処理能力の14日分となっている。

　この処理能力とは，産業廃棄物処理施設の設置許可を要する施設にあっては，その許可された処理能力，それ以外の施設にあっては，定格標準処理能力である。

正解　(4)

【参照】Ⅱ-001

Ⅱ-013　第12条　保管基準　〔難解〕

産業廃棄物の処分のための保管量上限については政令により原則「処理能力の14日分」と規定されているが，次に示す条件と保管量の上限の特例の組み合わせとして，誤っているものはどれか。

（条件）	（保管量の上限の特例）
(1)　船舶により産業廃棄物を搬入する場合	船舶の積載量
(2)　処理施設の定期点検等が行われる場合	定期点検の日数×処理能力＋基本数量×1/2
(3)　建設業に係る産業廃棄物[注1]の再生のために保管する場合	処理施設の1日あたりの処理能力×28[注2]
(4)　豪雪地帯指定区域内において廃タイヤを冬季間保管する場合	処理能力×60（11月から3月まで）
(5)　優良産業廃棄物処分業者が，廃プラスチック類を処分又は再生のために保管する場合	処理施設の1日あたりの処理能力×28

注1：木くず，コンクリートの破片（石綿含有産業廃棄物を除く）又はアスファルト・コンクリートの破片であって分別されたもの
注2：アスファルト・コンクリートの破片は70

〖 解 説 〗

Ⅱ-012の解説のとおり，処分等のための保管上限は，処理施設の1日あたりの処理能力の14日分となっているが，保管数量が当該産業廃棄物に係る処分のための保管上限（基本数量）を超えても直ちに不適正な保管とはいえないことから，特例が設けられている。

(5)は海外での廃プラスチック類輸入制限を受け，国内で廃プラスチック類の処理が滞ることが懸念されたことから令和元年に追加された。

なお，設問のほかに，使用済自動車等を保管する場合は「高さの基準以内で保管できる数量」とされている。

(1)はⅡ-005で解説したとおり「船舶の積載量＋基本数量×1/2」が正しい。

正解　(1)

【法令】省令7の8

積替えのための保管量の上限及び処分のための保管量の上限について，次のa及びbに入る組み合わせとして正しいものはどれか。（特例として規定している場合を除く）

　積替えのための保管量の上限：平均的な搬出量（1日あたり）に（ a ）を乗じた数量

　処分のための保管量の上限：処理能力（1日あたり）に（ b ）を乗じた数量

	a	b
(1)	5	10
(2)	7	14
(3)	10	20
(4)	規定なし	14
(5)	規定なし	20

■ 解 説 ■

　積替えのための保管量の上限は平均的な搬出量（1日あたり）に7を乗じた数量であり，処分のための保管量の上限は処理能力（1日あたり）に14を乗じた数量となっている。なお，処分のための保管量の上限については，再生のための保管の場合など個別に規定されているものがあるので，問II-012の解説を参照されたい。

正解　(2)

【参照】II-012

Ⅱ-015　第12条　保管基準（処理基準）　

　事業者 X は生産工程から排出される廃プラスチック類を自社の工場内に
ある焼却施設（設置許可取得済）において焼却処理している。この工場にお
いて処分のために保管できる最大量は次のうちどれか。ただし，計算条件は
次のとおりとする。

（計算条件）

産業廃棄物焼却施設の処理能力	200kg/h
産業廃棄物焼却施設の稼働時間	8 時間
産業廃棄物焼却施設の火格子燃焼率	$150kg/m^2h$
処理する廃プラスチック類の見かけ比重	0.35
保管場所の面積	$1,000m^2$

(1)　1,050t

(2)　800t

(3)　350t

(4)　22.4t

(5)　16.8t

【 解 説 】

処分のための保管上限は処理能力の 14 日分である。

　したがって，200kg/h × 8h × 14 日＝ 22,400kg ＝ 22.4t

　なお，「1 日あたりの処理能力」は稼働時間が 8 時間未満の場合は 8 時間
に換算し，8 時間を超える場合は実働時間で計算するとされている。（直近
通知は令和 2 年 3 月 30 日）

正解 (4)

次のうち，事業者が自らの工場又は事業場から発生した産業廃棄物をその工場又は事業場の土地に保管することについて，正しいものはどれか。

(1)　事業者自ら所有権原を有している場合のみ当該土地での保管は，廃棄物処理法の適用は受けない。

(2)　事業者が使用権原を有している場合のみ当該土地での保管は，廃棄物処理法の適用は受けない。

(3)　事業者自ら所有権原を有している場合のみ当該土地での保管は，廃棄物処理法の適用を受ける。

(4)　事業者が使用権原を有している場合のみ当該土地での保管は，廃棄物処理法の適用を受ける。

(5)　事業者の所有権原又は使用権原にかかわらず，当該土地での保管は，廃棄物処理法の適用を受ける。

【 解　説 】

　事業者の工場又は事業場から発生した産業廃棄物を運搬するまでの間の保管については，法第 12 条第 2 項に規定している。この規定は土地の所有権，使用権とは関係なく，産業廃棄物を排出する事業者に省令第 8 条の「産業廃棄物保管基準」を適用し，囲いや掲示板の設置，飛散流出防止措置等の義務が課せられている。

正解　(5)

【法令】法 12 (2)，省令 8

Ⅱ-017　第12条　収集運搬基準　　　　　　　　　　基本

次の産業廃棄物収集運搬車の表示義務について誤っているものはどれか。

(1)　産業廃棄物の収集又は運搬に供する運搬車である旨とは「産業廃棄物収集運搬車」等の表示である。

(2)　「氏名又は名称」と「許可番号」は90ポイント以上の大きさの文字で表示し，「許可番号」については下6桁以上で表示しなければならない。

(3)　市町村が自ら運搬を行う車両は表示を行わなくてよい。

(4)　委託されて産業廃棄物を運搬する場合の車両には「産業廃棄物収集運搬車」「氏名又は名称」「許可番号」の3項目の表示でよい。

(5)　自己の産業廃棄物を運搬する場合の車両には「産業廃棄物収集運搬車」「氏名又は名称」の2項目の表示でよい。

【　解　説　】

　平成17年4月1日から産業廃棄物運搬車への表示及び書面の備え付け（携帯）が義務付けられている。（省令第7条の2の2）運搬車への表示と書面の携帯は，産業廃棄物収集運搬業の許可業者が委託を受けて運搬する場合だけでなく，排出事業者が産業廃棄物の自己運搬を行う場合も必要となっている。産業廃棄物を運搬する際は，運搬車に下記の項目を表示するとともに，所定の書面を携帯する必要がある。

	表示事項	携帯する書面
排出事業者が自己運搬を行う場合	「産業廃棄物の収集又は運搬に供する運搬車である旨」「氏名又は名称」	「次に掲げる事項を記載した書類」氏名又は名称及び住所 運搬する産業廃棄物の種類，数量 運搬する産業廃棄物を積載した日 積載した事業所の名称，所在地，連絡先 運搬先の事業場の名称，所在地，連絡先
許可業者が委託を受けて運搬する場合	「産業廃棄物の収集又は運搬に供する運搬車である旨」「氏名又は名称」「許可番号（下6桁）」	「産業廃棄物収集運搬業の許可証の写し」「産業廃棄物管理票（マニフェスト）」電子マニフェストを利用している場合「産業廃棄物収集運搬業の許可証の写し」「電子マニフェスト使用証」「受渡確認票」[※1]

099

環境大臣の認定を受けて運搬する場合[*2]	「産業廃棄物の収集又は運搬に供する運搬車である旨」 「氏名又は名称」 「認定番号」	認定証の写し
市町村又は都道府県が自己運搬を行う場合	「産業廃棄物の収集又は運搬に供する運搬車である旨」 「市町村又は都道府県の名称」	市町村又は都道府県がその事務として行う産業廃棄物の収集もしくは運搬の用に供する運搬車であることを証する書面

※1：省令第7条の2第3項第4号のイからニまでの事項を記載した書面。「受渡確認票」はこの事項について満たしているので，これらを記載すれば，この書面として利用できる。

※2：詳細については省令第7条の2の2第1項第4号，第5号，同条第2項

正解 (3)

【法令】省令7の2の2，省令7の2(3)(四)イ～ニ，平成17年2月18日環廃対発第050218003号・環廃産発第050218001号環境省通知

II-018　第12条　収集運搬基準　

　事業者が運搬車を用いて自ら産業廃棄物を運搬する場合の収集運搬車両に備え付ける書面について，次のa～eの事項のうち，規定されているものの組み合わせとして，正しいものはどれか。ただし，規定されている事項は「○」と表す。

a　氏名又は名称及び住所

b　運搬する産業廃棄物の種類及び数量

c　運搬する産業廃棄物を積載した日

d　運搬する産業廃棄物を積載した事業場の名称，所在地及び連絡先

e　運搬先の事業場の名称，所在地及び連絡先

	a	b	c	d	e
(1)	×	○	○	○	○
(2)	○	×	○	○	○
(3)	○	○	○	○	×
(4)	○	○	×	×	○
(5)	○	○	○	○	○

解　説

　従前は，運搬車両に積載された産業廃棄物に関する情報を示す書類等の携帯が義務付けられておらず，不審な運搬車に対してその運搬物や目的地を照会してもその場で収集又は運搬を行う者の主張の真偽を確認する方法がなかった。このため，産業廃棄物の運搬車への監視活動に支障が生じていたことから，産業廃棄物の収集又は運搬をする者に対し，産業廃棄物管理票等の書面の備え付けを義務付けることで，不適正処理に対する監視・取締りをより容易に行うことができるよう平成17年4月から処理基準に追加となったものである。（省令第7条の2の2第3項で準用する第7条の2第3項）

　なお，これらの記載事項を含むものであれば，伝票等の書面をもって代替することも可能である。その場合，複数の書面によってこれらの記載事項を網羅するものであっても可とされている。

正解　(5)

【法令】省令7の2の2(3)，省令7の2(3)

産業廃棄物を運搬する場合において，運搬車両である旨の表示が不要な場合として正しいものは次の(1)～(5)のどれか。

(1) 自社が工作物を解体して排出した産業廃棄物を自社で運搬する場合。

(2) 感染性産業廃棄物を運搬する場合。

(3) 中間処理後の産業廃棄物を運搬する場合。

(4) 産業廃棄物である使用済自動車を運搬する場合。

(5) 委託契約書の写し及びマニフェストを携行して運搬する場合。

【 解 説 】

産業廃棄物を運搬する場合は，自社運搬であっても処理業者が運搬する場合であっても処理基準が適用され，運搬車両である旨の表示をしなければならない。ただし，家電リサイクル法に基づき特定家庭用機器産業廃棄物を運搬する場合及び自動車リサイクル法に基づき使用済自動車産業廃棄物を運搬する場合，本規定は適用されない。（平成 16 年 10 月 27 日環境省令第 24 号附則第 3 条）

正解 (4)

【法令】平成 16 年 10 月 27 日環境省令第 24 号附則第 3 条

II-020　第12条　収集運搬基準　

次の産業廃棄物収集運搬車両の表示義務について誤っているものはどれか。

(1)　産業廃棄物のみを取り扱う場合において，産業廃棄物の収集又は運搬に供する運搬車である旨とは「産業廃棄物収集運搬車」等の表示でよい。

(2)　表示は車両の両側面に行ってあれば，前後面に行わなくてよい。

(3)　特別管理産業廃棄物を取り扱う場合であっても，産業廃棄物の収集又は運搬に供する運搬車である旨とは「産業廃棄物収集運搬車」等の表示であり，「特別管理」を加える「特別管理産業廃棄物収集運搬車」とする必要はない。

(4)　特別管理産業廃棄物を取り扱う場合の表示は文字及び数字の色彩は黒色，地の色彩は黄色で表示しなければならない。

(5)　産業廃棄物を取り扱う場合の表示は，識別しやすい色の文字で表示しなければならない。

解 説

車両表示については，特に特別管理産業廃棄物を収集運搬する場合，普通の産業廃棄物と異なる特別な規定はない。

正解　(4)

II-021　第 12 条　収集運搬基準

次の産業廃棄物収集運搬車両の表示義務について，法令で規定されていないものはどれか。

(1)　表示は車両の両側面に行わなければならない。

(2)　許可業者の表示は自己運搬を行う表示に許可番号を加えなければならない。

(3)　産業廃棄物の収集又は運搬に供する運搬車である旨とは「産業廃棄物収集運搬車」等の表示である。

(4)　産業廃棄物について環境大臣広域処理認定を受けている収集運搬車両の場合の表示は，自己運搬を行う表示に認定番号を表示しなければならない。

(5)　表示は文字及び数字の色彩は黒色，地の色彩は白色で表示しなければならない。

■ 解 説 ■

省令第 7 条の 2 の 2 第 3 項に「識別しやすい色の文字で表示するもの」とあり，特に色の指定はない。しかしながら，一般的な識別しやすい色の文字としては白地に黒文字が使われることが多い。なお，船舶については省令第 1 条の 3 の 2 に「鮮明に表示すること」とあるが，様式第 1 号に「文字及び数字の色彩は黒色，地の色彩は黄色」との規定がある。

正解　(5)

【法令】省令 7 の 2 の 2 (3)，省令 1 の 3 の 2

II-022　第12条　収集運搬基準　　難解

　船舶を用いて廃棄物の収集又は運搬を行う場合には，その用に供する船舶である旨その他の事項をその船体の外側に見やすいように表示しておくことが義務付けられているが，次のうち法令で規定されていない事項はどれか。

(1)　産業廃棄物を運搬する場合には，廃棄物の区分として「産業廃棄物運搬船」と表示する。

(2)　特別管理産業廃棄物を運搬する場合には，廃棄物の区分として「産業廃棄物運搬船」と表示する。

(3)　産業廃棄物を運搬する場合には，氏名又は名称及び許可番号を表示する。

(4)　特別管理産業廃棄物を運搬する場合には，氏名又は名称及び許可番号を表示する。

(5)　特別管理産業廃棄物を運搬する場合には，その表示については文字及び数字の色彩は黒色，地の色彩は白色で表示しなければならない。

■ 解 説 ■

　船舶については省令第1条の3の2に「様式第1号により鮮明に表示すること」とあるが，その様式第1号に「文字及び数字の色彩は黒色，地の色彩は黄色」との規定がある。

　また，様式第1号に運搬船の前につける区分についての規定がある。

正解　(5)

【法令】（関連）法12，省令1の3の2，省令7の2，省令8の5の2

第12条　積替保管

廃棄物の積替えのための保管の場所における掲示板に関する記述として，誤っているものはどれか。
(1)　水銀使用製品産業廃棄物を保管する場合は，掲示板にその旨を記載しなければならない。
(2)　石綿含有産業廃棄物を保管する場合は，掲示板にその旨を記載しなければならない。
(3)　水銀含有ばいじん等を保管する場合は，掲示板にその旨を記載しなければならない。
(4)　水銀使用製品廃棄物（一般廃棄物）を保管する場合は，掲示板にその旨を記載しなければならない。
(5)　石綿含有一般廃棄物を保管する場合は，掲示板にその旨を記載しなければならない。

■ 解 説 ■

積替保管場所において水銀使用製品廃棄物を保管する場合，産業廃棄物の保管基準に従い，かつ，仕切りを設ける，専用の容器に入れる等，他の物と分けて保管することが規定されている。

また，保管場所に設けるべき掲示板の「廃棄物の種類」の欄には，ガラスくず，金属くず，汚泥といった水銀使用製品産業廃棄物の性状を踏まえた産業廃棄物の種類を記載するとともに，水銀使用製品産業廃棄物が含まれる旨を追記することが規定されている。

なお，一般廃棄物については「水銀処理物」は表示しなければならないが，水銀使用製品廃棄物についてはその義務は規定されていない。したがって，(4)が誤りである。

正解 (4)

【法令】省令7の3，省令1の5

II-024　第12条　安定型最終処分場　　難解

　次の産業廃棄物最終処分場と産業廃棄物の組み合わせのうち，埋立可能なものはどれか。

(1)　安定型最終処分場　－　動植物性残さ

(2)　安定型最終処分場　－　石綿溶融後のスラグ

(3)　管理型最終処分場　－　廃酸

(4)　管理型最終処分場　－　含水率90%の汚泥

(5)　管理型最終処分場　－　最大径30cmの廃プラスチック

【 解 説 】

　産業廃棄物の処理基準は法第12条を受けた政令第6条で規定されているが，このうち埋立処分については第3号で規定している。

　設問で用いている「安定型最終処分場」「管理型最終処分場」という語句は，廃棄物処理法の中では定義されていないが，廃棄物処理の世界では普通に用いられている用語である。

　「安定型最終処分場」とは，法第15条を受けた政令第7条第14号ロで規定される最終処分場，「管理型最終処分場」とは，同条同号ハで規定される最終処分場である。

　安定型最終処分場とは，遮水シートや浸出水処理施設がないことから，腐敗するもの，汚水が発生するものは対象外（埋めてはならない）としていて，政令第6条第1項第3号イで規定している「安定型産業廃棄物」6種類だけが埋立の対象物である。

　具体的には（「一部条件によって除かれるもの」もあるが），廃プラスチック類，ゴムくず，金属くず，ガラス陶磁器くず，がれき類の5品目及び，大臣指定物である。

　現在，大臣指定物は石綿溶融後のスラグだけが指定されている。

　「管理型最終処分場」は，腐敗する物，汚水が発生する物も埋立の対象ではあるが，一定以上に有害物を含有，溶出する物は埋め立てていけない。

　また，廃油，廃酸・廃アルカリ，含水率85%を超える汚泥は，「埋立」というより，即座に流出し，施設や浸出水処理施設に急激な負担がかかることから，埋立は禁止されている。

　「一部条件によって除かれるもの」としては，不均等沈下を招く径15cm

以上の廃プラスチック類やゴムくずなどがある。

正解 (2)

【法令】政令 6, 政令 6 (1)(三), 法 15, 政令 7（十四）ロ, 政令 7（十四）ハ,
政令 6 (1)(三)イ

II-025　第12条　安定型最終処分場　[難解]

　産業廃棄物の埋立地である旧型処分場又はミニ処分場（以下「ミニ処分場等」という）について，次のうち正しいものはどれか。

(1)　ミニ処分場等は水質などのいかなる基準も適用されない。

(2)　ミニ処分場等は産業廃棄物処理基準が適用されないので改善命令や措置命令の対象にはならない。

(3)　ミニ処分場等は産業廃棄物処理基準が適用される。

(4)　ミニ処分場等は産業廃棄物処理基準に違反した場合でも，改善命令や措置命令の対象にならない。

(5)　ミニ処分場等の埋立面積や埋立容積を増やしても，新たな手続は不要である。

【解説】

　旧型処分場とは，廃棄物処理法施行前に設置された最終処分場や，政令改正により一定規模以上の最終処分場について届出制が導入された昭和52年3月15日施行前に設置された最終処分場のことをいい，ミニ処分場とは，政令改正により最終処分場の規模要件が撤廃された平成9年12月1日施行前に設置された規模要件に満たない最終処分場のことを指す（いずれも，平成17年2月18日付環廃対発050218003号環境省通知の第2を参照）。

　これらのミニ処分場等は政令第6条第1項第3号の産業廃棄物処理基準の適用を受けるものであり，平成16年政令改正によりこの基準が具体化，明確化され，遮水工の設置などの設備の基準，放流水等の水質の基準，周縁地下水の水質の検査など，最終処分場基準省令と同様の規制が適用された。ただし，安定型産業廃棄物のみを埋め立てているミニ処分場等については，省令第7条の9の規定により最終処分場基準省令に定める基準に適合している場合等は遮水工の設置などの適用が除外される。しかし，基準に適合しない場合は法第19条の3の改善命令，基準に適合せず生活環境保全上の支障の発生又はそのおそれがある場合は法第19条の5の措置命令の対象となる。

　さらに，ミニ処分場等を拡張や容量を増大させる場合は，既存のミニ処分場等ではなく拡張や容量の増大分を含めて新たな最終処分場となるので，法第15条による設置許可が必要となる。

【法令】平成 17 年 2 月 18 日付環廃対発 050218003 号環境省通知,
　　　政令 6 (1)(三), 省令 7 の 9, 法 19 の 5

II-026　第12条　安定型最終処分場　　基本

次のうち，安定型最終処分場に埋め立てられないものはどれか。

(1)　ガラスくず

(2)　廃プラスチック類

(3)　石綿溶融物

(4)　がれき類

(5)　鉛管

【 解 説 】

　安定型最終処分場に埋立可能なものとして，いわゆる「安定型5品目」と石綿溶融物が規定されている。

　しかし，次の物は過去において，有機性汚水や有害金属が溶出，浸出した実例があったことから，「種類，区分としては安定型5品目であるが，安定型最終処分場には埋め立ててはいけない」とされている。カッコ内は法令上の種類。

・石膏ボード，廃ブラウン管の側面部……（ガラスくず，コンクリートくず及び陶磁器くず）

・鉛蓄電池の電極，鉛製の管又は板……（金属くず）

・廃プリント配線板……（廃プラスチック類，金属くず）

・廃容器包装〔有害物質や有機性の物質が混入・付着しているもの〕
　……（廃プラスチック類，ガラスくず及び陶磁器くず，金属くず）

正解　(5)

次のうち，安定型最終処分場に埋立処分できないものはどれか。

(1) 石膏ボード
せっこう

(2) 破砕されたがれき類

(3) 石綿含有廃棄物の溶融処理生成物

(4) レンガくず

(5) 破砕された廃タイヤ

▌ 解 説 ▐

「産業廃棄物処理基準」として政令第 6 条第 1 項第 3 号において埋立処分の方法について規定されている。その中で安定型産業廃棄物の種類が列挙されている。なお，(3)は政令第 6 条第 1 項第 3 号イの第 6 番目の安定型品目で環境大臣が指定する産業廃棄物である。

正解 (1)

【法令】政令 6 (1)(三)
【参照】II-024

II-028　第12条　安定型最終処分場　　基本

次のうち，安定型最終処分場に埋立処分できるものはどれか。

(1) 廃プラスチック類，木くず，紙くずを主体とした固形燃料（RPF）

(2) シュレッダーダスト

(3) 鉛を含むはんだが使用された廃プリント配線板

(4) バッテリーの電極板

(5) 石綿含有廃棄物の溶融処理生成物

■ 解 説 ■

　固形燃料（RPF：Refuse Paper & Plastic Fuel）は通常，廃プラスチック類と紙くず，木くずを混合して熱量（カロリー）を調整している。そのため安定型最終処分場で埋立処分できない種類の廃棄物を含むことが多い。

　(5)は政令6条第1項第3号イの第6番目の安定型品目で環境大臣が指定する産業廃棄物である。

正解　(5)

【法令】政令6(1)(三)
【参照】II-024

113

次のうち，安定型最終処分場に埋め立てできる産業廃棄物はどれか。

(1)　パルプセメント板の破片

(2)　木毛セメント板の破片

(3)　鉄筋の入ったコンクリート片

(4)　窯業サイディング材の破片

(5)　パーティクルボード

【 解 説 】

　パルプセメント板，木毛セメント板や窯業サイディング材は原料の一部に
パルプを含んでおり，木くずとがれき類の混合物となり，安定型最終処分場
には埋め立てできない。埋め立てるなら管理型最終処分場に埋め立てする必
要がある。また，パーティクルボードは木くずであり，同様である。

正解 （3）

【参照】II-024

II-030　第12条　管理型産業廃棄物　難 解

　産業廃棄物である無害（有害金属等が溶出しない）汚泥の埋め立てに関して，規定されていない事項は次のうちどれか。

(1)　安定型最終処分場には，埋め立てしてはいけない。

(2)　あらかじめ，焼却設備を用いて焼却すれば埋め立て可能である。

(3)　あらかじめ，熱分解設備を用いて熱分解すれば埋め立て可能である。

(4)　あらかじめ，含水率85%以下にすれば埋め立て可能である。

(5)　あらかじめ，熱しゃく減量10%以下にしてから埋め立てなければならない。

■ 解 説 ■

　汚泥は管理型産業廃棄物であることから，無機性であっても，また，含水率がいくら低くても安定型最終処分場に埋め立てることは禁止されている。

　(2)(3)(4)は，政令第6条第1項第3号ヘ，で規定されている。なお，(2)(3)のように，焼却，熱分解後の「処理後物」は，汚泥の形態を有していなくなっているものと推定され，多くは「燃え殻」「ばいじん」として処分されるものと考えられる。

　(4)の形態は，脱水後「泥状を呈しない」状態となっても，いわゆる「脱水汚泥」と称せられて「汚泥」として取り扱われている。

　(5)の「熱しゃく減量」の規定は，許可の必要な焼却施設における維持処理基準であり，埋立基準ではない。

正解　(5)

【法令】政令6(1)三

Ⅱ-031　　第 12 条　管理型産業廃棄物　　

　次のうち，非飛散性のスレート板やＰタイルなどの石綿含有産業廃棄物を埋立処分しようとする場合，正しいものはどれか。
(1)　産業廃棄物処理施設設置許可（法第 15 条の許可）を受けた管理型最終処分場であれば埋立処分ができる。
(2)　産業廃棄物処理業許可（法第 14 条の許可）を受けた者のミニ処分場であれば埋立処分ができる。
(3)　第 15 条の許可を受けた安定型最終処分では埋立処分はできない。
(4)　第 15 条の許可を受けていないいわゆるミニ処分場のうち遮水工等を措置した管理型であれば埋立処分ができる。
(5)　第 15 条の許可を受けていないいわゆる旧処分場のうち遮水工等を措置した管理型であれば埋立処分ができる。

【　解　説　】
　石綿含有産業廃棄物については，政令第 6 条第 1 項第 1 号ロに「石綿が含まれている産業廃棄物であつて環境省令で定めるもの（以下「石綿含有産業廃棄物」という）」と読み替えられている。この環境省令は省令第 7 条の 2 の 3 で特別管理産業廃棄物の廃石綿等を除き，工作物の新築，改築又は除去に伴って生じた産業廃棄物で，石綿を重量の 0.1 ％を超えて含有するものとされている。
　この石綿含有産業廃棄物は政令第 2 条に定義されている産業廃棄物ではなく，処理基準に規定されているもので，一般的（廃止になった通知（平成 17 年 3 月 30 日環廃産発 050330010 環境省通知）の例など）には，その種類として，がれき類，ガラスくず・コンクリートくず及び陶磁器くず，廃プラスチック類が該当する。
　そして，石綿含有産業廃棄物の処理基準は政令第 6 条第 1 項第 2 号ニに中間処理の基準として無害化処理，同項第 3 号ヨに埋め立ての基準が規定され，埋め立ては政令第 7 条第 14 号に規定する産業廃棄物の最終処分場に限るとされている。
　したがって，法第 15 条施設であって，上記 3 種類の産業廃棄物の許可を受けていれば，管理型最終処分場や安定型最終処分場で埋立処分ができる。
　なお，(2)の業許可（法第 14 条の許可）を受けていたとしても，設置許可（法

第15条の許可）を受けていなければ，ミニ処分場に埋立処分はできない（Ⅱ
-025参照）。

正解 (1)

【法令】政令6(1)(一)ロ，省令7の2の3，政令2，平成17年3月30日
　　　環廃産発050330010環境省通知，政令6(1)(二)ニ，政令6(1)(三)ヨ，
　　　政令7（十四）

II-032　第 12 条の 2　管理型産業廃棄物

廃石綿等の埋立処分基準として，正しくないものはどれか。
- (1)　管理型最終処分場での埋立処分は，大気中に飛散しないように，あらかじめ，固型化，薬剤による安定化その他これらに準ずる措置を講じた後，耐水性の材料で二重にこん包すること。
- (2)　管理型最終処分場での埋立処分は，一定の場所において，かつ，当該廃石綿等が分散しないように行うこと。
- (3)　管理型最終処分場での埋め立てる廃石綿等が埋立地の外に飛散し，及び流出しないように，その表面を土砂で覆う等必要な措置を講ずること。
- (4)　遮断型最終処分場での埋立処分は，耐水性の材料で二重にこん包するか，又は，固型化すること。
- (5)　安定型最終処分場での埋立処分はやってはいけないこと。

【 解 説 】

　近年，特別管理産業廃棄物である廃石綿等の埋立処分について，産業廃棄物最終処分場における作業方法によっては，二重こん包袋が破袋したり，固型化された廃石綿等が破砕され，石綿が飛散するおそれがあると指摘する意見があり，これが産業廃棄物の最終処分場の設置に対する住民不安の一因となっている。そのため，廃石綿等の埋立処分に係る特別管理産業廃棄物の処理基準を強化し，次によることとなった。

　①大気中に飛散しないように，あらかじめ，固型化，薬剤による安定化その他これらに準ずる措置を講じた後，耐水性の材料で二重にこん包すること。
　②埋立処分は，最終処分場（政令第 7 条第 14 号に規定する産業廃棄物の最終処分場に限る）のうちの一定の場所において，かつ，当該廃石綿等が分散しないように行うこと。
　③埋め立てる廃石綿等が埋立地の外に飛散し，及び流出しないように，その表面を土砂で覆う等必要な措置を講ずること。

　なお，「廃石綿等」は特別管理産業廃棄物であることから，安定型最終処分場への埋め立ては認められていない。

　また，遮断型最終処分場であっても，管理型と同様に，平成 22 年の改正により固型化，薬剤による安定化等とともに，耐水性の材料で二重にこん包

118

することが必要となっている。

正解　⑷

【法令】法7

第2章
産業廃棄物の処理

119

次のうち，廃石綿等（飛散性アスベスト）を埋立処分しようとする場合，正しいものはどれか。

(1)　産業廃棄物処理施設（法第15条）の許可を受けた管理型最終処分場であれば埋立処分ができる。

(2)　自社の廃棄物であっても廃石綿等の場合は産業廃棄物処理業（法第14条）の許可を受ける必要がある。

(3)　第15条の許可を受けた安定型最終処分で埋立処分ができる。

(4)　第15条の許可を受けていないいわゆるミニ処分場のうち遮水工等を措置した管理型であれば埋立処分ができる。

(5)　第15条の許可を受けていないいわゆる旧処分場のうち遮水工等を措置した管理型であれば埋立処分ができる。

■ 解　説 ■

　飛散性アスベストについては，政令第2条の4第5号トに「廃石綿等」として，特別管理産業廃棄物に指定されている。また，政令第6条の5第1項第3号ワに廃石綿等の埋立基準が規定され，同号ワ(2)に「埋立処分は，最終処分場（政令第7条第14号に規定する産業廃棄物の最終処分場に限る）のうち一定の場所において，かつ，当該石綿等が分散しないように行うこと」と定められている。この政令第7条第14号イからロに法第15条の許可を受けた施設（15条施設）の最終処分場が規定されている。

　このうち，イは遮断型最終処分場で「有害な産業廃棄物」及び「特別管理産業廃棄物のうち有害な特別管理産業廃棄物」を埋立処分する場所，ロは安定型最終処分場で政令第6条第1項第3号イの柱書きで安定型産業廃棄物と読み替えられている，廃プラスチック類，ゴムくず，金属くず，ガラスくず・コンクリートくず及び陶磁器くず，がれき類，大臣指定（平成18年7月27日環境省告示第105号）した廃石綿等を溶融し一定基準に適合したものを埋立処分する場所，ハは管理型最終処分場でイ及びロ以外の種類の産業廃棄物を埋立処分する場所である。

　したがって，「廃石綿等」の埋立処分ができるのは，許可施設のうち安定型最終処分場を除く最終処分場となる。なお，自分の廃棄物であれば法第14条（業）許可は不要であり，他者の廃棄物である場合は必要であること

は他の廃棄物も同様である。遮断型最終処分場への埋め立てについては「石綿含有廃棄物等の適正処理について」（平成 19 年 11 月 5 日環廃対発第071105002 号・環廃産第 071105005 号環境省通知）の「第 8 章の 8.1 廃石綿等の最終処分」を参考にされたい。

正解 ⑴

【法令】法 14, 法 15, 政令 2 の 4 ㈤, 政令 6 の 5 ⑴㈢ワ, 政令 7 （十四）イ, 政令 7 （十四）ロ, 平成 18 年 7 月 27 日環境省告示第 105号, 平成 19 年 11 月 5 日環廃対発第 071105002 号・環廃産第 071105005 号環境省通知

法第 15 条の許可を受けた産業廃棄物焼却施設から発生する燃え殻，ばいじ
んのダイオキシン類に関する規制について，次のうち誤っているものはどれか。

(1)　産業廃棄物焼却施設の設置年月日にかかわらず燃え殻，ばいじん中の
　　　ダイオキシン類の含有量が 3ng-TEQ/g を超える場合は，特別管理産業
　　　廃棄物に該当する。

(2)　平成 3 年 7 月 4 日に現に設置されていた産業廃棄物焼却施設について
　　　は，当該施設から発生する燃え殻，ばいじんをセメント固化設備により
　　　一定の方法で固化した場合等は，3ng-TEQ/g を超える場合でも特別管
　　　理産業廃棄物に該当しない。

(3)　平成 9 年 12 月 1 日に現に設置されていた産業廃棄物焼却施設につい
　　　ては，当該施設から発生する燃え殻，ばいじんをセメント固化設備によ
　　　り一定の方法で固化した場合等は，3ng-TEQ/g を超える場合でも特別
　　　管理産業廃棄物に該当しない。

(4)　平成 12 年 1 月 15 日に現に設置されていた産業廃棄物焼却施設につい
　　　ては，当該施設から発生する燃え殻，ばいじんをセメント固化設備によ
　　　り一定の方法で固化した場合等は，3ng-TEQ/g を超える場合でも特別
　　　管理産業廃棄物に該当しない。

(5)　木くず専焼の産業廃棄物焼却施設から発生する燃え殻，ばいじんにつ
　　　いてもダイオキシン類の規制は適用されるので，3ng-TEQ/g を超える
　　　場合は特別管理産業廃棄物に該当する。

【 解 説 】

　15 条施設である廃プラスチック類や産業廃棄物の焼却施設から発生する
燃え殻，ばいじんに係るダイオキシン類の規制は，ダイオキシン類対策特別
措置法第 24 条第 1 項で，「廃棄物焼却炉である特定施設から排出される当
該特定施設の集じん機によって集められたばいじん及び焼却灰その他燃え殻
の処分を行う場合には，当該ばいじん及び焼却灰その他燃え殻に含まれるダ
イオキシン類の量が環境省令で定める基準以内となるように処理しなければ
ならない」と定められ，基準を超えたものを遮断型最終処分場に埋立するこ
とはできない。

　また，同項に定める環境省令の基準とはダイオキシン類対策特別措置法省

令第7条の2に「1グラムにつき3ナノグラム」と規定し，これらは廃棄物処理法政令第2条の4第5号リ(6)により特別管理産業廃棄物となる。

　一方，燃え殻，ばいじんに係るダイオキシン類の規制は，ダイオキシン類対策特別措置法の施行によりスタートしたことから，この施行日の平成12年1月15日時点で現に設置され，又は設置工事がされている施設から発生する燃え殻，ばいじんについては，一定の処理を行うことにより3ng-TEQ/gの基準は適用しない。これは，同法省令附則第2条第3項に規定され，その一定処理とは，セメント固化する方法，薬剤処理による方法，酸処理による方法が定められている。

正解　(1)

【法令】法15，政令2の4㈤リ，ダイオキシン類対策特別措置法24(1)，
　　　　ダイオキシン類対策特別措置法省令7の2，ダイオキシン類対策
　　　　特別措置法省令附則2(3)

次のうち，廃止できない産業廃棄物の管理型最終処分場はどれか。

(1) 処分場に囲い及び立て札が設置されていない。

(2) 処分場の全面が 70cm の覆土で覆われている。

(3) 処分場からメタンが発生しているが，過去 2 年にわたり濃度が減少している。

(4) 処分場に廃棄物が埋め立てられていない。

(5) 埋立地の周辺に雨水排除溝が設置されていない。

▌ 解　説 ▐

埋立地の終了，廃止については法第 9 条第 5 項（産業廃棄物は法第 15 条の 2 の 6 第 3 項で準用）の規定が適用される。

搬入が継続している時点では適用になる技術上の基準のいくつか（例えば囲いや立て札）は，廃止確認の時点では適用にならないものもあるが，雨水排除溝などは廃止の基準にその設置されていることが規定されている。

なお，この廃止の基準は一般廃棄物最終処分場でも同様である。

正解 (5)

【法令】法 9 (5)，法 15 の 2 の 6 (3)

【参照】IV-034

II-036　第 12 条　管理型産業廃棄物　　超 難

　次のうち，平成 9 年 12 月 1 日より前に設置した自社所有の管理型の産業
廃棄物のミニ処分場について，正しいものはどれか。

(1)　ミニ処分場を廃止しようとする場合，最終処分場基準省令で定める廃
止基準が適用される。

(2)　ミニ処分場を廃止しようとする場合，保有水が一定基準以下であれば
最終覆土により埋立終了し廃止できる。

(3)　ミニ処分場を廃止しようとする場合，法第 15 条の 2 の 5 の規定によ
り埋立終了したときは，その終了した日から 30 日以内に「埋立終了届出」
を提出しなければならない。

(4)　ミニ処分場を廃止しようとする場合，法第 15 条の 2 の 6 の規定によ
り「廃止確認申請」を提出しなければならない。

(5)　ミニ処分場を廃止しようとする場合，埋め立てした産業廃棄物が飛散
流出しなければ，囲いを設置してあれば廃止できる。

▌解　説▐

　平成 9 年 12 月 1 日施行の平成 9 年政令改正では，許可の必要な最終処
分場について，規模要件が撤廃された。この政令改正前に設置された管理
型では 1,000m^2 未満，安定型では 3,000m^2 未満の埋立地は，みなし許可
ではなく政令第 6 条第 1 項第 3 号の産業廃棄物処理基準に適合している限
り継続使用が認められている。また，政令第 6 条第 1 項第 3 号の柱書きで
その例による政令第 3 条第 3 号ホに規定では埋立処分を終了する場合には，
同号ハによる覆土をし，生活環境保全上支障が生じないように埋立地の表面
を土砂で覆うことと省令第 1 条の 7 の 4 第 1 号ニによる保有水の検査を行
い基準以下の場合と規定されており，最終処分場基準省令に基づく廃止基準
や，法第 15 条の 2 の 6 の規定による諸届出は不要である。

正解　(2)

【法令】法 15 の 2 の 6，政令 6 (1)㈢，政令 3 ㈢ホ，省令 1 の 7 の 4 ㈠
ニ

次の焼却炉に関する記述の正誤の組み合わせとして，適当なものはどれか。

a　小型の焼却炉でも規模にかかわらず産業廃棄物処理基準は適用される。

b　木くずを焼却する場合，処理能力が時間 50kg 以上の焼却炉はダイオキシン類対策特別措置法に基づく設置届出が必要になる。

c　木くずを焼却する場合，処理能力が時間 200kg 以上の焼却炉は廃棄物処理法に基づく設置許可が必要になる。

d　廃プラスチック類を焼却する場合，処理能力が日 100kg 以上の焼却炉は廃棄物処理法に基づく設置許可が必要である。

e　小型の焼却炉で，生活環境保全上の支障が発生しなければ法規制は適用にならない。

	a	b	c	d	e
(1)	正	誤	誤	誤	誤
(2)	誤	誤	誤	誤	正
(3)	正	誤	正	正	誤
(4)	正	誤	誤	正	正
(5)	正	正	正	正	誤

■ 解 説 ■

　廃棄物を焼却する小型の焼却炉でも，処理能力が時間 50kg 又は火床面積が 0.5m^2 以上のものは，一般廃棄物又は産業廃棄物にかかわりなくダイオキシン類対策特別措置法第 12 条の届出が必要となり排出ガスや燃え殻，ばいじんのダイオキシン類の測定義務が発生する。また，処理能力が時間 200kg 以上又は火格子面積が 2m^2 以上のもの，廃プラスチック類は日 100kg 以上（時間 12.5kg 以上）などは法第 15 条の設置許可が必要となる。

　また，処理能力にかかわらず法第 12 条第 1 項に規定する産業廃棄物処理基準は適用され，政令第 3 条第 2 号イ（産業廃棄物は第 6 条第 1 項第 2 号イ）の規定により省令第 1 条の 7 に定める構造が必要であり，環境大臣が定める方法（平成 9 年 8 月 29 日厚生省告示第 178 号）により焼却をしなければならない。

正解（5）

【法令】法 15，法 12⑴，政令 3 ㈡イ，政令 6 ⑴㈡イ，省令 1 の 7，ダ
　　　　イオキシン類対策特別措置法 12，平成 9 年 8 月 29 日厚生省告
　　　　示第 178 号

次のうち，処理能力が時間 50kg 未満の焼却炉から発生した燃え殻を処分しようとする場合，正しいものはどれか。

(1) ダイオキシン類の含有量が 3ng-TEQ/g を超えるものは特別管理産業廃棄物に該当する。

(2) カドミウムの溶出量が 0.3mg/L を超えるものは特別管理産業廃棄物に該当する。

(3) 鉛の溶出量が 0.3mg/L を超えるものは特別管理産業廃棄物に該当する。

(4) 六価クロムの溶出量が 1mg/L を超えるものは特別管理産業廃棄物に該当する。

(5) 特別管理産業廃棄物にはなり得ない。

【 解 説 】

　法第 2 条第 4 項第 1 号に事業活動から発生した燃え殻は産業廃棄物と規定されている。そして，政令第 2 条の 4 第 5 号チに施設を限定して，カドミウム，鉛，六価クロム，砒素，セレン，ダイオキシン類について環境省令で定める基準に適合しないものを特別管理産業廃棄物のうちの特定有害産業廃棄物に指定している。施設の限定は，政令別表第 3 に規定されており，水銀，鉛及びセレンについては，法第 15 条施設である廃プラ焼却施設，六価クロムは法第 15 条施設の廃プラ焼却施設と産業廃棄物焼却施設，ひ素は法第 15 条施設の産業廃棄物焼却施設，ダイオキシン類はダイオキシン類対策特別措置法施行令別表第 1 第 5 号に掲げる施設のみで，当該施設は火床面積が 0.5m^2 以上又は焼却能力が時間 50kg 以上のダイオキシン類対策特別措置法の特定施設が対象となっている。

　したがって，時間 50kg 未満の焼却炉は除外されており，当該焼却炉から発生する燃え殻は特別管理産業廃棄物にはならない。しかし，この燃え殻を最終処分しようとする場合は政令第 6 条第 1 項第 3 号ハの規定により施設要件はなく，水銀，カドミウム，鉛，六価クロム，ひ素又はセレンについて，環境省令で定める基準に適合しないものは「有害な産業廃棄物」として，遮断型最終処分場に埋め立てするか，何らかの中間処分をした後でなければ埋め立てはできない。

　なお，時間 50kg 未満の焼却炉から発生したダイオキシン類を含む燃え
殻については，有害な産業廃棄物には該当しないが，省令第1条の2第14
項に規定する基準に準拠して 3ng-TEQ/g を超えたとき，この燃え殻を委
託処理しようとする場合は，省令第8条の4の2第6号の委託契約に含ま
れるべき事項の一つの情報として，ダイオキシン類を含む旨を提供する必要
がある。

正解　(5)

【法令】法2⑷㈠，政令2の4㈤チ，政令6⑴㈢ハ，省令1の2⒁，省
　　　　令8の4の2㈥

産業廃棄物の処理委託に関する記述として，正しいものはどれか。

(1) 産業廃棄物の処理には許可制度はないので無許可の者に委託してもよい。

(2) 産業廃棄物の処理には許可制度はないので一般廃棄物の許可業者に委託することになる。

(3) 産業廃棄物の処理を委託する場合には産業廃棄物処理業の許可業者に委託しなければならない。

(4) 他者の産業廃棄物を無許可で処理した場合は罰則の規定があるが，産業廃棄物を無許可の者に委託しても罰則は規定されていない。

(5) 産業廃棄物処分業の許可業者には，その業者に処分を委託するのであれば収集運搬業の許可がなくても収集運搬も委託できる。

■ 解 説 ■

　排出事業者が産業廃棄物を自ら処理できない場合，その産業廃棄物の処理を産業廃棄物処理業者に委託することができる。その場合，産業廃棄物処理業の許可を有する者（その他環境省令で定める者）に委託しなければならない。

　なお，無許可の業者に産業廃棄物処理を委託した者は，5 年以下の懲役若しくは 1,000 万円以下の罰金に処される。

　したがって(3)が正しい。

正解 (3)

【法令】法 12 (5)，法 14 (12)，法 25 (1)(六)

II-040　第12条　委託契約　　基本

　産業廃棄物の収集運搬を委託できる者の組み合わせとして，正しいものはどれか。ただし，委託できる者は「○」と表す。

a　市町村（収集運搬をその事務として行う場合に限る）

b　都道府県（収集運搬をその事務として行う場合に限る）

c　専ら，再生利用の目的となる産業廃棄物のみの収集運搬を業として行う者

d　法第15条の4の2に基づき当該産業廃棄物について再生利用の認定を受けた者

e　法第20条の2に基づく廃棄物再生事業者として登録を受けた者

	a	b	c	d	e
(1)	○	○	○	×	○
(2)	○	○	○	○	×
(3)	○	○	○	×	×
(4)	×	×	×	×	×
(5)	○	○	○	○	○

【 解 説 】

　法第14条第1項の許可を受けた産業廃棄物収集運搬業者にはもちろん委託することができるが，本問は，許可業者以外に産業廃棄物の収集運搬を委託できる者についての設問であり，産業廃棄物の収集運搬を委託できる者は省令第8条の2の8第1号から第6号まで次のとおり規定されている。

第1号　市町村又は都道府県

第2号　専ら再生利用の目的となる産業廃棄物のみの収集又は運搬を業として行う者

第3号　第9条各号に掲げる者（法第14条第1項の許可を要しない者）

第4号　法第15条の4の2第1項の認定を受けた者

第5号　法第15条の4の3第1項の認定を受けた者

第6号　法第15条の4の4第1項の認定を受けた者

　廃棄物再生事業者の登録制度は，現に廃棄物の再生を業として営んでいる優良な事業者を登録するものであり，一般廃棄物処理業，産業廃棄物処理業，特別管理産業廃棄物処理業の許可は，この登録を受けることにより不要とな

るものではなく, 産業廃棄物の収集運搬を委託できる者に該当しない。また,
「再生」を業としている者が登録の対象であり, 収集又は運搬のみを業とし
て営んでいる者は登録の対象とならない。

正解 (2)

【法令】法 14(1), 省令 8 の 2 の 8 ㈠〜㈥, 省令 9, 法 15 の 4 の 2(1),
法 20 の 2, 法 15 の 4 の 3(1), 法 15 の 4 の 4(1)

II-041　第12条　委託契約

産業廃棄物の処分を委託できる者の組み合わせとして，正しいものはどれか。ただし，委託できる者は「○」と表す。

a　市町村（処分をその事務として行う場合に限る）

b　都道府県（処分をその事務として行う場合に限る）

c　専ら再生利用の目的となる産業廃棄物のみの処分を業として行う者

d　法第15条の4の2に基づき再生利用の認定を受けた者

e　法第15条の4の3に基づき広域処理の認定を受けた者

	a	b	c	d	e
(1)	○	×	×	○	○
(2)	○	○	○	×	○
(3)	×	○	○	○	×
(4)	○	○	○	×	×
(5)	○	○	○	○	○

【 解 説 】

産業廃棄物の処分を委託できる者は，省令第10条の3各号に掲げる者（法第14条第6項の産業廃棄物処分業の許可を要しない者）のほか次のとおり規定されている。

1	市町村又は都道府県
2	専ら再生利用の目的となる産業廃棄物のみの処分を業として行う者
3	再生利用に係る特例の認定を受けた者
4	広域的処理に係る特例の認定を受けた者
5	無害化処理に係る特例の認定を受けた者

正解　(5)

【法令】法15の4の2，法15の4の3，省令10の3，法14(6)

次のうち，誤っているものはどれか。ただし，処理対象廃棄物はすべて他者が排出者である。

(1)　市町村が直営で一般廃棄物を処理するときは，一般廃棄物処理業許可は不要である。

(2)　市町村が直営で産業廃棄物を処理するときは，産業廃棄物処理業許可は不要である。

(3)　都道府県が直営で一般廃棄物を処理するときは，一般廃棄物処理業許可は不要である。

(4)　都道府県が直営で産業廃棄物を処理するときは，産業廃棄物処理業許可は不要である。

(5)　国が直営で一般廃棄物を処理するときは，一般廃棄物処理業許可は不要である。

【 解 説 】

　法第 11 条第 2 項と第 3 項では地方公共団体による廃棄物の処理が規定されている。

　第 2 項はいわゆる「あわせ産廃」と称される行為であり，歴史的経過の中で，中小零細事業者が排出する産業廃棄物を市町村のごみ焼却施設や埋立地で受け入れてきたことを踏まえての規定である。

　条文上は「産業廃棄物の処理をその事務として行うことができる」としているのは，排出者処理原則はあくまでも事業者にあるとし，不当なしわ寄せが市町村に来ないようにしたものであるといわれている。（昭和 46 年 10 月 16 日環第 784 号厚生省次官通知趣旨）

　条文表現上は前述のとおりであるが，この条文を根拠として市町村が産業廃棄物を処理する場合は，産業廃棄物処理業許可は不要であるとして運用してきている。

　第 3 項では都道府県が産業廃棄物を処理する場合も同様に「産業廃棄物の処理をその事務として行うことができる」としていることから，いわゆる「公共関与」として都道府県が直営で産業廃棄物の処理を行う場合は，産業廃棄物処理業許可は不要であるとして運用してきている。

　市町村が直営で一般廃棄物を処理することは，法第 6 条の 2 第 1 項で規

定していることであり，一般廃棄物業許可は不要である。

　国が直営で一般廃棄物，産業廃棄物を処理する行為は，許可不要制度として法第7条及び法第14条の「ただし書き」を受けた省令第2条第5号，省令第2条の3第5号，省令第9条第5号及び省令第10条の3第5号で規定している。

　(3)の都道府県が一般廃棄物を処理することは想定されていない。

正解　(3)

【法令】法11(2)，法11(3)，昭和46年10月16日環第784号厚生省次官通知，法6条の2(1)，法7，法14，省令2㈤，省令9㈤，省令10の3㈤

特別管理産業廃棄物の収集運搬を委託できる者の組み合わせとして，正しいものはどれか。ただし，委託できる者は「○」と表す。

a　市町村（収集運搬をその事務として行う場合に限る）

b　都道府県（収集運搬をその事務として行う場合に限る）

c　専ら再生利用の目的となる特別管理産業廃棄物のみの収集運搬を業として行う者

d　法第15条の4の3に基づき広域処理の認定を受けた者

e　法第20条の2に基づく廃棄物再生事業者登録事業者

	a	b	c	d	e
(1)	×	○	×	○	○
(2)	○	○	○	×	○
(3)	○	×	○	○	×
(4)	○	○	×	○	×
(5)	○	○	×	×	×

【解説】

　a，b，d については，省令第8条の14第1号及び第3号で規定されており正しい。

　c 産業廃棄物収集運搬業及び処分業については，専ら再生利用の目的となる産業廃棄物のみの収集運搬，処分を業として行う者は許可不要であり，産業廃棄物の処理を委託できる者として規定されているが，<u>専ら再生利用の目的となる特別管理産業廃棄物は存在しない</u>ので誤り。

　e 法第20条の2に基づく登録廃棄物再生事業者は省令第8条の14のいずれも該当しないので誤り（法第20条の2に基づく登録を受けた者は「登録廃棄物再生事業者」という名称を用いることができるものであり，廃棄物の処理を業として行う場合は，処理業の許可が不要となる者に該当する場合を除き，廃棄物処理業の許可を受けなければならない）。

正解　(4)

【法令】法15の4の3，法20の2，省令8の14(1)，省令8の14(3)

II-044　第12条　委託契約　　　　　　超 難

　特別管理産業廃棄物の処分を委託できる者の組み合わせとして，正しいものはどれか。ただし，委託できる者は「○」と表す。

a　市町村（処分をその事務として行う場合に限る）

b　都道府県（処分をその事務として行う場合に限る）

c　国（処分をその業務として行う場合に限る）

d　法第15条の4の2に基づき再生利用の認定を受けた者

e　法第15条の4の4に基づき無害化処理の認定を受けた者

	a	b	c	d	e
(1)	○	○	×	○	○
(2)	○	○	○	×	○
(3)	×	○	○	○	×
(4)	○	○	○	×	×
(5)	○	×	○	○	○

【解説】

　a，b，c，e は省令第8条の15で規定されており正しい。

　d 広域的処理に係る特例（法第15条の4の3）及び無害化処理に係る特例（法第15条の4の4）の認定を受けた者は特別管理産業廃棄物の処分を委託できる者として省令第8条の15第3号及び第4号で規定されているが，法第15条の4の2に基づき再生利用の認定を受けた者は規定されていないので誤り。

正解　(2)

【法令】省令8の15, 法15の4の3, 法15の4の4, 省令8の15㈢, 省令8の15㈣, 法15の4の2

産業廃棄物の委託基準に関する記述として，誤っているものはどれか。

(1)　委託しようとする産業廃棄物が事業の範囲に含まれる者に委託しなければならない。

(2)　委託契約書には委託しようとする産業廃棄物が事業の範囲に含まれることを証する書類を添付しなければならない。

(3)　委託契約は書面で行わなければならない。

(4)　運搬を委託する場合は，委託契約書に運搬の最終目的地を記載しなければならない。

(5)　最終処分を委託する場合のみ，委託契約書に施設の処理能力を記載しなければならない。

■ 解 説 ■

　産業廃棄物の処分又は再生を委託するときは，委託契約書に，①その処分又は再生の場所の所在地，②その処分又は再生の方法，③その処分又は再生に係る施設の処理能力についての条項が含まれなければならない。さらに，最終処分（埋立処分，海洋投入処分又は再生）以外の中間処理を委託する場合は，当該産業廃棄物に係る最終処分の場所の所在地，最終処分の方法及び最終処分に係る施設の処理能力についての条項が含まれなければならない。

　(1)は政令6条の2第1号，(2)は省令8条の4第1号，(3)は政令6条の2第4号，(4)は政令6条の2第4号ロにおいて，それぞれ規定されている。

正解　(5)

【法令】政令6の2㈠，省令8の4㈠，政令6の2㈣，政令6の2㈣ロ

II-046　第12条　委託契約

次のうち，誤っているものはどれか。

(1)　産業廃棄物である廃プラスチック類の収集運搬の委託契約をしている収集運搬業者Ａ社に，少量発生した産業廃棄物の金属くずを廃プラスチック類と同時にＡ社に引き渡す場合は，金属くずの委託契約は不要である。

(2)　産業廃棄物である廃プラスチック類の収集運搬の委託契約をしている収集運搬業者Ａ社に，廃プラスチック類を引き渡す際に，一般廃棄物である紙くずの運搬を委託する場合，Ａ社は紙くずについての一般廃棄物処理業の許可又は市町村の委託業者でなければならない。

(3)　産業廃棄物である廃プラスチック類の収集運搬の委託契約をしている収集運搬業者Ａ社に，Ａ社の代表者がたまたま来社した際のセダン型自家用車に廃プラスチック類を引き渡す場合，当該自家用車について，Ａ社が収集運搬業許可申請した又は変更届出を提出し受理されている収集運搬車両であればよい。

(4)　Ｙ社の産業廃棄物である廃プラスチック類の収集運搬の委託契約をしている収集運搬業者に，Ｙ社の子会社Ｚから送られた廃プラスチック類を処理委託することはできない。

(5)　産業廃棄物である廃プラスチック類の収集運搬の委託契約をしているＡ社が，許可取消になった場合，許可取消後の委託はできない。

【 解 説 】

(1)は，事業者の産業廃棄物の運搬，処分等の委託の基準として政令第6条の2第4号イの規定には「委託する産業廃棄物の種類及び数量」の記載が必要であり，当該記載された産業廃棄物の種類以外のものを委託することは少量でも委託基準違反となる。

(2)は，一般廃棄物を委託する場合は，法第6条の2第6項の規定により市町村の委託を受けた者又は法第7条の一般廃棄物収集運搬業の許可業者でなければならない。

(3)は，廃棄物の運搬車両は適正に運搬できる状況であればトラック等に限定されるものではない。ただし，届出等の手続は必要である。

また，(4)では子会社（Ｚ）など別人格からの産業廃棄物を受けて，その産

業廃棄物を自社（Y）から排出した産業廃棄物として委託することは，Zは委託基準違反であり，子会社（Z）からの産業廃棄物を引き受けたことはYの無許可行為に該当する。

　(5)では，A社が許可取消になった場合は，法第12条第5項の「許可業者等に委託しなければならない」に違反し，委託基準違反になる。

正解　(1)

【法令】政令6の2㈣イ，法6の2(6)，法7，法12(5)

Ⅱ-047 第12条 委託契約　　超難

次のうち，誤っているものはどれか。

(1) 産業廃棄物の収集運搬の委託契約をしている産業廃棄物収集運搬業者Aと別人格の産業廃棄物収集運搬業者Bが突然来社し，格安の処理費で鉱さいを今すぐに引き取ると申し出た。このBに委託することは委託契約をしていなければ委託基準違反になる。

(2) 産業廃棄物の収集運搬の委託契約をしている産業廃棄物収集運搬業者Aと別人格の資源回収業者Cが突然来社し，格安の処理費で金属くずを今すぐに引き取ると申し出た。このCに委託することは専ら再生利用する金属くずであるので，委託契約は不要である。

(3) 産業廃棄物の収集運搬の委託契約をしている産業廃棄物収集運搬業者Aの子会社DがAの都合がつかないので代わりに産業廃棄物を引取にきた。このDに産業廃棄物を引き渡すことは，Dとの委託契約がない限り委託基準違反になる。

(4) 産業廃棄物の収集運搬の委託契約をしている産業廃棄物収集運搬業者Aの車両ではあるがAの従業員でないB社社員が産業廃棄物を引取にきた。このBに産業廃棄物を引き渡すことは，Bとの委託契約がない限り委託基準違反になる。

(5) 産業廃棄物の収集運搬の委託契約をしているAから運搬をFに再委託したいと申し出があった。この場合，政令第6条の12の規定による再委託の基準に適合していれば認められる。

【 解 説 】

　事業者の産業廃棄物を委託する場合は，法第12条第5項により産業廃棄物処理業者や省令第8条の2の8又は第8条の3に規定する者に委託しなければならない。この省令第8条の2の8第2号や第8条の3第2号には，産業廃棄物処理業の許可が不要である，「専ら再生利用業者」も含まれている。どちらの者に委託する場合も，法第12条第6項により委託契約が必要である。

　また，委託契約を締結していない者への産業廃棄物の引渡は委託基準違反となり，場合によっては，無許可営業への依頼，要求，教唆，幇助が問われることがある。

(4)は厳密には，その業務の支配・監督権が誰に存在するかが問題となる。通常 B 社の社員に A 社が命令指示をすることは考えにくい。

再委託については，政令第 6 条の 12 により排出事業者の承諾を書面により受ければ認められるものである。

正解 (2)

【法令】法 12 (3)，省令 8 の 2 の 8 (二)，省令 8 の 3 (二)，法 12 (6)，政令
　　　　6 の 12
【参照】III-010

II-048　第12条　委託契約

次のうち，委託契約の法定事項になっていないものはどれか。

(1)　委託者が受託者に支払う料金

(2)　委託する産業廃棄物の種類及び数量

(3)　委託する産業廃棄物の性状及び荷姿

(4)　受託者の処理業の許可期限

(5)　委託契約の有効期間

■ 解 説 ■

委託契約に含まれるべき事項については，政令第6条の2及び省令第8条の4の2で規定されている。

【政令第6条の2第4号】

イ	委託する産業廃棄物の種類及び数量
ロ	産業廃棄物の運搬を委託するときは，運搬の最終目的地の所在地
ハ	産業廃棄物の処分又は再生を委託するときは，その処分又は再生の場所の所在地，その処分又は再生の方法及びその処分又は再生に係る施設の処理能力
ニ	産業廃棄物の処分又は再生を委託する場合において当該産業廃棄物が法15条の4の5第1項の許可を受けて輸入された廃棄物であるときは，その旨
ホ	産業廃棄物の処分（最終処分を除く）を委託するときは，当該産業廃棄物に係る最終処分の場所の所在地，最終処分の方法及び最終処分に係る施設の処理能力
ヘ	その他環境省令で定める事項　→　【省令第8条の4の2】

【省令第8条の4の2】

第1号	委託契約の有効期間
第2号	委託者が受託者に支払う料金
第3号	受託者が産業廃棄物収集運搬業又は産業廃棄物処分業の許可を受けた者である場合には，その事業の範囲
第4号	運搬に係る委託契約にあっては，受託者が積替え又は保管を行う場合には，当該積替え又は保管を行う場所の所在地並びに当該場所において保管できる産業廃棄物の種類及び当該場所に係る積替えのための保管上限
第5号	前号の場合において，委託契約に係る産業廃棄物が安定型産業廃棄物であるときは，当該積替え又は保管を行う場所において他の廃棄物と混合することの許否等に関する事項
第6号	委託者の有する委託した産業廃棄物の適正な処理のために必要な情報（詳細は問II-050の解説参照）

第7号	委託契約の有効期間中に当該産業廃棄物に係る前号の情報に変更があった場合の当該情報の伝達方法に関する事項
第8号	受託業務終了時の受託者の委託者への報告に関する事項
第9号	委託契約を解除した場合の処理されない産業廃棄物の取扱いに関する事項

正解 (4)

【法令】政令6の2㈣，省令8の4の2

II-049　第 12 条　委託契約

　産業廃棄物の運搬を委託する際に受託者が積替保管を行う場合，委託契約書に記載しなければならない事項の組み合わせとして，正しいものはどれか。ただし，規定されているものは「○」と表す。

a　積替保管を行う場所の所在地

b　積替保管を行う産業廃棄物の種類

c　委託する産業廃棄物が安定型産業廃棄物である場合は，積替保管を行う場所において他の廃棄物と混合することの許否に関する事項

d　積替保管のための保管上限

e　積替保管のための保管の高さ

	a	b	c	d	e
(1)	○	○	×	○	○
(2)	○	○	○	×	○
(3)	○	○	○	○	×
(4)	○	○	○	×	×
(5)	×	×	○	○	○

【 解 説 】

　運搬を委託する場合で受託者が積替保管を行う場合については，省令8条の4の2第4号において，「産業廃棄物の運搬に係る委託契約にあっては，受託者が当該委託契約に係る産業廃棄物の積替え又は保管を行う場合には，当該積替え又は保管を行う場所の所在地並びに当該場所において保管できる産業廃棄物の種類及び当該場所に係る積替えのための保管上限」と規定されていることからa，b，dは該当する。

　さらに，安定型産業廃棄物の運搬を委託する場合には，当該安定型産業廃棄物が他の廃棄物と混合することにより安定型産業廃棄物としての処分に支障が生ずる場合も考えられることから，省令8条の4の2第5号において，当該安定型産業廃棄物と他の廃棄物とを混合することの委託者の許否等についても記載することと規定されている。よってcも該当する。

　eの「積替保管のための保管の高さ」については処理基準には規定されているが，委託契約書の法定事項としては規定されていない。

正解 (3)

【法令】省令8の4の2㈣，省令8の4の2㈤

Ⅱ-050   第 12 条　委託契約　　　　　難解

委託者が有している産業廃棄物に関する情報について，委託契約に含まれるべき事項の組み合わせとして，正しいものはどれか。ただし，規定されているものは「○」と表す。

a　産業廃棄物の性状

b　産業廃棄物の荷姿

c　通常の保管状況の下での腐敗，揮発等当該産業廃棄物の性状の変化に関する事項

d　他の廃棄物との混合等により生ずる支障に関する事項

e　委託する産業廃棄物に石綿含有産業廃棄物が含まれる場合は，その旨

	a	b	c	d	e
(1)	×	○	×	○	○
(2)	○	○	○	×	○
(3)	○	×	○	○	×
(4)	○	○	×	×	○
(5)	○	○	○	○	○

【 解 説 】

委託契約に含まれるべき事項は，省令第8条の4の2各号に規定されているが，第6号において委託者が有している産業廃棄物に関する情報で，委託契約に含まれるべき事項として次のとおり規定されている。

イ	当該産業廃棄物の性状及び荷姿に関する事項
ロ	通常の保管状況の下での腐敗，揮発等当該産業廃棄物の性状の変化に関する事項
ハ	他の廃棄物との混合等により生ずる支障に関する事項
ニ	当該産業廃棄物が次に掲げる産業廃棄物であって，日本工業規格 C0950 号に規定する含有マークが付されたものである場合には，当該含有マークの表示に関する事項（注） (1)廃パーソナルコンピュータ，(2)廃ユニット形エアコンディショナー，(3)廃テレビジョン受信機，(4)廃電子レンジ，(5)廃衣類乾燥機，(6)廃電気冷蔵庫，(7)廃電気洗濯機
ホ	委託する産業廃棄物に石綿含有産業廃棄物が含まれる場合は，その旨
ヘ	その他当該産業廃棄物を取り扱う際に注意すべき事項

注）平成 18 年 7 月 1 日から, 有害物質を含有する製品等については, 日本工業規格（JIS C 0950）に規定する含有マーク等による表示が義務付けられている。なお, 対象となる有害物質は, 鉛又はその化合物, 水銀又はその化合物, カドミウム又はその化合物, 六価クロム化合物, ポリブロモビフェニル（PBB）, ポリブロモジフェニルエーテル（PBDE）の 6 種類。（2006 年 7 月施行となった EU の電子・電気機器における特定 6 物質の使用制限についての指令（RoHS 指令）と同じ 6 物質）

正解　(5)

【法令】省令 8 の 4 の 2㈥
【参照】Ⅱ-052

Ⅱ-051　第12条　委託契約　　超難

　産業廃棄物の中間処理を委託する際に，委託契約書に記載しなければならない事項として政令で具体的に列挙されている事項の組み合わせは次のうちどれか。なお，設問中「最終処分」とあるのは「中間処理産業廃棄物の最終処分」である。

(1)　最終処分の予定年月日，最終処分の方法，最終処分に係る料金

(2)　最終処分の場所の所在地，最終処分の方法，最終処分に係る施設の処理能力

(3)　最終処分の場所の所在地，最終処分の方法，最終処分に係る料金

(4)　最終処分の場所の所在地，最終処分に係る施設の処理能力，最終処分に係る料金

(5)　最終処分の方法，最終処分に係る施設の処理能力，最終処分に係る料金

■ 解 説 ■

　法第12条第6項を受け，政令第6条の2第1項第4号では，産業廃棄物の委託契約書の事項を規定している。この「ホ」において，「最終処分以外の産業廃棄物の処分を委託」すなわち，中間処分を委託する場合には中間処理後にも「処理残さ物」が発生することから，その「中間処理残さ物」の最終処分に関する事項を中間処分の委託契約書の中に盛り込むよう規定されている。

　その具体的な事項は「最終処分の場所の所在地，最終処分の方法，最終処分に係る施設の処理能力」の三つであり，処分予定月日や最終処分に係る料金については規定されていない。

　なお，当契約は中間処分の契約であるから「最終処分に係る料金」については規定されていないが，省令により「委託者が受託者に支払う料金」については「委託契約に含まれるべき事項」として規定されている。

正解　(2)

【法令】法12(6)，政令6の2(1)(四)

産業廃棄物の運搬に係る委託契約書に含まれる事項として,「委託者の有する委託した産業廃棄物の適正な処理のために必要な情報」がある。その中の事項の一つとして規定されている「日本工業規格C0950号に規定する含有マークが付されたものである場合には,当該含有マークの表示に関する事項」を適用するとしている物品でないものは次のうちどれか。

(1)　廃ファンヒーター
(2)　廃電子レンジ
(3)　廃電気冷蔵庫
(4)　廃パーソナルコンピュータ
(5)　廃衣類乾燥機

【　解　説　】

　資源有効利用促進法の「指定再利用促進製品の判断基準省令」の改正により,平成18年から,特定の化学物質(鉛,水銀等6物質)を指定の対象製品(テレビ,冷蔵庫等7品目)に含有率基準値を超えて使用する場合,「含有マーク」を機器本体,機器の包装箱,カタログ類に表示することが義務付けられた。

含有マーク
「特定の化学物質(算出対象物質)を,含有率基準値を超えて使用している」ことを表すマーク。

　この指定の対象製品を産業廃棄物として廃棄する場合は,産業廃棄物処理委託契約書に含有マークの表示に関する事項を含むことが,廃棄物処理法で規定された。
　特定の化学物質とは,鉛,水銀,カドミウム,六価クロム,PBB(ポリブロモビフェニル),PBDE(ポリブロモジフェニルエーテル)の6物質が指定されており,対象製品としては,テレビ,冷蔵庫,洗濯機,エアコン,電子レンジ,衣類乾燥機,パソコンの7品目が指定されている。

正解　(1)

II-053　　第12条　委託契約　　　　　　　　　　　　　　超難

　産業廃棄物の処理に係る委託契約書に含まれる事項として，「委託者の有する委託した産業廃棄物の適正な処理のために必要な情報」がある。その中の事項として具体的に列挙されている事項でないものは，次のうちどれか（「その他」として個別事案で判断されるものは除く）。

(1)　当該産業廃棄物の性状及び荷姿に関する事項

(2)　通常の保管状況の下での腐敗，揮発等当該産業廃棄物の性状の変化に関する事項

(3)　当該産業廃棄物の処理予定年月日

(4)　他の廃棄物との混合等により生ずる支障に関する事項

(5)　委託する産業廃棄物に石綿含有産業廃棄物が含まれる場合は，その旨

▌ 解　説 ▐

　省令第8条の4の2第6号に「委託者の有する委託した産業廃棄物の適正な処理のために必要な情報」があり，イ～ヘまでの6項目が列挙されている。(1)(2)(4)(5)の項目に加え，「含有マーク」と「その他」の6項目であり，(3)の「予定年月日」は，該当していない。

正解　(3)

【法令】省令8の4の2㈥
【参照】II-050，II-052

第 12 条 委託契約

産業廃棄物の運搬に係る委託契約書に含まれる事項として,「委託者の有する委託した産業廃棄物の適正な処理のために必要な情報」がある。その中の事項の一つとして規定されている「日本工業規格 C0950 号に規定する含有マークが付されたものである場合には,当該含有マークの表示に関する事項」を適用するとしている物品でないものは,次のうちどれか。
(1) 廃ユニット形エアコンディショナー
(2) 廃テレビジョン受信機
(3) 廃電気洗濯機
(4) 廃パーソナルコンピュータ
(5) 廃プリンター

■ 解 説 ■

II-052 参照

正解 (5)

II-055　第12条　委託契約　　　超 難

　　産業廃棄物の再生を委託する際に，委託契約書に記載しなければならない事項として政令で具体的に列挙されている事項の組み合わせは，次のうちどれか。

(1)　再生の予定年月日，再生の方法，再生品の売却価格

(2)　再生の場所の所在地，再生の方法，再生に係る施設の処理能力

(3)　再生の場所の所在地，再生の方法，再生の予定年月日

(4)　再生の場所の所在地，再生に係る施設の処理能力，再生の予定年月日

(5)　再生品の売却価格，再生に係る施設の処理能力，再生の予定年月日

解 説

　　法第12条第6項を受け，政令第6条の2第1項第4号では，産業廃棄物の委託契約書の事項を規定している。この「ハ」において，「産業廃棄物の処分又は再生を委託」に関する事項が規定されている。

　　その具体的な事項は「再生の場所の所在地，再生の方法，再生に係る施設の処理能力」の三つであり，予定月日や再生品の売却価格については規定されていない。

　　なお，マニフェストの記載事項には，「有価物の拾集量」が規定されている。

　　もちろん，当事者同士の民事上の契約事項は自由（他の法令，公序良俗等に違反しなければ）であり，法定事項以外の事項（例えば，設問の「再生の予定年月日」や「再生品の売却価格」等）について，契約書に盛り込むことは差し支えない。

正解　(2)

【法令】法12(6)，政令6の2(1)四

次のうち，産業廃棄物委託契約に含まれるべき事項（法定事項）として正しいものはどれか。

(1)　委託契約の契約締結年月日

(2)　委託者が受託者に支払う料金の支払期限

(3)　受託者が産業廃棄物収集運搬業又は産業廃棄物処分業の許可を受けた者である場合には，その事業の範囲

(4)　産業廃棄物の運搬に係る委託契約にあっては，受託者が当該委託契約に係る産業廃棄物の積替え又は保管を行う場合には，当該積替え又は保管を行う場所の所在地並びに当該場所において保管できる産業廃棄物の種類及び当該場所に係る積替えのための保管期限

(5)　前号の場合において，当該委託契約に係る産業廃棄物が管理型産業廃棄物であるときは，当該積替え又は保管を行う場所において他の廃棄物と混合することの許否等に関する事項

■ 解 説 ■

(1)は「有効期間」。

(2)は「支払う料金」。

(3)は正しい。

(4)は「保管上限」。

(5)は「安定型産業廃棄物」。

正解　(3)

【参照】 II-048

II-057　第12条　委託契約　　基本

　次のうち，産業廃棄物の運搬に係る委託契約書に添付すべき書面として規定されていないものはどれか。
- (1)　産業廃棄物収集運搬業の許可証
- (2)　産業廃棄物再生利用に係る環境大臣認定証
- (3)　産業廃棄物広域的処理に係る環境大臣認定証
- (4)　産業廃棄物無害化処理に係る環境大臣認定証
- (5)　廃棄物再生事業者登録証明書

■ 解　説 ■

　産業廃棄物の運搬業を行うためには，原則として知事（政令市長を含む）の収集運搬業の許可を得なければならない。その例外として(2)(3)(4)の環境大臣による各種の認定制度等がある。このことから，運搬に係る委託契約書の添付書類としては，運搬業を行える者であることの証明として，これらの許可証や認定証の写し等が義務付けられている。(5)の廃棄物再生事業者は，法第20条の2で「知事の登録を受けることができる」と規定され，政令第19条で登録証明書の規定もあるが，この登録を受けたからといって，産業廃棄物処理業の許可が不要となるものではない。

　よって，廃棄物再生事業者登録証明書は「産業廃棄物の運搬に係る委託契約書に添付すべき書面」としては規定されていない。

正解　(5)

【法令】法20の2，政令19

第12条　委託契約

特別管理産業廃棄物の処理を委託する場合は，あらかじめ委託しようとする者に対して文書で通知しなければならないとされているが，その文書で通知しなければならない事項でないものは，次のうちどれか。

(1)　委託しようとする特別管理産業廃棄物の数量

(2)　委託しようとする特別管理産業廃棄物の性状

(3)　委託しようとする特別管理産業廃棄物の処理料金

(4)　委託しようとする特別管理産業廃棄物の荷姿

(5)　委託しようとする特別管理産業廃棄物を取り扱う際に注意すべき事項

■ 解 説 ■

政令第6条の6第1号で「特別管理産業廃棄物の処理を委託する場合は，あらかじめ委託しようとする者に対して，文書で通知しなければならない」旨を規定している。

この「あらかじめ文書による通知」は，普通の産業廃棄物の委託では規定されていない事項である。特別管理産業廃棄物は普通の産業廃棄物以上に性状等が特殊なものであり，処理に技術や知識が必要となることから，受託者が適正に受け入れ，処理することが可能かを判断する材料とするものである。

この文書で通知する事項として，政省令により，種類，数量，性状，荷姿，取り扱う際に注意すべき事項の5項目が規定されているが，処理料金は規定されていない。

なお，この文書により実際に処理が可能と判断し，受け入れる際には，改めて委託契約書の締結が必要であり，委託契約書において「処理料金」は必須事項となっている。

正解 (3)

【法令】政令6の6㈠

Ⅱ-059　第12条　委託契約

　事業者が特別管理産業廃棄物を委託する者に対し，あらかじめ委託契約の前に文書で通知する内容として規定されていないものは，次のうちどれか。

(1)　特別管理産業廃棄物の種類

(2)　特別管理産業廃棄物の性状及び荷姿

(3)　特別管理産業廃棄物の数量

(4)　他の廃棄物と混合等により生ずる支障に関する事項

(5)　特別管理産業廃棄物の取扱い上の注意事項

■ 解 説 ■

(4)は委託契約の条項に含まれる。

正解　(4)

【参照】Ⅱ-058

事業者が普通の産業廃棄物※を処理業者に委託する場合に規定されていないものは，次のうちどれか。

(1)　あらかじめ，委託契約の前に廃棄物の種類，数量，荷姿及び取扱い上の注意について必ず文書で通知しなければならない。

(2)　収集運搬については，産業廃棄物収集運搬業者と委託基準に従い委託契約を締結しなければならない。

(3)　中間処分については，産業廃棄物処分業者と委託基準に従い委託契約を締結しなければならない。

(4)　中間処理を経ずに最終処分を委託する場合は，産業廃棄物処分業者と委託基準に従い委託契約を締結しなければならない。

(5)　収集運搬については，産業廃棄物収集運搬業者と，処分については産業廃棄物処分業者と委託基準に従いそれぞれ委託契約を締結しなければならない。

※普通の産業廃棄物：巻頭「本書で用いる用語説明」参照

■ 解　説 ■

(1)は特別管理産業廃棄物の委託する場合に必要となる。

正解　(1)

【参照】 II-058

II-061　第12条　委託契約 ｜難解｜

　排出事業者から排出された産業廃棄物が収集運搬され，一旦集積場所で積替保管を行って後，中間処分場に再び運搬されて，そこで発生した中間処理残さが，最終処分場に運ばれて処分されている。

　この場合，誤っているものは次のうちどれか。

(1)　運搬については産業廃棄物収集運搬業者と委託基準に従い委託契約を締結しなければならない。

(2)　処分については産業廃棄物処分業者と委託基準に従い委託契約を締結しなければならない。

(3)　収集運搬業と処分業の両方の許可を持っている処理業者であれば，収集運搬と処分の委託を含めた一括契約を行ってもよい。

(4)　積替保管施設の前後で収集運搬業者が異なったときは，委託契約については保管施設の前後二つの収集運搬委託契約を事前に結ばなければならない。

(5)　中間処分を行った後に最終処分を行う場合には，中間処分業者及び最終処分業者それぞれと処分委託契約を事前に結ばなければならない。

▌解　説▐

　産業廃棄物の処理委託については，排出事業者と処理業者が直接契約を取り交わさなければならない。したがって，積替保管場所の前後で収集運搬業者が異なる場合は，それぞれの収集運搬業者と，それぞれ別個に二つの収集運搬契約が必要になる。

　また，収集運搬と中間処理は別個の契約にする必要があるが，収集運搬と中間処理を行う業者が同一の業者であれば，契約書自体は必要事項さえ記載されていれば，1本にまとめても構わない。

　中間処理後に発生する「中間処理後残さ物」については，中間処理業者（排出事業者の立場となって）が最終処分業者と契約書を締結できる（法第12条第5項）ので，元々の排出事業者は中間処理後残さ物に関しては，最終処分業者と直接契約を締結する必要はない。

正解　(5)

【法令】法12(5)

（令和2年10月1日現在）R県の事業者Xは，事業活動に伴い発生した汚泥（有機性汚泥）をU県にある処分業者Yに委託することとしているが，R県からU県まではS県とT県を通過しなければならない。事業者Xが委託する収集運搬業者を選定リストから選定するにあたり，次の委託に関する記述の正誤の組み合わせとして，適当なものはどれか。

【選定リスト】

収集運搬 業者名	許可自治体名	取り扱う産業廃棄物の種類	許可期間
A社	R県	廃プラスチック類，廃油，汚泥	平成29年4月1日～ 令和4年3月31日
	S県	廃プラスチック類，廃油，汚泥	平成27年4月1日～ 令和2年3月31日
	U県	廃プラスチック類，廃油，汚泥	平成29年4月1日～ 令和4年3月31日
B社	R県	廃油，廃酸，廃アルカリ，汚泥	平成30年4月1日～ 令和5年3月31日
	T県	廃油，廃酸，廃アルカリ，汚泥	平成30年4月1日～ 令和5年3月31日
	U県	廃油，廃酸，廃アルカリ，汚泥	平成27年4月1日～ 令和2年3月31日
C社	R県	廃油，汚泥，金属くず	平成31年4月1日～ 令和6年3月31日
	S県	廃油，汚泥（無機性汚泥に限る）	平成29年4月1日～ 令和4年3月31日
	T県	廃油，汚泥，金属くず	平成29年4月1日～ 令和4年3月31日
	U県	廃油，汚泥（無機性汚泥に限る）	平成31年4月1日～ 令和6年3月31日

a　A社はT県の許可がないので委託することはできない。

b　A社はR県及びU県の許可があるので委託することができる。

c　B社はU県での許可期限が経過し失効しているので委託することはできない。

d　C社はR県，S県，T県，U県のすべてで許可を有しているので委託することができる。

e　C社はU県での汚泥の許可が無機性汚泥に限定されているので委託することはできない。

	a	b	c	d	e
(1)	正	誤	誤	正	誤
(2)	誤	正	誤	誤	誤
(3)	誤	正	誤	誤	正
(4)	誤	誤	正	誤	誤
(5)	誤	正	正	誤	正

【 解 説 】

　産業廃棄物収集運搬業の許可は，積込みをする自治体と降ろす自治体で許可を受ける必要があり，Ａ社はＲ県とＵ県の許可を有しており，事業の範囲に委託する産業廃棄物が含まれ，許可期限も有効となっているので委託することができる。したがって，ａは誤りであり，ｂは正しい。

　Ｂ社はＲ県の許可は有しているが，Ｕ県の許可は失効しており委託することはできないのでｃは正しい。

　Ｃ社は，Ｒ県とＵ県の許可を有しており，許可期限内であり有効であるが，Ｕ県の許可における事業の範囲が無機性汚泥に限定されており，委託予定の有機性汚泥を運搬できない。したがって，ｄは誤りであり，ｅは正しい。

正解 (5)

（令和 2 年 10 月 1 日現在）建設業を営む事業者 X は，解体工事（工作物の除去）に伴い発生した廃プラスチック類，ガラスくず，コンクリートくず（工作物の新築，改築又は除去に伴って生じたものを除く）及び陶磁器くず，がれき類（これらには石綿含有産業廃棄物が含まれる）の処分を委託処理することとしている。

事業者 X が委託する処分業者を選定リストから選定するにあたり，次の委託に関する記述の正誤の組み合わせとして，適当なものはどれか。

【選定リスト】

処分業者名	事業の範囲	許可期間
A 社	事業の区分：中間処理（破砕） 取り扱う産業廃棄物：廃プラスチック類，ガラスくず，コンクリートくず（工作物の新築，改築又は除去に伴って生じたものを除く）及び陶磁器くず，がれき類	平成 31 年 4 月 1 日〜 令和 6 年 3 月 31 日
B 社	事業の区分：最終処分（埋立処分） 取り扱う産業廃棄物：廃プラスチック類，金属くず，ガラスくず，コンクリートくず（工作物の新築，改築又は除去に伴って生じたものを除く）及び陶磁器くず，がれき類	平成 27 年 4 月 1 日〜 令和 2 年 3 月 31 日
C 社	事業の区分：中間処理（溶融） 取り扱う産業廃棄物：廃プラスチック類，金属くず，ガラスくず，コンクリートくず（工作物の新築，改築又は除去に伴って生じたものを除く）及び陶磁器くず，がれき類，木くず，紙くず，繊維くず	平成 29 年 4 月 1 日〜 令和 4 年 3 月 31 日

a　A 社の事業範囲には委託予定の産業廃棄物がすべて含まれるので委託することができる。

b　石綿含有産業廃棄物は環境大臣が定める無害化処理するための設備に投入する場合を除き破砕してはいけないので，A 社に委託することはできない。

c　B 社の事業範囲には委託予定の産業廃棄物がすべて含まれるので委託することができる。

d　C 社の事業範囲には委託予定の産業廃棄物がすべて含まれるので委託することができる。

e　C 社の事業区分である溶融は，石綿含有産業廃棄物は環境大臣が定める無害化処理に該当しないので，C 社に委託することはできない。

	a	b	c	d	e
(1)	正	誤	誤	正	誤
(2)	誤	正	誤	正	誤
(3)	誤	正	誤	誤	正
(4)	誤	誤	正	正	誤
(5)	正	誤	正	正	誤

【 解 説 】

　A社の事業の範囲には委託予定の産業廃棄物すべての種類が含まれるが，石綿含有産業廃棄物は環境大臣が定める無害化処理するための設備に投入する場合を除き破砕してはいけないので，石綿含有産業廃棄物をA社に委託することはできない。したがって，aは誤りであり，bは正しい。

　B社の事業の範囲には委託予定の産業廃棄物すべての種類が含まれ，石綿含有産業廃棄物は安定型最終処分場に埋め立てすることが可能であるが，許可期限が経過し許可が失効しているので委託することはできない。したがってcは誤り。

　C社の事業範囲には委託予定の産業廃棄物がすべて含まれており，事業区分である溶融は，石綿含有産業廃棄物は環境大臣が定める無害化処理に該当するので，C社に委託することができる。したがってdは正しいが，eは誤り。

正解　(2)

建設業を営む事業者 X は，解体工事（工作物の除去）に伴い発生した廃プラスチック類，金属くず，がれき類（これらには廃石膏ボード，石綿含有産業廃棄物が含まれる）を処分業者に委託処理することとしている。

　事業者 X が委託する処分業者を選定リストから選定するにあたり，次の委託に関する記述の正誤の組み合わせとして，適当なものはどれか。

【選定リスト】

処分 業者名	事業の用に 供する施設	事業の範囲
A 社	安定型 最終処分場	事業の区分：最終処分（埋立処分） 取り扱う産業廃棄物：廃プラスチック類，金属くず，ガラスくず，コンクリートくず（工作物の新築，改築又は除去に伴って生じたものを除く）及び陶磁器くず，がれき類（自動車等破砕物を除き，石綿含有産業廃棄物を含む）
B 社	管理型 最終処分場	事業の区分：最終処分（埋立処分） 取り扱う産業廃棄物：汚泥，燃え殻，ばいじん，鉱さい，廃プラスチック類，金属くず，ガラスくず，コンクリートくず（工作物の新築，改築又は除去に伴って生じたものを除く）及び陶磁器くず，がれき類（自動車等破砕物及び石綿含有産業廃棄物を含む）
C 社	安定型 最終処分場	事業の区分：最終処分（埋立処分） 取り扱う産業廃棄物：廃プラスチック類，金属くず，ガラスくず，コンクリートくず（工作物の新築，改築又は除去に伴って生じたものを除く）及び陶磁器くず，がれき類（自動車等破砕物及び石綿含有産業廃棄物を除く）

a　A 社の事業範囲には委託予定の産業廃棄物がすべて含まれるので委託することができる。

b　A 社の事業の用に供する施設は安定型最終処分場であることから，廃石膏ボードを委託することはできない。

c　B 社の事業範囲には委託予定の産業廃棄物がすべて含まれるので委託することができる。

d　C 社の事業範囲には委託予定の産業廃棄物がすべて含まれるので委託することができる。

e　C 社の事業範囲には石綿含有産業廃棄物が含まれないので，石綿含有産業廃棄物を除き委託することができる。

	a	b	c	d	e
(1)	誤	誤	正	誤	誤
(2)	正	誤	正	誤	誤
(3)	誤	正	正	誤	誤
(4)	誤	誤	正	誤	正
(5)	誤	正	誤	正	正

■ 解 説 ■

　A 社の事業の用に供する施設は安定型最終処分場であり，廃石膏ボードは安定型最終処分場に埋立処分できないので，a は誤りであり，b は正しい。

　B 社の事業の用に供する施設は管理型最終処分場であり，廃石膏ボードは管理型最終処分場に埋立処分できるので c は正しい。

　C の事業の用に供する施設は安定型最終処分場であり，廃石膏ボードは安定型最終処分場に埋立処分できないので，d 及び e は誤りである。

正解　(3)

次の図は，産業廃棄物（特別管理産業廃棄物を除く）を委託処理する場合の産業廃棄物の流れと管理票の流れを模式的に表したものである。

　管理票交付者は，一定の期間内に下図の X，Y，Z に該当する管理票の写しの送付を受けない場合は，生活環境の保全上の支障の除去又は発生の防止のために必要な措置を講ずるとともに，当該期間が経過した日から 30 日以内に都道府県知事に報告書を提出することとされている。

　次のうち，下図 X，Y，Z の期間の組み合わせとして正しいものはどれか。

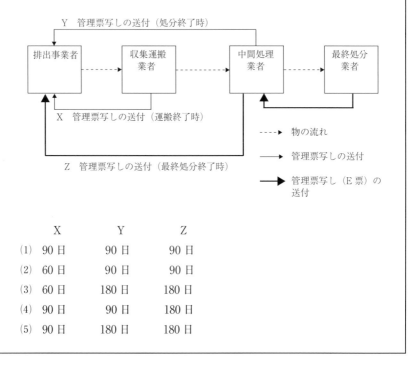

	X	Y	Z
(1)	90 日	90 日	90 日
(2)	60 日	90 日	90 日
(3)	60 日	180 日	180 日
(4)	90 日	90 日	180 日
(5)	90 日	180 日	180 日

【 解 説 】

　管理票交付者は，次表の期間内に管理票の写しの送付を受けないとき，又は必要な事項が記載されていない管理票の写しもしくは虚偽の記載のある管理票の写しの送付を受けたときは，速やかに当該委託に係る産業廃棄物の運搬又は処分の状況を把握するとともに，適切な措置を講じなければならない。
（法第 12 条の 3 第 8 項，省令第 8 条の 28，省令第 8 条の 29）

運搬又は処分の終了に係る管理票の写しの送付	90日（特別管理産業廃棄物にあっては60日）
最終処分が終了した旨が記載された管理票の写しの送付	180日

　なお，管理票交付者が講ずべき必要な措置としては，例えば，委託した産業廃棄物が処分されずに放置されている場合にあっては，委託契約を解除して他の産業廃棄物処分業者に委託するなど，個別の状況に応じた適切な措置が考えられる。

正解　(4)

【法令】法12の3⑻，省令8の28，省令8の29

167

次のうち, 産業廃棄物管理票（いわゆる「紙マニフェスト」）の交付, 回付, 送付等について誤っているものはどれか。

(1)　事業者は産業廃棄物の引き渡しと同時に収集運搬を受託した者に管理票を交付しなければならない。

(2)　収集運搬業者は産業廃棄物の運搬を受託していないときは, 管理票を交付してはならない。

(3)　運搬受託者は, 運搬を終了した日から10日以内に, 管理票交付者に管理票の写しを送付しなければならない。

(4)　処分受託者は運搬受託者から管理票を回付された場合は, 運搬にかかる管理票の写しを3日以内に, 処分にかかる管理票の写しの写しは処分が終了した後10日以内に, 管理票交付者に送付しなければならない。

(5)　処分受託者は運搬受託者から管理票を回付された場合は, 処分にかかる管理票の写しを処分が終了した10日以内に, 運搬受託者に送付しなければならない。

■ **解 説** ■

　(2)については法第12条の4の規定により「虚偽の交付」に該当する。

　なお, 言葉の使い方であるが,「交付」とは産業廃棄物を排出する「者」が「そのマニフェスト」について最初に記載して, 次の「者（多くの場合は収集運搬業者）」に「マニフェストを渡す」行為である。したがって通常,「収集運搬業者は（収集運搬業者としての立場としては）産業廃棄物を排出することは無い」ことから,「収集運搬業者はマニフェストを交付してはならない」としている。

　収集運搬業者が, 交付されたマニフェストを中間処分・最終処分業者に「渡す」行為は「回付」と呼ばれる。

　さらに, 最終処分業者が排出事業者に「渡す」行為は,「送付」と呼ばれる。

　また, 真のマニフェスト（「原票」）はいわゆる「C票」と呼ばれているもので, その他のA票, B票, D票等は「写し」となる。

　処分受託者が運搬受託者に送付する手続については(5)が正しく, (4)の「運搬にかかる管理票の写しを3日以内に管理票交付者に送付しなければならない」という規定はない。

【法令】法12の4
【参照】Ⅱ-065

　産業廃棄物管理票（マニフェスト）について，産業廃棄物に係る管理票の
交付の日から 90 日（特別管理産業廃棄物は 60 日）以内に写しが送付されな
いとき及び 180 日以内に最終処分が終了した旨が記載された管理票の写しが
送付されない場合の措置として，誤っているものは次のうちどれか。

(1)　委託した産業廃棄物の処理の状況を把握しなければならない。

(2)　委託した産業廃棄物が放置されている場合は，委託契約を解除して，
　　他の処理業者に委託する措置がありえる。

(3)　措置の内容を都道府県知事に報告しなければならない。

(4)　産業廃棄物を委託した時点で，処理業者が処理責任を負うことになる
　　ので，管理票の送付を待って措置を講ずればよい。

(5)　委託した産業廃棄物の処理の状況の把握は，他社からの産業廃棄物が
　　混在し，確認が困難であったとしても，状況の把握の措置はとらなくて
　　はならない。

【 解 説 】

　産業廃棄物管理票，いわゆるマニフェスト制度は，事業者が産業廃棄物の
処理を委託する際に，受託者である処理業者に対してマニフェストを交付し，
処理終了後に受託者から処理が終了した旨のマニフェストの写しを受けるこ
とにより，委託内容のとおり適正に産業廃棄物が処理されたことを確認する
制度で，法第 12 条の 3 に規定されている。

　また，法第 12 条の 3 第 8 項には，「管理票交付者は，環境省令で定める
期間内に，管理票の写しの送付を受けないとき，又はこれらの規定に規定す
る事項が記載されていない管理票の写しもしくは虚偽の記載のある管理票の
写しの送付を受けたときは，速やかに当該委託に係る産業廃棄物の運搬又は
処分の状況を把握するとともに，環境省令で定めるところにより，適切な措
置を講じなければならない」と規定されている。

　「環境省令で定める期間内」とは，省令第 8 条の 28 に「産業廃棄物につ
いては 90 日，特別管理産業廃棄物については 60 日，最終処分が終了した
旨の E 票は 180 日」とある。

　また，「環境省令で定めるところ」とは，省令第 8 条の 29 に「生活環境
の保全上の支障の除去又は発生の防止のために必要な措置を講ずるととも

に，上記の期間内を経過した日から 30 日以内に様式第 4 号による報告書を都道府県知事に提出するものとする」とされている。

　この措置については，「産業廃棄物管理票制度の運用について」（平成 23 年 3 月 17 日環廃産第 110317001 号環境省通知）に設問の(1)から(3)について通知されている。また，事業者は法第 12 条第 5 項により，最終処分が終了までの一連の注意義務を負っているので，委託により，処理責任が処理業者に転じるものではない。

正解 ⑷

　【法令】法 12 の 3 ⑻，省令 8 の 28，省令 8 の 29，平成 23 年 3 月 17
　　　　日環廃産第 110317001 号環境省通知

産業廃棄物管理票（マニフェスト）の法定記載事項として具体的に列挙されていない事項は次のうちどれか（自主的，任意様式で記載している事項は除く）。

(1)　管理票の交付年月日

(2)　管理票の交付番号

(3)　氏名又は名称

(4)　住所

(5)　処理料金

【 解 説 】

　省令第8条の21に「管理票（マニフェスト）の記載事項」11項目が列挙されている（設問では，1項目をさらにいくつかの要素に分けて掲載しているものもある）。

　(1)〜(4)は規定している事項である。(5)の処理料金については，委託契約書の記載事項であるが，マニフェストの記載事項にはなっていない。

正解　(5)

【法令】省令8の21

II-069　　第 12 条の 3　マニフェスト　　　基　本

次のうち，産業廃棄物管理票について誤っているものはどれか。

(1)　産業廃棄物の種類ごとに交付しなければならない。

(2)　運搬先が 2 か所以上あるときは運搬先ごとに交付しなければならない。

(3)　管理票交付者は管理票に関する報告をした後は管理票の写しを保管する義務はない。

(4)　委託する産業廃棄物の種類，数量が管理票記載事項と相違ないことを確認のうえ交付しなければならない。

(5)　管理票交付者は，虚偽の記載のある管理票の写しの送付を受けたときは，適切な措置を講じるとともに，都道府県知事に報告しなければならない。

■ 解 説 ■

(3)管理票交付者は，管理票の写しの送付を受けた日から 5 年間保存しなければならない（法第 12 条の 3 第 6 項，省令第 8 条の 26）。したがって，法第 12 条の 3 第 7 項の規定による管理票に関する報告をしたあとであっても 5 年経過していなければ廃棄することはできない。

(5)管理票の写しが送付されない場合の講ずべき措置については，II-065 の解説を参照。

(1)は省令第 8 条の 20 第 1 号，(2)は省令第 8 条の 20 第 2 号，(4)は省令第 8 条の 20 第 4 号でそれぞれ規定されている。

正解　(3)

【法令】法 12 の 3 (6)，省令 8 の 26，法 12 の 3 (7)，省令 8 の 20 (一)，
　　　　省令 8 の 20 (二)，省令 8 の 20 (四)

【参照】II-067

次のうち，産業廃棄物管理票（マニフェスト）の記載事項として具体的に列挙されていない事項はどれか（自主的，任意様式で記載している事項は除く）。

(1)　運搬先の事業場の名称

(2)　運搬先の事業場の所在地

(3)　運搬を受託した者が産業廃棄物の積替え又は保管を行う場合には，当該積替え又は保管を行う場所の所在地

(4)　産業廃棄物の荷姿

(5)　産業廃棄物の性状

■ 解 説 ■

(5)「産業廃棄物の性状」は，委託契約書の「適正処理のために必要な情報」や，特別管理産業廃棄物の委託の際の「あらかじめ交付するべき文書」では規定されている事項ではあるが，マニフェストの記載事項としては規定されていない。

正解　(5)

【参照】Ⅱ-068

II-071　第12条の3　マニフェスト　〔難解〕

産業廃棄物管理票（マニフェスト）の記載事項に関する記述として，誤っているものはどれか。

(1) 水銀使用製品産業廃棄物を委託する場合は，産業廃棄物の種類とともに水銀使用製品産業廃棄物である旨も記載しなければならない。

(2) 水銀含有ばいじん等を委託する場合は，産業廃棄物の種類とともに水銀含有ばいじん等である旨も記載しなければならない。

(3) 石綿含有産業廃棄物を委託する場合は，産業廃棄物の種類とともに石綿含有産業廃棄物である旨も記載しなければならない。

(4) 産業廃棄物の種類とともに数量も記載しなければならない。

(5) 引渡しにかかる運搬先が2以上である場合にはまとめて1枚に複数の運搬先を記載してもよい。

■ 解 説 ■

水銀使用製品産業廃棄物の排出事業者は，マニフェストの産業廃棄物の種類欄にガラスくず，金属くず，汚泥など水銀使用製品産業廃棄物の性状を踏まえた産業廃棄物の種類を記載するとともに，水銀使用製品産業廃棄物が含まれる旨及びその数量を記載することが規定されている。

産業廃棄物が1台の運搬車に引き渡された場合であっても，運搬先が複数である場合には運搬先ごとにマニフェストを交付しなければならない。したがって，(5)が誤りである。

正解　(5)

【法令】省令8の20，産業廃棄物管理票制度の運用について（通知）（平成23年3月17日環廃産発第110317001号）

電子マニフェストに関する記述として，誤っているものはどれか。

(1) 前々年度の特別管理産業廃棄物の発生量が年間50t以上の多量排出事業者が，特別管理産業廃棄物の処理を他人に委託する場合は，電子マニフェストを使用しなければならない。

(2) 電子マニフェスト使用義務者であっても，平成31年3月31日において，常勤の役員又は職員の年齢がいずれも65歳以上であって，入出力装置が電子通信回線に接続していない場合は，電子マニフェストの使用は猶予される。

(3) 電子マニフェスト使用義務者が，情報処理センターに登録することが困難な場合に該当し，電子マニフェストに代えて管理票（いわゆる「紙マニフェスト」）を交付した場合には，都道府県知事等に対し30日以内にその旨を届け出なければならない。

(4) 電子マニフェスト使用義務者が，情報処理センターに登録することが困難な場合に該当しないにもかかわらず，電子マニフェストに代えて管理票を交付した場合，都道府県知事等は産業廃棄物の適正な処理に関し必要な措置を講ずべき旨の勧告をすることができる。

(5) 電子マニフェスト使用義務者が，特別管理産業廃棄物以外の産業廃棄物を他人に委託する場合は，当該産業廃棄物については電子マニフェスト使用の義務対象とならない。

【 解 説 】

(1) 法第12条の5第1項で規定する電子情報処理組織使用義務者（電子マニフェスト使用義務者）は，施行規則第8条の31の3において，前々年度の特別管理産業廃棄物（PCB廃棄物を除く）の発生量が50t以上である事業場を設置している事業者（当該事業場から排出される産業廃棄物の運搬又は処分を他人に委託する場合に限る。）と規定されている。

(2) 情報処理センターに登録することが困難な場合として，法第12条の5第1項の環境省令で定める場合は，施行規則第8条の31の4第3号において「常勤の役員又は職員の年齢が，平成31年3月31日において，いずれも65歳以上」と規定されている（ただし，平成31年3月31日における年齢が65歳未満である常勤の役員又は職員を新たに雇用した場

合を除く）。

　このほか，電気通信回線の故障，天災その他やむを得ない場合や，離島内等で他に電子マニフェストの使用可能な収集運搬業者又は処分業者が存在しないときも，情報処理センターに登録することが困難な場合（電子マニフェストの使用ができない場合）とされている。

(3)　電子マニフェスト使用義務者が，情報処理センターに登録することが困難な場合（省令第 8 条の 31 の 4 各号）に該当し，電子マニフェストに代えて管理票を交付した場合には，省令第 8 条の 21 第 12 号の規定により，「管理票にその理由を記載」することとされている。都道府県知事等に対して届け出る必要はない。したがって，(3)が誤りである。

(4)　電子マニフェスト使用義務者が，情報処理センターに登録することが困難な場合（省令第 8 条の 31 の 4 各号）に該当しないにもかかわらず，電子マニフェストに代えて管理票を交付した場合には，法第 12 条の 6 の規定により，勧告の対象となる。

　また，勧告を受けた者がその勧告に従わなかった場合，都道府県知事等は，その旨を公表できるとされており，その後も勧告に係る措置をとらなかった場合は，命令できることと規定されている。

　なお，この命令に従わなかった場合は，直罰の対象（1 年以下の懲役又は 100 万円以下の罰金）となるので留意する必要がある。

(5)　電子マニフェスト使用の義務対象については，法第 12 条の 5 第 1 項において，「その産業廃棄物の運搬又は処分を他人に委託する場合」と限定的に規定されており，その他の産業廃棄物については電子マニフェストの使用義務はない。

**正解　**(3)

【法令】法 12 の 5 (1)，省令 8 の 31 の 2，省令 8 の 31 の 3，省令 8 の 31 の 4，省令 8 の 21，法 12 の 3 (1)，省令 8 の 21，法 12 の 6，法 12 の 5 (1)

次のうち，一般に「電子マニフェスト」と呼ばれているものはどれか。

(1)　事業活動に伴い産業廃棄物を生ずる事業者が，産業廃棄物の運搬又は処分を他人に委託する場合において，運搬受託者及び処分受託者から電子情報処理組織を使用し，情報処理センターを経由して当該産業廃棄物の運搬又は処分が終了した旨を報告することを求め，電子情報処理組織を使用して，当該委託に係る産業廃棄物の種類及び数量，運搬又は処分を受託した者の氏名又は名称その他環境省令で定める事項を情報処理センターに登録する方法のこと。

(2)　事業活動に伴い産業廃棄物を生ずる事業者が，産業廃棄物の運搬又は処分を他人に委託する場合において，インターネットを使用し，運搬受託者及び処分受託者から直接，当該産業廃棄物の運搬又は処分が終了した旨を報告することを求め記録しておく方法のこと。

(3)　(1)の設問時に許可証の写しとともに携帯が義務付けられている「産業廃棄物の種類及び数量」等を記載した書面のこと。

(4)　(2)の設問時に許可証の写しとともに携帯が義務付けられている「産業廃棄物の種類及び数量」等を記載した書面のこと。

(5)　産業廃棄物管理票（通称「紙マニフェスト」）をスキャナーでパソコンに取り込み記録した情報のこと。

■ 解 説 ■

廃棄物処理法上は「電子マニフェスト」という文言は出てこない。

一般に「電子マニフェスト」と呼ばれている方法については，法第12条の5で(1)の趣旨の定義を行っている。ここで定義している「情報処理センター（現在は，公益財団法人 日本産業廃棄物処理振興センターが唯一この指定を受けている）」を介しての産業廃棄物委託処理に関する情報のやりとりを通称「電子マニフェスト」と呼んでいる（以下，この問題集でも「電子マニフェスト」と記す）。

平成18年12月27日付環廃産061227006号　各都道府県・各政令市廃棄物行政主管部（局）長宛　環境省大臣官房廃棄物・リサイクル対策部産業廃棄物課長通知「産業廃棄物管理票に関する報告書及び電子マニフェストの普及について」の中で次のように表現している。

「管理票の代わりに電子情報処理組織を使用した登録及び報告（以下「電子マニフェスト」という）」

産業廃棄物の委託処理に関しては，産業廃棄物管理票（通称「マニフェスト」）が義務付けられているが，電子情報処理組織を使用し情報を登録した場合は，マニフェストの交付を要しない。また，電子マニフェストについては，知事への年間実績報告も不要である。

正解 (1)

【法令】平成 18 年 12 月 27 日付環廃産 061227006 号各都道府県・各政令市廃棄物行政主管部（局）長宛環境省大臣官房廃棄物・リサイクル対策部産業廃棄物課長通知

事業者の産業廃棄物に関する次の報告について，その義務が規定されていないものは次のうちどれか。

(1)　産業廃棄物管理票状況等報告書

(2)　電子マニフェスト使用時の産業廃棄物管理票状況等報告書

(3)　電子マニフェスト使用時の虚偽内容を含む報告に関する措置内容報告書

(4)　環境省令に規定する期間を過ぎても送付を受けない管理票に関する措置内容報告書

(5)　虚偽記載管理票に関する措置内容報告書

【 解　説 】

(1)　法 12 条の 3 第 7 項，省令第 8 条の 27　3 号様式。

(2)　3 号様式法 12 条の 3 第 9 項において産業廃棄物管理票交付等状況等報告書は管理票交付者に義務付けられているもので電子マニフェストはそれに該当しない。なお，電子マニフェストを使用した場合は情報処理センターから各行政に対して報告することが省令第 8 条の 36 に規定されている。

(3)　法 12 条の 5 第 11 項，省令第 8 条の 38　5 号様式。

(4)　法 12 条の 3 第 8 項，省令第 8 条の 29　4 号様式。

(5)　法 12 条の 3 第 8 項，省令第 8 条の 29　4 号様式。

正解　(2)

【法令】法 12 の 3 (7)，省令 8 の 27，法 12 の 3 (9)，省令 8 の 36，法 12 の 5 (11)，省令 8 の 38，法 12 の 3 (8)，省令 8 の 29

II-075　第12条の3　マニフェスト　　難解

管理票に関する記述の正誤の組み合わせとして，適当なものはどれか。

a　管理票の交付は特別管理産業廃棄物の処理を他人に委託する場合のみ義務付けられている。

b　中間処理業者は中間処理産業廃棄物を自ら収集運搬し処分する場合は，管理票を交付しなくてもよい。

c　電子マニフェストを利用した場合でも，都道府県知事に管理票の交付に関する報告を行わなければならない。

d　管理票に関する報告は，事業場ごとに行わなければならない。

e　管理票の写しを保管しなければならないのは管理票交付者だけである。

	a	b	c	d	e
(1)	誤	正	正	誤	誤
(2)	誤	誤	誤	正	誤
(3)	誤	正	誤	正	誤
(4)	誤	正	誤	正	正
(5)	正	正	誤	正	正

【 解 説 】

a 管理票制度が施行された平成4年当時は，特別管理産業廃棄物のみ管理票の交付義務があったが，平成9年の法改正ですべての産業廃棄物に管理票の交付義務が拡大されたので誤り。

b 運搬又は処分を他人に委託する場合のみ管理票の交付が義務付けられるので正しい。ただし，省令第8条の19各号に掲げる場合は交付を要しない。

c 管理票の交付状況に関する報告は，「管理票交付者」の義務であり，電子情報組織を利用した電子マニフェストを使用する場合は，法第12条の5の規定により，管理票の交付を要しないため，「管理票交付者」に該当しないので報告義務はない。誤り。

d 事業場ごとに毎年6月30日までに報告しなければならないので正しい。（省令第8条の27）

e 運搬受託者及び処分受託者は管理票の写しの送付を受けた日から5年間保管しなければならないので誤り。（法第12条の3）

正解 (3)

【法令】法 12 の 5，省令 8 の 27，法 12 の 3

II-076　第12条の5　マニフェスト

次のうち，「電子マニフェスト」について誤っているものはどれか。

(1) 排出事業者の情報処理センターへの登録は，委託から3日以内に行うこと。（年末年始等省令で規定している期間を除く）

(2) 収集運搬業者は，電子マニフェストを使用していても，収集運搬時には，許可証の写しとともに「産業廃棄物の種類及び数量」等を記載した書面の携帯が義務付けられている。

(3) 電子マニフェストについては，知事への年間実績報告は要しない。

(4) 電子マニフェストの使用者に対しては，情報処理センターから電子情報処理組織の使用を証する書面が交付される。

(5) 運搬受託者が運搬を終了したときの情報処理センターへの報告は終了から7日以内，処分受託者が処分を終了したときの情報処理センターへの報告は終了から14日以内に行うこと。

解 説

(2)については省令第7条の2第3項第4号イ，(1)は同第8条の31の3，(3)は報告が義務付けられているのは同第8条の27により，いわゆる「紙マニフェスト」のみ，(4)は同第8条の31にそれぞれ規定されている。

(5)については，同第8条の34により，いずれも3日以内と規定されている。ただし，平成30年の改正により，年末年始，連休等の期間はこれに含めないものとされた。

正解 (5)

【法令】省令7の2(3)㈣，省令8の31の3，省令8の27，省令8の31，省令8の34

次のうち，事業者が特別管理産業廃棄物を委託しようとするとき，最も適当なものはどれか。

(1)　事業者が特別管理産業廃棄物処理業の許可を有する者に引き渡し，処理業者が特別管理産業廃棄物の種類内容を特定の上，マニフェストに記載し，委託する。

(2)　事業者が特別管理産業廃棄物の種類内容を検査して，その種類・内容を事業範囲とする特別管理産業廃棄物処理業者と委託契約の上，マニフェストとともに引き渡す。

(3)　事業者が特別管理産業廃棄物の種類内容を検査して，あらかじめ，その内容を特別管理産業廃棄物処理業者に文書で通知し，その上で委託契約を締結し，マニフェストとともに引き渡す。

(4)　事業者が特別管理産業廃棄物を産業廃棄物処理業者にマニフェストとともに引き渡し，産業廃棄物処理業者が特別管理産業廃棄物の種類内容を特定し，特別管理産業廃棄物であれば，特別管理産業廃棄物処理業者に引き渡す。

(5)　事業者が特別管理産業廃棄物を当該事業者の化学系の関連会社に引取りを依頼し，全量引き渡し，関連会社が特別管理産業廃棄物の種類内容を検査の上，関連会社が特別管理産業廃棄物処理業者にあらかじめ，その内容を特別管理産業廃棄物処理業者に文書で通知し，その上で委託契約を締結し，マニフェストとともに引き渡す。

【 解 説 】

　特別管理産業廃棄物に係る委託については，産業廃棄物とは別に法第 12 条の 2 第 5 項及び第 6 項に規定されている。その中で，政令第 6 条の 6 第 1 号には産業廃棄物を委託する場合と異なる基準があり，「特別管理産業廃棄物の運搬又は処分もしくは再生を委託しようとする者に対し，あらかじめ，当該委託をしようとする特別管理産業廃棄物の種類，数量，性状その他の環境省令で定める事項を文書で通知すること」と定められている。この環境省令は省令第 8 条の 16 第 1 号に「委託しようとする特別管理産業廃棄物の種類，数量，性状及び荷姿」，第 2 号に「当該特別管理産業廃棄物を取り扱う際に注意すべき事項」とある。また，通知では「特別管理産業廃棄物の排

出事業者は，委託しようとする者に対し，委託に先立って委託業務の遂行に必要な情報を文書に記載して提供しなければならない」とある。（平成 4 年 8 月 13 日衛環第 232 号厚生省通知）

　これらのことから，事業者は特別管理産業廃棄物を委託しようとする場合は，当該廃棄物の種類や性状を検査し，その廃棄物を処理できる事業の範囲の者に，委託する前に種類や性状などを書面にして，通知しなければならない。一般的には，事業者が特別管理産業廃棄物を分析し，それら分析値などをもとに，処理業者を選定し，処理費用の見積もりを徴するときに，文書を交付し，その上で委託契約を締結，特別管理産業廃棄物をマニフェストとともに引き渡す。

　特別管理産業廃棄物を委託処理する場合も，法第 12 条の 2 第 7 項に事業者の最終処分までの一連の注意義務が課せられているほか，同条第 8 項には「特別管理産業廃棄物管理責任者」の設置も義務付けられているので，当該責任者は「特別管理産業廃棄物の排出状況を把握し，処理の計画を立て，適正な処理を確保すること」（平成 4 年 8 月 31 日衛環第 245 号厚生省通知）とされており，特別管理産業廃棄物の適正処理の中心を担う必要がある。

　なお，(5)は関連会社への処理委託となるので，事業者は委託基準違反，関連会社は特別管理産業廃棄物収集運搬業の無許可営業又は受託禁止違反となる。

正解　(3)

【法令】法 12 条の 2 (5)，法 12 条の 2 (6)，政令 6 の 6 (一)，省令 8 の 16 (一)，平成 4 年 8 月 13 日衛環第 232 号厚生省通知，法 12 の 2 (7)，法 12 の 2 (8)，平成 4 年 8 月 31 日衛環第 245 号厚生省通知

マニフェスト制度について，法令で規定されていないのは，次のうちどれか。

(1) 管理票交付者は，当該管理票の写し（A 票）を当該交付した日から 5 年間保存しなければならない。

(2) 管理票交付者は，交付した管理票の控え（A 票）を，運搬受託者（処分受託者がある場合には，処分受託者）から管理票の写しの送付があるまでの間保管しなければならない。

(3) 管理票交付者は，収集運搬業者から運搬終了についての管理票の写しの送付を受けたときは，当該管理票の写しを，送付を受けた日から 5 年間保存しなければならない。

(4) 管理票交付者は，処分業者から処分終了についての管理票の写しの送付を受けたときは，当該管理票の写しを，送付を受けた日から 5 年間保存しなければならない。

(5) 電子マニフェストを使用することを前提にして，産業廃棄物の処理を受託した場合は，結果として，排出事業者が電子マニフェストの入力を行わなかった（電子マニフェスト不交付）場合でも，受託した処理業者の罰則はない。

【 解 説 】

(1)これまで，自らが交付した産業廃棄物管理票の写しの保存が法律上義務付けられていなかったが，当該管理票の写しを交付した日から 5 年間保存しなければならないこととした。（法第 12 条の 3 第 2 項及び省令第 8 条の 21 の 2）。

(2)保存すべき産業廃棄物管理票の写しとは，いわゆる「A 票」である。これまでも，管理票の交付について定めている旧省令第 8 条の 20 第 6 号において，交付した管理票の控え（A 票）を，運搬受託者（処分受託者がある場合には，処分受託者）から管理票の写しの送付があるまでの間保管することとしていたが，法律上 A 票の保管が義務付けられたことに伴い，当該規定は削除された。

(3)(4)なお，今までも保存が義務付けられていた B 票写しと D 票，E 票についても，これまで同様保管義務がある。（法第 12 条の 3 第 6 項）

　また，これまで，受託者である産業廃棄物処理業者が管理票の交付を受け
ずに産業廃棄物の引渡しを受けることは禁止されていなかった。そこで，産
業廃棄物の運搬受託者又は処分受託者は，委託者が管理票を交付しなければ
ならないこととされている場合において，管理票の交付を受けていないにも
かかわらず産業廃棄物の引渡しを受けてはならないこととした。（法第12
条の4第2項）ただし，電子マニフェストを利用できる運搬受託者又は処
分受託者が，電子マニフェストを利用し，情報処理センターを経由して当該
産業廃棄物の運搬又は処分が終了した旨を報告することを求められた場合
は，この規定は適用しないこととした。

　(5)これは電子マニフェストの場合，委託から入力まで3日間の猶予が設
定されているために，委託時点では受託者は交付，未交付の判断が付かず，
結果として4日以降も未入力であった場合に，受託者に罪を問うのは不可
能との判断であると思われる。

正解　(2)

【法令】法12の3(2)，省令8の21の2，法12の3(6)，法12の4(2)

次の産業廃棄物管理票に関する記述のうち，誤っているものはどれか。

(1) 管理票に係る義務違反をしたときは，都道府県知事から勧告を受けることがある。

(2) 都道府県知事からの勧告に従わない場合は，その旨を公表される場合がある。

(3) 管理票に係る義務違反の程度が著しい場合は，公表されることなく都道府県知事から必要な措置をとる旨を命ぜられる場合がある。

(4) 上記(2)の公表の後において，なお勧告に係る措置をとらなかった場合は，勧告に係る措置をとるよう命ぜられる場合がある。

(5) 管理票に係る都道府県知事からの命令に違反した場合は，罰則の対象となる。

【 解 説 】

　管理票に係る義務違反があったときに，産業廃棄物の適正な処理に関し必要な措置を講ずべき旨の勧告を行う制度は従前から規定されていたが，勧告に従わない場合の制裁措置がないこともあり，実際には法に基づく勧告がほとんど活用されない状況にあった。

　このため，平成17年度の法改正で，勧告を受けた事業者，運搬受託者又は処分受託者がその勧告に従わなかったときは，都道府県知事はその旨を公表することができるとされ，公表した後において，なお，正当な理由がなくてその勧告に係る措置をとらなかったときは，当該事業者に対し，都道府県知事がその勧告に係る措置をとるべきことを命ずることができることとされ，さらにその命令に違反した者については，罰則の対象とされた。

　なお，行政処分と刑事処分は別個のものであることから，直罰規定のある違反行為について，行政の指導，処分がなくとも刑事罰を受けることはあり得る。

正解　(3)

II-080　第12条　マニフェスト　　難解

　事業者の産業廃棄物の処理に関する記述の正誤の組み合わせとして，適当なものはどれか。

　a　産業廃棄物管理票交付者は，管理票の写しを5年間保存しなければならないが，電子データで保存する場合は3年でよいこととされている。

　b　電子マニフェスト使用事業者は，電子マニフェストの使用状況を電子ファイルに記録し，5年間保存しなければならない。

　c　産業廃棄物の処理を委託する場合は，再生処理（リサイクル）を委託する場合であっても委託契約を締結しなければならない。

　d　特別管理産業廃棄物管理責任者は環境省令で定める資格を有する者でなければならない。

　e　事業者が書面で承諾すれば，収集運搬を受託した産業廃棄物収集運搬業者が処分先を任意に決めることができる。

	a	b	c	d	e
(1)	正	正	誤	誤	誤
(2)	誤	正	正	誤	誤
(3)	誤	誤	正	正	誤
(4)	誤	誤	誤	正	正
(5)	正	正	正	正	誤

■ 解　説 ■

　a 管理票の写しの保存期間に例外規定はないので誤り。

　b 情報処理センターは登録や報告に係る情報をファイルに記録し5年間保存しなければならないが，電子マニフェスト使用事業者の保存義務は規定されていないので誤り。

　c 設問のとおり正しい。

　d 設問のとおり正しい。

　e 設問のような規定はない。事業者が処分業者と委託契約を締結しなければならない。

正解　(3)

次のうち，産業廃棄物の処理を委託する際，産業廃棄物管理票の交付を要しない場合として誤っているものはどれか。

(1) 市町村（収集運搬をその事務として行う場合に限る）に委託する場合。

(2) 都道府県（収集運搬をその事務として行う場合に限る）に委託する場合。

(3) 専ら再生利用の目的となる産業廃棄物のみの収集運搬を業として行う者に委託する場合。

(4) 法第 15 条の 4 の 2 に基づき再生利用の認定を受けた者に委託する場合。

(5) 法第 20 条の 2 に基づく登録廃棄物再生事業者に委託する場合。

【 解　説 】

管理票の交付を要しない者として，省令第 8 条の 19 において次のとおり規定されている。

1　市町村又は都道府県に産業廃棄物の運搬又は処分を委託する場合。

2　海洋汚染等及び海上災害の防止に関する法律の規定により国土交通大臣に届け出て廃油処理事業を行う港湾管理者又は漁港管理者に廃油の運搬又は処分を委託する場合。

3　専ら再生利用の目的となる産業廃棄物のみの収集もしくは運搬又は処分を業として行う者に運搬又は処分を委託する場合。

4　再生利用に係る特例の認定を受けた者に当該認定に係る産業廃棄物の運搬又は処分を委託する場合。

5　広域的処理に係る特例の認定を受けた者に当該認定に係る産業廃棄物の運搬又は処分を委託する場合。

6　再生利用に係る都道府県知事の指定を受けた者に当該指定に係る産業廃棄物のみの運搬又は処分を委託する場合。

7　国に産業廃棄物の運搬又は処分を委託する場合。

8　運搬用パイプライン及びこれに直結する処理施設を用いて産業廃棄物の運搬及び処分を行う者に当該産業廃棄物の運搬又は処分を委託する場合。

このほか，個別リサイクル法である家電リサイクル法及び自動車リサイクル法において，産業廃棄物である特定家庭用機器，使用済自動車の運搬又は処分を委託する場合も管理票の交付が不要とされている。

　(5)の「法第 20 条の 2 に基づく登録廃棄物再生事業者」は現に廃棄物の再生を業として営んでいる優良な事業者を登録するものであるが，一般廃棄物処理業，産業廃棄物処理業，特別管理産業廃棄物処理業の許可は，この登録を受けることにより不要となるものでもなく，また，産業廃棄物を委託するときは委託契約書も管理票も必要である。II-040，043 参照。

正解　(5)

【法令】省令 8 の 19

次のうち，誤っているものはどれか。

(1)　排出事業者が自ら産業廃棄物処分業者に運搬する場合でもマニフェストの交付は必要である。

(2)　委託する産業廃棄物が委託契約書に記載した量より少ない場合は，マニフェストの交付は不要である。

(3)　製品の運搬を産業廃棄物収集運搬車両で運搬する場合は，マニフェストの交付は不要である。

(4)　建設発生土の運搬を産業廃棄物収集運搬車両で運搬する場合は，マニフェストの交付は不要である。

(5)　金属くずなどの産業廃棄物を資源回収業者などの専ら再生利用業者に委託する場合は，マニフェストの交付は不要である。

【 解 説 】

　マニフェストの交付は，法第 12 条の 3 に規定されており，産業廃棄物の運搬又は処分を他人に委託する場合は，その量にかかわらず産業廃棄物の引渡しと同時に産業廃棄物を受託した者に交付することが義務付けられている。

　また，この規定の適用は省令第 8 条の 19 に「産業廃棄物管理票（マニフェスト）の交付を要しない場合」に規定される場合以外は必要である。

　製品や建設発生土は産業廃棄物ではないのでマニフェストの適用はない。

正解　(2)

【法令】法 12 の 3，省令 8 の 19
【参照】II-081

192

Ⅱ-083　第12条の3　マニフェスト 基 本

次のうち, 産業廃棄物管理票 (マニフェスト) の交付が必要な場合はどれか。

(1)　市町村の清掃センターに産業廃棄物の処分を委託する場合。

(2)　専ら再生利用の目的となる産業廃棄物のみの処分を行っている者に委託する場合。

(3)　法第15条の4の2の産業廃棄物の再生利用の特例の認定を受けた者に処分を委託する場合。

(4)　法第15条の4の3の産業廃棄物の広域的処理の特例の認定を受けた者に認定を受けた産業廃棄物の処分を委託する場合。

(5)　産業廃棄物処分業者に産業廃棄物の処分を委託する場合。

▌解 説 ▌

産業廃棄物管理票制度は平成3年改正で特別管理産業廃棄物を対象に創設され, 平成10年からすべての産業廃棄物に拡大された。この制度の趣旨は「事業者が産業廃棄物処理業者に委託した産業廃棄物が適正に処理されたことを管理票の返送を受けて確認することにより, 適正な処理を確保する」ことであり, 産業廃棄物を排出する事業者の責任を強化したものである。そして, 省令第8条の19に「産業廃棄物管理票の交付を要しない場合」として, 上記(1)から(4)が示されている。その他, 都道府県や国への委託, 都道府県が指定をする省令第10条の3第2号の再生利用指定業者への委託などの場合が規定されている。

正解 (5)

【法令】法15の4の2, 法15の4の3, 省令8の19, 省令10の3
　　　　(二)
【参照】Ⅱ-081

産業廃棄物処理業者は，現に委託を受けている産業廃棄物の処理を適正に行うことが困難となったときは，遅滞なく，その旨を当該委託した者に書面により通知しなければならないとされているが，この通知を受け取ったときの排出事業者として間違った対応は，次のうちどれか。

(1)　いかなる場合でも，処理困難通知を受け取ったら，生活環境の保全上の支障の除去又は発生の防止のために必要な措置を講じなければならない。

(2)　処理困難通知を受け取ったが，数日前に委託契約を締結したばかりであり，まだ一度も産業廃棄物を委託していなかったので，当面委託は行わないこととして，知事への報告は行わなかった。

(3)　処理困難通知を受け取り，現に数日前に処理を委託していて，マニフェストも返ってきていなかったので，委託した産業廃棄物を自らで回収した。

(4)　処理困難通知を受け取ったが，現に処理を委託していたのが 40 日前であり，その時点では業者はまともに操業していたので，マニフェストはまだ返ってきていなかったが，知事への報告は行わなかった。

(5)　委託した産業廃棄物が再委託可能なものであったので，処理困難通知を発出した産業廃棄物処理業者に依頼し，他の産業廃棄物処理業者に再委託基準に則って再委託させた。

【 解 説 】

　管理票交付者は，処理困難通知を受けたときは，生活環境の保全上の支障の除去又は発生の防止のために必要な措置を講じなければならない。（法第 12 条の 3 第 8 項）。また，通知を受けた際に産業廃棄物処理業者等に引き渡した産業廃棄物について処理が終了した旨のマニフェストの送付を受けていないときは，通知を受けた日から 30 日以内に都道府県知事に省令様式による報告書を提出しなければならない。（省令第 8 条の 29）。

　事業者が講ずべき措置としては，施行通知でいくつかのパターンが示されているが，選択肢(2)(3)(5)などが示されている。

　なお，平成 29 年改正により，処理業を廃止した者，行政処分により許可を取り消された者についても処理困難通知の義務制度ができたが（次問参

照)，その通知を受け取った排出事業者の対応は前述のとおりである。

正解 (4)

【法令】法9の3，法12の3(8)，省令8の29

処理困難通知に関する記述として，正しいのはどれか。

(1) 産業廃棄物の処理困難通知（取消し等）は，許可を取り消された場合で，当該事業に係る産業廃棄物の処理を終了していないときも委託者に通知しなければならない。

(2) 産業廃棄物処理業者は，事業の全部又は一部を廃止した場合，当該事業に係る産業廃棄物の処理を終了していないときは，当該事業を管轄する都道府県知事等にその旨を届け出なければならない。

(3) 産業廃棄物処分業者は，事業の全部又は一部を廃止した場合，当該事業に係る産業廃棄物の処分を終了していないときは，遅滞なく，当該産業廃棄物の委託者に廃止したことを通知しなければならないが，この規定は産業廃棄物収集運搬業者には適用されず通知の義務はない。

(4) 産業廃棄物処理業者は，事業の全部又は一部を廃止した場合は，当該事業に係る産業廃棄物の処理がすでに終了した場合であっても，遅滞なく，当該産業廃棄物の委託者に廃止したことを通知しなければならない。

(5) 産業廃棄物及び特別管理産業廃棄物の処理困難通知（取消し等）は，産業廃棄物にあっては10日以内に，特別管理産業廃棄物にあっては3日以内に行わなければならない。

【解　説】

(1) 第14条の3の2第3項の規定により，産業廃棄物処理業の許可を取り消された場合で，当該事業に係る産業廃棄物の処理を終了していないときも同様に委託者に通知しなければならない。したがって，(1)が正しい。

(2) 産業廃棄物処理業者は，事業の全部又は一部を廃止した場合，当該事業に係る産業廃棄物の処理を終了していないときに通知（処理困難通知）しなければならないのは，当該産業廃棄物の処理を委託した者に対してであり，「都道府県知事等」ではない。

(3) 排出事業者に対し「処理困難通知」の義務があるのは，「産業廃棄物の収集若しくは運搬又は処分の事業の全部又は一部を廃止した者であって当該産業廃棄物の処理を終了していないもの」であり，収集運搬業者にも通知の義務がある。

(4) 排出事業者に対し「処理困難通知」の義務があるのは，「産業廃棄物の

収集若しくは運搬又は処分の事業の全部又は一部を廃止した者であって当該産業廃棄物の処理を終了していないもの」であり，処理を終了している場合は通知の義務はない。

(5) 産業廃棄物及び特別管理産業廃棄物の処理困難通知（取消し等）は，産業廃棄物，特別管理産業廃棄物ともに 10 日以内に通知することと規定されている。

正解　(1)

【法令】法 14 の 3 の 2，法 14 の 2，省令 10 の 10 の 4，省令 10 の 24 の 2

ある状況にある事業者は，帳簿の備え付けが規定されている。次のうち，この備え付け帳簿の義務がないのはどれか。

(1)　産業廃棄物処理施設を設置している者。

(2)　産業廃棄物処理施設以外の産業廃棄物の焼却施設が設置されている事業場を設置している事業者。

(3)　その事業活動に伴い産業廃棄物を生ずる事業場の外において自ら当該産業廃棄物の処分を行う事業者。

(4)　特別管理産業廃棄物の排出事業者。

(5)　年間1,000t以上の産業廃棄物を排出する事業者。

【解　説】

　これまで，帳簿の備え付けが義務付けられている排出事業者は，産業廃棄物処理施設を設置している者に限定されていたが，産業廃棄物処理施設を設置していない場合であっても，周辺生活環境への影響が生ずるおそれが大きい焼却施設を設置している場合や，産業廃棄物が事業場の外に持ち出されて処理されることによって周辺生活環境への影響が生ずるおそれがある場合については，事業者自らの適正な管理を担保する必要がある。そのため，帳簿の備え付けを義務付ける事業者に，次に掲げる者が追加された。(政令第6条の4)

①産業廃棄物処理施設以外の産業廃棄物の焼却施設が設置されている事業場を設置している事業者

②その事業活動に伴い産業廃棄物を生ずる事業場の外において自ら当該産業廃棄物の処分を行う事業者

　なお，特別管理産業廃棄物の排出事業者については，法第12条の2第14項を受けた省令第8条の18により，同様に帳簿の備え付けが義務付けられている。

　年間1,000t以上の産業廃棄物を排出する事業者は，多量排出事業者として処理計画の策定とその実施状況の報告義務が規定されているが，備え付け帳簿については法令上規定されていない。

正解　(5)

【法令】法12(13)，政令6の4，法12の2(14)，省令8の18

II-087　　第 14 条　事業者の処理　　難解

　産業廃棄物処理業者は，現に委託を受けている産業廃棄物の処理を適正に行うことが困難となったときは，遅滞なく，その旨を当該委託した者に書面により通知しなければならないとされているが，この事態に該当しないのは，次のうちどれか。

(1)　事業の用に供する産業廃棄物の処理施設において破損その他の事故が発生し，当該処理施設を使用することができない状態になったが，当該処理施設において保管する産業廃棄物の数量が処分等のための保管上限には達していない。

(2)　産業廃棄物の処理事業の全部又は一部を廃止したことにより，現に委託を受けている産業廃棄物の処理がその事業の範囲に含まれないこととなった。

(3)　事業の用に供する産業廃棄物処理施設を廃止し，又は休止したことにより，現に委託を受けている産業廃棄物の処分を行うことができなくなった。

(4)　事業の用に供する産業廃棄物処理施設である産業廃棄物の最終処分場に係る埋立処分が終了したことにより，現に委託を受けている産業廃棄物の埋立処分を行うことができなくなった。

(5)　産業廃棄物処理施設を設置している場合において，措置命令を受け，当該処理施設を使用することができないことにより，当該処理施設において保管する産業廃棄物の数量が処分等のための保管上限に達した。

■ 解 説 ■

　この制度には罰則も規定されていることから，単に保管量が多くなった場合には，すべてこの制度により通知しなければならないというものではなく，該当する事由として省令第 10 条の 6 の 2 で具体的に示している。

　選択肢の(2)〜(5)はこの各号で規定されている事由にあたる。(1)は処理施設を使用することができない状態になり，当該処理施設において保管する産業廃棄物の数量が処分等のための保管上限に達した場合に該当になる。

正解　(1)

【法令】法 14⒀，省令 10 の 6 の 2

Ⅱ-088　第 12 条　事業者の処理

産業廃棄物多量排出事業者に提出が義務づけられている処理計画に記載すべき事項として，次のうち規定されていないものはどれか。

(1) 産業廃棄物優良認定処理業者への処理の委託。
(2) 処理業者への再生利用の委託。
(3) 認定熱回収施設設置者である処理業者への焼却処理の委託。
(4) 認定熱回収施設設置者以外の熱回収を行っている処理業者への焼却処理の委託。
(5) 廃棄物再生事業者への有価物の売却。

【 解 説 】

　多量排出事業者が作成する産業廃棄物の減量その他その処理に関する計画（以下「多量排出事業者処理計画」という）については，これまで添付書類の様式のみが定められており，計画自体の様式は定められていなかったことから，様式を統一的に定めることとし，評価を行いやすくした。（省令様式第 2 号の 8 等）

　また，循環的利用を進める観点から，排出事業者の責任において再生利用等による減量を進めることが重要であるが，減量は委託により行うことも可能であることから，計画に記載すべき事項として，産業廃棄物の処理の委託に関する事項を追加した。さらに，当該委託に関する事項として，優良認定処理業者（政令第 6 条の 11 第 2 号又は同第 6 条の 14 第 2 号に該当する者）への処理の委託，処理業者への再生利用の委託，認定熱回収施設設置者（法第 15 条の 3 の 3 第 1 項の認定を受けた者）である処理業者への焼却処理の委託及び認定熱回収施設設置者以外の熱回収を行っている処理業者への焼却処理の委託について，規則様式においてそれぞれ記載させることとした。

　省令本文には選択肢の具体的な表現はないが，規則様式第 2 号の 8 により(1)～(4)の事項について記載するようになっている。

　(5)については，そのような規定はない。

正解　(5)

【法令】法 12，政令 6 の 11 (二)，政令 6 の 14 (二)，法 15 の 3 の 3 (1)

II-089 第12条 事業者の処理 総合 〔難 解〕

次のうち，正しいものはどれか。

(1) 産業廃棄物の処理を委託するにあたり，事業の範囲に含まれている者と書面で契約を取り交し，産業廃棄物の受け渡しの際に産業廃棄物管理票を交付すれば，その後の産業廃棄物の処理に関する責任は一切なくなる。

(2) 事業活動に伴って排出される産業廃棄物であっても，少量であればマニフェストを交付しないで委託することができる。

(3) 産業廃棄物の処理に関する担当責任者として，資格を有する産業廃棄物管理責任者を置くことが法律で義務付けられている。

(4) 産業廃棄物の処理を委託している業者が取消処分となった場合であっても，年間契約している場合は，年度終了時までは委託しても構わない。

(5) 電子マニフェストを利用した場合は，都道府県知事に管理票の交付に関する報告を行う必要はない。

■ 解 説 ■

(1) 事業者は他人に産業廃棄物の処理を委託する場合には，最終処分が終了するまでの一連の処理の行程における処理が適正に行われるために必要な措置を講ずるように努めなければならず，注意義務を負う。委託基準や管理票に係る基準に違反していない場合であっても，この注意義務に違反した場合は，措置命令の対象になる場合があるので誤り（法第12条第7項，法第19条の6）。

(2) マニフェストの交付に関しては，委託する産業廃棄物の量による例外規定はないので誤り（マニフェストの交付を要しない場合は問II-081の解説を参照）。

(3) 特別管理産業廃棄物を生ずる事業場を設置している事業者は，特別管理産業廃棄物の処理に関する業務を適切に行わせるため，資格を有する特別管理産業廃棄物管理責任者を置くことが法律で義務付けられているが，特別管理産業廃棄物以外の産業廃棄物に関しては特に規定がないので誤り。

(4) 産業廃棄物の処理を委託している業者が取消処分となった場合は，許可を有していないので，当然，継続して委託することはできない。

(5) 管理票の交付状況に関する報告は，「管理票交付者」の義務であり，電

子情報組織を利用した電子マニフェストを使用する場合は，法第 12 条の
5 の規定により，管理票の交付を要しないため，「管理票交付者」に該当
せず報告義務はないので正しい。

正解 (5)

【法令】法 12 (7)，法 19 の 6
【参照】Ⅱ-081

II-090　第 12 条　事業者の処理　総合　　基本

次のうち，事業者の処理の記述として誤っているものはどれか。

(1) 自ら産業廃棄物を処理する場合でも処理基準は遵守しなければならない。

(2) 産業廃棄物を他人に委託する場合は産業廃棄物処理業者その他省令で定める者に委託しなければならない。

(3) 事業者は産業廃棄物を他人に委託すれば，その後の処理に関する責任はない。

(4) 事業者は運搬されるまでの間，産業廃棄物保管基準に従い保管しなければならない。

(5) 産業廃棄物を他人に委託する場合は書面で委託契約を締結しなければならない。

■ 解 説 ■

(1)は法第 12 条第 1 項，(2)は法第 12 条第 5 項，(4)は法第 12 条第 2 項，(5)は令第 6 条の 2 第 4 号においてそれぞれ規定されている。

平成 22 年の改正により努力義務ではあるが，法第 12 条第 7 項に「事業者は処理の状況に関する確認」を行わなければならないことが明示された。

正解 (3)

【法令】法 12 (1)，法 12 (2)，法 12 (5)，法 12 (7)，政令 6 の 2 (四)
【参照】II-089

次のうち，違法とならないものはどれか。

(1) 産業廃棄物の処理を許可業者に委託しているが，法律を遵守するため，マニフェストの交付を廃棄物処理のプロである許可業者に任せている。

(2) 処理委託した業者が過剰保管により改善命令を受けていることを知っていたが，特に現地を確認することなく処理委託を続けた。

(3) 個人で事業を営んでいるが，屋号を用いて営業を行っているので，産業廃棄物を自ら運搬するときは産業廃棄物の運搬車に氏名と屋号を表示している。

(4) 都道府県の職員が立入検査を行いたいと訪問してきたが，事前に連絡がなかったので拒絶した。

(5) 都道府県知事から廃棄物処理法第18条に基づく報告徴収の書面が届いたが，何も違法なことを行っていないので報告しなかった。

■ 解 説 ■

(1) マニフェストの交付（法第12条の3）は事業者の義務なので誤り。

(2) 事業者は産業廃棄物の発生から最終処分に至るまでの一連の処理の行程における注意義務があるので誤り。なお，設問のような場合は，事業者に措置命令が及ぶ場合がある。（法第19条の6）

(3) 運搬車の表示については，氏名又は名称を表示することとされており，略称や屋号単独による表示は認められない。設問の場合，義務である氏名を表示しているのでその他に屋号を表示することは自由であり違法ではない。

(4) 立入検査拒否については罰則の規定があるので誤り。

(5) 報告拒否については罰則の規定があるので誤り。

正解 (3)

【法令】法12の3，法19の6，法18

II-092　第12条　事業者の処理　総合　　難解

電子部品製造業である事業者 A は，年間 100t の廃酸（pH2.0 以下）を排出し，この廃酸の収集運搬を処理業者 B に，処分を処理業者 C に委託している。この場合，事業者 A の義務に関する記述の正誤の組み合わせとして，適当なものはどれか。

a　事業者 A は，特別管理産業廃棄物管理責任者を選任し，都道府県知事に報告しなければならない。

b　事業者 A は，多量排出事業者に該当し，減量その他処理に関する計画を作成し都道府県知事に提出しなければならない。

c　事業者 A は，上記 b の計画及び計画の実施状況は自ら公表しなければならない。

d　事業者 A は処理業者 B，処理業者 C それぞれと書面による委託契約を締結しなければならない。

e　事業者 A は，委託にあたり管理票を交付する義務があり，この管理票の交付状況を毎年度都道府県知事に報告しなければならない。

	a	b	c	d	e
(1)	誤	正	正	正	正
(2)	正	正	誤	正	正
(3)	誤	誤	正	誤	誤
(4)	誤	正	誤	正	正
(5)	正	誤	正	誤	誤

■ 解 説 ■

a 特別管理産業廃棄物管理責任者を置かなければならないが，都道府県知事に対する報告義務はない。過去において報告することが義務付けられていたが，現行の規定では報告する義務はない。ただし，自治体によっては条例等で報告を義務付けている場合がある。

b 設問のとおりであり正しい。（法第 12 条第 9 項，法第 12 条の 2 第 10 項，法第 12 条第 10 項，法第 12 条の 2 第 11 項）

c 多量排出事業者の減量等に関する計画及び実施状況を公表するのは都道府県知事であるので誤り。（法第 12 条第 11 項，法第 12 条の 2 第 12 項）。

d 設問のとおりであり正しい。（法第12条第6項）

e 設問のとおりであり正しい。（法第12条の3第7項）

正解 （4）

【法令】法12⑼，法12⑽，法12⑾，法12の2⑽，法12の2⑾，
法12の2⑿，法12⑹，法12の3⑺，（関連）法2

II-093　第12条　事業者の処理　総合　［難解］

次のうち，正しいものはどれか。

(1)　特別管理産業廃棄物である揮発性の廃油の収集運搬業の許可を受けた業者に特別管理産業廃棄物に該当しない廃油の収集運搬を委託することは違法とはならない。

(2)　管理票を交付する場合は，委託する産業廃棄物の種類，量及び受託者の氏名又は名称が管理票記載事項と相違ないことを確認のうえ交付しなければならない。

(3)　個人事業者が産業廃棄物を自ら運搬する場合，産業廃棄物の運搬車への表示については，屋号を用いて営業を行っている場合は屋号を単独で表示しなければならない。

(4)　会社経営のためにはできるだけ経費をかけずに産業廃棄物を処理する必要があるので，処理料金が安くても安全に処理することがわかれば許可業者等の処理委託できる者以外の者に委託しても構わない。

(5)電子マニフェストを利用した場合でも，都道府県知事に管理票の交付に関する報告を行わなければならない。

■ 解　説 ■

(1)　産業廃棄物の収集運搬を業として行う場合は，特別管理産業廃棄物収集運搬業とは別に許可を受けなければならないので誤り。

(2)　省令第8条の20第3号に規定されており正しい。

(3)　運搬車の表示については，原則として許可証に記載された氏名又は名称と同じものを表示することとされており，略称や屋号単独による表示は認められないので誤り。

(4)　事業者は産業廃棄物の処理を委託する場合は，許可業者その他環境省令で定める者に委託しなければならないので誤り（法第12条第5項）。なお，環境省令で定める者は問II-041の解説参照。

(5)についてはII-089参照。

正解　(2)

【法令】省令8の20(三)，法12(5)
【参照】II-041，II-089

次のうち，事業者の処理として誤っているものはどれか。

(1)　他人に産業廃棄物を委託する場合は産業廃棄物管理票を交付しなければならない。

(2)　他人に産業廃棄物を委託する場合は書面で委託契約を締結しなければならない。

(3)　事業者が自ら産業廃棄物を処理する場合は，産業廃棄物処理業の許可は不要であるが，その際は技術管理者の資格を持つ者を置かなければならない。

(4)　他人に産業廃棄物を委託する場合は産業廃棄物管理票の写しを保管しなければならない。

(5)　自ら処理する場合は産業廃棄物処理基準を遵守しなければならない。

【 解 説 】

排出事業者が産業廃棄物の処理を委託する場合，主に次の2点が排出事業者に義務付けられている。

①委託基準を守ること

②産業廃棄物管理票（マニフェスト）を正しく使用すること（交付，運用，保管）

委託基準の中には，処理業者と委託契約を締結することが定められている。

したがって，(1)(2)(4)は正しい。(3)の「技術管理者」は事業者，処理業者の区分による義務ではなく，一般廃棄物処理施設又は産業廃棄物処理施設を設置する者の義務である。したがって，事業者であっても，一般廃棄物処理施設又は産業廃棄物処理施設を設置している場合は，技術管理者を置かなければならない。この規定は法第9条の3で規定されている市町村の届出施設も含まれるが，処理能力500人分以下のし尿処理施設は技術管理者を置かなくともよいこととされている（政令第23条）。

(1)は法第12条の3第1項，(2)は令第6条の2第4号，(4)は法第12条の3第6項，(5)は法第12条第1項において，それぞれ規定されている。

正解　(3)

【法令】 法9の3，法12の3(1)，政令6の2(四)，法12の3(6)，法12(1)

II-095　第12条　事業者の処理　総合　　難解

次のうち，正しいものはどれか。

(1)　産業廃棄物管理票の交付は，後日まとめて交付した方が効率的であり，違法ではない。

(2)　産業廃棄物の運搬を委託する場合は，委託契約書に運搬の最終目的地を記載しなければならない。

(3)　特別管理産業廃棄物である揮発性の廃油の許可を受けた業者には，特別管理産業廃棄物に該当しない廃油を委託しても違法とはならない。

(4)　一般廃棄物であっても事業系の場合はマニフェストを交付しなければならない。

(5)　都道府県の職員が立入検査で訪問してきた場合であっても，事前に連絡がない場合は拒否しても違法とならない。

■ 解 説 ■

(1)　産業廃棄物の引渡しと同時に交付しなければならないので誤り。（法第12条の3）

(2)　政令第6条の2第4号ロに規定されており正しい。

(3)　産業廃棄物の収集運搬を業として行う場合は，特別管理産業廃棄物収集運搬業とは別に許可を受けなければならないので誤り。

(4)　一般廃棄物の場合は事業系であってもマニフェストの規定はない。

(5)　立入検査拒否については罰則の規定があるので誤り。

正解　(2)

【法令】法12の3，政令6の2㈣ロ

次のうち，正しいものはどれか。

(1) 産業廃棄物の受託者である産業廃棄物業者の選択，マニフェストの交付はすべて廃棄物のプロであるコンサルタントに任せ，契約の締結とともに委託契約の相手方としてもコンサルタントにしている。

(2) 事業活動に伴って排出される産業廃棄物であっても，少量であればマニフェストを交付しないで委託することができる。

(3) 産業廃棄物の運搬車への表示については，手書きなどであっても印刷物と遜色なく容易に読み取れる場合は違法とはならない。

(4) 産業廃棄物を運搬されるまで保管する場合は，産業廃棄物の保管基準は適用されない。

(5) 産業廃棄物の処理を委託する場合，許可業者であることさえ確認すれば，他に確認する必要はない。

■ 解　説 ■

(1) 委託契約の締結（法第 12 条第 6 項），マニフェストの交付（法第 12 条の 3）は事業者の義務なので誤り。

(2) マニフェストの交付に関しては，委託する産業廃棄物の量による例外規定はないので誤り（マニフェストの交付を要しない場合は問 II-081 の解説を参照）。

(3) 通常人をして容易に読み取れる場合は手書きでも可とされているので正しい。

(4) 産業廃棄物を運搬されるまで保管する場合は，産業廃棄物保管基準に従って保管しなければならないので誤り。（法第 12 条第 2 項）

(5) 産業廃棄物を産業廃棄物処理業者に委託する場合，委託しようとする産業廃棄物が事業の範囲に含まれること，許可が有効であること（許可期限が到来し失効していないか）などを確認しなければならないので誤り。

正解 (3)

【法令】法 12 (6)，法 12 の 3，法 12 (2)
【参照】II-081

II-097　第 12 条　事業者の処理　総合　　難解

事業者の産業廃棄物の処理に関する記述として，正しいものはどれか。

(1)　事業系一般廃棄物の処理を委託する場合も，産業廃棄物と同様に，書面で契約を締結しなければならない。

(2)　電子マニフェスト使用事業者は，書面による委託契約の締結に代えて，電子上の契約が認められている。

(3)　産業廃棄物を法の基準に従って適正に委託した場合であっても，受託者が不適正に処理した場合，注意義務に違反していれば責任を問われることがある。

(4)　産業廃棄物を自ら運搬で積替保管を行う場合は，保管量の上限に係る基準に特例が設けられている。

(5)　事業系一般廃棄物の処理を委託する場合も，マニフェストを交付しなければならない。

■ 解 説 ■

(1)　事業系一般廃棄物についても委託基準は規定されているが，書面で契約を締結する規定はないので誤り。

(2)　電子契約の可否は電子マニフェスト使用の有無とは無関係。

(3)　設問のとおり正しい。（注意義務違反については，問VIII-034 の解説参照）

(4)　積替保管を行う場合の保管量の上限に係る基準には特例がないので誤り。

(5)　一般廃棄物については，事業系一般廃棄物を含め，マニフェストの交付義務はないので誤り。

正解　(3)

【参照】VIII-034

事業者の産業廃棄物の処理に関する記述の正誤の組み合わせとして，適当なものはどれか。

a　事業者が事業系一般廃棄物を自ら処理する場合，一般廃棄物処理基準は適用されない。

b　産業廃棄物管理票を交付する事業者は，その交付事務を適切に行わせるため，産業廃棄物交付責任者をおかなければならない。

c　電子マニフェストを利用した場合は，都道府県知事に管理票の交付に関する報告を行う必要はない。

d　事業者が事業系一般廃棄物の自己処理を行う場合，処理基準は適用されないので，不法投棄を行った場合でも措置命令を受けることはない。

e　多量排出事業者は，産業廃棄物の減量化その他処理に関する計画を実施させるため，多量排出事業者管理責任者をおかなければならない。

	a	b	c	d	e
(1)	正	誤	誤	誤	誤
(2)	正	正	誤	誤	誤
(3)	正	誤	正	誤	誤
(4)	誤	正	正	正	誤
(5)	正	正	正	正	正

【 解 説 】

　a設問のとおり正しい。一般廃棄物処理基準は市町村と一般廃棄物許可業者に適用され，事業者には適用されない。ただし，排出事業者には市町村の指示に従う義務があり，また不法投棄や不法焼却については直罰規定がある（法第６条の２第２項，第７条第13項等）。

　b「産業廃棄物交付責任者」は法令で規定されていないので誤り。

　c設問のとおり正しい。

　d設問の場合，一般廃棄物処理基準は適用されないが，措置命令は処理基準が適用されない者であっても，処理基準に適合しない処分を行った者は何人も対象となるので誤り。

　e「多量排出事業者管理責任者」は法令で規定されていないので誤り。

正解　(3)

II-099　第12条　事業者の処理　総合

事業者の産業廃棄物の処理に関する記述として，正しいものはどれか。

(1)　産業廃棄物を自社運搬する場合，運搬の都度，運搬車への表示内容を写真撮影し，5年間保管しなければならない。

(2)　マニフェストの使用が義務付けられているのは多量排出事業者のみである。

(3)　産業廃棄物の処理を他人に委託している者は，毎年度，委託状況に関する報告書を作成し，都道府県知事に提出しなければならない。

(4)　事業者は産業廃棄物の処理を他人に委託する場合は，産業廃棄物処理業者など委託できる者に委託しなければならないので，処理料金が安くても無許可業者に委託してはいけない。

(5)　委託契約書は契約の締結の日から5年間保管しなければならない。

解 説

(1)　「運搬車への表示内容を写真撮影」は法令で規定されていないので誤り。

(2)　産業廃棄物の処理を他人に委託する場合，環境省令で定める場合を除き，マニフェストを交付しなければならないので誤り。

(3)　マニフェストの交付状況に関する報告は義務付けられているが，委託状況の報告は規定されていないので誤り。

(4)　設問のとおり正しい。

(5)　「契約の締結の日」ではなく，「委託の終了の日」であるので誤り。

正解　(4)

事業者の産業廃棄物の処理に関する記述の正誤の組み合わせとして，適当なものはどれか。

　a　産業廃棄物の処理を委託する場合は，再生処理（リサイクル）を委託する場合であっても，環境省令で定める場合を除き，産業廃棄物管理票を交付しなければならない。

　b　事業者が事業系一般廃棄物を自ら処理する場合，処理基準は適用されないので，改善命令を受けることはない。

　c　電子マニフェスト使用事業者は，使用状況をファイルに記録することにより，委託契約の締結に代えることができる。

　d　特別管理産業廃棄物を運搬する運搬車には，必ず「特別管理産業廃棄物を運搬する車両である」旨の記載をしなければ違反となる。

　e　特別管理産業廃棄物の多量排出事業者が産業廃棄物の処理を委託する場合は，電子マニフェストを利用しなければならない。

	a	b	c	d	e
(1)	正	正	誤	誤	正
(2)	正	誤	正	誤	誤
(3)	誤	正	正	誤	誤
(4)	正	誤	誤	正	誤
(5)	誤	誤	誤	正	正

█ 解　説 █

a 設問のとおり正しい。

b 設問のとおり正しい。

c 委託契約に関する例外規定はないので誤り。

d「産業廃棄物を運搬する車両である」旨の記載で可とされているので誤り。

e 平成29年改正により，令和2年4月以降は設問のとおりとなった。なお，普通の産業廃棄物の多量排出業者については現在でも電子マニフェストの義務は規定されていない。

正解 (1)

Ⅱ-101　第12条　事業者の処理　総合　

事業者の産業廃棄物の処理に関する記述として，正しいものはどれか。

(1)　産業廃棄物を自ら運搬で積替保管を行う場合は，保管量の上限に係る基準は適用されない。

(2)　委託する産業廃棄物の種類，数量が管理票記載事項と相違ないことを確認のうえ交付しなければならない。

(3)　委託する産業廃棄物の量が少ない場合は，マニフェストの交付をもって，書面による契約の締結に代えることができる。

(4)　産業廃棄物の処理を委託する場合，受託者の産業廃棄物を処理する施設が，法第15条第1項の許可を受けているか確認しなければならない。

(5)　収集運搬を委託した場合であって，積替えのための保管の場所において他の廃棄物と混合することを承諾した場合は，承諾に係る書面を，承諾した日から5年間保存しなければならない。

■ 解 説 ■

(1)　積替保管を行う場合の保管量の上限に係る基準に例外規定はないので誤り。

(2)　設問のとおり正しい。

(3)　委託契約については例外規定がないので誤り。

(4)　法第12条第6項を受け政令第6条の2で規定されている産業廃棄物委託基準では，設問の事項は規定されていない。例えば，廃プラスチック類を溶融する施設や動植物性残さを乾燥させる施設などは，産業廃棄物を処理する施設ではあるが，法第15条第1項の設置許可は不要である。このように委託基準に規定されていない（産業廃棄物を処理する施設が，すべて法第15条の第1項の許可を受けているとは限らない）。

(5)　承諾した日から5年間保存しなければならないのは，再委託に関する承諾である。

正解　(2)

【法令】法15(1)

産業廃棄物の処理に関する記述の正誤の組み合わせとして，適当なものはどれか。

a　特別管理産業廃棄物管理責任者は，特別管理産業廃棄物の保管に関し，事故等が発生した場合は，支障の除去又は発生の防止のための措置を講じ，速やかにその事故の状況及び講じた措置を都道府県知事に報告しなければならない。

b　産業廃棄物の処理を委託した処理業者から再委託の承諾を求められ再委託を承諾する場合は，書面で承諾しなければならない。

c　電子マニフェストは，頻繁に使用する情報を既定のパターンとして設定できるため，入力事務の省力化を図ることができる。

d　環境省令で定める特定事業者は，マニフェストに代えて，宅配便の複写式伝票を使用することができる。

e　多量排出事業者は，その業務を適切に行わせるため，産業廃棄物処理責任者をおかなければならない。

	a	b	c	d	e
(1)	正	正	誤	誤	誤
(2)	誤	正	正	誤	誤
(3)	正	正	正	誤	誤
(4)	正	正	誤	誤	正
(5)	正	誤	誤	正	正

■ 解 説 ■

a 特別管理産業廃棄物管理責任者の責務ではないので誤り。

b 設問のとおり正しい。（政令第 6 条の 12 第 1 号）

c 設問のとおり正しい。

d マニフェストの代用については規定されていない。誤り。

e 「廃棄物処理責任者」の設置（法第 12 条第 8 項）は，法第 15 条第 1 項の許可を受けた産業廃棄物処理施設を設置する事業者の責務であるので誤り。

正解　(2)

【法令】政令 6 の 12 (一)，法 15 (1)，法 12 (8)

II-103　第12条　事業者の処理　総合　難解

　産業廃棄物の処理に関する記述の正誤の組み合わせとして，適当なものはどれか。

- a　多量排出事業者は，帳簿を備え，減量化その他処理に関する計画の実施状況を記録し，5年間保存しなければならない。
- b　産業廃棄物管理票交付責任者は環境省令で定める資格を有する者でなければならない。
- c　産業廃棄物の処理を委託する場合は，少量であっても委託契約を書面で締結しなければならない。
- d　産業廃棄物の処理を委託している業者が取消処分となった場合は，年間契約している場合であっても，取消処分後は委託することはできない。
- e　数種類の産業廃棄物を1台のトラックに分別混載した場合は，1枚のマニフェストに記載しても構わない。

	a	b	c	d	e
(1)	正	正	誤	誤	誤
(2)	誤	正	正	誤	誤
(3)	誤	誤	正	正	誤
(4)	誤	誤	誤	正	正
(5)	正	誤	誤	誤	正

■ 解 説 ■

　a 多量排出事業者に帳簿備付け義務はないので誤り。

　b「産業廃棄物管理票交付責任者」は法令で規定されていない。

　c，d 設問のとおり正しい。

　e 発生段階から一体不可分の状態で混合している場合は一つの種類としてマニフェストを交付してよいこととされているが，分別されている場合は，「産業廃棄物の種類ごと」に交付しなければならないので誤り。

正解　(3)

産業廃棄物の処理に関する記述の正誤の組み合わせとして，適当なものは
どれか。

a　石綿含有産業廃棄物を排出する事業者は，特別管理産業廃棄物管理責
　任者をおかなければならない。

b　産業廃棄物の収集運搬及び処分を委託する場合，それぞれ別の業者に
　委託しなければならない。

c　管理票交付者及び運搬受託者は管理票の写しを，処分受託者は管理票
　を，5 年間保存しなければならない。

d　電子マニフェスト利用者事業者は，産業廃棄物を引き渡した後 3 日以
　内に情報処理センターに登録しなければ，管理票の不交付と判断される。

e　産業廃棄物の処理を他人に委託する場合は，年に数回程度の場合であっ
　ても，環境省令で定める場合を除き，産業廃棄物管理票を交付しなけれ
　ばならない。

	a	b	c	d	e
(1)	誤	正	正	正	正
(2)	正	誤	正	正	正
(3)	正	正	正	誤	正
(4)	誤	誤	正	正	正
(5)	正	正	誤	正	誤

【 解　説 】

　a 石綿含有産業廃棄物は特別管理産業廃棄物ではないので誤り。

　b 委託する者が産業廃棄物収集運搬業，処分業の許可を受けていれば，同
一の業者に委託しても違法とはならない。

　c，d，e 設問のとおり正しい。

正解　(4)

【法令】平成 12 年 9 月 28 日付衛環第 78 号各都道府県・各政令市廃棄
　　　　物行政主管部（局）長宛　厚生省生活衛生局水道環境部環境整備
　　　　課長通知「廃棄物の処理及び清掃に関する法律及び産業廃棄物の
　　　　処理に係る特定施設の整備の促進に関する法律の一部を改正する
　　　　法律の施行について」

Ⅱ-105 第12条 事業者の処理 総合

産業廃棄物の処理に関する記述の正誤の組み合わせとして，適当なものはどれか。

a 産業廃棄物の運搬車への表示については，産業廃棄物処理業者の義務であり，事業者自ら運搬する場合は表示しなくてもよい。

b 産業廃棄物の処理を委託した処理業者に対し，再委託を承諾する場合は，承諾に係る書面を承諾した日から5年間保存しなければならない。

c 産業廃棄物が運搬されるまで保管する場合，保管量が一定規模以上の場合は，環境省令で定めるところにより，都道府県知事に届出をしなければならない。

d 特別管理産業廃棄物である揮発性の廃油の許可だけ有する業者に，特別管理産業廃棄物に該当しない廃油を委託することはできない。

e 事業者が事業系一般廃棄物の自己処理を行う場合，処理基準は適用されないので，不法投棄を行った場合でも罰則が適用されることはない。

	a	b	c	d	e
(1)	正	誤	正	誤	誤
(2)	誤	正	誤	正	誤
(3)	誤	誤	正	誤	正
(4)	誤	正	正	正	誤
(5)	誤	正	誤	正	正

■ 解 説 ■

a 産業廃棄物の運搬車への表示は収集運搬に係る処理基準であり，事業者にも適用される。

b 設問のとおり正しい。

c 産業廃棄物の発生場所での保管に関する届出義務はないので誤り。ただし，平成22年の改正で，発生場所以外の場所で建設系廃棄物を保管する場合は一定状況下で届出が必要となった。

d 設問のとおり正しい。

e 設問の場合，一般廃棄物処理基準は適用されないが，「投棄禁止」は何人も対象となるので誤り。

正解 (2)

産業廃棄物の処理に関する記述として，正しいものはどれか。

(1)　特別管理産業廃棄物管理責任者は，5 年ごとに，環境省令で定める特定技能講習会を受講しなければならない。

(2)　電子マニフェストを利用する事業者が自ら産業廃棄物を運搬するときは，情報処理センターから交付された電子マニフェストの使用を証する書類を携帯しなければならない。

(3)　産業廃棄物の処理を委託した処理業者から再委託の承諾を求められた場合，必ずしも書面で承諾する必要はない。

(4)　電子マニフェストは，産業廃棄物処理業者の許可品目（事業の範囲）や許可期限などの基本情報が設定されているので，誤って事業の範囲に含まれない品目を委託することや許可期限が切れている者に委託するなどの法違反を回避できる。

(5)　事業者があらかじめ書面で承諾した場合は，収集運搬を受託した産業廃棄物収集運搬業者がマニフェストを交付してもよい。

【 解 説 】

(1)　特別管理産業廃棄物管理責任者を対象とした講習会受講義務は法令で規定されていない。

(2)　電子マニフェスト使用事業者から運搬を委託された産業廃棄物収集運搬業者は電子マニフェストの使用を証する書類を携帯しなければならないが，事業者自ら運搬する場合はその義務はない。

(3)　再委託の基準として「書面による承諾を受けていること」とされている。（政令 6 条の 12 第 1 号）

(4)　設問のとおり正しい。

(5)　マニフェスト交付は事業者の義務であり，収集運搬業者が事業者に代わり交付することはできない。

正解　(4)

【法令】政令 6 の 12 (一)

Ⅱ-107　第 12 条　事業者の処理　総合　難解

　　事業者の産業廃棄物の処理に関する記述の正誤の組み合わせとして，適当なものはどれか。

　a　特別管理産業廃棄物を排出する事業者は，帳簿を備え，その処理状況を記録し，5 年間保存しなければならない。

　b　産業廃棄物の処理を委託する場合，委託契約を締結する事務を担当する者は，環境省令で定める資格を有する者でなければならない。

　c　産業廃棄物を運搬されるまで保管する場合は，保管の高さに係る基準に特例が設けられている。

　d　管理票交付者は，虚偽の記載のある管理票の写しの送付を受けたときは，適切な措置を講じるとともに，都道府県知事に報告しなければならない。

　e　事業者が事業系一般廃棄物を不適正に処理した場合，措置命令の対象となる場合がある。

	a	b	c	d	e
(1)	正	正	誤	誤	誤
(2)	誤	正	誤	誤	正
(3)	誤	誤	正	正	誤
(4)	正	正	正	誤	誤
(5)	正	誤	誤	正	正

■ 解 説 ■

　a 設問のとおり正しい。（法第 12 条の 2 第 14 項）

　b 設問のような規定はない。

　c 産業廃棄物保管基準（運搬されるまで保管の基準）には保管の高さに係る例外規定はないので誤り。収集運搬，処分又は再生に係る保管の高さについては，使用済自動車の保管を行う場合について別途規定されている。

　d 設問のとおり正しい。（法第 12 条の 3 第 8 項）

　e 設問のとおり正しい。設問の場合，一般廃棄物処理基準は適用されないが，措置命令は処理基準が適用されない者であっても，処理基準に適合しない処分を行った者は何人も対象となる。

　　　　　　　　　　　　　　　　　　　　　　　　　　　正解　(5)

【法令】法 12 の 2 (14)，法 12 の 3 (8)

次のうち，特別管理産業廃棄物の排出事業者が備えなければならない帳簿の記載事項とされていない事項はどれか。

(1)　運搬にあっては，「運搬年月日」

(2)　運搬にあっては，「委託年月日」

(3)　処分にあっては，「処分方法ごとの処分量」

(4)　処分にあっては，「処分後の廃棄物の持出量」

(5)　処分にあっては，「処分後の氏名又は名称及び住所並びに許可番号」

【 解 説 】

　廃棄物処理法において，帳簿を備え付けなければならない形態として，処理業者（許可業者等），処理施設設置者，特別管理産業廃棄物排出事業者である。

　普通の産業廃棄物（巻頭「本書で用いる用語説明」参照，特別管理産業廃棄物を除く産業廃棄物）しか排出しない事業者には，帳簿の義務付けはない。

　特別管理産業廃棄物排出事業者に義務付けられている帳簿に関しては，廃棄物処理法第 12 条の 2 第 14 項により省令第 8 条の 18 で記載項目等を次のように規定している。

【運搬】

1　当該特別管理産業廃棄物を生じた事業場の名称及び所在地

2　運搬年月日

3　運搬方法及び運搬先ごとの運搬量

4　積替え又は保管を行つた場合には，積替え又は保管の場所ごとの搬出量

【処分】

1　当該特別管理産業廃棄物の処分を行つた事業場の名称及び所在地

2　処分年月日

3　処分方法ごとの処分量

4　処分（埋立処分を除く。）後の廃棄物の持出先ごとの持出量

「処分後の廃棄物の受託者の氏名又は名称及び住所並びに許可番号」の記

載は義務付けられていない。

正解 （5）

【法令】法 12 条の 2 ⒁，省令 8 の 18

II-109 第12条　事業者の処理　総合

　次のうち，病院から排出される産業廃棄物の処理に関し，正しいものはどれか。

(1) 感染性産業廃棄物は必ず焼却又は溶融しなければならない。

(2) 感染性産業廃棄物であっても環境省令に定める基準に適合している場合は埋立処分することができる。

(3) 感染性産業廃棄物であっても環境省令に定める基準に適合している場合は海洋投入処分することができる。

(4) 感染性産業廃棄物は他の産業廃棄物と区別して保管しなければならない。

(5) 感染性産業廃棄物は感染性一般廃棄物と区分して保管しなければならない。

■ **解 説** ■

(1) 処分又は再生の方法として，焼却，溶融のほかに，滅菌，消毒する方法が定められているので誤り。

(2) 感染性廃棄物は埋立処分を行ってはならないので誤り。

(3) 特別管理産業廃棄物は海洋投入処分を行ってはならないので誤り。

(4) 設問のとおりであり正しい。

(5) 感染性産業廃棄物は感染性一般廃棄物と区分しないで保管することができるので誤り。

正解　(4)

II-110　第12条　事業者の処理　総合　　

　次のうち，病院業を営む事業者Aの廃棄物処理に関し，違法とならない
ものはどれか。

(1)　感染性産業廃棄物及び特定有害産業廃棄物の保管場所は，その存在が
　　明らかになると，いたずらに患者に不安を抱かせることから，保管場所
　　の表示をしないようにしている。

(2)　錠剤の入っていたガラス瓶は血液等が付着していないので特別管理産
　　業廃棄物ではなく，ガラスくず，コンクリートくず及び陶磁器くずとし
　　て処分を委託した。

(3)　注射液の入っていたアンプルは血液等が付着していないので，そのま
　　ま，ガラスくず，コンクリートくず及び陶磁器くずとして安定型最終処
　　分場を設置している処分業者に埋立処分を委託した。

(4)　臨床検査に使用する試薬を廃棄する場合，数年に1回程度であれば書
　　面で委託契約をする必要はない。

(5)　少量であったので，使用済の脱脂綿やガーゼ，ビニールチューブを，
　　事業場内においてドラム缶を用いて焼却処理した。

■【 解 説 】■

(1)　特別管理産業廃棄物保管基準において保管場所の表示が規定されており
　　誤り。

(2)　感染性産業廃棄物に該当しないので正しい。

(3)　感染性廃棄物には該当しないが，有機物等が付着したものは安定型産業
　　廃棄物から除外されているので誤り。

(4)　契約の締結に関しては，委託する産業廃棄物の量や回数による例外規定
　　はないので誤り。

(5)　産業廃棄物処理基準により産業廃棄物を焼却する場合は環境省令で定め
　　る構造を有する焼却設備により行わなければならないので誤り。（政令第
　　6条第1項第2号で準用する政令第3条第2号イ）

正解　(2)

【法令】政令6(1)(二)，政令3(二)イ

次のうち，事業者の処理として誤っているものはどれか。

(1)　産業廃棄物の処理に伴い，破損などの事故が発生し，生活環境保全上の支障が生じ，又は生ずるおそれがあるときは，応急の措置を講じ，どのような場合でも都道府県知事に報告しなければならない。

(2)　産業廃棄物管理票交付者は報告書を作成し都道府県知事に報告しなければならない。

(3)　多量排出事業者は産業廃棄物の減量その他その処理に関する計画を作成し，都道府県知事に提出しなければならない。

(4)　特別管理産業廃棄物を生じる事業場を設置している事業者は，事業場ごとに特別管理産業廃棄物管理責任者をおかなければならない。

(5)　特別管理産業廃棄物を生じる事業者は帳簿を備えなければならない。

【 解 説 】

事故時の応急措置及び都道府県知事に対する届出を行わなければならないのは，次の者である。（法第 21 条の 2，政令第 24 条）

・法第 8 条第 1 項の設置許可を受けた一般廃棄物処理施設の設置者（法第 9 条の 3 の届出をした市町村を含む）
・法第 15 条第 1 項の設置許可を受けた産業廃棄物処理施設の設置者
・そのほか，焼却設備，熱分解設備など政令で定める特定処理施設の設置者

(2)は法第 12 条の 3 第 7 項，(3)は法第 12 条第 9 項並びに法第 12 条の 2 第 10 項，(4)は法第 12 条の 2 第 8 項，(5)は法第 12 条の 2 第 14 項で読み替える法第 7 条第 15 項において，それぞれ規定されている。

正解　(1)

【法令】法 21 の 2，政令 24，法 12 の 3 (7)，法 12 (9)，法 12 の 2 (10)，法 12 の 2 (8)，法 12 の 2 (14)，法 7 (15)

第2章 産業廃棄物の処理

II-112 第12条 事業者の処理 総合 基本

事業者が都道府県知事に提出する報告書・届出書のうち，その内容が公表されることが法令で規定されているものはどれか。

(1) 産業廃棄物管理票に関する交付状況の報告書
(2) 多量排出事業者の減量化・処理に関する計画及びその実施状況の報告書
(3) 特別管理産業廃棄物処理実績報告書
(4) 特別管理産業廃棄物処理責任者の設置・変更届出書
(5) 技術管理者の設置・変更届出書

解 説

(1)～(5)のうち事業者が都道府県知事に提出することが法令で規定されている報告書は(1)（法第12条の3第7項），(2)（法第12条第11項，法第12条の2第12項）である。このうち，法令で公表することが規定されているのは(2)であり，(1)は公表することは規定されていない。なお，公表の方法は，1年間，公衆の縦覧に供するとされている。

(3)(4)(5)については，過去において報告・届出することが義務付けられていたが，現行の規定では報告・届出する義務はない。ただし，自治体によっては条例等で(3)(4)(5)についても報告・届出を義務付けている場合がある。

正解 (2)

【法令】法12の3(7)，法12(11)，法12の2(12)

病院業を営む事業者 A の廃棄物の処理に関する記述として，違法となる行為はどれか。

(1)　感染性産業廃棄物は，収集運搬を感染性産業廃棄物が事業の範囲に含まれる特別管理産業廃棄物収集運搬業者 D に委託し，処分を感染性産業廃棄物が事業の範囲に含まれる特別管理産業廃棄物処分業者 E に委託しており，それぞれと書面で委託契約を締結している。

(2)　感染性一般廃棄物も同様に D，E に委託しているが，D，E は一般廃棄物処理業の許可を受けていない。

(3)　感染性産業廃棄物は他の産業廃棄物と区別して保管しているが，感染性一般廃棄物とは混合して排出されるので特に区分していない。

(4)　特別管理産業廃棄物管理責任者として医師を充てていたが，医師は業務多忙のため，感染性廃棄物に関しては実務経験も知識もない事務職員に変更した。

(5)　感染性産業廃棄物の排出量が年間 10t 未満であり，多量排出事業者には該当しないので，特別管理産業廃棄物の減量その他その処理に関する計画は作成していない。

▋ 解　説 ▋

(1)　法令の規定どおりであり違法とはならない。

(2)　特別管理産業廃棄物収集運搬業者で感染性産業廃棄物の収集運搬行う者は感染性一般廃棄物の収集運搬を，特別管理産業廃棄物処分業者で感染性産業廃棄物の処分を行う者は感染性一般廃棄物の処分を，一般廃棄物処理業の許可を受けずに行うことができるので違法ではない。（法第 14 条の 4 第 17 項，省令第 10 条の 20）

(3)　特別管理産業廃棄物を保管する場合は，他の物が混入するおそれのないように仕切りを設けることとされているが，感染性産業廃棄物と感染性一般廃棄物とが混合している場合であって，当該感染性廃棄物以外の物が混入するおそれのない場合は除外されているので，設問の場合は違法とならない。（省令第 8 条の 13 第 4 号）

(4)　特別管理産業廃棄物管理責任者は有資格者でなければならないが，感染性産業廃棄物を生ずる事業場にあっては，医師，看護師などは資格を有す

る者として規定されている（省令第8条の17）が，一般の事務職員は有資格者とならないので違法となる。

(5) 特別管理産業廃棄物の排出事業場で年間の排出量が50t以上の場合は多量排出事業者に該当する。設問のとおり多量排出事業者に該当しないので違法とはならない。

正解 (4)

【法令】法14の4(17)，省令10の20，省令8の13(四)，省令8の17

産業廃棄物の処理に関する記述の正誤の組み合わせとして，適当なものはどれか。

a　特別管理産業廃棄物処理責任者は，特別管理産業廃棄物の処理に従事する他の職員を監督しなければならない。

b　産業廃棄物管理票交付者は，管理票の写しを，その交付の日から5年間保存しなければならない。

c　委託契約書は契約の終了の日から5年間保存しなければならない。

d　産業廃棄物の運搬を委託する場合は，委託契約書に運搬の最終目的地を記載しなければならない。

e　電子マニフェスト利用者事業者は，情報処理センターから電子マニフェストの使用を証する書類が交付される。

	a	b	c	d	e
(1)	正	正	誤	誤	誤
(2)	誤	正	正	誤	誤
(3)	誤	正	正	正	誤
(4)	誤	正	正	正	正
(5)	正	正	正	正	正

■ 解 説 ■

a 特別管理産業廃棄物処理責任者は他の職員を監督する義務を負っていないので誤り。他の職員の監督義務があるのは法第21条で規定されている「技術管理者」である。

b～e 設問のとおり正しい。

正解　(4)

【法令】法21

II-115 第 12 条　事業者の処理　総合　　難解

次の産業廃棄物処理基準（収集運搬の基準）に関する記述のうち，誤っているものはどれか

(1)　収集運搬の基準は事業者が自ら運搬する場合も適用される。

(2)　運搬車両の車体の外側に運搬車である旨その他の事項を表示しなければならない。

(3)　産業廃棄物収集運搬業者は運搬車に許可証の写し及び管理票を備え付けておかなければならない。

(4)　積替えのための保管は原則禁止されている。

(5)　石綿含有産業廃棄物は他のものと混合することがないよう区分して収集運搬しなければならない。

解　説

(1)　産業廃棄物処理基準が適用されるのは，事業者及び（特別管理）産業廃棄物処理業者であり，許可を要しない者，専ら物業者に対しては適用されない（法第 12 条第 1 項，法第 14 条第 12 項，法第 14 条の 4 第 12 項）ので正しい。

(2)　政令第 6 条第 1 項第 1 号イに規定されているので正しい。ただし，家電リサイクル法，自動車リサイクル法に基づき運搬を行う場合は本規定の適用はない。（平成 16 年 10 月 27 日環境省令第 24 号附則第 3 条）

(3)　省令第 7 条の 2 の 2 第 4 項で準用する省令第 7 条の 2 第 3 項において設問のとおり規定されており正しい。

(4)　産業廃棄物の保管は積替えを行う場合を除き，行ってはならない（政令第 6 条第 1 項第 1 号ホで準用する政令第 3 条第 1 号チ）と規定されており，積替えのための保管は禁止されていないことから誤り。なお，「積替えのときしか保管をしてはならない」という趣旨は次のとおりである。「収集運搬の途中で積替えをせずに保管する」ということは「積み出す当てがなく保管をし続ける」ということになる。これは，不法投棄，大量保管につながる。つまり，この規定は産業廃棄物を受け入れる処理施設の当てなく産業廃棄物を排出場所から持ち出してはならない，という趣旨である。

(5)　政令第 6 条第 1 項第 1 号ロで準用する政令第 3 条第 1 号ホにおいて設問のとおり規定されており正しい。

【法令】法 12 (1)，法 14 (12)，法 14 条の 4 (12)，政令 6 (1)(一)イ，平成 16 年 10 月 27 日環境省令第 24 号附則第 3 条，省令 7 の 2 の 2 (4)，省令 7 の 2 (3)，政令 6 (1)(一)ホ，政令 3 (一)チ，政令 6 (1)(一)ロ，政令 3 (一)ホ

Ⅱ-116　第12条　事業者の処理　総合　　難解

次のうち，多量排出事業者に関する記述として誤っているものはどれか。

(1)　前年度の産業廃棄物の発生量が1,000t以上である事業者は多量排出事業者に該当する。

(2)　前年度の特別管理産業廃棄物の発生量が10t以上である事業者は多量排出事業者に該当する。

(3)　多量排出事業者は減量その他処理に関する計画を作成し，都道府県知事に提出しなければならない。

(4)　多量排出事業者は減量その他処理に関する計画の実施状況を都道府県知事に提出しなければならない。

(5)　都道府県知事は，多量排出事業者が提出した計画及び実施状況を公表するものとする。

▌ 解 説 ▐

多量排出事業者に該当するのは，次の者である。

・前年度の産業廃棄物の発生量が1,000t以上である事業者（政令第6条の3）

・前年度の特別管理産業廃棄物の発生量が50t以上である事業者（政令第6条の7）

多量排出事業者は減量その他処理に関する計画（法第12条第9項，法第12条の2第10項）及び計画の実施状況（法第12条第10項，法第12条の2第11項）を都道府県知事に提出しなければならない。

この多量排出事業者が提出した計画及び実施状況は都道府県知事が1年間，公衆の縦覧に供することにより公表される。（法第12条第11項，法第12条の2第12項）

正解　(2)

【法令】政令6の3，政令6の7，法12(9)，法12の2(10)，法12(10)，法12の2(11)，法12(11)，法12の2(12)

特別管理産業廃棄物管理責任者の資格に関する記述の正誤の組み合わせとして，適当なものはどれか。

a　特別管理産業廃棄物管理責任者は環境省令で定める資格を有する者でなければならない。

b　特別管理産業廃棄物管理責任者の資格は，感染性産業廃棄物を生ずる事業場とそれ以外の特別管理産業廃棄物を生ずる事業場と分けて規定されている。

c　保健師は感染性産業廃棄物を生ずる事業場の特別管理産業廃棄物管理責任者となることができる。

d　2 年以上環境衛生指導員の職にあった者は，感染性産業廃棄物を生ずる事業場では特別管理産業廃棄物管理責任者となることはできない。

e　医師は特段の要件なしに感染性産業廃棄物以外の特別管理産業廃棄物を生ずる事業場の特別管理産業廃棄物管理責任者となることができる。

	a	b	c	d	e
(1)	正	正	正	誤	誤
(2)	正	正	誤	誤	誤
(3)	誤	誤	誤	正	正
(4)	誤	正	正	誤	誤
(5)	正	誤	誤	正	正

■　解　説　■

　a 環境省令で定める資格を有する者でなければならないので正しい。（法第 12 条の 2 第 9 項）

　b 設問のとおりであり，正しい。（省令第 8 条の 17）

　c 医師，歯科医師，薬剤師，獣医師，保健師，助産師，看護師，臨床検査技師，衛生検査技師又は歯科衛生士は感染性産業廃棄物を生ずる事業場の特別管理産業廃棄物管理責任者となることができるので正しい。（省令第 8 条の 17 第 1 号イ）

　d 2 年以上環境衛生指導員の職にあった者は，感染性産業廃棄物を生ずる事業場，感染性産業廃棄物以外の特別管理産業廃棄物を生ずる事業場のどちらにおいても特別管理産業廃棄物管理責任者となることができるので誤

り。(省令第 8 条の 17 第 1 号ロ, 第 2 号イ)

　e 医師は, 感染性産業廃棄物以外の特別管理産業廃棄物を生ずる事業場の
特別管理産業廃棄物管理責任者となることはできないので誤り。ただし, 省
令第 8 条の 17 第 2 号チ又はリに該当する場合は可能である。

正解 ⑴

【法令】法 12 の 2 ⑼, 省令 8 の 17, 省令 8 の 17 ㈠イ, 省令 8 の 17 ㈠ロ,
　　　　省令 8 の 17 ㈡イ, 省令 8 の 17 ㈡チ〜リ

II-118 第 12 条の 7　2 以上の事業者による産業廃棄物の
処理に係る特例

　　2 以上の事業者による産業廃棄物の処理に係る特例（以下「親子会社による一体的処理の特例」という）に関する記述として，誤っているものはどれか。

- (1)　一体的な経営を行う 2 以上の事業者（親子会社）は，都道府県知事等の認定を受けた場合は産業廃棄物処理業の許可を受けないで，相互に親子会社間で一体として産業廃棄物の処理を行うことができる。
- (2)　親子会社による一体的処理の特例は産業廃棄物の収集運搬に限定されており，処分については適用されない。
- (3)　親子会社による一体的処理の特例は産業廃棄物に限定されており，一般廃棄物については適用されない。
- (4)　親子会社による一体的処理の特例認定を受けた場合，認定に係る産業廃棄物以外の産業廃棄物の処理については，各事業者が自ら処理又は他人に委託して処理するなど，適正に処理する必要がある。
- (5)　親子会社による一体的処理の特例に関し，親会社が子会社の発行済株式の総数，出資口数の総数又は出資価額の総額を保有している場合は，一体的な経営を行う事業者と認められる。

【 解 説 】

(1)　平成 29 年法改正により一体的な経営を行う親子会社について，一定の要件を満たす場合で都道府県知事等の認定を受けたときは，産業廃棄物処理業の許可を受けずに親子会社相互に一体として産業廃棄物の処理を行うことができる制度が創設された。

　　法第 12 条の 7 第 1 項において，2 以上の事業者による産業廃棄物の処理に係る特例（親子会社による一体的処理の特例）として規定されている。

　　また，法第 12 条の 7 第 4 項の規定により，この認定を受けた親会社の事業活動に伴って生ずる産業廃棄物については，子会社も排出事業者とみなされることから，法第 14 条ただし書の規定により子会社は許可が不要となる（逆の場合も同様）。

(2)　一体的な経営を行う 2 以上の事業者（親子会社）は，都道府県知事の認定を受けた場合は産業廃棄物処理業の許可を受けないで，相互に親子会

社間で一体として産業廃棄物の処理を行うことができるもの（親子会社による一体的処理の特例）であり，その処理については，「収集，運搬又は処分」とされている。「収集運搬」に限定されてはいない。したがって，⑵が誤りである。

⑶　親子会社による一体的処理の特例は法第12条の7で規定されている産業廃棄物の処理に関する規定である。したがって，一般廃棄物の処理に関してはこの特例は適用されない。

⑷　親子会社による一体的処理の特例認定については，省令第8条の38の5第3項において「当該申請に係る収集，運搬又は処分を行う産業廃棄物の種類」が限定されており，認定に係る産業廃棄物以外の産業廃棄物の処理については，各事業者が自ら処理又は他人に委託して処理するなど，適正に処理する必要がある。

⑸　親子会社の一体的処理の特例については，法第12条の7第1項において，各号のいずれにも適合していることと規定されている。

　　第1号は「一体的な経営」の規定であり，親子会社による一体的処理の特例に関し，親会社が子会社の発行済株式の総数，出資口数の総数又は出資価額の総額を保有している場合は，一体的な経営を行う事業者と認められる。

　　このほか第2号において，一体的処理の適合条件として，適正な収集運搬又は処分を行うことができる事業者として環境省令で定める基準に適合することとされている。

　　また，規則第8条の38の2において「2以上の事業者の一体的な経営の基準」として，親会社が子会社の発行済株式の総数，出資口数の総数又は出資価額の総額を保有している場合は，一体的な経営を行う事業者と認められることが規定されている。

正解　⑵

【法令】法12の7，省令8の38の5⑶，省令8の38の2

2 以上の事業者による産業廃棄物の処理に係る特例（以下「親子会社による一体的処理の特例」という）に関する記述として，正しいものはどれか。

(1)　親子会社による一体的処理の特例は，親会社が産業廃棄物処理業の許可を受けないで子会社の産業廃棄物の処理を行うことができるものであって，子会社が親会社の産業廃棄物の処理を行う場合は許可が必要となる。

(2)　親子会社による一体的処理の特例に関し，親会社が子会社の発行済株式の総数，出資口数の総数又は出資価額の総額を保有している場合であっても，親会社から子会社に業務を執行する役員を派遣していなければ，一体的な経営を行う事業者と認められない。

(3)　親子会社による一体的処理の特例に関し，特例認定申請に係る産業廃棄物の処理を親子会社以外の者に委託する場合は，親会社が責任をもって委託を行わなければならない。

(4)　親子会社の認定を受けた建設業を営む A 社及び B 社がある。A 社が元請負で請け負った建設工事を B 社が下請負で工事を行ったとき，当該工事により排出された産業廃棄物について，B 社は産業廃棄物収集運搬業の許可なく運搬ができる。

(5)　親子会社による一体的処理の特例を受けた場合は，親会社の事業活動により排出した産業廃棄物について，子会社が法第 18 条第 1 項に基づく報告徴収を受けることがある。

【 解 説 】

(1)　一体的な経営を行う 2 以上の事業者（親子会社）が都道府県知事等の認定を受けた場合は，産業廃棄物処理業の許可を受けないで相互に親子会社間で一体として産業廃棄物の処理を行うことができる「親子会社による一体的処理の特例」を規定したものであり，「親会社のみの特例」を規定したものではない。

(2)　法第 12 条の 7 第 1 項第 1 号の「環境省令で定める基準」は，2 以上の事業者いずれか 1 の事業者が，当該 2 以上の事業者のうち他の全ての事業者について，省令第 8 条の 38 の 2 各号のいずれかに該当すること

とされており，親会社が子会社の発行済株式の総数，出資口数の総数又は出資価額の総額を保有している場合は，業務を執行する役員を派遣することは要件とならない。

(3) 省令第8条の38の3第4号において，当該申請に係る産業廃棄物の収集，運搬又は処分を当該2以上の事業者以外の者に委託する場合にあっては，当該2以上の事業者のうち他の事業者と共同して，受託者と委託契約を締結するとともに当該受託者に対し管理票を交付する者であることと規定されている。

(4) 法第12条の7の一体的な認定制度については，業種に関する制限は規定されていない。したがって，省令第8条の38の2の一体的な経営基準等に適合すれば建設業でも認定を受けることができる。

　　ただし，法第12条の7第4項に認定事業者とみなす条項が規定されているが，法第21条の3はここには規定されていない。

　　このことから，建設工事の元請，下請の関係では親子会社の認定における許可不要は適用にならない。

　　法第21条の3とは，「建設工事の注文者から直接建設工事を請け負った建設業を営む者（元請業者）を事業者とする。」と建設工事の事業者の範囲を規定したものである。

　　この場合，A社は元請負業者で事業者となるが，B社は下請負業者であり，法第12条の7第4項において下請負業者を事業者とみなさないため，B社は法第14条第1項の産業廃棄物収集運搬業の許可が必要である。

(5) 法第12条の7第5項の規定により，親子会社の認定を受けた者のうちいずれか1の事業者の事業活動に伴って生ずる産業廃棄物についての法第18条第1項の適用については，当該認定を受けた者を1の事業者とみなされることから，子会社が法第18条第1項に基づく報告徴収を受けることがある。したがって，(5)が正しい。

正解　(5)

【法令】法12の7，省令8の38の2，省令8の38の3，法18(1)

Ⅱ-120　第 12 条の 7　2 以上の事業者による産業廃棄物の処理に係る特例

2 以上の事業者による産業廃棄物の処理に係る特例（以下「親子会社による一体的処理の特例」という）に関する記述として，誤っているものはどれか。

(1) 親子会社による一体的処理の特例に関し，特例認定申請に係る産業廃棄物の処理を親子会社以外の者に委託する場合，親会社及び子会社双方が産業廃棄物管理票（マニフェスト）の交付を行う者となる。

(2) 親子会社による一体的処理の特例に関し，特例認定申請に係る産業廃棄物の処理を自ら行う場合は，親会社及び子会社双方が産業廃棄物処理基準に従わなければならない。

(3) 親子会社による一体的処理の特例に関し，特例認定申請に係る産業廃棄物の保管を行う場合は，産業廃棄物保管基準に従わなければならない。

(4) 親子会社の認定を受けた親会社 A，子会社 B について，A 社から排出された産業廃棄物を B 社が収集運搬する場合であっても，車両に産業廃棄物収集運搬車両の表示は必要である。

(5) 親子会社の一体的処理の用に供する産業廃棄物処理施設であれば，法第 15 条に規定する産業廃棄物処理施設（15 条施設）の設置許可は不要となる。

▊ 解 説 ▊

(1) 省令第 8 条の 38 の 3 第 4 号において，当該申請に係る産業廃棄物の収集，運搬又は処分を当該 2 以上の事業者以外の者に委託する場合にあっては，当該 2 以上の事業者のうち他の事業者と共同して，受託者と委託契約を締結するとともに当該受託者に対し管理票を交付する者であることと規定されている。

(2) 法第 12 条の 7 第 4 項の規定により，この認定を受けた親会社の事業活動に伴って生ずる産業廃棄物については，子会社も排出事業者とみなされ，双方に産業廃棄物処理基準が適用される。

(3) 法第 12 条の 7 第 4 項の規定により，この認定を受けた親会社の事業活動に伴って生ずる産業廃棄物については，子会社も排出事業者とみなされ，双方に産業廃棄物保管基準が適用される。

(4) 法第 12 条の 7 により都道府県知事の認定を受けた事業者は，認定

を受けた事業者の範囲であればみなし事業者として収集運搬や処分ができる。

　しかし，その場合であっても法第 12 条の 7 第 4 項に法第 12 条第 1 項に規定する事業者とみなす規定があるため，同条により政令第 6 条の産業廃棄物処理基準が適用され，同条第 1 項第 1 号イにより運搬車に表示義務が課せられる。

(5)　法第 12 条の 7 第 1 項の認定を受けた事業者は，相互に処理を行う場合は法第 12 条の 7 第 4 項により産業廃棄物収集運搬業，産業廃棄物処分業，特別管理産業廃棄物収集運搬業及び特別管理産業廃棄物処分業を要さない事業者としてみなしている（法第 14 条第 1 項，第 6 項，法第 14 条の 4 第 1 項，第 6 項のただし書の事業者）。

　しかし，同項において 15 条施設の許可を不要とする規定は置いていない。そもそも親子会社間における自社処理の拡大は，近年の企業経営の効率化に伴う分社化等により従前は自社処理ができたにもかかわらず，分社化により，人格が異なることとなり処理業の許可を取得しなければならないという実態を解消するために規制措置を見直したものである。

　一方，産業廃棄物処理施設の許可制度は，施設の構造上の安全性，維持管理の確実性を確保する観点から生活環境を保全するもので，分社化等の事業形態の変化により規制措置の見直しの余地はないものと考えられる。したがって，(5)が誤りである。

　なお，15 条施設の設置許可が不要であるものは，法第 15 条の 4 の 2 の産業廃棄物の再生利用の特例，法第 15 条の 4 の 4 の産業廃棄物の無害化処理の特例の各制度のみである。

正解　(5)

【法令】省令 8 の 38 の 3，法 12 の 7 (4)，法 12，政令 6 (1)(一)，法 14 (1)・(6)，法 14 の 4 (1)・(6)のただし書，法 15 (1)

第 3 章

産業廃棄物処理業

産業廃棄物の収集運搬業に関する記述として，正しいものはどれか。

(1) 産業廃棄物の収集運搬業を行おうとする都道府県知事の許可を受けなければならない。

(2) 産業廃棄物の収集運搬業を行おうとする市町村長の許可を受けなければならない。

(3) 産業廃棄物の収集運搬業を行おうとする都道府県知事の許可を受けなければならないが，当該業を行おうとする市町村長の一般廃棄物収集運搬業の許可を受けていれば，改めて都道府県知事の許可を受ける必要はない。

(4) 産業廃棄物の収集運搬業を行おうとする都道府県知事の処分業の許可を受けていれば，改めて収集運搬業の許可を受ける必要はない。

(5) 産業廃棄物の収集運搬業を行おうとする市町村長の処分業の許可を受けていれば，改めて収集運搬業の許可を受ける必要はない。

【 解 説 】

　法第14条では「産業廃棄物（特別管理産業廃棄物を除く。以下この条から第14条の3の3まで，第15条の4の2，第15条の4の3第3項及び第15条の4の4第3項において同じ。）の収集又は運搬を業として行おうとする者は，当該業を行おうとする区域（運搬のみを業として行う場合にあつては，産業廃棄物の積卸しを行う区域に限る。）を管轄する都道府県知事の許可を受けなければならない。」とされている。

　したがって，(1)が正しい。

　産業廃棄物の処理業者（収集運搬業・処分業）も一般廃棄物と同様に許可は必要となるが，一般廃棄物処理業では市町村長の許可が必要になるのに対し，産業廃棄物処理業では都道府県知事（一部政令市長）の許可が必要になる。また，収集運搬業の許可と処分業の許可はそれぞれ別に受ける必要がある。

　なお，法第14条では，自らその産業廃棄物を運搬（又は処分）する事業者や環境省令で定める者など，許可が必要ない者についても規定している。詳しくはⅢ-027参照。

正解 (1)

Ⅲ-002　第 14 条　産業廃棄物処理業　基本

産業廃棄物の収集運搬業を営むためには，誰の許可を得なければならないか。

(1)　総理大臣

(2)　厚生労働大臣

(3)　環境大臣

(4)　都道府県知事

(5)　市町村長

■解　説■

法第 14 条第 1 項では次のとおり規定されている。

産業廃棄物（特別管理産業廃棄物を除く）の収集又は運搬を業として行おうとする者は，当該業を行おうとする区域（運搬のみを業として行う場合にあっては，産業廃棄物の積卸しを行う区域に限る）を管轄する<u>都道府県知事</u>の許可を受けなければならない。ただし，事業者（自らその産業廃棄物を運搬する場合に限る），専ら再生利用の目的となる産業廃棄物のみの収集又は運搬を業として行う者その他環境省令で定める者については，この限りでない。

したがって，(4)が正解である。

正解　(4)

【法令】法 14 (1)，省令 9

次のうち，産業廃棄物処理業の許可について誤っているものはどれか。

(1)　産業廃棄物処理業の許可は，5 年（優良性の評価を受けた業者は 7 年）ごとにその更新を受けなければ，その期間の経過によって，その効力を失う。

(2)　産業廃棄物処理業の更新の申請があった場合において，許可の有効期間の満了の日までにその申請に対する処分がされないときは，従前の許可は，許可の有効期間の満了後もその処分がされるまでの間は，なおその効力を有する。

(3)　産業廃棄物処理業の許可には，産業廃棄物の収集を行うことができる区域を定めることができる。

(4)　産業廃棄物処理業の許可には，生活環境の保全上必要な条件を付することができる。

(5)　産業廃棄物処理業者は，産業廃棄物処理基準に従い，産業廃棄物の収集もしくは運搬又は処分を行わなければならない。

■ 解　説 ■

　(3)の収集区域を定めることについては，一般廃棄物処理業の許可では規定されているが，産業廃棄物処理業の許可では規定されていないので誤り。

正解　(3)

III-004　第14条　産業廃棄物処理業　

産業廃棄物処理業の許可基準に関する記述の正誤の組み合わせとして，適当なものはどれか。

a　役員等に環境省令で定める有資格者がいること。

b　事業を継続して行うに足る経理的基礎を有すること。

c　従業員が欠格要件に該当しないこと。

d　業務を的確に行うに足る知識及び技能を有すること。

e　事業の用に供する施設の所有権又は使用権を有すること。

	a	b	c	d	e
(1)	正	誤	誤	誤	誤
(2)	誤	正	誤	誤	誤
(3)	誤	誤	誤	誤	正
(4)	誤	正	誤	正	正
(5)	正	誤	正	正	誤

【 解 説 】

a 役員等に環境省令で定める有資格者がいることは，許可基準に規定されていないので誤り。ただし，「的確に行う能力」として役員等に対し，一定の講習会修了を要件としている自治体が多い。

b 設問のとおり正しい。（省令第10条第2号ロ）

c 従業員とは規定されておらず，役員（法人の場合），政令で定める使用人が欠格要件に該当しないことと規定されており誤り。

d 申請者の能力に関する規定であり，正しい。

e 所有権がない場合は使用権原を有していることと省令で規定しており正しい。

正解　(4)

【法令】省令10㈡ロ

産業廃棄物処理業の許可に関する記述の正誤の組み合わせとして，適当なものはどれか。

a　専ら再生利用の目的となる産業廃棄物のみの収集又は運搬を業として行う場合は，産業廃棄物収集運搬業の許可を受けなくてもよい。

b　産業廃棄物処理業の許可は，2 年ごとにその更新を受けなければ，その期間の経過によって，その効力を失う。

c　産業廃棄物処理業の許可には，産業廃棄物の収集を行うことができる区域を定めることができる。

d　産業廃棄物処理業の許可には，生活環境の保全上必要な条件を付することができる。

e　産業廃棄物処理業者は，都道府県が条例で定める収集及び運搬並びに処分に関する手数料の額に相当する額を超える料金を受けてはならない。

	a	b	c	d	e
(1)	正	誤	正	正	正
(2)	正	正	誤	正	正
(3)	正	正	正	正	誤
(4)	誤	正	正	誤	正
(5)	正	誤	誤	正	誤

【 解 説 】

a 事業者（自らその産業廃棄物を運搬する場合に限る），専ら再生利用の目的となる産業廃棄物のみの収集又は運搬を業として行う者その他環境省令で定める者については許可が不要であり，正しい。（法第 14 条第 1 項）

b 5 年（優良性の評価を受けた業者は 7 年）ごとに更新を受けなければ効力を失うので誤り。（法第 14 条第 2 項及び第 7 項）

c 産業廃棄物処理業の許可には，産業廃棄物の収集を行うことができる区域を定めることができる旨の規定がないので誤り。

d 産業廃棄物処理業の許可には，生活環境の保全上必要な条件を付することができるので正しい。（法第 14 条第 11 項）

e 産業廃棄物の処理には，料金に関する制限の規定はない。一般廃棄物に

ついては，法第 7 条第 12 項で「一般廃棄物処理業者は，市町村が条例で
定める収集及び運搬並びに処分に関する手数料の額に相当する額を超える料
金を受けてはならない」と規定されている。

正解 (5)

【法令】法 14 (1)，法 14 (2)，法 14 (7)，法 14 (11)，法 7 (12)

（特別管理）産業廃棄物処理業の許可に関する記述の正誤の組み合わせとして，適当なものはどれか

a　A 県で産業廃棄物収集運搬業の許可を受ければ，B 県でも産業廃棄物の収集運搬を業として行うことができる。

b　A 県で産業廃棄物収集運搬業（積替保管を含む）の許可を受ければ，A 県内の廃棄物処理法政令市でも産業廃棄物の収集運搬（積替保管を含む）を業として行うことができる。

c　産業廃棄物処分業の許可を受けるためには，法第 15 条第 1 項の産業廃棄物処理施設の許可を受けていなければならない。

d　特別管理産業廃棄物処分業の許可を受ければ，特別管理産業廃棄物の排出事業者であっても特別管理産業廃棄物管理責任者を置かなくてもよい。

e　特別管理産業廃棄物処理業の許可を受けていれば，（普通の）産業廃棄物を扱う場合でも，改めて（普通の）産業廃棄物処理業の許可を受ける必要はない。

	a	b	c	d	e
(1)	正	正	正	正	正
(2)	誤	誤	正	正	正
(3)	誤	誤	正	誤	正
(4)	誤	誤	正	誤	誤
(5)	誤	誤	誤	誤	誤

■ 解 説 ■

　a 及び b　産業廃棄物処理業の許可は，当該業を行おうとする区域を管轄する都道府県知事の許可を受けなければならない。この場合の都道府県知事とは，法第 24 条の 2 の規定により政令第 27 条でいわゆる指定都市，中核市などが含まれる。平成 22 年の廃棄物処理法改正により，収集運搬で積替保管を含まない場合には，都道府県知事の許可で行えることと改正されたが，政令市の中で積替保管を行う場合は，従前とおり，別途政令市の許可が必要となっている。

　c　産業廃棄物処理施設の設置許可が不要な産業廃棄物の処理施設を用いて

産業廃棄物処分業を行うことは可能である（廃石膏^{せっこう}ボードの破砕施設や処理能力が許可対象未満の施設など）。

　d 特別管理産業廃棄物管理責任者は，特別管理産業廃棄物を排出する事業者に設置義務がある。

　e（普通の）産業廃棄物処理業の許可と特別管理産業廃棄物処理業の許可は，全く別制度として規定していることから，特別管理産業廃棄物処理業の許可を受けていても，（普通の）産業廃棄物を処理する場合には，産業廃棄物処理業の許可が必要になる。

正解　(5)

【法令】法 15 (1)，法 24 の 2，政令 27
【参照】Ⅲ-022

次のうち，法令で定義されていないものはどれか。

(1)　産業廃棄物処理施設

(2)　特別管理産業廃棄物処理施設

(3)　産業廃棄物収集運搬業

(4)　特別管理産業廃棄物収集運搬業

(5)　特別管理産業廃棄物処分業

【 解 説 】

　(1)の産業廃棄物処理施設は法第 15 条第 1 項で，(3)の産業廃棄物収集運搬業は法第 14 条第 1 項で，(4)の特別管理産業廃棄物収集運搬業は，法第 14条の 4 第 1 項で，(5)の特別管理産業廃棄物処分業は法第 14 条の 4 第 6 項でそれぞれ許可を受けなければならないと規定されている。

　(2)の特別管理産業廃棄物処理施設という許可の区分はなく，特別管理産業廃棄物は，産業廃棄物処理施設等で処理されている。

　その他，設問にはないもので，定義されているものとされていないものは次のとおりである。

区分	項目
定義されているもの	一般廃棄物収集運搬業，一般廃棄物処分業，産業廃棄物処分業，一般廃棄物処理施設
定義されていないもの	特別管理一般廃棄物収集運搬業，特別管理一般廃棄物処分業，特別管理一般廃棄物処理施設

正解　(2)

【法令】法 15 (1)，法 14 (1)，法 14 の 4 (1)，法 14 の 4 (6)

Ⅲ-008　第14条　産業廃棄物処理業　　　　　　基本

次のうち，産業廃棄物処理業の許可について正しいものはどれか。

(1)　個人から法人に移行するときは，変更届を提出しなければならない。

(2)　個人から法人に移行するときは，事業承継届出を提出しなければならない。

(3)　個人から法人に移行するときは，事業承継許可を受けなければならない。

(4)　個人から法人に移行するときは，変更認可を受けなければならない。

(5)　個人から法人に移行するときは，新規に許可を受けなければならない。

【 解 説 】

　法人格を変更せずに有限会社から株式会社に移行する場合や法人名称を変更する場合等は変更届事案であるが，個人として許可を受けていた者が法人を設立し産業廃棄物処理業を行う場合は，別人格となるので新たに許可を受けなければならない。

　なお，産業廃棄物処理施設については，譲受け又は借受けの許可を受けた場合は設置者の地位を承継することができる。

正解　(5)

次のうち, (特別管理)産業廃棄物処理業の許可として正しいものはどれか。

(1)　特別管理産業廃棄物収集運搬業の許可があれば産業廃棄物の収集運搬
　　を業として行うことができる。

(2)　特別管理産業廃棄物収集運搬業の許可があればすべての特別管理一般
　　廃棄物の収集運搬を業として行うことができる。

(3)　特別管理産業廃棄物収集運搬業の事業の範囲に廃油が含まれている場
　　合は, 産業廃棄物である廃油の収集運搬を業として行うことができる。

(4)　特別管理産業廃棄物収集運搬業の事業の範囲に感染性産業廃棄物が含
　　まれている場合は, 感染性一般廃棄物の収集運搬を業として行うことが
　　できる。

(5)　特別管理産業廃棄物処分業の許可があれば, 特別管理産業廃棄物の収
　　集運搬を業として行うことができる。

▋ 解 説 ▋

　特別管理産業廃棄物であるばいじんの収集運搬を行うことができる者は,
特別管理一般廃棄物であるばいじんの収集運搬を, 感染性産業廃棄物の収集
運搬を行うことができる者は, 感染性一般廃棄物の収集運搬を, 特別管理産
業廃棄物である廃水銀等の収集運搬を行うことができる者は, 特別管理一
般廃棄物である廃水銀の収集運搬を行うことができる。(省令第 10 条の 20
第 2 項)

正解　(4)

【法令】省令 10 の 20 (2)

Ⅲ-010　　第 14 条　産業廃棄物処理業　　

次のうち，誤っているものはどれか。

(1)　排出事業者 A 社が，産業廃棄物の処理委託契約をしている処分業者に A 社自らの従業員を用いて運搬する場合は，収集運搬業の許可は不要である。

(2)　排出事業者 A 社が，自らの従業員を用いて，A 社の本社，支店や営業所を回り産業廃棄物を収集運搬し，A 社のある支店の積替保管場所まで運搬する場合は，A 社の自社運搬であり収集運搬業の許可は不要である。

(3)　排出事業者 A 社と取引のある場内清掃業者の従業員に，A 社の車両を用いて支店や営業所を回り産業廃棄物を収集運搬する場合は，A 社の自社運搬であり収集運搬業の許可は不要である。

(4)　排出事業者 A 社の従業員を用いて，A 社の協力会社 B の工場を回り収集運搬する場合は，A 社の自社運搬ではないので，A 社は収集運搬業の許可が必要である。

(5)　排出事業者 A 社の協力会社 B の従業員が，A 社に製品納品した帰りに，A 社から発生した産業廃棄物を運搬する場合，協力会社 B は収集運搬業の許可が必要である。

【 解 説 】

　法第 12 条第 1 項の事業者の処理に関する規定では，「自らその産業廃棄物の運搬又は処分を行う場合は産業廃棄物処理基準に従い処理しなければならない」と規定されている。

　この規定の自らとは，A 社自らの従業員が運搬する場合を指す。

　この場合は，委託契約した中間処理や最終処分の処分業者への運搬や，同一人格の本社，支店や営業所を回り収集運搬することは自社運搬の範疇である。

　しかし，運搬する者が同一人格でない清掃業者や協力会社である場合は，自らにはあたらないので，清掃業者や協力会社が収集運搬業の許可が必要となる。

　これらについては，平成 5 年 3 月 31 日衛産第 36 号厚生省通知の問 5，問 7，問 41，問 42 を参照されたい。

【法令】法 12(1)，平成 5 年 3 月 31 日衛産第 36 号厚生省通知

基本

　産業廃棄物収集運搬業許可申請書には，種々の書類，図面等の添付が義務付けられているが，直前の事業年度に係る有価証券報告書を添付することで，これに代えることができるとされている書類は，次のうちどれか。

(1)　事業計画の概要を記載した書類

(2)　事業の用に供する施設の付近の見取図

(3)　事業の用に供する施設の所有権を有することを証する書類

(4)　当該事業の開始に要する資金の総額及びその資金の調達方法を記載した書類

(5)　申請者が法人である場合には，直前 3 年の各事業年度における貸借対照表，損益計算書，株主資本等変動計算書，個別注記表並びに法人税の納付すべき額及び納付済額を証する書類

【 解 説 】

　省令第 9 条の 2 第 2 項では，産業廃棄物収集運搬業許可申請書に添付が義務付けられている 15 種の書類，図面等を規定しているが，同条第 5 項では，第 2 項第 6 号で規定している「直前 3 年の各事業年度における貸借対照表，損益計算書並びに法人税の納付すべき額及び納付済額を証する書類」と，第 8 号で規定する「定款又は寄附行為及び登記事項証明書」を「直前の事業年度に係る有価証券報告書を作成しているときは，当該有価証券報告書で代えることができる」旨を規定している。

　これは，有価証券報告書には，貸借対照表，損益計算書，株主資本等変動計算書，個別注記表，法人税，登記事項に関する情報が記載されていることによる。

正解　(5)

【法令】省令 9 の 2 (2)，省令 9 の 2 (5)

産業廃棄物収集運搬業許可申請書には，種々の書類，図面等の添付が義務付けられているが，直前の事業年度に係る有価証券報告書を添付することで，これに代えることができるとされている書類は，次のうちどれか。

(1)　当該事業を行うに足りる技術的能力を説明する書類

(2)　申請者が法人である場合には，定款又は寄附行為及び登記事項証明書

(3)　申請者が法第14条第5項第2号イからへまで（いわゆる「欠格要件」）に該当しない者であることを誓約する書面

(4)　申請者が法人である場合には，法第14条第5項第2号ニに規定する役員の住民票の写し並びに成年被後見人及び被保佐人に該当しない旨の登記事項証明書

(5)　申請者に令第6条の10に規定する使用人がある場合には，その者の住民票の写し並びに成年被後見人及び被保佐人に該当しない旨の登記事項証明書

【 解 説 】

　前問の解説のとおり，(2)が正解である。

正解　(2)

【参照】Ⅲ-011

Ⅲ-013　第14条　産業廃棄物処理業

次のうち，産業廃棄物処分業許可申請書に記載しなければならない事項として省令で具体的に列挙されていない事項はどれか。

(1)　申請者が法人である場合において，発行済株式総数の100分の5以上の株式を有する株主又は出資の額の100分の5以上の額に相当する出資をしている者があるときは，これらの者の氏名又は名称，住所及び当該株主の有する株式の数又は当該出資をしている者のなした出資の金額

(2)　事業の用に供する施設について産業廃棄物処理施設の設置の許可を受けている場合には，当該許可の年月日及び許可番号

(3)　保管を行う場合には，保管場所の所在地

(4)　保管を行う場合には，保管する産業廃棄物の種類

(5)　事業の用に供する施設を借入金で建設した場合は，借り入れを行った金融機関名

▌ 解 説 ▐

省令第10条の4第1項では，産業廃棄物処分業の許可申請書に記載すべき事項を9号規定（第9号で第9条の2第1項第7号から第10号を準用していることから，実質12の事項）している。

申請書に添付すべき書類として，省令第10条の4第2項第7号で，「当該事業の開始に要する資金の総額及びその資金の調達方法を記載した書類」が義務付けられているが，申請書記載事項としては「借り入れを行った金融機関名」は規定されていない。

現実には，産業廃棄物処分業の許可の基準として省令第10条の5第1号ロ(2)において「産業廃棄物の処分を的確に，かつ，継続して行うに足りる経理的基礎を有すること」と規定されていることから，借入金により事業展開を図る内容の事業計画の場合は，借り入れを行った金融機関名や返済計画等を行政から求められる場合も多い。

正解　(5)

【法令】省令10の4(1)，省令9の2(1)(七)〜(十)，省令10の4(2)(七)，省令10の5(一)ロ(2)

産業廃棄物処理業に関する記述の正誤の組み合わせとして，適当なものはどれか。

a　産業廃棄物処理業の許可は優良性評価を受けていなければ，5 年を経過すると失効する。

b　更新の申請は許可の有効期間の満了の 2 か月前までに行わなければならない。

c　更新の申請があった場合，許可の有効期間の満了の日までに処分がされないときは，従前の許可は処分がされるまでの間は，なおその効力を有する。

d　更新の申請は，許可の有効期間の満了後，6 か月間は行うことができるが，それ以降は新規申請として取り扱われる。

e　更新の申請があった場合，許可の有効期間の満了の日までに処分がされないときは，処分（許可）されるまでの間は，無許可の状態となる。

	a	b	c	d	e
(1)	誤	正	誤	正	正
(2)	正	誤	正	誤	正
(3)	正	正	正	誤	誤
(4)	正	誤	正	正	誤
(5)	正	誤	正	誤	誤

【 解 説 】

産業廃棄物処理業の許可は，5 年（優良性の評価を受けた業者は 7 年）ごとに更新許可を受けなければその効力を失うこととなるが，許可の有効期間満了の日までに申請を行えば，許可の有効期間満了後も許可又は不許可の処分がなされるまでの間は，効力を有することとなる。

a　法第 14 条第 2 項及び第 7 項に規定されているので正しい。

b　「2 か月前までに」は誤り。

c　法第 14 条第 3 項及び第 8 項に規定されているので正しい。

d　許可の有効期間満了の日までに更新申請をしなければ失効するので誤り。なお，失効後に申請した場合は，新規申請となる。

e　許可又は不許可の処分がなされるまでの間は，効力を有するので誤り。

【法令】法 14 (2)，法 14 (7)，法 14 (3)，法 14 (8)

次のうち，産業廃棄物収集運搬業の事業範囲の変更許可が必要なものはどれか。

(1) 車両を増車するとき。

(2) 収集運搬業を行っていた者が新たに処分業を行うとき。

(3) がれき類のみの収集運搬を行っていた者が新たに金属くずの収集運搬を行うとき。

(4) 本店の所在地を変更したとき。

(5) 個人で収集運搬業を行っていた者が法人を設立し，収集運搬業を行うとき。

解 説

　産業廃棄物収集運搬業における「事業の範囲」とは，取り扱う産業廃棄物の種類と積替えのための保管を行うかどうかである。なお，事業の範囲の変更が事業の一部廃止である場合は，変更届を提出することとなる。

(1) 変更届を提出する。(省令第10条の10第1項)

(2) 産業廃棄物処分業の許可を新規に受けなければならない。

(3) 産業廃棄物の種類を追加するので事業範囲の変更許可が必要。

(4) 変更届を提出する。(省令第10条の10第1項)

(5) 個人と法人は別人格であることから，新規に許可を受けなければならない。なお，商号を変更した場合は，法人格に変更がないことから，変更届を提出することとなる。

正解 (3)

【法令】省令10の10(1)

Ⅲ-016　第14条　産業廃棄物処理業

次のうち，産業廃棄物収集運搬業の変更届出が不要な事項はどれか。

(1) 業の用に供する車両を入れ替えた。

(2) 業の用に供する車両を増やした。

(3) 業の用に供する車両を減らした。

(4) 業の用に供する車両の駐車場が変わった。

(5) 業の用に供する車両の運転手が変わった。

▌解 説▐

廃棄物の収集運搬業の許可についての変更届は，法第14条の2第3項を受け，省令第10条の10で規定している。

変更届が必要な事項のほとんどは，許可申請のときに届けている事項であるが，そのうち「事業の範囲」に該当する事項の変更については「変更許可」となる。

収集運搬に関しては扱う産業廃棄物の種類の追加と，積替保管行為の「無し」から「有り」に変更するときがこれにあたる。

収集運搬業の申請時には，収集運搬車両は「主たる施設」として，その所有権（所有権がない場合は使用権）を含めて届出を行っている。そのため(1)～(4)の変更があれば届出の対象となる。法人の役員も届出の対象となっているが，従業員は届出の対象ではないことから車両を運転する人物が変更しても届出の対象とはならない。

正解　(5)

【法令】法14の2(3)，省令10の10

産業廃棄物処分業者が次の変更をする場合に変更許可となるものは次のうちどれか。

(1)　処分する産業廃棄物の種類を追加する。

(2)　既にガラスくずの破砕を行っていたが，もう一つ同様の破砕施設を追加する。

(3)　作業時間を延長する。

(4)　代表取締役を変更する。

(5)　株主が追加になる。

【 解 説 】

(1)　「事業範囲」の追加になるので変更許可。

(2)　「事業の用に供する許可施設」の追加は処理業許可（14 条許可）に関しては同様の行為を行うに過ぎず，変更届でよい。

(3)　作業時間の延長の変更は「事業範囲」には当たらず，また，省令第 10 条の 10 第 1 項にも当たらないので，特段の手続は必要ない。

(4)　変更届事項。

(5)　5% 以上の株主の変更は変更届事項。5% 未満なら届出も不要。

正解 （1）

【参照】Ⅲ-015，Ⅲ-016

Ⅲ-018　第14条　産業廃棄物処理業

産業廃棄物処理業の欠格要件に関する記述として，正しいものはどれか。

(1)　いずれの法令に規定する罰金以上の刑に処せられ，その執行を終わり又は執行を受けることがなくなった日から5年を経過しない者が役員にいる場合は必ず不許可となる。

(2)　政令で定める使用人が欠格要件に該当していても，役員が欠格要件に該当していなければ許可となる。

(3)　法人に対して取締役と同等以上の支配力を有していても，現在事項全部証明書（商業登記簿）に登記されていなければ，欠格要件の対象人物とはみなされない。

(4)　個人の場合であっても，政令で定める使用人が欠格要件に該当すれば必ず不許可となる。

(5)　暴力団員が事業活動を支配していても，適正処理が見込める場合は許可となる。

■ 解 説 ■

(1)　役員に，禁錮刑以上の刑に処せられ，その執行を終わり又は執行を受けることがなくなった日から5年を経過しない者がいる場合は必ず不許可となるが，役員が罰金の刑で欠格要件となり不許可となるのは，生活環境の保全を目的とした法令，刑法，暴力行為等処罰法に違反して罰金の刑に処せられ，その執行を終わり又は執行を受けることがなくなった日から5年を経過しない者がいる場合となるので誤り。

(2)　政令で定める使用人が欠格要件に該当する場合は不許可となるので誤り。（法第14条第5項第2号ニ）

(3)　法第7条第5項第4号ホにおいて，「役員（業務を執行する社員，取締役，執行役又はこれらに準ずる者をいい，相談役，顧問その他いかなる名称を有する者であるかを問わず，法人に対し業務を執行する社員，取締役，執行役又はこれらに準ずる者と同等以上の支配力を有するものと認められる者を含む）」と規定されており，誤り。

(4)　個人の場合であっても政令で定める使用人が欠格要件に該当する場合は不許可となるので正しい。（法第14条第5項第2号ホ）

(5)　暴力団員が事業活動を支配している場合は欠格要件に該当するので誤

り。（法第 14 条第 5 項第 2 号ヘ）

正解 （4）

【法令】法 14 (5)(二)ニ，法 7 (5)(四)ホ，法 14 (5)(二)ホ，法 14 (5)(二)ヘ

Ⅲ-019　第14条　産業廃棄物処理業　〔難 解〕

産業廃棄物処理業許可業者は，原則として産業廃棄物の処理をいわゆる「再委託」してはならないと規定しているが，再委託が認められる場合の要件として，事業者による承諾を得ていることが規定されている。

この承諾書に記載しなければならない事項として省令で具体的に列挙されていないものは次のうちどれか。

(1)　委託した産業廃棄物の種類及び数量

(2)　受託者の氏名又は名称，住所及び許可番号

(3)　保管を行う場合には，保管場所の所在地

(4)　承諾の年月日

(5)　再受託者の氏名又は名称，住所及び許可番号

■ 解 説 ■

法第14条第16項では，原則として産業廃棄物の再委託は禁止している。ただし，政省令で定める基準に従って委託する場合はこの限りでないとしている。

その政省令で定める基準の中に，あらかじめ事業者（産業廃棄物の排出者）から，書面により承諾を受けていることが政令第6条の12第1号で規定され，その承諾書の記載事項が省令第10条の7第1号ホに列挙されている。

この事項は(3)を除く四つの事項である。

再委託は，そもそも事業者と受託者間では政令第6条の2第1項第4号の規定による「書面による委託契約書」が締結されている内容を，別の業者に受託者と再受託者の契約により，いわば「下請」させる行為である。このことから，設問の承諾書の他に，元々の事業者と受託者間の契約書，受託者と再受託者間の契約書が別途存在している。そのため，承諾者の事項としては四つの事項程度としているものと考えられる。

正解　(3)

【法令】法 14 ⒃，政令 6 の 12 ㈠，省令 10 の 7 ㈠ホ

産業廃棄物処理業許可業者は，原則として産業廃棄物の処理を他者に委託してはならないと規定しているが，中間処理業者が行った処分に係る中間処理産業廃棄物の委託については，一定の要件のもとで委託できるとしている。このときの契約書に記載しなければならない事項として省令で具体的に列挙されていない事項は次のうちどれか。

(1) 再委託者（中間処理業者から委託を受けた産業廃棄物の収集もしくは運搬又は処分を再委託する者をいう。以下この設問において同じ）が再受託者（再委託者が当該中間処理業者から受託した産業廃棄物の運搬又は処分もしくは再生を委託しようとする者をいう。以下この設問において同じ）に支払う料金。

(2) 排出事業者が中間処理業者に支払う料金。

(3) 再受託者が産業廃棄物収集運搬業又は産業廃棄物処分業の許可を受けた者である場合には，その事業の範囲。

(4) 産業廃棄物の運搬に係る委託契約にあっては，再受託者が当該委託契約に係る産業廃棄物の積替え又は保管を行う場合には，当該積替え又は保管を行う場所の所在地並びに当該場所において保管できる産業廃棄物の種類及び当該場所に係る積替えのための保管上限。

(5) 受託業務終了時の再受託者の再委託者への報告に関する事項。

■ 解 説 ■

　法第14条第16項では，原則として産業廃棄物の再委託は禁止している。ただし，政省令で定める基準に従って委託する場合はこの限りでないとしている。

　その省令第10条の7では「中間処理業者から委託を受けた産業廃棄物（特別管理産業廃棄物を除くものとし，当該中間処理業者が行つた処分に係る中間処理産業廃棄物に限る。以下この条において同じ。）の収集もしくは運搬又は処分（最終処分を除く。以下この条において同じ。）を次のイからトまでに定める基準に従つて委託する場合」として，イからトまでの7項目を規定し，ハで委託契約書について規定している。ここで12項目を挙げているが，(2)については，その事項に入っていない。

正解　(2)

【法令】法14(16)，省令10の7

Ⅲ-021　第14条　産業廃棄物収集運搬業　　基本

　茨城県で発生した産業廃棄物を茨城県で車両に積み込み，そのまま福島県を通過して，山形県の最終処分場で降ろして，埋め立てる。収集運搬業の許可の必要な県の組み合わせで正しいものはどれか。

(1)　茨城県と山形県

(2)　茨城県と福島県

(3)　茨城県と福島県と山形県

(4)　福島県と山形県

(5)　茨城県

■ 解 説 ■

　廃棄物の収集運搬業の許可は，積み込む場所と積み卸しを行う場所を管轄する許可権限者ごとに必要であり，単に通過する県では不要である。

　なお、積替保管を政令市内で行う時は政令市長の許可となる。

正解　(1)

【参照】Ⅲ-022

福島県郡山市で発生した産業廃棄物を，郡山市内でいったん積替保管を行った後に再度郡山市で積み込み，いわき市を通り，会津若松市の中間処分場に搬入する収集運搬業を営むとき，収集運搬業の許可が必要な自治体の組み合わせで，正しいものはどれか。なお，郡山市といわき市は廃棄物処理法政令市となっているが，会津若松市は政令市にはなっていない。（令和 2 年 8 月現在）

　⑴　福島県のみ

　⑵　郡山市と福島県

　⑶　郡山市と会津若松市と福島県

　⑷　郡山市と会津若松市といわき市

　⑸　郡山市と会津若松市といわき市と福島県

◾ 解　説 ◾

　廃棄物の収集運搬業の許可は，積み込む場所と積み卸しを行う場所を管轄する許可権限者ごとに必要であり，単に通過する県では不要である。

　また，廃棄物処理法政令市は処分業許可と積替保管を伴う収集運搬業の許可を，知事に代わって政令市長が行っている。設問では郡山市内で積替保管を行うことから，郡山市の許可が必要となる。いわき市は単に通過するだけなので，政令市ではあるが許可は不要となる。会津若松市は政令市ではないので，福島県の許可が必要となる。

正解　⑵

【法令】法 24 の 2⑴，政令 27

Ⅲ-023　第 24 条の 2　産業廃棄物収集運搬業（その他許可）　基本

法第 24 条の 2 では「この法律の規定により都道府県知事の権限に属する事務の一部は，政令で定めるところにより，政令で定める市の長が行うこととすることができる」と規定しているが，政令市長による許可でないのは次のうちどれか。（平成 23 年 4 月 1 日以降新たに申請を行う場合）

(1)　積替保管を伴わない産業廃棄物の収集運搬業の許可。

(2)　産業廃棄物の破砕，脱水等の中間処分業の許可。

(3)　産業廃棄物の最終処分業の許可。

(4)　産業廃棄物処理施設の設置許可。

(5)　積替保管を伴う産業廃棄物の収集運搬業の許可。

【 解 説 】

平成 17 年以降，政令市の許可とされてきた産業廃棄物収集運搬業の許可については，政令市の数が増え，非効率な面が目立ってきたことから，政令改正により平成 23 年 4 月 1 日以降は，実質上都道府県に引き上げた形となった。

ただし，積替保管を当該政令市で行う場合は，引き続き当該政令市の許可となる。

その他，中間処分，最終処分業の許可，処理施設の設置許可については，今までと同様である。

正解　(1)

【法令】法 24 の 2

Ⅲ-024　第 14 条　産業廃棄物収集運搬業　

　産業廃棄物収集運搬業の許可申請書に記載しなければならないとされている「積替え又は保管を行う場合には，積替え又は保管の場所に関する事項」として，規定されていないものは次のうちどれか。

(1)　所在地

(2)　面積

(3)　積替え又は保管を行う産業廃棄物の種類（当該産業廃棄物に石綿含有産業廃棄物が含まれる場合は，その旨を含む）

(4)　積替えのための保管上限

(5)　保管場所であることを表す看板の大きさ及び掲示事項

■ 解 説 ■

　(1)～(4)については，省令第 9 条の 2 第 1 項第 5 号のイ～ニのとおりであるので正しい。

　(5)の規定はなく，省令第 9 条の 2 第 1 項第 5 号ホとして「省令第 1 条の 6 の規定の例による高さのうち最高のもの」と規定されている。

正解　(5)

【法令】省令 9 の 2 (1)(五)イ～ホ

Ⅲ-025　第14条　産業廃棄物収集運搬業　　難解

　自動車整備工場から排出される廃バッテリー（電槽は合成樹脂製，電解液はpH2.0以下の硫酸，電極は鉛）の収集運搬を業として行う場合，処理業の種類と事業の範囲（カッコ書き）の組み合わせとして，正しいものはどれか。ただし，許可が必要なものは「○」と表す。

a　産業廃棄物収集運搬業（廃プラスチック類）

b　産業廃棄物収集運搬業（金属くず）

c　産業廃棄物収集運搬業（廃酸）

d　特別管理産業廃棄物収集運搬業（廃酸（水素イオン濃度指数2.0以下のものに限る））

e　特別管理産業廃棄物収集運搬業（廃酸（鉛を含むことにより有害なものに限る））

	a	b	c	d	e
(1)	○	○	○	×	×
(2)	×	○	○	×	○
(3)	○	○	×	○	×
(4)	○	○	×	○	○
(5)	○	×	○	○	○

■ 解 説 ■

　電槽は合成樹脂であることから，産業廃棄物収集運搬業（廃プラスチック類）の許可が必要となる。電解液は，pH2.0以下であることから，特別管理産業廃棄物収集運搬業（廃酸）の許可が必要となる。電極は鉛であることから，産業廃棄物収集運搬業（金属くず）の許可が必要となる。

　なお，電解液に鉛が溶出して，一定濃度以上（1.0mg/L）含有する場合であっても，水質汚濁防止法で規定する特定施設から排出されるものではないので特別管理産業廃棄物である廃酸（鉛を含むことにより有害なものに限る）には該当しないため，eの許可は不要である。（政令第2条の4第5号）

正解　(3)

【法令】政令2の4㈤

電子部品製造業である事業者 A は，年間 100t の廃酸（pH2.0 以下）を排出し，この廃酸の収集運搬を処理業者 B に，処分を処理業者 C に委託している。この場合，処理業者の義務に関する記述の正誤の組み合わせとして，適当なものはどれか。

a　処理業者 C は，特別管理産業廃棄物処分業の許可を受けている必要があり，また，事業の範囲に廃酸が含まれていなければならない。

b　処理業者 C は，特別管理産業廃棄物である廃酸が環境省令で定める基準に適合している場合は埋立処分することができる。

c　処理業者 C は特別管理産業廃棄物管理責任者を置かなければならない。

d　処理業者 C は処分が終了したときは，管理票に必要事項を記載し 10 日以内に事業者 A 及び処理業者 B に管理票の写しを送付しなければならない。

e　処理業者 B は処理業者 C から管理票の写しの送付を受けたときは，当該管理票の写しを 5 年間保管しなければならない。

	a	b	c	d	e
(1)	正	誤	正	正	正
(2)	正	正	誤	正	正
(3)	誤	誤	正	誤	誤
(4)	誤	正	誤	誤	誤
(5)	正	誤	誤	正	正

■ 解 説 ■

a 設問のとおりであり正しい。

b 廃酸及び廃アルカリの埋立処分は禁止されている。（政令第 6 条の 5 第 3 号ヘ）

c 特別管理産業廃棄物管理責任者を置かなければならないのは，特別管理産業廃棄物を排出する事業者 A であることから誤り。（法第 12 条の 2 第 8 項）

d 設問のとおりであり正しい。（省令第 8 条の 25）

e 設問のとおりであり正しい。（省令第 8 条の 30）

正解　(5)

【法令】政令 6 の 5 ㈢ヘ，法 12 の 2 ⑧，省令 8 の 25，省令 8 の 30

Ⅲ-027　第14条　産業廃棄物収集運搬業　　超難

　産業廃棄物の収集運搬を行う場合は，原則として収集運搬業の許可を取得する必要があるが，例外的に収集運搬業の許可を有せずに産業廃棄物の収集運搬を行える者を省令で規定している。この例外として許可不要と規定されていない者は，次のうちどれか。

(1)　広域臨海環境整備センター

(2)　日本下水道事業団

(3)　産業廃棄物の輸出に係る運搬を行う者

(4)　事業活動に伴って生じたものであって，畜産農業に係る牛の死体のみの収集又は運搬を業として行う者

(5)　再生利用の目的となる廃タイヤを適正に収集又は運搬する者であって，当該業を行う区域に係る廃タイヤの収集又は運搬について，法第7条第1項の許可を受けている者

■【　解　説　】■

　法第14条第1項では，産業廃棄物収集運搬業の許可に関して規定しているが，このただし書きで，省令で定める者は例外的に許可が不要としている。(1)から(4)については，具体的には法律を受け，省令第9条各号で列挙している。

　(5)については，一般廃棄物収集運搬業の許可不要制度として，省令第2条第8号で規定されているが，産業廃棄物収集運搬業の許可不要制度としては規定されていない（一般廃棄物である廃タイヤは，産業廃棄物収集運搬業の許可を有していれば，一定の条件の下で，一般廃棄物収集運搬業の許可を得ずして収集運搬を行うことができるが，産業廃棄物である廃タイヤは，一般廃棄物収集運搬業の許可を有していても産業廃棄物収集運搬業の許可を得ずしては収集運搬を行うことができない）。

正解　(5)

【法令】法14(1)，省令9，省令2(八)，法7(1)

第 14 条　産業廃棄物収集運搬業

産業廃棄物の収集運搬を行う場合は，原則として収集運搬業の許可を取得する必要があるが，例外的に収集運搬業の許可を有せずに産業廃棄物の収集運搬を行える者を省令で規定している。この例外として許可不要と規定されていないものは，次のうちどれか。

(1)　海洋汚染等及び海上災害の防止に関する法律第 20 条第 1 項の規定により国土交通大臣の許可を受けて廃油処理事業を行う者

(2)　再生利用されることが確実であると都道府県知事が認めた産業廃棄物のみの収集又は運搬を業として行う者であって都道府県知事の指定を受けたもの

(3)　広域的に収集又は運搬することが適当であるものとして環境大臣が指定した産業廃棄物を適正に収集又は運搬することが確実であるとして環境大臣の指定を受けた者

(4)　国（産業廃棄物の収集又は運搬をその業務として行う場合に限る）

(5)　引越荷物運送業者であって，転居廃棄物のみの収集又は運搬を営利を目的とせず業として行う者

■ 解 説 ■

　法第 14 条第 1 項では，産業廃棄物収集運搬業の許可に関して規定しているが，このただし書きで，省令で定める者は例外的に許可が不要としている。(1)から(4)については，具体的には法律を受け，省令第 9 条各号で列挙している。

　(5)については，一般廃棄物収集運搬業の許可不要制度として，省令第 2 条第 10 号で規定されているが，産業廃棄物収集運搬業の許可不要制度としては規定されていない。

正解　(5)

【法令】法 14 (1)，省令 9，省令 2 (十)

Ⅲ-029　第 14 条　産業廃棄物収集運搬業　基本

次のうち，特別管理産業廃棄物収集運搬業の許可が不要な者として正しいものはどれか。

(1) 再生利用について都道府県知事の指定を受けた者
(2) 広域的処理について環境大臣の指定を受けた者
(3) 行政代執行において都道府県知事等の委託を受けて処理を行う者
(4) 広域臨海環境整備センター
(5) 日本下水道事業団

【 解 説 】

特別管理産業廃棄物収集運搬業の許可が不要な者は，省令第 10 条の 11 各号に掲げる者として次のとおり規定されている。

1. 海洋汚染等防止法に基づき廃油処理事業に係る収集運搬を行う者
2. 国
3. 特別管理産業廃棄物の輸入に係る運搬を行う者
4. 特別管理産業廃棄物の輸出に係る運搬を行う者
5. 行政代執行において都道府県知事等の委託を受けて収集運搬を行う者

(1)，(2)，(4)，(5)は産業廃棄物収集運搬業の許可を要しない者として規定されているが，特別管理産業廃棄物収集運搬業の許可が不要な者としては規定されていない。

正解 (3)

【法令】省令 10 の 11

第 14 条　産業廃棄物収集運搬業　

次のうち，（特別管理）産業廃棄物の収集運搬業の許可があれば，許可を受けることなく収集運搬できる一般廃棄物として適当でないものはどれか。

	産業廃棄物の許可	収集運搬できる一般廃棄物
(1)	特別管理産業廃棄物である ばいじん	特別管理一般廃棄物である ばいじん
(2)	感染性産業廃棄物	感染性一般廃棄物
(3)	産業廃棄物である使用済自動車	一般廃棄物である使用済自動車
(4)	産業廃棄物である廃容器包装	一般廃棄物である廃容器包装
(5)	産業廃棄物である特定家庭用機器 廃棄物（小売業者から委託された 場合に限る）	一般廃棄物である特定家庭用機器 廃棄物（小売業者から委託された 場合に限る）

【 解 説 】

　容器包装リサイクル法の対象となる廃容器包装は一般廃棄物に限定されることから，相互乗り入れ規定（一般廃棄物処理業の許可で産業廃棄物の処理ができる，その逆も可）はない。自動車リサイクル法及び家電リサイクル法は同様な性状の一般廃棄物及び産業廃棄物が対象となっていることから，相互乗り入れ規定が設けられている。

　(1)及び(2)は省令第 10 条の 20 第 2 項，(3)は自動車リサイクル法第 123 条第 1 項，(5)は家電リサイクル法第 50 条第 1 項において，それぞれ規定されている。

正解　(4)

　【法令】省令 10 の 20(2)，自動車リサイクル法第 123 条第 1 項，家電リサイクル法第 50 条第 1 項

Ⅲ-031　第14条　産業廃棄物処分業　　基本

次のうち，産業廃棄物処分業の保管施設の施設基準として，省令で具体的に規定されていない事項はどれか。

(1) 産業廃棄物が飛散しないように必要な措置を講じた保管施設であること。

(2) 産業廃棄物が流出しないように必要な措置を講じた保管施設であること。

(3) 産業廃棄物が地下に浸透しないように必要な措置を講じた保管施設であること。

(4) 産業廃棄物から悪臭が発散しないように必要な措置を講じた保管施設であること。

(5) 産業廃棄物によって周囲の景観が損なわれることのないように必要な措置を講じた保管施設であること。

【 解 説 】

法第14条第10項では，産業廃棄物処分業の許可申請に係る必要な施設と能力に関して規定しているが，具体的には法律を受け，省令第10条の5第1号イ（7）で産業廃棄物の保管施設に関する「施設に係る基準」が次のとおり規定されている。

「産業廃棄物が飛散し，流出し，及び地下に浸透し，並びに悪臭が発散しないように必要な措置を講じた保管施設であること」

「景観」については，規定はされていないが現実には周辺環境等を勘案の上で配慮が必要となる場合も多い。

なお，この基準はあくまでも処分業の許可基準として規定されているものであり，実際に保管する場合には，法第12条に規定される「産業廃棄物処理基準」も適用される。

これには，看板による表示や屋外保管時の勾配規定等がある。

正解　(5)

【法令】法14⑽，省令10の5㈠イ⑺，法12

電子部品製造業である事業者 A は，年間 100t の廃酸（pH2.0 以下）を排出し，この廃酸の収集運搬を処理業者 B に，処分を処理業者 C に委託している。この場合，処理業者 B の義務に関する記述の正誤の組み合わせとして，適当なものはどれか。

a　処理業者 B は，特別管理産業廃棄物収集運搬業の許可を受けている必要があり，また，事業の範囲に廃酸が含まれていなければならない。

b　処理業者 B は，特別管理産業廃棄物がその他の物と混合するおそれがないように運搬しなければならない。

c　処理業者 B は特別管理産業廃棄物管理責任者を置かなければならない。

d　処理業者 B は運搬が終了したときは，管理票に必要事項を記載し 14 日以内に事業者 A に管理票の写しを送付しなければならない。

e　処理業者 B は処理業者 C から管理票の写しの送付を受けたときは，当該管理票の写しを 5 年間保管しなければならない。

	a	b	c	d	e
(1)	誤	正	正	正	誤
(2)	正	正	誤	誤	正
(3)	誤	誤	正	誤	正
(4)	正	誤	誤	誤	正
(5)	正	正	誤	正	誤

■ 解　説 ■

　当問はⅢ-026 と類似しているが，Ⅲ-026 は処分業者，当問は収集運搬業者に焦点を当てた問題である。

　a 設問のとおりであり正しい。

　b 設問のとおりであり正しい。（政令第 6 条の 5 で準用する政令第 4 条の 2 第 1 号イ(2)）

　c 特別管理産業廃棄物管理責任者を置かなければならないのは，特別管理産業廃棄物を排出する事業者 A であることから誤り。（法第 12 条の 2 第 8 項）

　d 運搬が終了したときは，管理票に必要事項を記載し 10 日以内に管理票交付者に管理票の写しを送付しなければならないので誤り。（省令第 8 条の23）

e 設問のとおりであり正しい。（省令第 8 条の 30）

正解 （2）

【法令】政令 6 の 5，政令 4 の 2 ㈠イ(2)，法 12 の 2 (8)，省令 8 の 23，
　　　省令 8 の 30
【参照】Ⅲ-026

産業廃棄物処分業者が再委託するときの承諾に関する記述として，正しいものはどれか。

⑴　産業廃棄物を受託した処分業者Aが当該産業廃棄物を処分することなく別の処分業者Bに再委託しようとするときの承諾先は排出事業者である。

⑵　産業廃棄物を受託した処分業者Aが当該産業廃棄物を処分することなく別の処分業者Bに再委託しようとするときの承諾先は処分業Bである。

⑶　産業廃棄物を受託した処分業者Aが当該産業廃棄物を処分することなく別の処分業者Bに再委託しようとするときの承諾先は環境省である。

⑷　産業廃棄物を受託した処分業者Aが当該産業廃棄物を処分することなく別の処分業者Bに再委託しようとするときの承諾先は管轄する都道府県である。

⑸　産業廃棄物を受託した処分業者Aが当該産業廃棄物を処分することなく別の処分業者Bに再委託しようとするときの承諾は処分業者Bが優良産廃業者であれば不要である。

【　解　説　】

　産業廃棄物収集運搬業者及び処分業者が排出事業者から受託した産業廃棄物を他の処理業者に再委託する行為は，法第14条第16項で原則禁止されている。しかし，政令第6条の12の再委託基準により排出事業者の承諾を受けることにより再委託が認められている。また，「排出事業者は承諾の通知があった場合は，事業者としての責任を自覚し，再受託者（設問の場合処分業者B）により不適正処理が行われることのないよう，この再委託が基準に適合していることを自らも確認の上，書面により承諾を与えるよう」通知がなされている（平成10年5月7日衛環37号厚生省通知）。なお，中間処理業者が中間処理産業廃棄物を再委託する場合の基準は省令第10条の7に規定されている。

　なお，再委託が原則禁止されている理由は，「産業廃棄物処理業の許可を受けた者が委託を受けた産業廃棄物の処理を更に他人に委託することは，そ

の処理についての責任の所在を不明確にし，不法投棄等の不適正処理を誘発するおそれがあるので，これらの者がその産業廃棄物の処理を他人に委託することは原則として禁止する」（昭和 52 年 3 月 26 日環計第 36 号厚生省通知）としている。

正解 （1）

【法令】法 14 ⒃，政令 6 の 12，省令 10 の 7，昭和 52 年 3 月 26 日環
　　　　計第 36 号厚生省通知，平成 10 年 5 月 7 日衛環第 37 号厚生省
　　　　通知

次のうち，廃プラスチック類の処分を業として行う場合に必要な施設として省令で具体的に規定されていない施設はどれか（「その他の処理施設」として個別事案で判断されるものは除く）。

(1)　破砕施設

(2)　切断施設

(3)　梱包施設

(4)　溶融施設

(5)　焼却施設

【 解 説 】

　法第14条第10項では，産業廃棄物処分業の許可申請にかかり必要な施設と能力に関して規定しているが，具体的には法律を受け，省令第10条の5で個々の種類ごと列挙している。

　この省令第10条の5第1号イ(4)で廃プラスチック類の処分業に必要な「施設に係る基準」として，梱包施設以外の処理施設が具体的に挙げられている。

　なお，これらの処理施設で法第15条の処理施設となっているものについては，あらかじめ「処理施設設置許可」を受ける必要がある。

正解　(3)

【法令】法14⑽，省令10の5

Ⅲ-035　第 14 条　産業廃棄物処分業

難 解

　次のうち，埋立処分を業として行う場合に必要な施設として最終処分場とともに，省令で例示されているものはどれか。

(1)　フォークリフト

(2)　ブルドーザー

(3)　ダンプカー

(4)　移動式破砕施設（コンパクター）

(5)　消火器

■ 解 説 ■

　法第 14 条第 10 項では，産業廃棄物処分業の許可申請に係る必要な施設と能力に関して規定しているが，具体的には省令第 10 条の 5 で個々の種類ごとに列挙している。

　この省令第 10 条の 5 第 2 号イ(1)で埋立処分業に必要な「施設に係る基準」として，最終処分場とブルドーザーが挙げられている。

　なお，この規定はあくまでも 14 条許可，すなわち「業」としての基準であり，「処理施設」すなわち 15 条許可として最終処分場の構造，維持管理についての基準は別途規定されていることに注意する必要がある。

　最終処分場に関する基準は，本法省令だけではなく「最終処分場基準省令」として規定されている。

正解　(2)

【法令】法 14 (10)，省令 10 の 5

産業廃棄物の処分を行う場合は，原則として処分業の許可を取得する必要があるが，例外的に処分業の許可を有せずに産業廃棄物の処分を行える者を省令で規定している。この例外として許可不要と規定されていないものは，次のうちどれか。

(1) 海洋汚染等及び海上災害の防止に関する法律第 20 条第 1 項の規定により国土交通大臣の許可を受けて廃油処理事業を行う者

(2) 再生利用されることが確実であると都道府県知事が認めた産業廃棄物のみの処分を業として行う者であって都道府県知事の指定を受けた者

(3) 広域的に処分することが適当であるものとして環境大臣が指定した産業廃棄物を適正に処分することが確実であるとして環境大臣の指定を受けた者

(4) 国（産業廃棄物の処分をその業務として行う場合に限る）

(5) 産業廃棄物の輸入に係る処分を行う者

【 解 説 】

法第 14 条第 6 項では産業廃棄物処分業の許可に関して規定しているが，このただし書きで，省令で定める者は例外的に許可が不要としている。(1)から(4)については，具体的には法律を受け，省令第 10 条の 3 各号で列挙している。

(5)については，産業廃棄物収集運搬業の許可不要制度として省令第 9 条第 8 号で規定されているが，産業廃棄物処分業の許可不要制度としては規定されていない。

正解 (5)

【法令】法 14 (6)，省令 10 の 3，省令 9 (八)

Ⅲ-037　第14条　優良認定業者

難解

　産業廃棄物処理業の許可の更新を受けた者であって，事業の実施に関し優れた能力及び実績を有する者として「優良」業者と認められ許可の期間が7年となる「優良認定業者」制度がある。この優良認定業者として認定される基準とはなっていないのは，次のうちどれか。

- ⑴　申請者が申請の段階で現に受けている許可の有効期間中に廃棄物の不適正処理に係る措置命令を受けていない。
- ⑵　法人の基礎情報，取得した産業廃棄物処理業等の許可の内容，廃棄物処理施設の能力や維持管理状況，産業廃棄物の処理状況等の情報を，一定期間継続してインターネットを利用する方法により公表し，かつ，所定の頻度で更新している。
- ⑶　ISO 14001 又はエコアクション 21 もしくはこれと相互認証されている認証制度による認証を受けている。
- ⑷　情報処理センターに電子マニフェストに係る利用登録をしており，電子マニフェストが利用可能である。
- ⑸　10 以上の都道府県において，産業廃棄物処理業の許可を取得している。

■ 解 説 ■

　当制度は，遵法性，事業の透明性，環境配慮の取り組みの実施，電子マニフェストの利用及び財務体質の健全性に係る五つの基準に適合する，優れた能力及び実績を有する産業廃棄物処理業者を都道府県知事が認定し，認定を受けた産業廃棄物処理業者については，通常 5 年の産業廃棄物処理業の許可の有効期間を 7 年とする等の特例を付与することとした制度である。（政令第 6 条の 9 等）

　⑴～⑷の他に 5 年以上の実績や，税の滞納がないことなどが省令で示されているが，⑸は基準とはなっていない。

正解　⑸

【法令】法 14，政令 6 の 9

優良産業廃棄物処理業者認定制度に関する記述として，誤っているものはどれか。

(1)　産業廃棄物の処分業者が，その処分後の産業廃棄物（中間処理後物）の持出先の開示に係る情報を公表事項の対象としているかは，事業の透明性に係る優良認定基準のひとつとなっている。

(2)　公表事項のうち，更新すべき場合を「1年に1回以上」としているものについては，365日に1回以上の更新記録を残さなければならない。

(3)　申請者が法人である場合には直前3年の各事業年度における「自己資本比率」が零以上であることが申請要件となっている。

(4)　申請者が事業の透明性に係る基準に関する書類を提出するときは，自らの名義で書類を作成するのみならず，環境大臣が指定する者の作成した書類を提出することができる。

(5)　優良産業廃棄物処分業者の「廃プラスチック類の処理施設において，廃プラスチック類を処分又は再生のために保管する場合」の保管上限は通常の産業廃棄物処分業者の2倍である。

■ 解　説 ■

(1)　省令第10条の4の2第2号及び第10条の16の2第2号として，持出先の開示に係る情報を公表事項の対象としている。具体的には，産業廃棄物の処分業者が，その処分後の産業廃棄物の持出先（氏名又は名称及び住所）の予定を，当該処分業者に廃棄物の処分を委託しようとする者に対して開示することの可否を公表する必要がある。これは，廃棄物の処分を委託する者がその委託に先立って，その処分後の物の処理の予定に関心を持つことが正当であり，また，排出事業者責任の観点からも望ましいという考えの下設けられた優良認定基準である。ただし，情報の開示そのものではなく，情報の開示の可否を要件としている。

(2)　公表事項のうち，更新すべき場合を「1年に1回以上」としているものについては，排出事業者等が産業廃棄物処理業者に係る最新の情報を確認できるよう，少なくとも毎年必要な情報を更新すべきとの趣旨で規定しているものである。したがって，情報の集計時期の設定，更新時期の曜日のずれ等の更新に係る事務的な理由により毎年の更新日が前後する場合が

あることを踏まえ，これらの場合であっても，遅滞なく情報を更新すれば足りるものと解することが適当である。したがって，(2)が誤りである。

(3) 令和2年の改正により，この要件が新たに追加された（省令第9条の3第5号，第10条の4の2第5号，第10条の12の2第5号及び第10条の16の2第5号）。このため，直前3事業年度のいずれかの事業年度における自己資本比率が零を下回った場合には，優良認定基準を満たさないこととなる。

(4) 省令第9条の2第4項及び省令第10条の4第3項等により，優良産廃処理業者として許可を受けるための申請に当たって，申請者が事業の透明性に係る基準に関する書類を提出するときは，自らの名義で書類を作成するのみならず，環境大臣指定機関が作成した書類を提出することができる。

(5) 令和元年の諸外国からの廃プラスチック類輸入規制に伴い省令改正が行われ，「優良産廃処分業者」が，処分又は再生のために廃プラスチック類を保管する場合は，その保管上限を従前の2倍とすることができるようになった。これは，廃プラスチック類の保管上限の引上げによって，不適正処理の可能性が高まることのないよう，経営の安定性や遵法性等について通常の許可よりも高い基準で許可を受けている優良産廃処分業者に限定している制度である。

正解 (2)

【法令】廃棄物の処理及び清掃に関する法律施行規則の一部を改正する省令（令和2年環境省令第5号）

産業廃棄物処理施設

最終処分場の設置に関する記述として，正しいものはどれか。

(1) 処理業者が最終処分場を設置する場合は設置許可が必要だが，排出事業者が自社の産業廃棄物だけを処分するための最終処分場を設置する場合の設置許可は不要である。

(2) 処理業許可と処理施設設置許可は別制度であることから，自社処理のための最終処分場でも設置に当たっては設置許可が必要である。

(3) 市町村が一般廃棄物の最終処分場を設置する場合も設置許可は必要である。

(4) 産業廃棄物の廃プラスチック類破砕施設を設置する場合は設置許可が必要であるが，最終処分場の設置には許可は不要である。

(5) 産業廃棄物の最終処分場については都道府県知事，一般廃棄物の最終処分場については市町村長の設置許可が必要である。

■ 解 説 ■

　処理業許可と処理施設設置許可は別制度であることから，自社処理のための最終処分場であっても設置許可は必要である。

　したがって，(2)が正しい。

　(3)市町村が一般廃棄物処理施設（ここでは最終処分場）を設置しようとするときは，都道府県知事に届け出なければならないとしている（法第9条の3）。設置許可ではない。

　なお，一般廃棄物の最終処分場を民間が設置する場合は，法第8条の規定により都道府県知事の許可が必要である。

正解　(2)

【法令】法15(1)，法9の3(1)

IV-002 第15条 処理施設 　基本

次のうち，産業廃棄物処理施設として設置許可が必要な施設はどれか。

(1) 廃プラスチック類の溶融施設，処理能力 10t/ 日

(2) 動植物性残さの堆肥化施設，処理能力 10t/ 日

(3) 汚泥の乾燥施設，処理能力 120t/ 日

(4) ガラスくずの破砕施設，処理能力 12t/ 日

(5) 動植物性残さの乾燥施設，処理能力 150t/ 日

解 説

法第 15 条第 1 項を受け，政令第 7 条で設置許可が必要となる産業廃棄物処理施設を規定している。(処理施設については巻末資料「④廃棄物処理法第 15 条第 1 項の政令で定める産業廃棄物の処理施設」参照)

この規定の仕方は処理対象となる産業廃棄物の種類とその処理の方法，処理施設の処理能力で定めていることから，このうちどれかが対象外であれば，産業廃棄物を処理する施設であっても，設置にあたり許可は不要である。ただし，第三者の産業廃棄物を処理するときは第 14 条の処理業の許可は必要であるので，注意が必要である。

(3)を除いては，許可対象外となる要因である「産業廃棄物の種類」「処理の方法」「処理能力」のどれかに該当している。

正解 (3)

【法令】法 15 (1)，政令 7
【参照】IV-003

次のうち，産業廃棄物処理施設として設置許可が必要な施設はどれか。

(1)　廃プラスチック類の破砕施設，処理能力 3t/ 日

(2)　木くずの破砕施設，処理能力 4t/ 日

(3)　がれきの破砕施設，処理能力 3t/ 日

(4)　管理型最終処分場，面積 970m^2

(5)　廃酸の中和施設，処理能力 10m^3/ 日

【 解 説 】

(4)を除き，いずれも「産業廃棄物の種類とその処理の方法」では該当になる処理施設であるが，処理能力が規定よりも小さいことから設置許可の対象とはならない。

(4)の管理型最終処分場は，平成 9 年の政令改正までは，いわゆる「裾切り規制」があり，1,000m^2 未満は設置許可の対象外としていたが，この政令改正により「裾切り規制」を撤廃したことにより，それ以降はいくら小さな管理型最終処分場でも設置許可の対象となった。

正解　(4)

【参照】IV-002

Ⅳ-004　第15条　処理施設

次のうち，法第15条の産業廃棄物処理施設に該当するものはどれか。

(1)　ビルの解体工事時に発生するコンクリートの破砕施設であって，1日あたりの処理能力が100tを超えるもの

(2)　ビルの解体工事時に分別されて搬出された鉄骨の切断施設であって，1日あたりの処理能力が100tを超えるもの

(3)　家の解体工事時に分別されて搬出された木くずの破砕施設であって，1日あたり6時間稼動で3t処理できるもの

(4)　家の解体工事時に分別されて搬出されたガラスの破砕施設であって，1日あたりの処理能力が100tを超えるもの

(5)　製鋼工場から発生する還元スラグの破砕施設であって，1日あたりの処理能力が1,000tを超えるもの

【 解 説 】

(1)は，がれき類で法第15条の産業廃棄物処理施設に該当する。(2)は金属くず，(4)はガラスくず，コンクリートくず及び陶磁器くず，(5)は鉱さいであるため廃棄物の種類が対象外である。(3)は規模未満の木くずの破砕。

正解　(1)

事業者が自ら処理のために廃プラスチック類の破砕施設を設置しようとする場合，次のうち，正しいものはどれか。

(1)　施設の公称能力が日 10t であっても，実際に 1 日 4t のみを投入し，処理する場合，許可は不要である。

(2)　施設の公称能力が日 10t であっても，実際に 1 日 2 時間程度の運転で 2.5t のみの処理の場合，許可は不要である。

(3)　施設の公称能力が日 10t であれば，実際の処理量や運転時間にかかわらず許可施設になる。

(4)　施設の公称能力が日 10t であれば，許可施設にはならない。

(5)　施設の公称能力が日 10t であっても，自ら処理の場合は許可施設にはならない。

【 解 説 】

　法第 15 条の施設は規模や処理の内容から生活環境保全上支障を引き起こすおそれがある施設として許可が必要な施設であり，政令第 7 条に施設が規定されている。このうち，問題にある廃プラスチック類の破砕施設で「1 日あたりの処理能力が 5t を超えるもの」は同政令第 7 号に規定され，許可施設となる。

　また，法第 15 条の施設の処理能力については，「施設が標準時間に処理できる廃棄物の量をもって表すもので，いわゆる施設の公称能力である。したがって，例えば 1 日の標準運転時間が 8 時間のものは，1 時間あたりの処理能力の 8 時間分をもって表す」（昭和 46 年 10 月 25 日環整第 45 号厚生省通知）とあり，さらに「実稼働時間が 1 日あたり 8 時間に達しない場合には，稼動時間を 8 時間とした場合の定格標準能力とする」（昭和 52 年 11 月 5 日環産第 59 号厚生省通知の問 19）とある。

　したがって，(1)，(2)は許可不要とはならない。また，工場又は事業場内のプラント（一定の生産工程を形成する装置をいう）の一部に組み込まれている場合は許可施設とはならない（前出の昭和 46 年通知及び平成 17 年 3 月 25 日環廃産発第 050325002 号環境省通知）。

　また，法第 15 条の施設の設置許可は自社か処理業であるかは問わないものである。（ただし，移動式破砕施設は例外）

【法令】政令 7 ㈦，昭和 46 年通知 10 月 25 日環整第 45 号厚生省通知，
　　　　昭和 52 年 11 月 5 日環産第 59 号厚生省通知，平成 17 年 3 月
　　　　25 日環廃産発第 050325002 号環境省通知
【参照】Ⅳ-028，Ⅳ-029

コンクリート製品製造工場から排出されるコンクリート製品くずの破砕処理を受託する産業廃棄物処分を計画している。この場合，許可を受けなければならないものとして，正しいものはどれか。

(1) ガラスくず，コンクリートくず（工作物の新築，改築又は除去に伴って生じたものを除く）及び陶磁器くずの破砕施設の設置許可

(2) 木くず又はがれき類の破砕施設の設置許可

(3) 産業廃棄物処分業（事業の範囲は破砕処理（ガラスくず，コンクリートくず（工作物の新築，改築又は除去に伴って生じたものを除く）及び陶磁器くず））

(4) 産業廃棄物処分業（事業の範囲は破砕処理（がれき類））

(5) 産業廃棄物処分業（事業の範囲は破砕処理（廃プラスチック類））

■ 解　説 ■

　コンクリート製品製造工場から排出されるコンクリート製品くずは，「ガラスくず，コンクリートくず（工作物の新築，改築又は除去に伴って生じたものを除く）及び陶磁器くず」に該当し，がれき類には該当しない。また，「ガラスくず，コンクリートくず（工作物の新築，改築又は除去に伴って生じたものを除く）及び陶磁器くず」を破砕する処理施設は法第15条第1項の設置許可は不要である。（政令第7条各号に該当しない）

正解　(3)

【法令】法15(1)，（関連）法2，法14

Ⅳ-007　第 15 条の 4 の 4　処理施設　　難解

次のうち，法第 15 条の 4 の 4 の規定による環境大臣の無害化処理認定制度について，正しいものはどれか。

⑴　すべての特別管理産業廃棄物について，特別管理産業廃棄物の判定基準以下に無害化できる施設が対象となる。

⑵　すべての産業廃棄物について，一定基準以下に無害化できる施設が対象となる。

⑶　燃え殻及びばいじんについて，一定基準以下に無害化できる施設が対象となる。

⑷　汚泥について，一定基準以下に無害化できる施設が対象となる。

⑸　廃石綿や石綿含有廃棄物について，一定基準以下に無害化できる施設が対象となる。

■【 解 説 】■

法第 15 条の 4 の 4 の規定による無害化処理認定制度は，平成 18 年法改正により創設された制度である。この制度の対象となる廃棄物は，同条において「石綿が含まれている産業廃棄物その他の人の健康又は生活環境に係る被害を生ずるおそれがある性状を有する産業廃棄物として環境省令で定めるもの」とある。

現在，省令第 12 条の 12 の 14 の「無害化処理に係る特例の対象となる産業廃棄物」として「迅速かつ安全な無害化処理が促進されると認められる産業廃棄物であって環境大臣が定める」ものを平成 18 年 7 月 26 日環境省告示第 98 号（直近改正平成 24 年 8 月 10 日）の告示により，特別管理産業廃棄物の廃石綿等と石綿含有廃棄物、それに PCB 廃棄物を対象としている。

なお，「一定基準以下に無害化」とは，平成 18 年 7 月 26 日環境省告示第 99 号（直近改正平成 23 年 4 月 1 日）の告示により定められ，位相差顕微鏡を用いた分散染色法及びエックス線解析装置を用いたエックス線解析分析法による分析方法により検定した結果，「石綿が検出されないこと」が基準として示されている。

正解　⑸

【法令】法 15 の 4 の 4，省令 12 の 12 の 14，平成 18 年 7 月 26 日環境省告示第 98 号，平成 18 年 7 月 26 日環境省告示第 99 号

鉛，ひ素やダイオキシン類などを含む汚泥を日 2m³ 程度コンクリート固化により中間処理しようとする場合，次のうち，正しいものはどれか。

(1)　このコンクリート固化施設は政令第 7 条第 9 号の施設に該当し，許可施設に該当する。

(2)　このコンクリート固化施設は処理しようとする汚泥中の有害物質の溶出量や含有量により，政令第 7 条第 9 号に該当するか判断する。

(3)　有害物質を含む汚泥については，コンクリート固化による中間処理は禁止されており，すべて遮断型最終処分場に埋立処分しなければならない。

(4)　有害物質を含む汚泥は，排出事業者が無害化し，産業廃棄物として処理又は委託処理しなければならない。

(5)　日 2m³ 程度であれば，少量であるので，政令第 7 条第 9 号の施設には該当しない。

■ 解 説 ■

　政令第 7 条第 9 号の施設は「別表第 3 の 3 に掲げる物質又はダイオキシン類を含む汚泥のコンクリート固化施設」と規定されている。

　この別表は政令に規定されている別表第 3 の 3 で，第 1 号の水銀又はその化合物，第 2 号のカドミウム又はその化合物など第 33 号の 1,4- ジオキサンまでの物質が規定されているが，特に濃度については政令上規定がない。また，ダイオキシン類については，平成 14 年政令第 313 号で追加されたが，同じく濃度規定がない。

　ところで，地方分権一括法施行により廃止になった「廃棄物の処理及び清掃に関する法律の疑義について」（昭和 54 年 11 月 26 日環整第 128 号，環産第 42 号厚生省通知）の問 94 に「汚泥，水，セメントをミキサーで混練して，そのまま埋め立てる方式を行っている者がいるが，この場合のミキサーは令第 7 条第 9 号にいうコンクリート固型化施設に該当するか」。答 94 では「該当しない。産業廃棄物処理施設たるコンクリート固型化施設たるコンクリート固型化施設とは，水銀もしくはその化合物，カドミウムもしくはその化合物，鉛もしくはその化合物，有機りん化合物，六価クロム化合物，ひ素もしくはその化合物，シアン化合物，PCB 又は有機塩素化合物の少な

くとも一つを含む汚泥を有害な廃棄物の固型化に関する基準（昭和 52 年環境庁告示第 5 号）に従って，固型化することを目的とした施設をいうものである」とある（物質は当時の政令の別表第 3 である）。

　さらに，「令第 7 条第 9 号に規定する『含む』とは」について，「金属等を含む産業廃棄物に係る判定基準を定める総理府令（昭和 48 年総理府令第 1 号）に規定する基準を超えること」とある（昭和 57 年 6 月 14 日環廃第 21 号の問 71）。

　ここで，有害な廃棄物の固形化に関する基準とは「金属等を含む廃棄物の固型化に関する基準」のことで，政令第 6 条第 1 項第 3 号ハの「有害な産業廃棄物」と第 6 条の 5 第 1 項第 3 号イの「有害な特別管理産業廃棄物」の処分をするために処理したものについて「環境大臣が定めるところにより固型化したもの」がこの基準を適用している。このことから，政令第 7 条第 9 号に該当する汚泥とは「有害な産業廃棄物」又は「有害な特別管理産業廃棄物」であることがわかる。

正解　⑵

【法令】政令 7 ㈨，平成 14 年政令第 313 号，昭和 54 年 11 月 26 日環整 128 号, 環産第 42 号厚生省通知, 昭和 52 年環境庁告示第 5 号，昭和 57 年 6 月 14 日環廃第 21 号，政令 6 ⑴㈢ハ，政令 6 の 5 ⑴㈢イ

法第 15 条第 1 項に規定される産業廃棄物処理施設の申請があった場合には，都道府県知事が所定の告示及び縦覧等を要する施設が政令で定められている。次のうち，それに該当しないものはどれか。

(1)　石綿含有産業廃棄物の溶融施設

(2)　廃ポリ塩化ビフェニル（PCB）等の分解施設

(3)　廃プラスチック類の焼却施設

(4)　安定型最終処分場

(5)　がれき類の破砕施設

■ 解 説 ■

縦覧等を要する産業廃棄物処理施設については政令第 7 条の 2 に規定されている。(5)は法第 15 条の産業廃棄物処理施設であるが，政令第 7 条の 2 の規定にはない。

【政令第 7 条の 2】

法第 15 条第 4 項の政令で定める産業廃棄物処理施設は，前条第 3 号，第 5 号，第 8 号，第 10 号の 2 及び第 11 号の 2 から第 14 号までに掲げるものとする。

	廃棄物の種類	処理施設
第 3 号	汚泥	焼却施設
第 5 号	廃油	焼却施設
第 8 号	廃プラスチック類	焼却施設
第 10 号の 2	廃水銀等	硫化施設
第 11 号の 2	廃石綿等又は石綿含有産業廃棄物	溶融施設
第 12 号	廃 PCB 等，PCB 汚染物又は PCB 処理物	焼却施設
第 12 号の 2	廃 PCB 等又は PCB 処理物	分解施設
第 13 号	PCB 汚染物又は PCB 処理物	洗浄施設又は分離施設
第 13 号の 2	産業廃棄物[※1]	焼却施設
第 14 号イ		遮断型最終処分場
第 14 号ロ		安定型最終処分場
第 14 号ハ		管理型最終処分場

※1（第 3 号，第 5 号，第 8 号及び第 12 号に掲げるものを除く）

【法令】法 15 (1)，法 15 (4)，政令 7 の 2

IV-010   第 15 条の 2　処理施設

法第 15 条第 1 項に規定される産業廃棄物処理施設の申請があった場合に
は，都道府県知事が専門的知識を有する者への意見聴取を要する施設が政令
で定められている。次のうち，それに該当しないものはどれか。
　(1)　PCB 汚染物の洗浄施設
　(2)　管理型最終処分場
　(3)　廃油の焼却施設
　(4)　汚泥，廃酸又は廃アルカリに含まれるシアン化合物の分解施設
　(5)　廃石綿等溶融施設

■ 解 説 ■

　専門的知識を有する者への意見聴取を要する産業廃棄物処理施設について
は法第 15 条の 2 第 3 項に規定されている。これは第 15 条第 4 項（政令
第 7 条の 2）に規定される施設と一致している。
　なお，生活環境に及ぼす影響についての調査の審査については第 15 条第
1 項に規定される産業廃棄物処理施設すべてに必要である。

【第 15 条の 2 第 3 項】
　都道府県知事は，前条第 1 項の許可（同条第 4 項に規定する産業廃棄物
処理施設に係るものに限る）をする場合においては，あらかじめ，第 1 項
第 2 号に掲げる事項について，生活環境の保全に関し環境省令で定める事
項について専門的知識を有する者の意見を聴かなければならない。

正解　(4)

【法令】法 15 の 2 (3)，法 15 (4)，政令 7 の 2，法 15 (1)
【参照】Ⅳ-009

Ⅳ-011　第 15 条　処理施設　　　　　　難 解

産業廃棄物処理施設設置にかかわる生活環境影響調査において，廃棄物処理法上の規定としては，調査が必ずしも必要ではない組み合わせとして正しいものは，次のうちどれか。

(1)　廃プラスチック類の破砕施設の設置に際し，騒音及び振動の調査を行った。

(2)　廃油の焼却施設の設置に際し，煙突から排出される排ガスの調査を行った。

(3)　最終処分場の設置に際し，廃棄物運行車両の搬出入に係る騒音及び振動の調査を行った。

(4)　最終処分場の設置に際し，周辺に生息する希少動植物への影響調査を行った。

(5)　最終処分場の設置に際し，掘削に伴い下流井戸の水位低下に関する調査を行った。

■ 解 説 ■

産業廃棄物処理施設の設置については，法第 15 条で規定している。

一般廃棄物処理施設を民間が設置する場合の設置許可手続については，法第 8 条及び法第 8 条の 2 各項や，これを受けた政省令で具体的に規定してあり，産業廃棄物処理施設とほぼ同様の規定である。しかし，処理施設の種類がそもそも異なっていることから，一般廃棄物と産業廃棄物では違った内容のものもある。

廃棄物処理法で処理施設設置許可申請の際に義務付けているのは，「生活環境影響調査」であり，いわゆる「ミニアセス」と呼ばれるものである。

一定規模以上の最終処分場は「環境影響調査法（通称「アセス法」）」の対象となる。また，自治体が独自に制定しているアセス条例で焼却施設などを対象としている場合も多い。

これらは「本格アセス，フルアセス」と呼ばれることが多い。

「生活環境影響調査（ミニアセス）」は，設置者への過度な負担がかからないように，省令第 11 条の 2 により「大気質，騒音，振動，悪臭，水質，地下水」の 6 項目が明示されている。

「アセス法」「アセス条例」にかかる場合は，これらの項目の他に動植物や

景観などが加わる。

　よって，現実には最終処分場や焼却施設の設置にあたっては，動植物や景観等の項目が要求される場合が多いが，法第15条許可の際の生活環境影響調査においては，動植物等への影響については法的に必要な要件ではない。もちろん，事業者が影響が考えられる項目について自主的に行うことは望ましいことであり，これを妨げるものではない。

正解　⑷

　【法令】法8，法8の2，省令11の2，平成18年9月4日環廃対第
　　　　060904002号・環廃産第060904004号
　【参照】Ⅳ-002

IV-012　第9条の3　処理施設

　次のうち，維持管理の情報をインターネット等により公表しなければならないとされているものはどれか。

(1)　民間が設置する産業廃棄物の脱水施設。

(2)　民間が設置する一般廃棄物の破砕施設。

(3)　市町村が設置するし尿処理施設。

(4)　市町村が設置する一般廃棄物の焼却施設。

(5)　市町村が設置する一般廃棄物の破砕施設。

■ 解 説 ■

　インターネット等により維持管理の情報の公表対象施設は一般廃棄物処理施設では最終処分場と焼却施設の2種類，産業廃棄物処理施設ではこれに石綿溶融施設，ポリ塩化ビフェニル（PCB）処理施設，廃水銀等の硫化施設を加えた5種類としている。

　脱水施設，破砕施設，し尿処理施設や粗大ごみ処理施設は対象にならない。

　産業廃棄物処理施設では対象としている石綿溶融施設，PCB処理施設，廃水銀等の硫化施設は，一般廃棄物では対象としていないが，これは現実的に単独の一般廃棄物処理施設としてこれらがほとんど存在していないためである。

正解　(4)

【法令】法9の3

廃棄物処理施設の維持管理に関する情報の公開について，次のうち正しくないのはどれか。
 (1)　一般廃棄物処理施設で情報の公開の対象となるのは，最終処分場と焼却施設だけである。
 (2)　産業廃棄物処理施設で情報の公開の対象となるのは，最終処分場，焼却施設，PCB処理施設，石綿溶融施設である。
 (3)　情報の公開は当該事項の結果の得られた日等の属する月の翌月の末日までに公表し，当該日から3年を経過する日まで公表すること。
 (4)　市町村が設置している最終処分場と焼却施設は情報の公開の義務がない。
 (5)　公表方法については，原則としてインターネットを利用する方法が望ましいが，インターネットでの公表が困難な場合に，求めに応じてCD-ROMを配布することや，紙媒体での記録を事業場で閲覧させることなどでもよいとしている。

■ 解 説 ■

　設置時に告示及び縦覧等の手続が必要である焼却施設や最終処分場等の廃棄物処理施設の設置者又は管理者は，当該施設の維持管理に関する計画及び維持管理の状況に関する情報について，インターネットの利用その他の適切な方法により公表しなければならないこととなった。対象処理施設の種類は定期検査対象と同じであるが，市町村設置の処理施設も対象となる。

　公表方法については，インターネットその他の適切な方法により公表することとされており，原則としてインターネットを利用する方法が望ましいが，連続測定を要する維持管理情報について，インターネットでの公表が困難な場合に，求めに応じてCD-ROMを配布することや，紙媒体での記録を事業場で閲覧させることなどについては，「その他の適切な方法」による公表に該当するものであるとされている。

正解　(4)

【法令】法8の3(2)，法9の3(6)，法15の2の3(2)

IV-014 第9条の3　処理施設　　　　　基本

次のうち，定期検査の対象とされていない処理施設はどれか。

(1) 民間が設置する一般廃棄物の最終処分場。

(2) 民間が設置する産業廃棄物の最終処分場。

(3) 民間が設置する一般廃棄物の焼却施設。

(4) 民間が設置する産業廃棄物の焼却施設。

(5) 市町村が設置する一般廃棄物の焼却施設。

【解　説】

　定期検査の対象施設は一般廃棄物処理施設では最終処分場と焼却施設の2種類，産業廃棄物処理施設ではこれに石綿溶融施設，ポリ塩化ビフェニル（PCB）処理施設を加えた4種類としている。

　設置許可が必要な処理施設であっても，脱水施設，破砕施設，し尿処理施設や粗大ごみ処理施設等は対象にならない。

　また，定期検査は民間が設置する一般廃棄物処理施設に関しては法第8条の2の2第1項，産業廃棄物処理施設に関しては法第15条の2の2第1項で規定しているが，市町村の設置に係る一般廃棄物処理施設に関しては規定されていない。

　これは使用前検査と同様である。

正解　(5)

【法令】法9の3，法8の2の2(1)，法15の2の2(1)

処理施設定期検査について，次のうち正しくないのはどれか。

(1)　一般廃棄物処理施設で定期検査の対象となるのは，最終処分場と焼却施設だけである。

(2)　産業廃棄物処理施設で定期検査の対象となるのは，最終処分場，焼却施設，PCB処理施設，石綿溶融施設，廃水銀等の硫化施設である。

(3)　処理施設定期検査は5年3か月以内毎に行わなければならない。

(4)　市町村が設置している最終処分場と焼却施設は定期検査の義務がない。

(5)　休止中の廃棄物処理施設及び埋立処分が終了した廃棄物の最終処分場は定期検査の義務はない。

■ 解 説 ■

設置時に告示及び縦覧等の手続が必要である焼却施設や最終処分場等の廃棄物処理施設について設置の許可を受けた者は，当該施設について定期的に都道府県知事の検査を受けなければならないこととなった（市町村設置の処理施設は「許可」ではなく，「届出」である）。

定期検査の対象となる廃棄物処理施設は，次のとおりである。

①　一般廃棄物の焼却施設（市町村の設置に係る焼却施設を除く）

②　一般廃棄物の最終処分場（市町村の設置に係る最終処分場を除く）

③　産業廃棄物の焼却施設

④　廃石綿等又は石綿含有産業廃棄物の溶融施設

⑤　廃PCB等もしくはPCB処理物の分解施設又はPCB汚染物もしくはPCB処理物の洗浄施設もしくは分離施設

⑥　廃水銀等の硫化施設

⑦　産業廃棄物の最終処分場

当該廃棄物処理施設には，休止中の廃棄物処理施設及び埋立処分が終了した廃棄物の最終処分場が含まれる。

正解 (5)

【法令】法8の2の2，法15の2の2(1)

Ⅳ-016　第15条　処理施設

法第15条第1項に規定される産業廃棄物処理施設である最終処分場において行われる次の行為のうち，変更許可に該当するものの組み合わせとして，正しいものはどれか。ただし，変更許可に該当するものは「○」と表す。

a　埋立地の埋立面積を15%増大する。

b　埋立終了の時期を5年延長する。

c　埋め立てる廃棄物の種類を追加する。

d　許可容量 10,000m^3 の処分場に 10,900m^3 の廃棄物を埋め立て，1,000m^3 の土で覆土する（埋立により廃棄物等の容量は変わらないものとする）。

e　維持管理計画に記載した放流水の検査の頻度を増加する。

	a	b	c	d	e
(1)	○	○	×	×	×
(2)	○	×	×	○	×
(3)	×	○	○	×	×
(4)	×	×	×	○	○
(5)	×	×	○	○	×

【　解　説　】

廃棄物処理施設の変更には，①変更許可，②軽微変更届，③変更届の3種類がある。

変更許可に該当する行為は，変更を行う前に許可を得る必要がある。

産業廃棄物処理施設の変更許可については，法第15条の2の6で次のとおり規定している。

【第15条の2の6（抜粋，趣旨）】

第15条第2項第4号から第7号までに掲げる事項の変更をしようとするときは，環境省令で定めるところにより，知事の許可を受けなければならない。ただし，その変更が環境省令で定める軽微な変更であるときは，この限りでない。

ここで，法第15条第2項第4号から第7号とは次の事項である。

4号　産業廃棄物処理施設において処理する産業廃棄物の種類

5号　産業廃棄物処理施設の処理能力（産業廃棄物の最終処分場である場合
　　にあっては，産業廃棄物の埋立処分の用に供される場所の面積及び埋立容量）

6号　産業廃棄物処理施設の位置，構造等の設置に関する計画

7号　産業廃棄物処理施設の維持管理に関する計画

　　さらに，「環境省令で定める軽微な変更とならない変更（すなわち，変更
許可となる変更）」を要約すると次のようになる。

　　①処理能力の10%以上の増大変更

　　②処理施設の位置と処理方式の変更

　　③主たる構造の変更等（処理施設の種類ごとに個別に規定）

　　④排ガス，排水の排出の変更又は量が増大する変更

　　⑤維持管理計画に掲げた事項で生活環境に対する影響が増大する変更，測
　　　定頻度を低くする変更

　　ここで一つ注意しなければならないことは，法律では第15条第2項第4
号，すなわち，「産業廃棄物の種類」を掲げているが，「環境省令で定める軽
微な変更とならない変更（すなわち，変更許可となる変更）」に掲げていな
いことから，変更許可の対象とはなっていない，ということである。

　　a 平成22年度の改正までは，容量の変更は減少の場合であっても10%
以上の変更であるので，変更許可となっていたが，改正により「減少」の場
合は軽微変更でよく，「10%以上の増加」の場合は変更許可とすることとなっ
た。

　　b の「埋立終了の時期」については，変更許可の対象外の事項である。

　　c は前述の説明のとおり，省令で規定していないことから変更許可とはな
らない。

　　d は，覆土も埋立量にカウントされ，トータルでは10%以上の変更であ
るので，変更許可となる。

　　e は維持管理計画の変更であるが，「放流水の検査の頻度の減少」なら変
更許可となるが，「増加」なので，変更許可とはならない。

　　よって，変更許可となるのはa と d。

正解　(2)

　　【法令】法15(1)，法15の2の6，法15(2)(四)～(七)

IV-017　第15条　処理施設

難 解

法第15条第1項に規定される産業廃棄物処理施設である焼却施設において行われる次の行為のうち，変更許可に該当するものはどれか。

(1)　政令第7条第13号の2の焼却施設では木くずしか燃やしていなかったが，新たに紙くずを燃やすことにする場合。

(2)　政令第7条第13号の2の焼却施設では木くずしか燃やしていなかったが，新たに廃プラスチック類を燃やすことにした場合。

(3)　政令第7条第13号の2の焼却施設と一体となっている破砕機が故障したので，同じ型式の機械と交換する場合。

(4)　廃棄物の水分量が増加することで最大湿り排出ガス量が増加する場合。

(5)　煙突の位置を2mずらす場合。

■ 解 説 ■

(1)は前問解説のとおり，法律では品目の追加は変更許可としているが，省令で該当させていないことから「軽微変更届」事項となる。

(2)の廃プラスチック類の焼却施設は政令第7条第13号の2とは別号である政令第7条第8号で規定していることから，廃プラスチック類の追加は変更ではなく新規設置扱いとなる。

(3)のように，主たる他の処理施設と一体不可分となっている付帯施設は，独立した処理施設とはみない。この例では破砕機はあくまで，焼却施設の前処理の機材との判断から，省令第12条の8第3号に規定されない施設の変更として「軽微変更届」事項となる。

(4)排ガス量の増加は乾き排ガス量で考える。そのため，焼却対象物の水分が増加し，結果として，湿り排ガス量が増加しても水分を除去した乾き排ガス量が変化していなければ，変更許可にも軽微変更届出にも該当しない。ただし，含水率が恒常的に高い廃棄物だけを焼却することにより，設計計算書が異なってくる場合はこの限りでない。

(5)の「煙突の位置」は「処理方法の（排出口の位置）の変更」となることから，変更許可となる。

正解　(5)

【法令】法15(1)，政令7（十三の二），政令7(八)，省令12の8(三)

【参照】IV-016

IV-018 第 15 条の 2 　処理施設

　産業廃棄物処理施設の設置者が次の変更をする場合に，行為と手続（変更
事項と申請書と様式）の組み合わせで誤っているものは，次のうちどれか。
(1)　最終処分場のえん堤の変更
　　－変更許可申請　　　－様式第 22 号（変更許可申請書）
(2)　役員の変更
　　－変更届　　　　　　－様式第 23 号（軽微変更等届出書）
(3)　最終処分場の 10% 以上の埋立容量の増大変更
　　－変更許可申請　　　－様式第 22 号（変更許可申請書）
(4)　最終処分場の維持管理に関する計画の変更であって周辺地域の生活環
　　境に対する影響が減ぜられないもの
　　－軽微変更届　　　　－様式第 23 号（軽微変更等届出書）
(5)　最終処分場にあっては，埋立処分の計画の変更
　　－軽微変更届　　　　－様式第 23 号（軽微変更等届出書）

■ 解 説 ■
(1)　法第 15 条の 2 の 6 に規定される法第 15 条第 2 項第 6 号・省令第
　　12 条の 8 第 3 号ハであるので変更許可を受けなければならない。
(2)　法第 15 条の 2 の 6 に規定される軽微な変更で，省令第 12 条の 10 第
　　6 号ロであるので変更事項について遅滞なく，その旨を届け出なければな
　　らない。
(3)　法第 15 条の 2 の 6 に規定される法第 15 条第 2 項第 6 号であるので
　　変更許可を受けなければならない。
(4)　法第 15 条の 2 の 6 に規定される法第 15 条第 2 項第 7 号であるので
　　変更許可を受けなければならない。ただし，省令第 12 条の 8 第 5 号のカッ
　　コ書きにある「周辺地域の生活環境に対する影響が減ぜられるもの等」で
　　あるときは，この限りでない。
(5)　法第 15 条の 2 の 6 に規定される軽微変更で，省令第 12 条の 10 第
　　3 号であるので変更事項について遅滞なく，その旨を届け出なければなら
　　ない。
　　なお，様式第 23 号（軽微変更等届出書）は軽微変更届と変更届の共用で
ある。一方，一般廃棄物処理施設の許可申請関係の様式は，手続が自治事務

であることから，記載事項についてのみ省令に規定されているだけで様式の
規定は法律では特に定めていない（自治体の要綱，細則等で規定している場
合はある）。

正解 ⑷

【法令】法15の2の6，法15⑵㈥，省令12の8㈢ハ，省令12の10㈥ロ，
法15⑵㈥，法15⑵㈦，省令12の8㈤，省令12の10㈤

次のうち，政令第 7 条第 13 号の 2 の産業廃棄物の焼却施設の維持管理基準を遵守していないものはどれか。

　(1)　二次燃焼室出口で測定している燃焼ガスの温度が 820℃であった。

　(2)　焼却灰の熱しゃく減量が 8%であった。

　(3)　煙突から排出される排ガスの一酸化炭素濃度が 80ppm であった。

　(4)　バグフィルターに流入する燃焼ガスの温度が 180℃であった。

　(5)　ばいじんと焼却灰を混合して排出した（混合物は搬出後埋立処分する）。

【解　説】

　産業廃棄物処理施設の維持管理基準は法第 15 条の 2 の 3 を受けた省令第 12 条の 7 各項で規定されているが，焼却施設のほとんどの基準は一般廃棄物の焼却施設の維持管理基準である省令第 4 条の 5 第 1 項第 2 号の規定を準用している。

　多くの事項が規定されているが，設問に関する事項については次のとおり。なお，それぞれに一定の要件の下では例外措置があるものも多い。

　(1)　燃焼室中の燃焼ガスの温度を摂氏 800 度以上に保つこと。

　(2)　焼却灰の熱しゃく減量が 10% 以下になるように焼却すること。

　(3)　煙突から排出される排ガス中の一酸化炭素の濃度が 100 万分の 100 以下となるようにごみを焼却すること。

　(4)　集じん器に流入する燃焼ガスの温度をおおむね摂氏 200 度以下に冷却すること。

　(5)　ばいじんを焼却灰と分離して排出し，貯留すること（その後，溶融，焼成等行う場合は，例外措置あり）。

図1　廃棄物焼却施設の構造・維持管理基準のイメージ

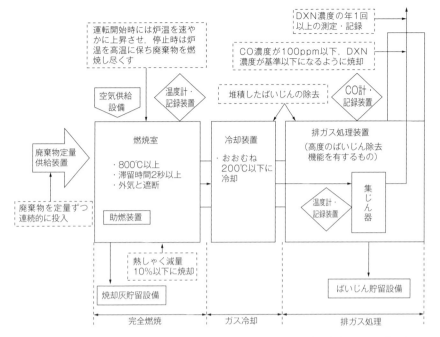

（出典：平成 21 年度産業廃棄物又は特別管理産業廃棄物処理業の許可申請に関する講習会テキスト / 財団法人日本産業廃棄物処理振興センター）

正解　(5)

【法令】政令 7（十三の二），省令 12 の 7，省令 4 の 5 (1)(二)

熱回収施設を設置している者の能力の基準として年間の熱回収率と燃料の投入率が規定されているが，その組み合わせとして正しいものはどれか。
(1) 熱回収率 10% 以上，燃料の投入率 30% を超えないこと。
(2) 熱回収率 20% 以上，燃料の投入率 20% を超えないこと。
(3) 熱回収率 30% 以上，燃料の投入率 10% を超えないこと。
(4) 熱回収率 10% 未満，燃料の投入率 30% 以上。
(5) 熱回収率 20% 未満，燃料の投入率 20% 以上。

【 解 説 】

熱回収施設を設置している者の能力の基準（省令第５条の５の７及び同第 12 条の 11 の 7）として次のように規定されている。

次の基準に適合した熱回収を行うことができる者であること。

① 年間の熱回収率が，10% 以上であること。

年間 10% 以上の熱回収率で熱回収を行うことができる者とは，申請書に記載された年間の熱回収率が 10% 以上であること，熱回収率の算定の根拠を明らかにする書類に照らして当該熱回収率が妥当であること，かつ，過去（原則として，過去１年間とする）の実績に照らして今後年間で 10% 以上の熱回収率を達成することが可能であると認められることをもって判断すること。なお，年間の熱回収率を算定するのは熱回収が安定的に行われている期間とし，点検による休炉等に伴い熱回収が安定的に行われていない期間については，その期間が年間に延べ 90 日を超えない限り，熱回収率の算定の対象とする期間から除外することができること。

② 当該熱回収施設に投入される廃棄物の総熱量と燃料の総熱量を合計した熱量の 30% を超えて燃料の投入を行わないこと。

熱回収施設設置者認定制度は，主として廃棄物を処理する施設を対象としていることから，当該熱回収施設に投入される燃料の総熱量は，廃棄物の総熱量と燃料の総熱量を合計した熱量の 30% を超えないこととしていること。

正解 (1)

【法令】法９の２の４(1)，法 15 の３の３(1)，省令５の５の７，省令 12 の 11 の 7

IV-021 　第9条の2の4　処理施設（熱回収施設設置者認定制度）　

熱回収施設について誤っているものは，次のうちどれか。

(1)　廃棄物を定量ずつ燃焼室に投入することができる設備を用いて焼却することは義務付けられていない。

(2)　保管する産業廃棄物の数量が，当該産業廃棄物に係る廃棄物処理施設の1日あたりの処理能力の21日分まで保管してよい。

(3)　廃棄物焼却施設の場合に義務付けられている5年3か月ごとの定期検査は受けなくてよい。

(4)　前年度の実績報告書は都道府県知事等に提出しなくてよい。

(5)　燃焼室その他廃棄物処理施設の構造及び設備を変更したときは，一般廃棄物処理施設又は産業廃棄物処理施設の設置許可の変更許可又は届出は必要であるが，熱回収に必要な設備の変更として都道府県知事に重ねて届け出る必要はない。

第4章　産業廃棄物処理施設

■ 解 説 ■

(4)を除いては選択肢のとおりである。

(1)　通常の廃棄物処理基準においては，一般廃棄物及び産業廃棄物を焼却する場合には，安定的な燃焼状態を確保するため，廃棄物を定量ずつ燃焼室に投入することができる設備を用いて焼却することが義務付けられている。

(2)　通常の産業廃棄物処理基準においては，産業廃棄物を保管する場合には，保管する産業廃棄物の数量が，当該産業廃棄物に係る廃棄物処理施設の1日あたりの処理能力の14日分を超えないようにしなければならないが，熱回収認定施設については，優遇措置として21日分の保管が認められている（政令第7条の3第1号ロ(2)）。

(3)　認定熱回収施設設置者は定期検査を受ける義務が免除されるが，認定は5年ごとに更新を受けなければその効力を失う。

(4)　認定熱回収施設設置者は，毎年6月30日までに，前年度の1年間の熱回収に係る報告書を都道府県知事等に提出しなければならない。（省令第5条の5の11及び第12条の11の11）

(5)は選択肢のとおりである。

【法令】法 9 の 2 の 4 (1)，法 15 の 3 の 3 (1)，政令 7 の 3 (一)ロ(2)，省令
5 の 5 の 11，省令 12 の 11 の 11

IV-022　第15条　処理施設　

　次のうち，処理業者が産業廃棄物処理施設を設置するとき，その業務のために置かなければならないものはどれか。

(1)　産業廃棄物処理責任者

(2)　技術管理者

(3)　特別管理産業廃棄物処理責任者

(4)　環境衛生指導員

(5)　廃棄物減量等推進員

【 解 説 】

　設問の資格者等とその規定条文は次表のとおりである。

	設置者	関する規定
産業廃棄物処理責任者	法第15条第1項施設設置事業者（自己処理）	法第12条第8項（置かなければならない）
技術管理者	法第15条第1項施設設置者	法第21条（置かなければならない）
特別管理産業廃棄物処理責任者	排出事業者	法第12条の2第8項（置かなければならない）
環境衛生指導員	都道府県知事	法第20条（命ずるものとする）
廃棄物減量等推進員	市町村	法第5条の8（委嘱することができる）

　なお，技術管理者は事業者が処理施設を設置する場合でも，置かなければならない。

正解　(2)

　【法令】法12⑻，法21，法12の2⑻，法20，法5の8

法第 21 条の 2 に規定されている，「事故が発生した場合に，生活環境の保全上の支障の除去や応急措置を行い，その事故の状況や講じた措置の内容を都道府県に届出」が必要とされている廃棄物処理の施設でないものは次のうちどれか。

(1)　設置許可を受けた産業廃棄物最終処分場

(2)　設置許可を受けた産業廃棄物焼却施設

(3)　設置許可を受けた一般廃棄物焼却施設

(4)　設置許可不要である「産業廃棄物である動物性残さ」の堆肥化施設

(5)　設置許可不要の処理能力 50kg の産業廃棄物の処理に供する小型焼却炉

【 解 説 】

廃棄物の処理施設に係る事故時の措置については，処理施設の甚大な事故の発生を契機に平成 16 年法改正により創設された。

この規定は法第 21 条の 2 に規定され，政令で規定される「特定処理施設」については，「破損その他の事故が発生し，廃棄物や処理に伴う気体や汚水の飛散，流出などにより周辺の生活環境の保全上の支障が生じた場合などにおいて，応急措置の実施と都道府県知事への届出の義務付け」が規定され，「都道府県知事は応急措置がされていない場合は措置の命令が発出できる」制度である。この「特定処理施設」は，政令第 24 条と省令第 18 条に定められている。

【特定処理施設】

○一般廃棄物処理施設（法第 8 条）又は産業廃棄物処理施設（法第 15 条）

○一般廃棄物の処理施設又は産業廃棄物の処理施設であって「処理する廃棄物が高温となり，又は高温となるおそれがある施設」「廃棄物の処理に伴い可燃性の気体が滞留し，又は滞留するおそれがある施設」「廃油，廃酸又は廃アルカリの処理施設」であって，

・焼却設備が設けられている処理施設であって，当該焼却設備の 1 時間あたりの処理能力（2 以上の焼却設備が設けられている場合にあっては，それらの処理能力の合計）が 50kg 以上又は火床面積（2 以上の焼却

設備が設けられている場合にあっては，それらの火床面積の合計）が
0.5m^2 以上のもの
・熱分解設備，乾燥設備，廃プラスチック類の溶融設備，廃プラスチック
類の固形燃料化設備又はメタン回収設備が設けられている処理施設で
あって，1 日あたりの処理能力が 1t 以上のもの
・廃油の蒸留設備又は特別管理産業廃棄物である廃酸もしくは廃アルカリ
の中和設備が設けられている処理施設であって，1 日あたりの処理能力
が 1m^3 以上のもの

なお，廃棄物処理法では設置許可を要しないダイオキシン類対策特別措置
法の届出対象となる小型焼却炉も対象となる。
「廃棄物処理施設事故対応マニュアル作成指針」が平成 18 年に環境省か
ら示されている。

正解 (4)

【法令】法 21 の 2，政令 24，省令 18

Ⅳ-024　第 12 条　処理施設

　建設業から排出される産業廃棄物の処理に関し，次の(1)～(5)のうち，正しいものはどれか。

(1)　建設工事現場において，産業廃棄物が運搬されるまでの間，保管する場合は，囲いや保管場所である旨の掲示板を設ける必要はない。

(2)　排出事業者が設置する移動式のがれき類の破砕施設は，都道府県知事の許可を受けずに設置することができる。

(3)　排出事業者が設置する移動式のがれき類の破砕施設には，保管量の上限に関する基準は適用されない。

(4)　一つの工事現場での排出量が年間 1,000t を超えなければ多量排出事業者に該当しない。

(5)　解体工事現場で発生した石綿含有産業廃棄物の埋立処分を委託する場合は，必ず管理型最終処分場を設置する処分業者に委託しなければ違法となる。

【 解 説 】

(1)　産業廃棄物保管基準が適用されるので誤り。

(2)　設問のとおり正しい。本来，処理施設の設置許可には排出事業者，処理業者の区別はないが，設問の可動式のがれき類の破砕施設についてのみ，平成 12 年 11 月 29 日政令第 493 号により「当分の間」許可を要しないとしている(政令附則(平 12.11.29 政令 493)第 2 条第 1 項)。

(3)　処分のための保管量の上限は処理基準であり，排出事業者にも適用されるので誤り。

(4)　区域内の工事現場をあわせて判断するので誤り。

(5)　石綿含有産業廃棄物は安定型産業廃棄物最終処分場に埋立処分することができるので誤り。なお，管理型又は安定型最終処分場であっても設置許可を受けた処理場でなければ石綿含有産業廃棄物は埋め立てできない（政令第 6 条第 1 項第 3 号ヨ(1)）。

正解　(2)

【法令】政令 6(1)(三), 政令附則(平成 12 年 11 月 29 日政令第 493 号) 2(1),
　　　政令 6(1)(三)ヨ(1)

【参照】Ⅳ-028

次のうち，維持管理積立金について誤っているものはどれか。

(1)　毎年度の積立金の額については，処分場設置者が都道府県知事に毎年提出することとされている年次報告に記載される維持管理費用の額をもとに，都道府県知事が算定する。

(2)　毎年度の積立金の額については，都道府県知事が算定し処分場設置者に対して通知する。

(3)　埋立処分の終了後から施設の廃止に至るまでの間の維持管理に必要な費用を，維持管理積立金として積み立てる。

(4)　維持管理積立金の積み立てを行わない場合は，「経理的基礎がない」と判断されることがある。

(5)　維持管理積立金の積み立てを行わなくとも施設許可の取消の対象にはならない。

■ **解 説** ■

　維持管理積立金制度は平成９年度に創設され，平成 10 年６月以前に埋立処分が開始された最終処分場については適用されていなかったが，平成 17 年の法改正により，当該処分場に対しても適用されることとなった。

　「行政処分の指針について（平成 30 年３月 30 日環循規発第 18033028 号，平成 17 年の改正から維持管理積立金制度の記載が追加。その後数回の改訂）」では，「最終処分場にあっては，法第 15 条の２の４において準用する法第８条の５で規定する維持管理積立金制度に係る必要な積立額が現に積み立てられていない場合について，経理的基礎を有しないと判断して差し支えないこと」としている。

　また，この維持管理積立金を行わない場合は，法第９条の２の２第２項（産業廃棄物については法第 15 条の３第２項での準用）の規定により許可取消しの対象となる。

正解 (5)

【法令】平成 30 年３月 30 日環循規発第 18033028 号，（関連）法 8 の 5

次の廃棄物処理施設のうち，設置者が技術管理者を置くことが義務付けられていないものはどれか。

(1) 処理能力が 500 人分以下の「し尿処理施設」
(2) 埋立面積が 1,000m² を超えない一般廃棄物の最終処分場
(3) 埋立面積が 1,000m² を超えない産業廃棄物の最終処分場
(4) 処理能力が 5t を超えるごみ処理施設
(5) 処理能力が 5t を超える産業廃棄物の焼却施設

■ 解 説 ■

技術管理者を置く必要のないし尿処理施設については，政令第 23 条に定められているが，最終処分場については処理能力が定められていないため，すべての最終処分場が対象となる。

正解 (1)

【法令】政令 23

Ⅳ-027　第21条　処理施設　基本

廃棄物処理法に基づく技術管理者のうち，誤っているものはどれか。

(1)　許可が必要な一般廃棄物処理施設（処理能力が 500 人分以下の「し尿処理施設」を除く）又は産業廃棄物処理施設に技術管理者を置かなければならない。

(2)　設置許可後の廃棄物処理施設の使用前検査に技術管理者が立ち会う業務もある。

(3)　廃棄物処理施設への搬入搬出管理は技術管理者が行う必要がある。

(4)　廃棄物処理施設には専従の技術管理者が常駐する必要がある。

(5)　廃棄物処理施設に技術管理者が配置されていないことを理由として，施設の停止命令が発出されることはない。

■ 解 説 ■

　廃棄物処理法に基づく技術管理者は，法第 21 条第 1 項に規定され設置許可又は届出が必要な一般廃棄物処理施設，設置許可を要する産業廃棄物処理施設に技術管理者を配置することとされている。この技術管理者の職務については，同条第 2 項に施設の維持管理基準の遵守と維持管理従事者への監督義務が定められている。

　また，使用前検査については，行政庁の実地検査の際への技術管理者の立ち会いが求められている。（平成 10 年 5 月 7 日衛環第 37 号厚生省通知）

　さらに，施設への搬入搬出管理や常駐についても通知されている。（平成 2 年 4 月 26 日衛産第 31 号厚生省通知）

　また，技術管理者の設置義務違反は法第 9 条の 2 第 1 項第 3 号又は法第 15 条の 2 の 7 第 3 号の違反行為に該当し，産業廃棄物処理施設の場合は施設停止命令の行政処分をうける可能性がある。

正解　(5)

【法令】法 21 (1)，法 21 (2)，平成 10 年 5 月 7 日衛環第 37 号厚生省通知，平成 2 年 4 月 26 日衛産第 31 号厚生省通知，法 9 の 2 (1)㈢，法 15 の 2 の 7 ㈢

次の(1)～(5)のうち，産業廃棄物処理施設として許可が不要なものはどれか（(1)，(3)，(5)の処理能力はいずれも 5t/ 日超，(2)及び(4)の処理能力はいずれも 10m³/ 日超）。

(1)　排出事業者が設置する移動式のがれき類の破砕施設

(2)　排出事業者が設置する移動式の汚泥の脱水施設

(3)　処理業者が設置する移動式のがれき類の破砕施設

(4)　処理業者が設置する移動式の汚泥の脱水施設

(5)　廃プラスチック類の破砕施設

■【 解　説 】

　平成 12 年の法施行令改正により，木くず又はがれき類の破砕施設で 1 日あたりの処理能力が 5t を超えるものが許可対象施設に追加されたが，平成 12 年 11 月 29 日政令第 493 号の附則第 2 条第 1 項により，事業者が設置するもので移動式のものについては当分の間，許可を受けることを要しないと規定されている。

正解　(1)

【法令】政令附則（平成 12 年 11 月 29 日政令第 493 号）2(1)
【参照】IV-029

IV-029　第15条　処理施設　　基本

次のうち，産業廃棄物処理施設の設置許可が必要なものはどれか。

⑴　自社処理の用に供する日処理能力15t超のキャタピラー式のがれき類破砕施設

⑵　自社処理の用に供する日処理能力10t超の可搬式のがれき類破砕施設

⑶　自社処理の用に供する日処理能力6t超の台座固定式のがれき類破砕施設

⑷　処理業の用に供する日処理能力4t以下の台座固定式のがれき類破砕施設

⑸　処理業の用に供する日処理能力3t以下のキャタピラー式のがれき類破砕施設

第4章
産業廃棄物処理施設

■【 解 説 】■

　自社処理の用に供する5t超の破砕施設のうち，「移動式がれき類等破砕施設（移動することができるように設計したもの）」は平成12年11月29日政令第493号政令第2条で当面の間許可を受けることを要しないとされている。移動式はキャタピラー式や可搬式などの形式については限定していない。ここでは，地面に台座固定されているがれき類破砕施設は上記規定の要件には適合しないので，設置許可は必要である。

正解　⑶

【法令】政令附則（平成12年11月29日政令第493号）2⑴
【参照】IV-028

産業廃棄物処理施設を設置している者の特例としての「一般廃棄物の処理」に関する記述として，誤っているものはどれか。

(1)　産業廃棄物処理施設の設置者は，現に設置許可を受けた産業廃棄物と同じ種類の一般廃棄物であれば，特に種類は問わず，届出すれば一般廃棄物処理施設として設置できる。

(2)　産業廃棄物処理施設の設置者は，届出により一般廃棄物処理施設として設置した場合，他人の一般廃棄物を受ける場合は，一般廃棄物処分業の許可や市町村からの委託など他人の一般廃棄物の処理ができる許可や委託などが必要である。

(3)　産業廃棄物処理施設の設置者は，届出により一般廃棄物処理施設として設置した場合，この施設が中間処理であったとき，保管する廃棄物の上限量は産業廃棄物と一般廃棄物の総量である。

(4)　産業廃棄物処理施設の設置者は，届出により一般廃棄物処理施設として設置した場合，施設の維持管理基準は，産業廃棄物処理施設の維持管理基準が適用される。

(5)　産業廃棄物処理施設の設置者は，届出により一般廃棄物処理施設として設置した場合，帳簿の記録等については，産業廃棄物処理施設の規定が適用される。

■ 解 説 ■

法第15条の2の5の規定による「産業廃棄物処理施設の設置者に係る一般廃棄物処理施設の設置についての特例」は，平成15年の法改正により，手続負担の軽減の観点から創設された制度である。ただし，この届出の対象となる施設は，省令第12条の7の16で廃プラスチック類の破砕施設や焼却施設など7施設に限定されており，かつ，法第15条の産業廃棄物処理施設の許可にかかる産業廃棄物と同一の種類のものであって，その一部に限られている。

また，届出をする場合でも，他人の一般廃棄物を受ける場合は，一般廃棄物処分業の許可や市町村の委託を受けなければできず，省令第12条の7の17でそれを証する書類の提出を規定している。

正解　(1)

【法令】法 15 の 2 の 5，省令 12 の 7 の 16，省令 12 の 7 の 17

行政処分，報告徴収

V-001　　第14条の3の2　欠格要件

　次のうち,産業廃棄物処理業者が羈束的に取消処分となる場合として,誤っているものはどれか。

(1)　産業廃棄物処理業者が法人の場合で,その役員が欠格要件に該当したとき。

(2)　不正の手段により許可を受けたとき。

(3)　違反行為をした場合で,情状が特に重いとき。

(4)　事業の全部停止又は一部停止処分に違反したとき。

(5)　事業の用に供する施設が基準に適合しなくなったとき。

【解　説】

　「羈束行為」とは法の解釈が一義的にしかできないような場合で裁量は認められないこと。取消処分に関しては,「都道府県知事は〜の場合,許可を取り消さなければならない」と規定されている場合が「羈束行為」として取消処分をする場合である。

　(1)〜(4)は法第14条の3の2第1項に規定されており,「許可を取り消さなければならない」と規定されている。

　(5)については,法第14条の3の2第2項で「許可を取り消すことができる」と規定されている。

正解　(5)

【法令】法14の3の2

法第14条第1項の産業廃棄物収集運搬業の許可を受けた法人の役員が贈収賄で逮捕された。次のうち，正しいものはどれか。

(1) 逮捕されれば法第14条第5項第2号イの犯歴にかかわる欠格要件に該当する。

(2) 逮捕だけでは犯歴にかかわる欠格要件には該当しない。

(3) 逮捕され起訴処分されれば犯歴にかかわる欠格要件に該当する。

(4) 逮捕され不起訴処分であっても犯歴にかかわる欠格要件に該当する。

(5) 逮捕，起訴処分され，刑が確定した場合は，その量刑を問わず犯歴にかかわる欠格要件に該当する。

【 解 説 】

許可業者の許可の基準である犯歴に関する欠格条項は，法人については，法第14条第5項第2号イ（法人自身），ハ（未成年者の法定代理人）及びニ（役員又は政令で定める使用人）で第7条第5項第4号ハ及びニに規定されている。

同号ハは「禁錮刑以上の刑に処せられ，その執行を終わり，又は執行を受けることがなくなった日から5年経過しない者」，同号ニは「廃棄物処理法，浄化槽法，大気汚染防止法などの環境法令，暴力団員による不当な行為の防止等に関する法律，刑法の傷害，暴行や脅迫などの罪により罰金刑以上の刑に処せられ，その執行を終わり，又はその執行を受けることがなくなった日から5年経過しない者」である。

ここで，「罰金刑以上の刑」とは死刑，懲役，禁錮及び罰金の刑をいい，「刑の執行を終わり」とは，現実に刑の執行が完了した場合及び仮出獄を取り消されることなくして刑期を経過した場合をいい，「刑の執行を受けることがなくなった」とは刑に執行の免除を受けた場合のことであり，刑に時効が完成した場合及び恩赦の一種として刑の執行の免除を受けた場合のことである（なお，執行猶予の言い渡しを受けた者は，同号ハ及びニに該当するが，この者が執行猶予を取り消されることなく猶予の期間を経過したときは，刑法第27条により刑の言い渡しの効力そのものが失われることから同号ハ及びニには該当しなくなるが，同号チ（その業務に関し不正又は不誠実な行為をするおそれがあると認めるに足りる相当の理由がある者）に該当し得るもの

である）。

　一方，被疑者が逮捕されても，検察官が不起訴処分とする場合もあり，公訴提起しても，判決までは量刑もわからない。さらに無罪の可能性もあり，また，控訴，上告の選択もあり，刑が確定するまでは犯歴にかかわる欠格要件には該当しない。

　このため，逮捕され，その役員がその後，刑確定前まで在任し続けた場合，あるいは辞任した場合でも，犯歴にかかわる欠格要件には該当しない。

　ただし，逮捕に至った犯罪行為にもよるが，法第7条第5項第4号チの「その業務に関し不正又は不誠実な行為をするおそれがあると認めるに足りる相当な理由がある者」の適用により，許可取消処分となる可能性はある。

　なお，このケースでこの役員が起訴され，贈賄罪で禁錮刑が確定した場合，法第7条第5項第4号ハに該当し，法第14条第5項第2号イの適用となるので，法第14条の3の2第1項第4号（廃棄物処理法上の悪質性が重大でない場合の取消条項）に該当し，産業廃棄物収集運搬業の許可は取り消されることとなる。しかし，この取り消された業者の他の役員は，欠格該当にはならない（法第14条第5項第2号ニに規定される法第7条第5項第4号ホによる）。

正解　(2)

【法令】法 14 (5)(二)イ，法 7 (5)(四)ハ〜ホ，チ

V-003　第7条　欠格要件

次のうち，法人である産業廃棄物処理業者 A が欠格要件に該当する場合はどれか。

(1) 役員がスピード違反で検挙され，反則金 1 万 2,000 円を納付した。

(2) 従業員が自宅で家庭ごみを野焼きし，罰金 30 万円の刑に処された。

(3) 役員が女性を侮辱した発言の罪により，拘留 20 日間の刑に処された。

(4) 従業員が業務上過失致死の罪により，懲役 5 年の刑に処された。

(5) 役員が浄化槽法に違反し，罰金 10 万円の刑に処された。

解　説

法人が欠格要件に該当するのは，役員，政令で定める使用人が法で規定する条項に該当する場合であり，従業員が当該条項に該当しても法人は欠格要件に該当するものではない。

なお，役員とは，業務を執行する社員，取締役，執行役又はこれらに準ずる者をいい，相談役，顧問その他いかなる名称を有する者であるかを問わず，法人に対し業務を執行する社員，取締役，執行役又はこれらに準ずる者と同等以上の支配力を有するものと認められる者である。

また，欠格条項のうち次の条項は混同されやすいので注意が必要である。

法第 7 条第 5 項第 4 号ハ	禁錮以上の刑[1] に処せられ，その執行を終わり，又は執行を受けることがなくなった日から 5 年を経過しない者
法第 7 条第 5 項第 4 号ニ	生活環境の保全を目的とする法令[2]，暴力団員による不当な行為の防止等に関する法律に違反し又は刑法，暴力行為等処罰ニ関スル法律の罪を犯し，罰金の刑に処せられ，その執行を終わり，又は執行を受けることがなくなった日から 5 年を経過しない者

[1]：刑法第 9 条「死刑，懲役，禁錮，罰金，拘留及び科料を主刑とし」，同第 10 条「主刑の軽重は，前条に規定する順序による」と規定されていることから，「禁錮以上の刑」とは「死刑・懲役・禁錮」となる。

[2]：浄化槽法，大気汚染防止法，騒音規制法，海洋汚染等及び海上災害の防止に関する法律，水質汚濁防止法，悪臭防止法，振動規制法，特定有害廃棄物等の輸出入等の規制に関する法律，ダイオキシン類対策特別措置法，ポリ塩化ビフェニル廃棄物の適正な処理の推進に関する特別措置法（政令第 4 条の 6）

正解 (5)

【法令】法 7 (5)四ハ，法 7 (5)四ニ，刑法第 9 条，政令 4 の 6

次のうち，産業廃棄物処理業の新規許可申請時において処理業者である法人の取締役が欠格事項に該当し，不許可となるものはどれか。

(1) 道路交通法違反で罰金刑を受けてから2年経過した場合。

(2) 廃棄物処理法違反で不起訴処分を受けてから1年経過した場合。

(3) 浄化槽法違反で起訴猶予処分を受けてから3年経過した場合。

(4) 傷害罪で罰金刑を受けてから3年経過した場合。

(5) 公職選挙法違反で罰金刑を受けてから1年経過した場合。

【解　説】

　刑法について，罰金以上の刑に処せられて5年を経過しない者が役員となっていることが判明して不許可となる事例がある。法第7条第5項第4号ハの規定により，すべての法律について禁錮以上の刑（V-003参照）に処せられて5年を経過しない者についてと，同号ニの規定によりの生活環境の保全を目的とする政令に規定される10の法律と「暴力団員による不当な行為の防止等に関する法律」と廃棄物処理法に規定される刑法第204条，第206条，第208条，第208条の2，第222条，第247条の罪（傷害罪，現場助勢罪，暴行罪，凶器準備集合及び結集罪，脅迫罪，背任罪）と「暴力行為等処罰に関する法律」において罰金以上の刑に処せられて5年を経過しない者については欠格事項に該当する。

　なお，不許可処分は許可取消処分とは異なり，不許可処分により法人が欠格要件に該当するわけではないので，欠格該当の役員を退任させて，再度許可申請することにより，法第14条第5項第2号イ又はニに定める法第7条第5項第4号チの「おそれ条項」など他の許可基準に不適合にならない限り，許可されることはある。

正解　(4)

【法令】法7(5)(四)ハ

【参照】V-003

V-005　第7条　欠格要件

　一般廃棄物処理業の許可を有している甲社，乙社がある。甲社には役員
AとBがいるが，Bは乙社の役員も兼務している。次のうち正しくないも
のはどれか。

(1)　役員Aが水質汚濁防止法違反で罰金刑になった場合は，甲社は必ず
　　許可取消となる。

(2)　役員Aが水質汚濁防止法違反で罰金刑になった場合は，乙社は必ず
　　許可取消となる。

(3)　役員Aが不法投棄で罰金刑になった場合は，甲社は必ず許可取消となる。

(4)　役員Aが不法投棄で罰金刑になった場合は，乙社は必ず許可取消となる。

(5)　役員Aが水質汚濁防止法違反で罰金刑になった場合は，甲社は必ず
　　許可取消となるが，取り消し後Aを役員から外せば，翌日からでも再
　　度許可申請ができる。

■解　説■

　「許可をしてはならない」と規定している条文である法第7条第5項第4
号と，「許可を取り消さなければならない」と規定している条文である法第
7条の4第1項各号が平成22年に改正された。これにより，廃棄物処理
法の重大な違反である法第25条，法第26条，法第27条（他に暴力団対
策法等）違反による取り消しでなければ，「連鎖」は起きなくなった。

　水質汚濁防止法は環境法令であることから役員が罰金以上となると，その
役員が所属している法人は許可取消になる（これは連鎖ではない）。

　今まではこれを理由に乙社も取り消し（取り消しを受けた法人甲社の役員
Bが法人乙社の役員であるために）となったが，この改正で乙社の取り消し
は起きないこととなった。一方，(4)は罰金刑であるが，その違反は法第25
条の不法投棄であることから，甲社はもちろん，取り消し法人の兼務役員が
いる乙社も取り消しを受ける。(5)は，重罰以外は連鎖が起きない改正を行っ
たことから，条文の規定上このとおりの運用となることが環境省ホームペー
ジのQ&Aにも示されている。

正解　(2)

【法令】法7(5)四，法7の4(1)，法25，法26，法27

次のうち，A社の役員Bが不法投棄により罰金刑を受けたことにより，欠格要件該当になり，A社の産業廃棄物処理施設の設置許可が取り消された施設について，誤っているものはどれか。

(1) A社の役員Bが退任し，A社が改めて設置許可申請をし，許可の基準に適合していれば許可される。

(2) A社の役員Bが退任せず，A社が改めて設置許可申請をした場合，不許可処分になる。

(3) 別会社C社がこの施設を買い取り，C社が設置許可申請をし，許可の基準に適合していれば許可される。

(4) 別会社C社がこの施設を役員Bが退任していないA社から使用権原を付与され，C社が設置許可申請をした場合，不許可処分になる。

(5) 別会社C社がこの施設を役員Bが退任したA社から使用権原を付与され，C社が設置許可申請をした場合，許可の基準に適合していれば許可される。

【 解 説 】

法第15条の3第1項第1号では産業廃棄物処理施設設置者の欠格要件による許可取消が規定されており，設置許可の取り消された施設は産業廃棄物処理施設ではなくなる。この施設を改めて設置許可申請をする場合は，法第15条の2に規定する許可の基準により許可又は不許可処分となる。

産業廃棄物処理施設の設置許可取消は，産業廃棄物処理業者の許可取消と異なり「許可取消の日から5年間経過しない者」には該当しない。このため，会社が欠格役員を退任させ，改めて許可申請し，許可の基準(4)に適合していれば許可されることになる。

また，欠格者が施設の所有権を有していても，使用権原を有する者が許可申請し，許可の基準に適合していれば許可される。

ただし，いずれの場合も，欠格要件に至った理由によっては，許可の基準のうち，「その業務に関し不正又は不誠実な行為をするおそれがあると認めるに相当な理由がある者」に該当し，不許可処分になることはある。

(1) 新たな申請時点で施設許可申請者（法人A社）に欠格役員はいないので，許可の基準に適合していれば許可される。

⑵　新たな申請時点でも施設許可申請者（法人 A 社）に欠格役員がいるので不許可となる。

⑶　新たな申請時点で施設許可申請者（法人 C 社）に欠格役員がおらず，許可の基準に適合していれば許可される。

⑷　⑶と同じ理由により許可される。よって，⑷が誤り。

⑸　⑶と同じ理由により許可される。

正解　⑷

【法令】法 15 の 3 ⑴（一），法 15 の 2

V-007　第 14 条の 2　欠格要件

　次のうち，産業廃棄物処理業者が欠格要件に該当した場合の手続について，誤っているものはどれか。なお，「特定欠格要件」とは，平成 17 年 9 月 30 日通知で規定しているもので，この欠格要件に該当している場合は届出が義務付けられている要件のことである。

⑴　特定欠格要件に該当した場合，2 週間以内に届出書を提出しなければならない。

⑵　特定欠格要件に該当してから 2 週間以内に廃業の届出又は施設の廃止の届出を行った場合にあっても，特定欠格要件該当の届出は提出しなければならない。

⑶　同一事案で同時に複数人が欠格要件になった場合は，代表者が一人届出を行えばよい。

⑷　欠格要件届出で廃棄物処理施設の設置の場所及び種類についての事項を記載する必要があるのは施設設置者のみである。

⑸　特定欠格要件該当の届出と同時に廃業届出等を行った場合には，許可の取消しは受けないこともある。

▌解　説▐

　特定欠格要件（法第 7 条の 2 第 4 項（第 14 条の 2 第 3 項及び第 14 条の 5 第 3 項において準用する場合を含む）及び第 9 条第 6 項（第 15 条の 2 の 6 第 3 項において準用する場合を含む））

　廃棄物処理業者又は廃棄物処理施設設置者が欠格要件に該当した場合に，引き続き業や施設操業を行うことがないよう届出が義務付けられている。これは，速やかに市町村及び都道府県が当該事実を把握し，迅速に取消処分を行うことができるようにするためであり，要件に該当することが客観的に明らかな欠格要件のいずれかに該当した場合には，特定欠格要件に該当してから 2 週間以内に行政に届け出ることが義務付けられ，届出しない場合は、罰則規定がある。

　また，特定欠格要件に該当した場合に，その時点から 2 週間以内に処理業の廃業届出又は施設の廃止届出を行った場合でも特定欠格要件届出の義務は免れるものではなく，違反したときには罰則の対象となる。また，特定欠格要件該当の届出と同時に廃業届出等を行った場合には，許可の取消

を要しないと通知されているが，都道府県又は政令市の判断によるところがある。（平成 17 年 9 月 30 日環廃対発第 050930004 号・環廃産発第050930005 号環境省通知）

　なお，届出事項として，省令第 2 条の 7 では 4 項目，省令第 12 条の 11の 3 では 6 事項を規定していることから，これらを記載した届出書を都道府県知事に提出して行う。なお，法定の届出様式はないが，自治体によっては独自に特定欠格要件該当届出書の様式を定めている場合もある。

正解 ⑶

　【法令】法 7 の 2 ⑷，法 14 の 2 ⑶，法 14 条の 5 ⑶，法 9 ⑹，法 15
　　　　　の 2 の 6 ⑶，省令 2 の 7，省令 12 の 11 の 3，平成 17 年 9 月
　　　　　30 日環廃対発第 050930004 号・環廃産発第 050930005 号

次のうち，産業廃棄物処理施設（自社処理を含む）の設置許可取消について，誤っているものはどれか。

(1)　会社の常務取締役が釣りの帰りにスピード違反に係る道路交通法違反により懲役 4 月，執行猶予 2 年の判決を受けた場合，許可取消になる。

(2)　会社の代表取締役が選挙運動に係る公職選挙法違反により懲役 1 年，執行猶予 3 年の判決を受けた場合，許可取消になる。

(3)　会社の専務取締役が喧嘩に係る暴行罪で罰金 10 万円に処せられた場合，許可取消になる。

(4)　会社の常務取締役が駐停車に係る道路交通法違反により反則金 1 万 2,000 円を納付した場合，許可取消になる。

(5)　会社の専務取締役が不法投棄で罰金 300 万円の刑を受けた場合，許可取消になる。

【 解　説 】

　法第 15 条の 3 第 1 項第 1 号では産業廃棄物処理施設設置者の欠格要件による許可取消が規定されている。この規定では産業廃棄物処分業の欠格要件である法第 14 条第 5 項第 2 号イからへにより，犯歴については，法第 14 条第 5 項第 2 号イで規定される法第 7 条第 5 項第 4 号ハとニである。

　このハは「禁錮刑以上の刑に処せられ，その執行を終わり，又は執行を受けることがなくなった日から 5 年経過しない者」，ニは「廃棄物処理法その他環境関係の法律違反をした場合，刑法の傷害罪や暴行罪の規定で罰金刑に処せられ，その執行を終わり，又は執行を受けることがなくなった日から 5 年経過しない者」である。

　この対象は法第 7 条第 5 項第 4 号ホに規定する業務を執行する社員，取締役，執行役の他これらに準ずる者である。

　なお，道路交通法の反則金は刑事処分でなく，行政処分なので欠格要件には該当しない。このことは、産業廃棄物処分業の欠格要件と同様なので、(4) 以外は産業廃棄物処分業も併せて許可取消となる。

正解　(4)

　【法令】法 15 の 3 (1)(一)，法 14 (5)(二)イ～ヘ，法 7 (5)(四)ハ～ホ

V-009 　第15条の3　欠格要件

　次のうち，産業廃棄物処理施設（自社処理を含む）の設置許可取消について，誤っているものはどれか。

(1)　会社の役員が欠格要件に該当した場合，許可取消になる。

(2)　会社の相談役が欠格要件に該当した場合,許可取消になることがある。

(3)　会社の10%の株式を有する個人で会社への発言力があり，支配力があった場合でも，役員でないので，当該個人が欠格要件に該当しても，許可取消にはならない。

(4)　会社の支店長で産業廃棄物の委託処理の権限を有する使用人が欠格要件に該当した場合，許可取消になる。

(5)　会社に多額の貸付金を有する者が欠格要件に該当した場合，許可取消になることがある。

■ 解 説 ■

　法第15条の3第1項第1号では産業廃棄物処理施設設置者の欠格要件による許可取消が規定され，欠格要件の対象者は，法第14条第5項第2号イで規定される法第7条第5項第4号ホに定められている。ここでは，業務を執行する社員，取締役，執行役が規定されている。

　さらに，これらに準ずる者として役員と同等以上の支配力を有するものと認められる者も規定されており，相談役，顧問その他いかなる名称を有するものであるかを問わないとしている。

　また，「行政処分の指針について」（平成30年3月30日環循規発第18033028号）では，この同等以上の支配力を有すると認められる者の例示として，多額の貸金を有することに乗じて法人経営に介入している者や，5%以上の株式を有する株主（自然人）や出資額の5%以上の出資者は，蓋然性が高いとしている。

　また，株式が5%未満の場合でも「同等以上の支配力」があれば欠格要件の対象者となることがある。

　いずれにしても，これらの者について欠格要件に該当した場合は，他の役員と異なり，「同等以上の支配力」を行政庁で認定し，行政手続法に基づく聴聞手続を経て，「許可取消になることがある」となる。

正解 (3)

【法令】法 15 の 3 ⑴㊀，法 14 ⑸㊁イ，法 7 ⑸㊃ホ，平成 30 年 3 月
　　　30 日環循規発第 18033028 号

V-010　第15条の3　欠格要件　【基本】

　次のうち，産業廃棄物処理施設（自社処理を含む）の設置許可取消について，誤っているものはどれか。

(1)　構造基準違反を理由に廃プラスチック類破砕施設のA県知事の設置許可が取り消された場合でも，同一法人の県外工場にある産業廃棄物焼却施設のB県知事の設置許可は羈束的には取り消されない。

(2)　維持管理基準違反を理由に廃プラスチック類破砕施設のA県知事の設置許可が取り消された場合でも，同一法人の県外工場にある産業廃棄物焼却施設のB県知事の設置許可は羈束的には取り消されない。

(3)　設置許可の許可条件違反を理由に廃プラスチック類破砕施設のA県知事の設置許可が取り消された場合でも，同一法人の県外工場にある産業廃棄物焼却施設のB県知事の設置許可は羈束的には取り消されない。

(4)　設置者の欠格要件を理由に廃プラスチック類破砕施設のA県知事の設置許可が取り消された場合でも，同一法人の県外工場にある産業廃棄物焼却施設のB県知事の設置許可は羈束的には取り消されない。

(5)　維持管理計画の違反を理由に廃プラスチック類破砕施設のA県知事の設置許可が取り消された場合でも，同一法人の県外工場にある産業廃棄物焼却施設のB県知事の設置許可は羈束的には取り消されない。

■ 解 説 ■

　産業廃棄物処理施設に関する設置許可取消は，法第15条の3に規定されている。同条第1項は産業廃棄物処理施設設置者が欠格要件に該当した場合や不法投棄など法第25条や第26条に該当する違反行為を行った場合，不正手段により許可を受けた場合については，羈束裁量により必ず許可取消をすることとされており，これは全国一律である。

　「羈束行為」については問V-001の解説参照。

　一方，同条第2項は法第15条の2の7に規定する改善命令，使用停止命令の対象となる構造基準違反，維持管理基準違反，維持管理計画違反や許可条件違反については，自由裁量により許可取消ができる規定である。

　したがって，(1)から(3)及び(5)については，他の施設の許可取消に羈束的には及ばないが，(4)の場合は，同一法人である設置者が欠格要件になっている訳なので，羈束的に他の産業廃棄物処理施設の設置許可も取消となる。

なお，(1)から(3)及び(5)の場合でも，「おそれ条項」により許可が取り消されることがあるので注意が必要である。

正解 (4)

　【法令】法15の3(1)，法25，法26，法15の3(2)，法15の2の7
　【参照】V-001

次のうち，産業廃棄物処理施設の設置許可取消について，誤っているものはどれか。

(1) 許可取消は排出事業者が設置する自社処理施設にも適用される。

(2) 産業廃棄物処理施設を設置する排出事業者の役員が私的な所用で道路交通法違反（飲酒運転）により懲役 5 月，執行猶予 3 年の判決を受けた場合，この判決は，業務にかかわらないので許可取消の対象にはならない。

(3) 産業廃棄物処理施設を設置する排出事業者が一般廃棄物の不法投棄を行った場合，許可取消の対象になる。

(4) 産業廃棄物処理施設を設置する排出事業者が中間処理産業廃棄物を委託する際にマニフェストを交付しなかった場合，許可取消の対象になる。

(5) 産業廃棄物処理施設を設置する排出事業者が子会社の産業廃棄物を受けて，その施設で処理した場合，許可取消の対象になる。

■ 解 説 ■

法第 15 条の 3 第 1 項では，都道府県知事は，産業廃棄物処理施設の設置者が欠格要件や違反行為をしたときは，「許可を取り消さなければならない」と規定されている。また，同条第 2 項では，改善命令，一時停止命令の要件である構造基準違反や維持管理基準違反の場合は，許可を取消できる規定とされている。これらの対象は産業廃棄物処理施設設置者であり，排出事業者，産業廃棄物処分業者，専ら再生利用業者などである。

また，第 1 項第 1 号では施設設置者が禁錮刑以上の刑が確定し，欠格要件に該当した場合，第 1 項第 2 号では，特に情状の重い違反である法第 25 条，第 26 条や第 27 条に規定される不法投棄や施設の無許可変更，無許可営業などを行った場合，第 1 項第 3 号では，不正手段により設置許可を取得した場合が，許可取消の要件として定められている。

このうち，欠格要件の「禁錮刑以上の刑に処せられ，その執行を終わり 5 年を経過しない者」の刑については，その刑に起因する事実が業務か私用かは問うていない。また，人格が異なる子会社の産業廃棄物を受けて，自社の産業廃棄物処理施設で処理することは，無許可営業にあたり，法第 25 条第 1 項第 1 号に該当する。

【法令】法 15 の 3 (1)(一)～(三)，法 15 の 3 (2)，法 26，法 25 (1)(一)

超難

産業廃棄物処理業者又は産業廃棄物処理施設を設置している事業者における処理業又は処理施設の許可の取消について，次のうち正しいものはどれか（羈束行為：行政による裁量が認められておらず必ず取消となること）。

(1)　改善命令を受けた場合，命令を受けたことだけを理由として，業，施設とも羈束的に許可取消になる。

(2)　措置命令を受けた場合，命令を受けたことだけを理由として，業，施設とも羈束的に許可取消になる。

(3)　管理票に関する勧告を受けた場合，勧告を受けたことだけを理由として，業，施設とも羈束的に許可取消になる。

(4)　複数の産業廃棄物処理施設を有する産業廃棄物処理業者は，構造上の不備により一つの産業廃棄物処理施設の許可取消を受けた場合，この施設の許可取消だけを理由として，羈束的に業の許可取消となる。

(5)　改善命令を受け履行できない場合，命令違反だけを理由として，業，施設とも羈束的に許可取消となる。

■ 解 説 ■

産業廃棄物処理業に係る羈束的な許可取消は法第14条の3の2第1項による欠格要件該当，法第25条，第26条や第27条に該当するような情状が特に重い違反行為をしたとき，又は他人に対して違反行為をすることを要求し，依頼し，もしくは唆し，もしくは他人が違反行為をすることを助けたとき，不正手段で業の許可を受けた場合である。

一方，産業廃棄物処理施設に係る羈束的な許可取消は法第15条の3第1項で要件は処理業と同じである。

ここで，法第12条の6のマニフェストに係る勧告及び命令，法第19条の3の改善命令，第19条の5の措置命令を受けたことのみでは，欠格要件や情状が特に重い違反行為には該当しない。また，産業廃棄物処理施設の構造上の不備により改善が見込まれない場合や最終処分場で維持管理積立金を積立していない場合は，法第15条の3第2項の規定により施設許可が取り消される場合があるが，この許可取消は，処理業の欠格要件である法第14条第10項第2号には該当しないので，羈束的に処理業の許可が取消になることはない。

また，法第25条，第26条や第27条は廃棄物処理法の罰則に関する規定であり，改善命令の違反は法第26条第2号に，措置命令の違反は第25条第1項第5号の該当となり，情状が特に重い違反となり，施設許可，処理業許可ともに覊束的に許可取消になる。「命令違反」は，法第14条の3の2第1項第2号及び第15条の3第1項第2号により「処分に違反したとき」と規定されている。

　なお，不法投棄などにより措置命令を受けた場合は，不法投棄の行為自体が情状が特に重い違反である法第25条第1項第14号の該当となり，改善命令違反と同様に施設許可，処理業許可ともに覊束的に許可取消となる。

　また，(4)の場合で産業廃棄物処理施設を1施設のみ有する処理業者が当該施設を取消された場合は，処理業の許可の要件である施設を有さないことになり，法第14条の3の2第2項により処理業許可の基準に適さないとして，許可の取消を受けることがある。

正解 (5)

【法令】法14の3の2(1)，法25，法26，法15の3(1)，法12の6，法19の3，法19の5，法15の3(2)，法14(10)(ニ)，法26(1)(ニ)，法25(1)(五)，法14の3の2(1)(ニ)，法15の3(1)(ニ)，法25(1)(14)，法14の3の2(2)，(関連)法15

V-013　第14条　欠格要件　難解

　産業廃棄物処理業又は産業廃棄物処理施設の許可取消のうち，誤っている
ものは次のうちどれか。

(1)　処理業者又は施設設置者の法人の取締役が私的用務中に速度超過によ
　り道路交通法違反で執行猶予付きの懲役刑の判決を受けた場合であれ
　ば，羈束的な許可取消にはならない。

(2)　処理業者又は施設設置者の法人の取締役が私的用務中に愛人を殴打
　し，暴行罪で罰金刑の判決を受けた場合，羈束的な許可取消になる。

(3)　処理業者又は施設設置者の法人の取締役が公職選挙法違反で懲役刑の
　判決を受けた場合，羈束的な許可取消になる。

(4)　処理業者又は施設設置者の法人の支店長が私的用務中に飲酒運転によ
　り道路交通法違反で懲役刑の判決を受けた場合，羈束的な許可取消にな
　る。

(5)　処理業者又は施設設置者の法人の取締役が別法人の商社の取締役を兼
　ねており，別法人の社用中に傷害罪で罰金刑を受けた場合，羈束的な許
　可取消になる。

▌解　説▌

　欠格要件とは，申請者の一般的適性について，廃棄物処理法に従った適正
な業を遂行することが期待できない者を用務にかかわらず類型化して排除す
ることを趣旨としており，破産者，暴力団員，その他が規定されている。

　「羈束行為」については問V-001の解説参照。

　産業廃棄物処理業に係る欠格該当による許可取消は法第14条の3の2
第1項，産業廃棄物処理施設に係る欠格該当による許可取消は法第15条の
3第1項に規定され，情状の重い違反行為，行政処分に違反したとき，不
正手段許可取得以外の欠格該当の要件は「第14条第5項第2号イからヘ」
とあり，これらをまとめると，

①対象者

ア　法人の場合は，法人と法人の役員。

イ　アの法人の役員とは「業務を執行する社員，取締役，執行役又はこれら
　に準ずる者をいい，相談役，顧問その他いかなる名称を有する者であるか
　を問わず，法人に対し業務を執行する社員，取締役，執行役又はこれらに

準ずる者と同等以上の支配力を有するものと認められる者」。

ウ　政令第6条の10で定める使用人（本店又は支店の代表者のほか，継続的に業務を行うことができる施設を有する場所で，廃棄物の収集もしくは運搬又は処分もしくは再生の業に係る契約を締結する権限を有する者）。

②態様

ア　成年被後見人もしくは被保佐人，又は破産者で復権を得ない者。

イ　禁錮<ruby>禁錮<rt>きんこ</rt></ruby>以上の刑に処せられ，その執行を終わり，又は執行を受けることがなくなった日から5年を経過しない者。

ウ　廃棄物処理法，その他環境保全法令に違反し，又は刑法（傷害・現場助勢・暴行・凶器準備集合及び結集・脅迫・背任），暴力行為等処罰ニ関スル法律の罪を犯し，罰金刑に処せられ，その執行を終わり，又は執行を受けることがなくなった日から5年を経過しない者。

エ　廃棄物処理法又は浄化槽法で許可を取り消され，その取消しの日から5年を経過しない者。

オ　廃棄物処理法又は浄化槽法の許可取消しの聴聞通知があった日から，その処分を決定するまでの間に廃止届出書を提出し，5年を経過しない者。

カ　廃棄物処理業務に関し不正又は不誠実な行為をするおそれがあると認められる相当の理由がある者。

キ　暴力団員又は暴力団員でなくなった日から5年を経過しない者（暴力団員等）。

ク　暴力団員等がその事業活動を支配する者。

　また，執行猶予の言い渡しを受けた者は，上記イに該当するが，この者が執行猶予を取り消されることなく猶予の期間を経過したときは，刑法第27条により刑の言い渡しの効力そのものが失われることから上記イには該当しなくなるが，上記カに該当し得るものである。

　なお，欠格要件により許可が取り消された法人の役員は，上記①のアにより欠格該当になり，この役員が別法人の役員を兼ねていた場合には，その別法人まで欠格要件に該当することになっていたが，平成22年改正により無限連鎖の防止等のため，連鎖が生ずる場合を役員又は法人自身が廃棄物処理法上の悪質性が重大である行為により欠格要件に該当した場合に限定することとし，連鎖が生じる場合も，役員が欠格要件に該当したことに伴う許可取消においては，その役員が兼務している法人までに限定し，その後の連鎖が生じないように措置された。（平成23年2月4日環廃対発第110204004号・環廃産発第110204001号環境省通知）

正解　(1)

354

【法令】法 14 の 3 の 2⑴㈣，法 15 の 3⑴㈠，法 14⑸㈡イ〜ヘ，法 7
⑸㈣イ〜ト，政令 6 の 10，（関連）法 15，平成 23 年 2 月 4 日
環廃対発第 110204004 号・環廃産発第 110204001 号環境省
通知

【参照】V-001

V-014 第14条の3　欠格要件

　次のうち, 産業廃棄物処理業者が取消処分（羈束行為）となる場合として, 正しいものはどれか。
　(1)　事業の用に供する施設が基準に適合しなくなったとき。
　(2)　産業廃棄物処理業者の能力が基準に適合しなくなったとき。
　(3)　違反行為をしたとき。
　(4)　許可条件に違反したとき。
　(5)　不正の手段により産業廃棄物処理業の許可を受けたとき。

【 解 説 】
　「羈束行為」については問V-001の解説参照。
　(1)〜(4)は法第14条の3に規定されており,「事業の全部又は一部の停止を命ずることができる場合」である。ただし, 法第14条の3の2第2項において, (1), (2), (4)については,「取り消すことができる」と規定されており, (3)については, 情状が特に重いときは「許可を取り消さなければならない」と規定されている。
　(5)については, 法第14条の3の2第1項第6号で「許可を取り消さなければならない」と規定されている。

正解　(5)

【法令】法14の3, 法14の3の2(2), 法14の3の2(1)(六)
【参照】V-001

V-015　第15条　欠格要件

　次のうち，法第15条の許可を受けた自社処理に係る産業廃棄物中間処理施設を有している者について，誤っているものはどれか。

(1)　役員が欠格要件に該当した場合，許可の取消を受ける。

(2)　施設が構造基準に適合しない場合，施設の改善命令，一時停止命令又は許可の取消を受けることがある。

(3)　施設の帳簿記載義務を怠った場合は，施設の一時停止命令を受けることがある。

(4)　手続することなく施設の能力を10%超えて改造した場合，許可の取消を受ける。

(5)　役員でなくても従業員が破産宣告を受けた場合,許可の取消を受ける。

■ 解 説 ■

　法第15条施設に係る行政処分は，法第15条の2の7の規定による改善命令又は一時停止命令，法第15条の3の規定による許可取消が予定されている。

　このうち，法第15条の2の7の第1号は施設の構造や維持管理の技術上の基準の違反や申請時の維持管理計画に適合していない場合，第2号は設置者の能力が適合していない場合，第3号が廃棄物処理法上の違反をした場合や他人への違反行為の要求，依頼，教唆，又は幇助をしたとき，第4号は許可条件に違反した場合である。法第15条の3の第1項第1号は設置者が欠格要件に該当したとき，同項第2号は法第15条の2の7第3号の違反で情状が特に重いとき，又は処分に違反したとき，同項第3号は不正手段により許可を受けたとき，同条第2項は法第15条の2の7第1号，第2号又第4号に該当したとき，又は最終処分場の設置者が維持管理積立金の積立していないときと規定されている。このうち，法第15条の3第1項は羈束化されており，該当した場合は許可を取り消さなければならないとされている。また，法第25条、法第26条及び法第27条に該当する違反行為は「情状が特に重いときと解して差し支えないこと」（行政処分の指針について（平成30年3月30日環循規発第18033028号））としている。

　(3)の施設の帳簿記載義務は，法第12条第13項で法第7条第15項を準用しており，政令第6条の4により，産業廃棄物処理施設を設置している

第5章

行政処分・報告徴収

事業者は省令第8条の5による事項の帳簿の記載義務がある。

(4)の変更許可を受けず処理能力10%を超えて施設を変更した場合は無許可変更で法第25条第1項第10号相当となり、「情状が特に重い違反」となる。

(5)の従業員の破産宣告については、法第7条第5項第4号ホに法人であっては当該法人の役員が欠格要件の範囲となっており、その従業員が法人に対して支配力を持たない場合は欠格該当にはならない。

正解 (5)

【法令】法15、法15の2の7、法15の3、法15の2の7(一)〜(四)、法15の3(1)(一)〜(三)、法15の3(2)、法25、法26、法27、平成30年3月30日環循規発第18033028号、法12(13)、法7(15)、政令6の4(一)、省令8の5、法25(1)(十)、法7(5)(四)ホ

次のうち，排出事業者に対する法第19条の3に規定する改善命令について，誤っているものはどれか。

(1)　自社運搬時に車両に表示をしなかった場合，改善命令の対象になる。

(2)　自社運搬時に必要な書面を携行しなかった場合，改善命令の対象になる。

(3)　産業廃棄物を委託するとき，マニフェストを交付しなかった場合，改善命令の対象となる。

(4)　産業廃棄物を産業廃棄物処理業者に引き渡すまでの間の保管基準に違反した場合，改善命令の対象となる。

(5)　自社の中間処理時に騒音や悪臭を発生させるなど産業廃棄物処理基準に違反した場合，改善命令の対象になる。

▌解　説▐

法第19条の3に規定する産業廃棄物に関する改善命令は，法第12条第1項に規定される産業廃棄物処理基準及び法第12条第2項に規定される産業廃棄物保管基準が適用される者に対して，これら基準に適合しない処理や保管が行われた場合に，基準に適合するよう行われる命令である。この命令の対象は，事業者や許可を受けた産業廃棄物収集運搬業者，処分業者である。これは事業者が自社処理する場合や，委託処理する場合の事業場内での保管行為については，それぞれ産業廃棄物処理基準，産業廃棄物保管基準が適用されるため，これらの基準に適合しない，例えば，自社運搬車両に産業廃棄物収集運搬車や法人名の表示をしない，当該運搬車両で運搬中に運搬している産業廃棄物の種類や数量，運搬先の事業場の名称等を記載した書面を携行しない，自社中間処理時に騒音や悪臭の発生があった場合は，改善命令対象となる。

一方，マニフェストについては，改善命令の対象ではなく，法第12条の6のマニフェストに関する勧告や勧告に従わない場合の命令の対象となるものである。

なお，改善命令に違反した場合は，法第26条第2号により3年以下の懲役もしくは300万円以下の罰金又はその併科，法第32条の両罰規定による法人への罰金刑に処せられることがある。

【法令】法 12⑴〜⑵，法 19 の 3，法 12 の 6，法 26 ㈡，法 32

V-017　第19条の3　行政処分

 基 本

次のうち，法第19条の3の改善命令の対象とならないものはどれか。

(1) 排出事業者の工場の敷地内に収集運搬業者に引き渡すために保管して
ある産業廃棄物が飛散流出したとき。

(2) 産業廃棄物収集運搬業者の積替保管施設の囲いがこわれたとき。

(3) 産業廃棄物処分業者の破砕施設からがれき類が飛散流出したとき。

(4) 専ら再生利用業者の積替保管場所から汚水が発生したとき。

(5) 解体業者が自社の産業廃棄物運搬車両に「産業廃棄物収集運搬車」の
表示をしていないとき。

■ 解 説 ■

　法第19条の3の改善命令は，事業者，産業廃棄物収集運搬業者や処分
業者などの保管基準や処理基準が適用される者に対して，処理基準に適合し
ない処理が行われた場合に，期限を定めて廃棄物の保管，収集，運搬又は処
分の方法の変更その他必要な措置を講ずべきことを命ずるものである。

　この命令は形式的な保管基準や処理基準違反に対しての命令であるので，
命令の対象となるのはこれら基準が適用されるものである。保管基準の適用
は法第12条第2項の事業者の工場内での保管，処理基準の適用について
は法第12条第1項や法第14条第12項などに規定されている。

　ここで，法第14条第1項や第6項のただし書きにある「専ら再生利用
の目的となる産業廃棄物のみ」（古紙，くず鉄，空き瓶類，古繊維。昭和
46年10月16日環整第43号厚生省通知）を扱う者は許可不要とされ，
法第14条第12項の対象とならないので，専ら再生利用業者には処理基準
が適用されず改善命令対象にはならない。

　ただし，命令対象が事業者や処理業者に限定されない措置命令や不法投棄
罪の対象にはなる。

正解　(4)

【法令】法19の3，法12(1)～(2)，法14(12)，法14(1)，法14(6)，昭和
　　　46年10月16日環整第43号厚生省通知

第5章
行政処分・報告徴収

次のうち，排出事業者に対する法第 19 条の 3 の改善命令について誤っているものはどれか。

⑴　排出事業者が自ら産業廃棄物を運搬して中間処理業者に搬入するまでの間，運搬による飛散流出や産業廃棄物運搬車両である旨の表示をしなかった場合は改善命令の対象となる。

⑵　排出事業者が自ら産業廃棄物を破砕するなどの中間処理による騒音の発生や産業廃棄物の飛散流出は改善命令の対象となる。

⑶　排出事業者が産業廃棄物を自ら設置した埋立地に最終処分する場合は，産業廃棄物の飛散流出や囲い，表示がなくとも改善命令の対象とはならない。

⑷　排出事業者が産業廃棄物収集運搬業者に引き渡す産業廃棄物の保管施設からの産業廃棄物の飛散流出や囲い，表示がない場合は改善命令の対象となる。

⑸　排出事業者が各工場から排出される産業廃棄物を本社事務所に集積して，一括して産業廃棄物収集運搬業者に引き渡す場合，当該集積場所は積替保管施設であり，この施設から産業廃棄物の飛散流出があった場合は改善命令の対象となる。

【 解　説 】

　法第 19 条の 3 の改善命令は，事業者である排出事業者に対しても適用される。これは，工場内の産業廃棄物収集運搬業者に引き渡す保管場所（法第 12 条第 2 項）に適用される産業廃棄物保管基準と事業者が自ら行う運搬や，各工場からの収集，破砕や圧縮などの中間処理（以上いずれも法第 12 条第 1 項）に適用される産業廃棄物処理基準の基準に違反した場合に発せられる命令である。

正解　⑶

【法令】法 19 の 3，法 12 ⑴～⑵，省令 8，省令 8 の 13

次のうち，小型焼却炉※の設置者に対する法第 19 条の 3 に規定する改善命令の発出要件にならないものはどれか。

(1)　工場に設置されている小型焼却炉の投入口から燃焼ガスが発生している。

(2)　工場に設置されている小型焼却炉の煙突から灰が飛散している。

(3)　工場に設置されている小型焼却炉の燃焼室温度が 800℃以上で燃焼させる構造になっていない。

(4)　工場に設置されている小型焼却炉で一つのバーナーにより着火装置と助燃装置を兼ねている。

(5)　工場に設置されている小型焼却炉の灰だし口から燃え殻が飛散流出している。

※小型焼却炉：巻頭「本書で用いる用語説明」参照

■ 解 説 ■

　この命令は，事業者が産業廃棄物を自社処理する場合も対象となり，焼却炉については，廃棄物処理法の許可やダイオキシン類対策特別措置法の届出対象とならない小型焼却炉も政令第 6 条第 1 項第 2 号の産業廃棄物処理基準に違反すれば，改善命令対象となる。

　なお，産業廃棄物処理基準では，燃焼ガスの温度を保つための必要な助燃装置の設置が省令第 1 条の 7 に規定されているが，一つのバーナーで着火装置及び助燃装置を兼ねる場合は，助燃装置を新たに設置する必要はない旨の通知（平成 16 年 10 月 27 日環廃対発第 042037004 号環境省通知）により示されている。

正解　(4)

【法令】 法 12 (1)〜(2)，法 19 の 3，政令 6 (1)(二)，省令 1 の 7，平成 16 年 10 月 27 日環廃対発第 042037004 号環境省通知

【参照】 V-016

次のうち，誤っているものの組み合わせはどれか。

	命令	命令を受ける者	命令者
(1)	改善命令	一般廃棄物処理基準に違反している者	市町村長
(2)	改善命令	産業廃棄物処理基準に違反している者	都道府県知事
(3)	改善命令	産業廃棄物処理基準に違反している無害化処理認定業者	都道府県知事
(4)	措置命令	一般廃棄物処理基準に適合しない一般廃棄物の処分が行われ，生活環境保全上の支障が生じている場合で，その処分を行っている者	市町村長
(5)	措置命令	産業廃棄物処理基準に適合しない産業廃棄物の処分が行われ，生活環境保全上の支障が生じている場合で，その処分を行っている者	都道府県知事

【解説】

　法第 19 条の 3 では改善命令について，第 19 条の 4，5，6 では措置命令について規定している。

　(3)については，命令者は環境大臣である。

　なお，平成 29 年改正により，許可を取り消された者も第 19 条の 10 の規定により措置命令の対象となった。この改正経緯と内容は次のとおりである。

　ダイコー（株）による廃棄物の不適正保管事案では，産業廃棄物処理業の許可取消しの処分を行ったことにより，産業廃棄物処理基準等が適用されず，処理業者に対して発出した改善命令が無効となるとともに，処理業者が通知する「処理困難通知」が発出できなくなったことから，法改正により許可を取り消された者等に対する措置が強化された。

　この改正により，都道府県知事等は，（特別管理）産業廃棄物処理業の許可を取り消された者等（下記参照）が，（特別管理）産業廃棄物処理基準に適合しない（特別管理）産業廃棄物の保管を行っていると認められるときは，（特別管理）産業廃棄物処理基準に従って保管することなど必要な措置を命

じることができるとされた。

①産業廃棄物処理業，特別管理産業廃棄物処理業者の更新を受けなかった者

②産業廃棄物処理業，特別管理産業廃棄物処理業者の廃止届をした者

③産業廃棄物処理業，特別管理産業廃棄物処理業者の許可を取り消された者

④産業廃棄物の再生利用認定，広域処理認定，無害化認定を廃止した者

⑤産業廃棄物の再生利用認定，広域処理認定，無害化認定を取り消された者

⑥産業廃棄物，特別管理産業廃棄物の無許可処理業者

正解 (3)

【法令】法 19 の 3，法 19 の 4，法 19 の 5，法 19 の 6，法 19 の 10

廃棄物処理法第7条の一般廃棄物収集運搬業と処分業，法第8条の一般廃棄物処理施設及び法第14条の産業廃棄物収集運搬業と処分業，法第15条の産業廃棄物処理施設のそれぞれの許可を有する業者が一般廃棄物に係る不法投棄を行った。次のうち，誤っているものはどれか。

(1) 一般廃棄物の処分に起因する違反であっても産業廃棄物収集運搬業の行政処分対象になる。

(2) 一般廃棄物の処分に起因する違反は産業廃棄物処分業の行政処分対象になる。

(3) 一般廃棄物の処分に起因する違反であっても一般廃棄物処理施設の許可の行政処分対象になる。

(4) 一般廃棄物の処分に起因する違反は産業廃棄物処理施設の許可の行政処分対象になる。

(5) 一般廃棄物の処分に起因する違反は一般産業廃棄物処分業に関する許可のみ行政処分対象になる。

【 解 説 】

産業廃棄物処理業に係る行政処分に係る事業停止は法第14条の3，許可取消は法第14条の3の2で「違反行為をしたとき，又は他人に対して違反行為をすることを要求し，依頼し，若しくは唆し，若しくは他人が違反行為をすることを助けたとき」が要件にあり，許可取消はこの要件の情状が特に重いものとしている。ここで，違反行為については，一般廃棄物処理業の事業停止の条項の法第7条の3第1号に「この法律若しくはこの法律に基づく処分に違反する行為（以下「違反行為」という）」と廃棄物処理法の違反行為と処分に違反する行為について読み替えられている。これは，一般廃棄物処理施設の法第9条の2の停止命令，法第9条の2の2の許可取消，産業廃棄物処理施設についても同様に法第15条の2の7及び第15条の3の違反行為にも適用されるものである。

違反行為の類型は特段なされていないので，一般廃棄物にかかわる違反でも，産業廃棄物処理業や施設についての行政処分である事業停止命令は可能であり，違反行為の情状が特に重い事案については，羈束裁量として許可取消を行わなければならない。この情状が重い旨の解釈については，法第25

条又は法第 26 条に相当するであることは，15 年改正の通知（平成 15 年
11 月 28 日環廃対発第 031128003 号環境省通知）に記載されている。

正解 (5)

【法令】法 14 の 3，法 14 の 3 の 2，法 7 の 3 ㈠，法 9 の 2，法 9 の 2
　　　　の 2，法 15 の 2 の 7，法 15 の 3，法 25，法 26，平成 15 年
　　　　11 月 28 日環廃対発第 031128003 号環境省通知

次のうち，産業廃棄物処理業者の事業停止命令について，誤っているもの
はどれか。

(1)　産業廃棄物処理業者が運搬車を追加したにもかかわらず，処理業変更
届出を提出しなかった場合，事業停止命令が発出されることがある。

(2)　産業廃棄物処理業者が立入検査を拒否した場合，事業停止命令が発出
されることがある。

(3)　産業廃棄物処理業者の役員が変更したにもかかわらず，処理業変更届
出を提出しなかった場合，事業停止命令が発出されることがある。

(4)　産業廃棄物処理業者が排出事業者から交付されたマニフェストを排出
事業者に送付しなかった場合，事業停止命令が発出されることがある。

(5)　産業廃棄物処理業者が運搬車に表示しないなど産業廃棄物処理基準に
違反した場合は，事業と直接関係ないので事業停止命令の対象ではない。

【解　説】

　法第14条の3は，都道府県知事等が産業廃棄物処理業者に対して，期
間を定めてその事業の全部又は一部の停止命令を発出することができるとさ
れている。この命令の対象は産業廃棄物処理業者である。

　また，この要件は同条第1号では処理業者の廃棄物処理法の違反行為，
第2号では施設や許可業者の能力が許可基準に適合しなくなった場合，第
3号では処理業の許可条件に違反した場合である。

　ここで，第1号の違反行為は運搬車両の表示義務違反や積替保管施設で
の過剰保管などの産業廃棄物処理基準違反，その他，産業廃棄物に限らず，
一般廃棄物にかかわる違反も対象となる。

正解　(5)

【法令】法14の3，法14の3㈠～㈢

次のうち，一般廃棄物に関する法第 19 条の 4 の措置命令について誤っているものはどれか。

(1)　法第 19 条の 4 の措置命令対象者は当該命令に係る処分行為を行った者であり，市町村や排出事業者，処理業者などが対象となる。

(2)　排出事業者が自ら一般廃棄物を小型焼却炉（※巻頭参照）により可燃ごみを焼却し，ばいじんなどが周辺に飛散するような処理を行った場合は措置命令の対象となる。

(3)　一般廃棄物処理業者が収集した一般廃棄物を市町村のごみ処理施設に運搬せず，当該業者の事務所横に処分する予定もなく長期間にわたり放置し，生活道路に飛散流出している場合は措置命令の対象となる。

(4)　くず鉄，古紙や空き瓶などの専ら再生利用の目的となる一般廃棄物のみの収集運搬をしている業者が，自らの事務所横に処分する予定もなくこれら一般廃棄物を長期間にわたり集積して，囲いを超えて隣接の一般住居に飛散流出している場合は措置命令の対象となる。

(5)　産業廃棄物処理業者が一般廃棄物処理業の許可なく，一般廃棄物の中間処理を行い，汚水等の発生により周辺の生活井戸への影響のおそれがある場合，措置命令の対象となる。

■ 解 説 ■

　法第 19 条の 4 の措置命令は，一般廃棄物処理基準に適合しない一般廃棄物の処分が行われた場合で生活環境の保全上支障が生じている場合やそのおそれがある場合にその支障の除去又は発生の防止のために必要な措置を講ずるよう命ずるものである。

　この命令対象はこの処分を行った者であるが，市町村が一般廃棄物処理計画に基づき行う清掃業務については除かれている。これは市町村が生活環境保全上の支障の発生やそのおそれがある場合は，当該地域の生活環境の保全の観点から命令を受けることなく，その除去や発生の防止措置を講ずることは当然だからである。

正解　(1)

【法令】法 19 の 4

V-024　第 19 条の 5　行政処分

次のうち，措置命令の被命令者について，誤っているものはどれか。

(1)　産業廃棄物収集運搬業者が命令要件になる行為をしたとき，当該者にマニフェストを交付しなかった排出事業者。

(2)　産業廃棄物収集運搬業の命令要件になる行為をしたとき，当該者に産業廃棄物の種類や数量を記載しないマニフェストを交付した排出事業者。

(3)　産業廃棄物収集運搬業者が命令要件になる行為をしたとき，当該者。

(4)　産業廃棄物収集運搬業者が命令要件になる行為をしたとき，その行為が法人業務に係るものであれば，当該法人。

(5)　産業廃棄物収集運搬業者が命令要件になる行為をしたとき，その許可をした都道府県知事。

【 解 説 】

　産業廃棄物に関する措置命令は，法第 19 条の 5 に規定され，「処理基準に適合しない産業廃棄物の処分が行われた場合において，生活環境の保全上の支障を生じ，又は生ずるおそれのあるときは必要な限度においてその支障の除去又は発生の防止のために必要な措置を講ずるよう命ずることができる」とある。この命令発出要件は，「処理基準に適合しない産業廃棄物の処分」であり，「生活環境の保全上の支障を生じ，又はそのおそれがある場合」である。

　この命令の被命令者は，同条第 1 項第 1 号から第 5 号に規定されており，このうち，第 1 号ではその処分を行った者はもとより，第 3 号では「産業廃棄物の発生から当該処分（措置命令発出要件となった処分行為のこと）に至るまでの一連の行程における管理票（マニフェスト）に係る義務に違反した者」と法第 12 条の 3 のマニフェスト規定に違反した者を措置命令の対象としている。これらの者として同号イではマニフェストを交付しなかった者，マニフェストに必要事項を記載しなかった者や虚偽記載のマニフェストを交付した者が対象である。

　また，都道府県知事が許可をした産業廃棄物収集運搬業者が措置命令要件となる行為をした場合でも，許可制度はその者が適正処理をすることを担保するものではなく，許可権者の責に帰するものではない。

【法令】法 19 の 5，法 19 の 5 ⑴㈠〜㈤，法 12 の 3

次のうち，措置命令の被命令者について，誤っているものはどれか。

(1)　無許可業者が命令要件になる行為をしたとき，無許可業者に委託した
　　排出事業者。

(2)　無許可業者が命令要件になる行為をしたとき，無許可業者に産業廃棄
　　物を引き渡した産業廃棄物収集運搬業者。

(3)　無許可業者が命令要件になる行為をしたとき，無許可業者が当該行為
　　を行うことを知りつつ土地を貸した土地所有者。

(4)　無許可業者が命令要件になる行為をしたとき，無許可業者に当該行為
　　を行う以前から建設工事目的として重機を貸した者。

(5)　無許可業者が命令要件になる行為をしたとき，無許可業者に許可証を
　　提供するなど名義貸しをした産業廃棄物処分業者。

解　説

　産業廃棄物に関する措置命令は，法第19条の5に規定され，「処理基準
に適合しない産業廃棄物の処分が行われた場合において，生活環境の保全上
の支障を生じ，又は生ずるおそれのあるときは必要な限度においてその支障
の除去又は発生の防止のために必要な措置を講ずるよう命ずることができる」
とある。この命令発出要件は，「処理基準に適合しない産業廃棄物の処分」で
あり，「生活環境の保全上の支障を生じ，又はそのおそれがある場合」である。

　この命令の被命令者は，同条第1項第1号から第5号に規定されており，
このうち，第2号では法第12条第6項の無許可業者に委託した者や法第
14条第16項の産業廃棄物処理業者が他人に委託した者が対象となると規
定している。

　また，第5号では措置命令対象となる処分行為を幇助（ほうじょ）した者が被命令者
として規定され，当該処分行為を知りつつ土地を貸した者や名義貸しをした
ものが含まれる。

　しかし，違法な処分行為を行うことを知らずに重機などの機材を貸した者
については，直ちに命令対象にはなり得ず，同条第1項第1号から第5号
に該当するものではない。

正解　(4)

【法令】法19の5，法19の5(1)(一)～(五)，法12(6)，法14(16)

V-026　第19条の5　行政処分

　次のうち，措置命令の発出要件となる違反について，誤っているものはどれか。

(1)　恒常的な野焼き後の大量の燃え殻を現場に放置し，汚水の発生がある場合。

(2)　恒常的な野焼きにより黒煙が発生し，周辺の住宅に未燃物が飛散している場合。

(3)　小型焼却炉において恒常的な不完全燃焼により黒煙が発生し，周辺の住宅に未燃物が飛散している場合。

(4)　小型焼却炉において恒常的に800℃を下回る燃焼を行っている場合。

(5)　小型焼却炉において灰出し口から大量の燃え殻が流出し，隣接する河川に流れ出ている場合。

■　解　説　■

　産業廃棄物に関する措置命令は，法第19条の5に規定され，「処理基準に適合しない産業廃棄物の処分が行われた場合において，生活環境の保全上の支障を生じ，又は生ずるおそれのあるときは必要な限度においてその支障の除去又は発生の防止のために必要な措置を講ずるよう命ずることができる」とある。

　この命令発出要件は「処理基準に適合しない産業廃棄物の処分」であり，「生活環境の保全上の支障を生じ，又はそのおそれがある場合」である。

　野焼きは法第16条の2の焼却禁止の対象であるが，同条第1号から第3号による場合は除外されている。

　しかし，焼却禁止の例外とされる廃棄物の焼却についても「処理基準を遵守しない焼却として改善命令，措置命令等の行政処分及び行政指導を行うことは可能」とされている。（平成12年9月28日衛環第78号厚生省通知）

　したがって，除外されている行為であっても，生活環境の保全上の支障が生じ，又はそのおそれがある場合は，法第19条の5の対象となるものである。

　ただし，外形的な処理基準違反で，生活環境の保全上の支障が発生していない場合は，措置命令ではなく法第19条の3の規定の改善命令対象となるものである。

【法令】法 19 の 5，法 16 の 2，法 16 の 2 ㈠〜㈢，平成 12 年 9 月 28
日衛環第 78 号厚生省通知，法 19 の 3

V-027　第19条の5　行政処分

次のうち，措置命令の要件となる産業廃棄物に係る違反を引き起こした無許可業者の実行行為者Aと，それに関与した者への命令発出について，誤っているものはどれか。

(1)　Aは命令対象となり得る。
(2)　Aの違反を幇助(ほうじょ)した者は対象となり得る。
(3)　Aに違反を教唆した者は対象となり得る。
(4)　Aに違反を依頼した者は対象となり得る。
(5)　Aに産業廃棄物を引き渡し，マニフェストを交付した排出事業者は対象とはなり得ない。

【 解 説 】

産業廃棄物に関する措置命令は，法第19条の5に規定され，「処理基準に適合しない産業廃棄物の処分が行われた場合において，生活環境の保全上の支障を生じ，又は生ずるおそれのあるときは必要な限度においてその支障の除去又は発生の防止のために必要な措置を講ずるよう命ずることができる」とある。

この命令対象は，同条第1号の処分を行った者，同条第2号の委託基準違反をした排出事業者，同条第3号のマニフェストの規定に違反した者，同条第5号の処分を行った者等への違反行為の要求，依頼，教唆，幇助者が規定されている。

(5)はそもそも無許可業者に委託した場合，法第12条第5項の委託基準に違反するものであり，マニフェストを交付したとしても違反である。

正解 (5)

【法令】法19の5，法19の5㈠～㈤，法12⑸

管理票の違反のうち，措置命令の対象となるものの組み合わせとして，正しいものはどれか。ただし，対象となるものは「○」と表す。

a　管理票を交付しなかった場合。

b　法律で規定されている事項を記載せずに管理票を交付した場合。

c　虚偽の記載をして管理票を交付した場合。

d　虚偽の記載のある管理票の写しの送付を受けたときで，適切な措置を講じなかった場合。

e　管理票の写しを保管しなかった場合。

	a	b	c	d	e
(1)	×	○	×	○	○
(2)	○	○	○	×	○
(3)	○	○	○	○	×
(4)	○	×	○	○	×
(5)	○	○	○	○	○

■ 解　説 ■

　産業廃棄物処理基準に適合しない処分を行った者は，当然，措置命令の対象となるが，その他，産業廃棄物処理業者その他環境省令で定める者以外に委託した者や委託基準に適合しない委託を行った者，発生から処分に至るまでの一連の行程における管理票の義務に違反した者も措置命令の対象となる。本問は，事業者の管理票の義務違反に関する設問である。（法第19条の5第3号）

正解　(5)

【法令】法19の5㈢

第19条の5　行政処分 　　　　　　　　　　基 本

　不法投棄により生活環境保全上の支障が発生している場合に，次のうち措置命令の被命令者にならない者はどれか。

(1)　不法投棄をすることを知らずに，不法投棄実行行為者に運転資金を提供していた金融業者。

(2)　収集運搬の委託契約を締結せずに産業廃棄物を委託し，受託した収集運搬業者が不法投棄をした場合の当該産業廃棄物の排出者（産業廃棄物の処理委託者）。なお，排出者は，不法投棄をすることを知らずに委託していた。

(3)　処分の委託契約を締結せずに産業廃棄物を委託し，受託した処分業者が不法投棄をした場合の当該産業廃棄物の排出者（産業廃棄物の処理委託者）。なお，排出者は，不法投棄をすることを知らずに委託していた。

(4)　処分業者とは処分委託契約を締結していたが，収集運搬の委託契約を締結せずに産業廃棄物を委託し，受託した収集運搬業者は処分業者に搬入したが，その後に処分業者が不法投棄をした場合の当該産業廃棄物の排出者（産業廃棄物の処理委託者）。なお，排出者は，不法投棄をすることを知らずに委託していた。

(5)　不法投棄をすることを承知の上で，不法投棄実行行為者に不法投棄を行う土地を提供していた土地所有者。

第5章

行政処分，報告徴収

■ 解 説 ■

　法第19条の5では，措置命令の対象者を規定している。

　(2)～(4)については，第1項第2号で規定する「廃棄物処理法の規定に違反する処理委託」に該当することから，いくら「不法投棄をすることを知らずに委託していた」場合であっても，措置命令の対象になり得る。

　(5)は，第5号で規定する「不法投棄を助けた者」に該当することから，やはり対象となる。

　(1)のケースは，真に不法行為を承知していなかったのであれば，金銭の貸借は措置命令とは関係しない。しかし，不法投棄をすることが十分に予見でき，そのための資金提供であった場合は(5)と同様に「唆し」「助け」に該当し，措置命令の対象にもなり得るものである。

正解　(1)

【法令】法 19 の 5，法 19 の 5 ⑴㈡，法 19 の 5 ⑴㈤
【参照】V-027

V-030　第15条の2の7　行政処分

次のうち，産業廃棄物処理施設の改善命令又は一時停止命令（以下「改善命令等」という）について，誤っているものはどれか。

(1)　改善命令等は自社処理施設には適用されない。

(2)　改善命令等は構造基準や許可申請書記載の設置計画に適合しない場合，発出される。

(3)　改善命令等は維持管理基準や許可申請書記載の維持管理計画に適合しない場合，発出される。

(4)　一時停止命令は，産業廃棄物処理施設にかかわらない委託基準違反などでも，発出される。

(5)　一時停止命令は，設置許可の条件に違反した場合，発出される。

■ 解 説 ■

法第15条の2の7は，都道府県知事が産業廃棄物処理施設の設置者に対して，期限を定めて改善命令や，使用停止命令を発出することできるとされている。この命令の対象は産業廃棄物処理施設設置者であり，排出事業者，産業廃棄物処分業者，専ら再生利用業者などの別は問わない。

命令発出の要件は，同条第1号では施設の構造基準違反や維持管理基準違反，あるいは申請書に記載の設置の計画や維持管理計画に適合しない場合，第2号では設置者の能力，第3号では設置者の廃棄物処理法の違反行為，第4号では施設の許可条件違反の場合である。

ここで，第3号の違反行為は廃棄物処理法の違反行為すべてであり，設置している産業廃棄物処理施設にかかわらない違反，例えば，不法投棄や委託基準違反なども対象である。

正解　(1)

【法令】法15の2の7㈠～㈣

産業廃棄物の不適正処理について，措置命令を行う場合は命令書を交付しなければならないが，その際の記載事項として規定されていないものは，次のうちどれか。
　(1)　講ずべき支障の除去等の措置の内容
　(2)　命令の年月日
　(3)　命令の履行期限
　(4)　被命令者が命令に従わないときは，懲役刑に処せられることがある旨
　(5)　被命令者が命令に従わないときは代執行を行うことがあり，そのときは，当該支障の除去等の措置に要した費用の徴収をすることがある旨

【 解 説 】

　産業廃棄物に関する措置命令は法第 19 条の 5 と第 19 条の 6 に規定されており，この命令は必ず命令書を交付しなければならないことが，各条第 2 項で規定されている。
　さらに，省令でその記載事項も規定しており，具体的には(4)を除く事項である。なお，一般廃棄物の措置命令は法第 19 条の 4 で同様に規定されている。

正解　(4)

【法令】法 19 の 5 (2)，法 19 の 6 (2)，法 19 の 4

V-032　第 19 条の 5　行政処分　　　　　　　　　超　難

　次のうち，措置命令の被命令者になり得ないものはどれか。

(1)　産業廃棄物処分業者が命令要件になる行為をした事案について，当該
　　者に委託費用のディスカウントのために不適正処理を要求した排出事業
　　者。

(2)　産業廃棄物処分業者が命令要件になる行為をした事案について，経費
　　節減のため当該者に不適正処理を指示した当該者法人の役員。

(3)　産業廃棄物処分業者が命令要件になる行為をした事案について，当該
　　者への委託費の支払を浮かしその費用を着服するために不適正処理を依
　　頼した排出事業者の廃棄物担当課長。

(4)　産業廃棄物処分業者が命令要件になる行為をした事案について，当該
　　者に委託費用節減のために架空のマニフェストの回付を要求し，不適正
　　処理を確知していた排出事業者。

(5)　産業廃棄物処分業者が命令要件になる行為をした事案について，当該
　　者の処分業の許可申請を代行した行政書士。

■ 解 説 ■

　産業廃棄物に関する措置命令は法第 19 条の 5 に規定され，「処理基準に
適合しない産業廃棄物の処分が行われた場合において，生活環境の保全上の
支障を生じ，又は生ずるおそれのあるときは必要な限度においてその支障の
除去又は発生の防止のために必要な措置を講ずるよう命ずることができる」
とある。この命令発出要件は「処理基準に適合しない産業廃棄物の処分」で
あり，「生活環境の保全上の支障を生じ，又はそのおそれがある場合」である。

　この命令の被命令者は，同条第 1 項第 1 号から第 5 号に規定されており，
このうち，第 5 号ではその処分を行った者に対し，その措置命令の発出要
件となった行為を要求，依頼，教唆，幇助した者が対象となる。このうち，
これら行為の要求等が法人業務として行われたものか，個人として行われた
ものかの立証が必要になる。

　(5)は当該処分行為については関知していないので，当然被命令対象にはならな
い。

　ただし，(3)のような場合，廃棄物処理法以外の背任行為で刑罰を負うこと
はありえる。

【法令】法 19 の 5，法 19 の 5 ⑴㈠～㈤

V-033　第14条の3の2　行政処分

次のうち，産業廃棄物処理業者の許可取消について，誤っているものはどれか。

(1) 排出事業者からマニフェストの交付を受けず，産業廃棄物を運搬した場合は，排出事業者の違反であり許可取消の対象ではない。

(2) 産業廃棄物処理業者の役員が電車内で痴漢をはたらき強制わいせつ罪により懲役1年の実刑判決を受けた場合，許可取消の対象になる。

(3) 産業廃棄物処理業者の役員が一般廃棄物の野焼きを行った場合，許可取消の対象になる。

(4) 産業廃棄物処理業者が収集運搬業に係る事業停止命令を受けたにもかかわらず，命令に従わず収集運搬を行った場合，許可取消の対象になる。

(5) 産業廃棄物処理業者が排出事業者の承諾を得ずに産業廃棄物を再委託した場合，許可取消の対象になる。

◾ 解 説 ◾

法第14条の3の2は，産業廃棄物処理業者の許可取消についての規定である。同条第1項第4号では当該業者が禁錮刑以上の刑が確定するなど欠格要件に該当した場合，同条第1項第5号では法第25条や第26条に規定する違反行為をした場合，同条第1項第6号では不正手段により処理業の許可を受けた場合と規定している。

(1)の行為は，以前は直接的な違反条文がなく，「委託基準違反の幇助」として，許可取消の対象としていたが，平成22年の改正で第12条の4第2項を新たに設け，管理票不交付の際の産業廃棄物受託禁止を規定している。

正解　(1)

【法令】法12の4(2)，法14の3の2，法14の3の2(1)(四)，法14の3の2(1)(五)，法25，法26，法14の3の2(1)(六)

次のうち，最終処分場や埋立地の跡地の掘削や土地の形質変更に関する法第 19 条の 10 の措置命令について誤っているものはどれか。

(1) 法第 19 条の 10 の措置命令は，都道府県知事又は政令市長が最終処分場や埋立地などを指定区域として告示をした区域内において，土地の形質の変更により廃棄物が飛散，流出や汚水が発生するなどにより生活環境の保全上支障を生じる又はそのおそれがある場合に発出される。

(2) 法第 19 条の 10 の措置命令の対象は土地の形質の変更をした者で，その対象は一般的に開発業者や発注者である。

(3) 法第 19 条の 10 の措置命令は，法第 15 条の 19 第 1 項により「土地の形質変更届出」を提出した場合に限り，土地の形質の変更により生活環境の保全上支障を生じる又はそのおそれがある場合に発出できる。

(4) 法第 19 条の 10 の措置命令の対象となる区域は，都道府県知事又は政令市長が指定区域として告示した区域内に限られ，その区域には代執行などによる現場残置により原位置封じ込め措置した跡地も含まれる。

(5) 法第 19 条の 10 の措置命令の内容には，区域内からの廃棄物の全量撤去のみならず，廃棄物を現場に残置しつつ，機能を維持するような命令も含まれる。

■ 解 説 ■

土地の形質変更に係る規制については，法第 15 条の 17 により都道府県や政令市が廃棄物最終処分場，埋立地や法第 19 条の 4 などの措置命令や代執行により現場に残置して原位置封じ込め措置した区域などの跡地を指定地域に指定した場合，その土地を掘削や形質の変更を行おうとした場合は法第 15 条の 19 第 1 項により届出し，当該土地で掘削などによる生活環境保全上の支障が生じないように作業（施工）を行う必要がある。この作業（施工）により省令第 12 条の 40 に規定される「土地の形質の変更の施行方法に関する基準」に適合しない作業（施工）を行い，生活道路への廃棄物の飛散流出や汚水による周辺地下水への影響など生活環境への支障の発生又はそのおそれがあると認めた場合は，法第 19 条の 10 による措置命令が発出できる。

また，命令は法第 15 条の 19 の届出にかかわらず，対象となり，行為者に着目した制度である点は，法第 19 条の 5 などの措置命令と同様である。

なお，この制度は平成 16 年法改正により創設され，平成 17 年 4 月 1 日から施行された。詳細は，平成 17 年 4 月 1 日環廃対発第 050401002 号・環廃産発第 050401003 号環境省通知及び「最終処分場跡地形質変更に係る施行ガイドライン」（環境省）を参考にされたい。

正解 ⑶

【法令】法 19 の 10，法 15 の 17，法 19 の 4，法 15 の 19 ⑴，省令　12 の 40，法 15 の 19，法 19 の 5，平成 17 年 4 月 1 日環廃対発第 050401002 号・環廃産発第 050401003 号環境省通知

法第 18 条に基づく都道府県知事，市町村長の報告徴収について，報告徴収の対象者の組み合わせとして，正しいものはどれか。ただし，対象者は「○」と表す。

a　事業者

b　一般廃棄物処理業者，産業廃棄物処理業者

c　廃棄物の疑いのある物の収集運搬，処分を業とする者

d　市町村が設置した一般廃棄物処理施設の管理者

e　産業廃棄物処理施設の設置者

	a	b	c	d	e
(1)	○	×	×	×	×
(2)	○	○	×	×	×
(3)	×	○	○	×	×
(4)	○	×	○	×	○
(5)	○	○	○	○	○

【 解 説 】

法第 18 条に基づく報告徴収の対象者は次のとおり規定されている。

区分	対象	参照条項
事業者	事業者	―
廃棄物処理業者等	一般廃棄物もしくは産業廃棄物もしくはこれらであることの疑いのある物の収集，運搬もしくは処分を業とする者	法第 7 条，第 14 条，第 14 条の 4
廃棄物処理施設設置者	一般廃棄物処理施設の設置者（市町村が設置した一般廃棄物処理施設にあつては，管理者を含む）もしくは産業廃棄物処理施設の設置者	法第 8 条，法第 9 条の 3，法第 15 条
指定区域	指定区域の土地所有者もしくは占有者もしくは土地の形質の変更を行い又は行った者	法第 15 条の 17

正解　(5)

【法令】法 7，法 14，法 14 の 4，法 8，法 9 の 3，法 15，法 15 の 17

V-036　第18条　報告徴収

　廃棄物処理法の施行に必要な限度において行われる報告の徴収として，廃棄物処理法で規定していないものは，次のうちどれか。

(1)　都道府県知事は，産業廃棄物の収集，運搬もしくは処分を業とする者に対し，廃棄物の保管，収集，運搬もしくは処分に関し，必要な報告を求めることができる。

(2)　市町村長は，一般廃棄物の収集，運搬もしくは処分を業とする者に対し，廃棄物の保管，収集，運搬もしくは処分に関し，必要な報告を求めることができる。

(3)　都道府県知事は，産業廃棄物であることの疑いのある物の収集，運搬もしくは処分を業とする者に対し，廃棄物の保管，収集，運搬もしくは処分に関し，必要な報告を求めることができる。

(4)　環境大臣は，廃棄物を輸出しようとする者もしくは輸出した者に対し，廃棄物の輸出に関し，必要な報告を求めることができる。

(5)　環境大臣は，廃棄物の排出事業者に対し，廃棄物の排出の状況に関し，必要な報告を求めることができる。

▌解　説▐

　法第18条第1項では，都道府県知事と市町村長についての報告徴収について(1)～(3)の内容が規定されている。第2項では環境大臣の報告徴収について規定しているが，排出事業者に対する報告徴収については規定していない。

正解　(5)

【法令】法 18(1)

廃棄物処理法の施行に必要な限度において行われる報告の徴収として，廃棄物処理法で規定していないものは，次のうちどれか。

(1) 都道府県知事は，産業廃棄物処理施設の設置者に対し，産業廃棄物処理施設の構造に関し，必要な報告を求めることができる。

(2) 都道府県知事は，一般廃棄物処理施設の設置者に対し，一般廃棄物処理施設の構造に関し，必要な報告を求めることができる。

(3) 都道府県知事は，情報処理センターに対し，廃棄物の保管，収集，運搬もしくは処分に関し，必要な報告を求めることができる。

(4) 都道府県知事は，廃棄物を輸出しようとする者もしくは輸出した者に対し，廃棄物の輸出に関し，必要な報告を求めることができる。

(5) 都道府県知事は，指定区域内において土地の形質の変更を行った者に対し，必要な報告を求めることができる。

■ 解 説 ■

　法第 18 条第 1 項では，都道府県知事と市町村長についての報告徴収について(1)〜(3)，(5)の内容が規定されている。第 2 項では環境大臣の報告徴収について規定している。(4)の「廃棄物の輸出入に関する報告徴収」は環境大臣の所管となる。

　なお，一般廃棄物処理施設設置許可についても都道府県知事の権限であることから，都道府県知事に報告徴収権限があることは疑いがないが，市町村長の報告徴収権限に関しては，条文の解釈上議論のあるところである。

正解 (4)

【法令】法 18 (1)
【参照】V-036

V-038　第18条　報告徴収　

　次のうち，都道府県知事による産業廃棄物に関する報告徴収について，正しいものはどれか。

(1)　報告徴収は産業廃棄物収集運搬業者又は処分業者に限られる。

(2)　排出事業者への報告徴収は自社処理を行っている場合に限られる。

(3)　委託処理をしている排出事業者は処理実体の行為がないので報告徴収はできない。

(4)　排出事業者への報告徴収は自社処理又は委託処理に限らず求めることができる。

(5)　委託処理をしている排出事業者への報告徴収は委託を受けた産業廃棄物収集運搬業者又は処分業者に徴するもので，排出事業者には徴することができない。

【　解　説　】

　産業廃棄物の適正な処理を確保するために，都道府県知事は，事業者，産業廃棄物処理業者や産業廃棄物処理施設の設置者等に対して，廃棄物の処理や施設の構造や維持管理について必要な報告を求めることができる旨が法第18条に規定されている。この徴収に対して，報告拒否及び虚偽報告については罰則が規定されている。

　産業廃棄物処理業者はもとより，産業廃棄物処理施設を設置している事業者，自社処理をしている事業者，委託処理のみをしている事業者に対して，帳簿や委託契約書，マニフェストに関して報告を徴するなど，廃棄物の処理の主体を広く対象としている。

正解　(4)

【法令】法18

V-039 　第 18 条　報告徴収

産業廃棄物に関する法第 18 条に基づく報告徴収について，誤っているのは(1)～(5)のどれか。

(1)　専ら再生利用の目的となる産業廃棄物のみの収集運搬を業として行っている者に対しても報告徴収することができる。

(2)　産業廃棄物の疑いのある物の保管に関しても報告徴収することができる。

(3)　報告徴収に対し報告しない場合，都道府県知事は報告するよう勧告し，勧告に従わない場合は報告するよう命令することができる。

(4)　報告徴収に対し虚偽の報告をした場合は罰則が適用されることがある。

(5)　廃棄物処理法の施行に必要な限度を越えて報告を求めることはできない。

■ 解　説 ■

(1)及び(2)については，問 V-035 参照。

(3)及び(4)の場合は罰則（法第 30 条第 6 号）が規定されているが，勧告，命令の規定はないので(3)は誤り。

(4)は正しい。

(5)は法第 18 条の条文で規定されているので正しい。

正解　(3)

【法令】法 30 (六)，法 18
【参照】V-035

V-040　　第 18 条　報告徴収　　基本

　　不法投棄現場における産業廃棄物に関する法第 18 条に基づく報告徴収について，対象者とならない者は，次のうちどれか。

　⑴　産業廃棄物の排出元と疑われる事業者

　⑵　運搬に関与したとの疑いがある産業廃棄物収集運搬業者

　⑶　処理に関与したことが疑われる産業廃棄物処分業者

　⑷　処理に関与したことが疑われる産業廃棄物施設設置者

　⑸　不法投棄に全く関与，関知していない不法投棄現場の土地所有者

■ 解　説 ■

　　第 18 条第 1 項の条文どおり。なお，平成 22 年の改正により法第 5 条第 2 項に土地所有者等の「通報」義務が規定された。

正解　⑸

【法令】法 18 ⑴

【参照】V-035

通常，廃棄物処理法に基づく報告徴収や立入検査について，次のうち誤っているものはどれか。

(1) 不適正処理が行われることを承諾して積極的に不適正処理に協力している土地の所有者は報告徴収の対象になる。

(2) 不適正処理を斡旋もしくは仲介したブローカーは報告徴収の対象になる。

(3) 不適正処理を行った者に対して資金提供を行った者は報告徴収の対象になる。

(4) コンテナ，航空機は立入検査の対象になる。

(5) 不適正処理が行われることを黙認して消極的に不適正処理に協力している程度の土地の所有者の土地は立入検査の対象にはならない。

【 解 説 】

平成22年廃棄物処理法改正により，新たに報告徴収の対象者となった「その他の関係者」とは，廃棄物の不適正処理等の違反行為に関与しているものの自らは廃棄物の収集もしくは運搬又は処分を行っていない者を広く含むものであるが，具体的には，例えば，所有し，管理し，又は占有する土地において不適正処理が行われることを承諾又は黙認するなどして積極的又は消極的に不適正処理に協力している土地の所有者，管理者もしくは占有者や，不適正処理を斡旋もしくは仲介したブローカー又は不適正処理を行った者に対して資金提供を行った者等が該当するものである。

新たに立入検査の対象となる「その他の場所」とは，廃棄物の不適正処理等の違反行為に関する情報の把握や，関係者に対する行政処分等を行う上で立ち入る必要がある場所を広く含むものであるが，具体的には，例えば，コンテナ，航空機等が該当するものであることが，環境省の施行通知で具体的に例示されている。

なお，これらについては，これまでも違反の共犯，共謀，教唆等により，その多くの事例では報告徴収及び立入検査の対象としてきたが，今回の改正では法的により具体的に規定したものと思われる。

正解 (5)

【法令】法18(1)，法19(1)

一般廃棄物の処理

次のうち，一般廃棄物処理基準として規定されていない事項はどれか。

(1) 一般廃棄物処理計画に基づき分別して収集するものとされる一般廃棄物の収集又は運搬を行う場合には，その一般廃棄物の分別の区分に従って収集し，又は運搬すること。

(2) 「石綿含有一般廃棄物」の収集又は運搬を行う場合には，石綿含有一般廃棄物が，破砕することのないような方法により，かつ，その他のものと混合するおそれのないように他のものと区分して，収集し，又は運搬すること。

(3) 運搬車，運搬容器及び運搬用パイプラインは，一般廃棄物が飛散し，及び流出し，並びに悪臭が漏れるおそれのないものであること。

(4) 車両を用いて一般廃棄物の収集又は運搬を行う場合には，一般廃棄物の収集又は運搬の用に供する車両である旨その他の事項をその車両の外側に見やすいように表示しておくこと。

(5) 船舶を用いて一般廃棄物の収集又は運搬を行う場合には，一般廃棄物の収集又は運搬の用に供する船舶である旨その他の事項をその船体の外側に見やすいように表示しておくこと。

■ 解 説 ■

　一般廃棄物を適正に処理するために，法第6条の2第1項により「一般廃棄物処理基準」が規定されている。

　この一般廃棄物処理基準は，本来的に一般廃棄物処理責任を有している市町村にかかるものであることから，この基準は市町村，市町村の委託業者，一般廃棄物処理業（許可業者）にしか適用にならない。一般国民や事業者には適用されない基準であるが，その代わりに一般国民や事業者は一般廃棄物の排出者として，市町村の策定する一般廃棄物処理計画や市町村の指示に従う義務がある。また，不法投棄や野外焼却などは別途禁止されている行為である。

　一般廃棄物処理基準として種々の事項が規定されているが，産業廃棄物処理基準として規定されている「車両表示」について，一般廃棄物処理基準としては規定されていない。

正解　(4)

【法令】法6の2(1)

VI-002　第6条の2　一般廃棄物処理基準

次のうち，一般廃棄物の収集運搬の基準として規定されていない事項は，どれか。

(1) 収集又は運搬に伴う悪臭，騒音又は振動によって生活環境の保全上支障が生じないように必要な措置を講ずること。

(2) 船舶を用いて一般廃棄物の収集又は運搬を行う場合には，一般廃棄物の収集又は運搬の用に供する船舶である旨その他の事項をその船体の外側に見やすいように表示しておくこと。

(3) 船舶を用いて一般廃棄物の収集又は運搬を行う場合には，当該船舶に環境省令で定める書面を備え付けておくこと。

(4) 車両を用いて一般廃棄物の収集又は運搬を行う場合には，当該車両に環境省令で定める書面を備え付けておくこと。

(5) 「石綿含有一般廃棄物」の収集又は運搬を行う場合には，石綿含有一般廃棄物が，破砕することのないような方法により収集し，又は運搬すること。

▌ 解 説 ▌

一般廃棄物の収集運搬の基準は法第6条の2を受けた政令第3条第1項第1号で規定されている。

この基準の内容としては，設問の内容等が規定されているが，産業廃棄物では規定されている携帯書類は一般廃棄物の基準としては規定されていない。

なお，一般廃棄物はそもそも市町村の自治事務である要素が大きいことから，廃棄物処理法で規定されていない内容が市町村条例により規定されている場合もあり，注意が必要である。

正解　(4)

【法令】政令3(1)(一)，(関連)法6の2
【参照】VI-001

VI-003　　第６条の２　一般廃棄物処理基準　　

　船舶を用いて一般廃棄物の収集又は運搬を行う場合には，一般廃棄物の収集又は運搬の用に供する船舶である旨その他の事項をその船体の外側に見やすいように表示しておくことが一般廃棄物の収集運搬の基準として義務付けられているが，市町村の委託業者が表示するべき事項は，次のうちどれか。
- (1)　市町村の名称
- (2)　市町村の名称と委託年度
- (3)　市町村の名称と委託期限年月日
- (4)　市町村の名称と受託業者名
- (5)　市町村の名称と受託業者名及び委託年度

【 解 説 】

　一般廃棄物の収集運搬船舶表示について省令第１条の３の２により次のように規定されている。

【第１条の３の２（船舶を用いて行う一般廃棄物の収集又は運搬に係る基準）】
　令第３条第１号ニの規定による表示は，次の各号に掲げる区分に従い，それぞれ当該各号に定める事項を様式第１号により船橋の両側（船橋のない船舶にあつては，両げん）に鮮明に表示することにより行うものとする。
一　市町村　市町村の名称
二　市町村の委託を受けて一般廃棄物の収集又は運搬を業として行う者　市町村の名称
三　一般廃棄物収集運搬業者　法第７条第１項の許可を受けた市町村の名称及び許可番号

　このように，市町村の委託業者が表示するべき事項は(1)の「市町村の名称」だけである。

正解　(1)

【法令】省令１の３の２

第6条の2　一般廃棄物処理基準

　船舶を用いて廃棄物の収集又は運搬を行う場合には，その用に供する船舶である旨その他の事項をその船体の外側に見やすいように表示しておくことが義務付けられているが，次のうち，誤っているものはどれか。

(1)　一般廃棄物を運搬する場合には，廃棄物の区分として「一般廃棄物運搬船」と表示する。

(2)　産業廃棄物を運搬する場合には，廃棄物の区分として「産業廃棄物運搬船」と表示する。

(3)　特別管理産業廃棄物を運搬する場合には，廃棄物の区分として「特別管理産業廃棄物運搬船」と表示する。

(4)　産業廃棄物を運搬する場合には，「氏名又は名称等」として氏名又は名称及び許可番号を表示する。

(5)　特別管理産業廃棄物を運搬する場合には，「氏名又は名称等」として，氏名又は名称及び許可番号を表示する。

■ 解　説 ■

　特別管理産業廃棄物を運搬する場合にも「産業廃棄物運搬船」と表示することが様式第1号備考5にある。

正解　(3)

【法令】（関連）法12，省令1の3の2，省令7の2，省令8の5の2

第6章　一般廃棄物の処理

次のうち，一般廃棄物の積替えのための保管の基準として規定されていない事項はどれか。

(1) あらかじめ，積替えを行った後の運搬先が定められていること。

(2) 搬入された一般廃棄物の量が，積替えの場所において適切に保管できる量を超えるものでないこと。

(3) 搬入された一般廃棄物の性状に変化が生じないうちに搬出すること。

(4) 一般廃棄物の積替えのための保管の場所に係る掲示板を設けること。

(5) 保管する一般廃棄物の数量が，当該保管の場所における1日あたりの平均的な搬出量に7を乗じて得られる数量を超えないようにすること。

【 解 説 】

　そもそも，一般廃棄物の保管は政令第3条第1項第1号チにより，原則禁止されている。

　チ　一般廃棄物の保管は，一般廃棄物の積替え（環境省令で定める基準に適合するものに限る）を行う場合を除き，行つてはならないこと。

　ただし，この条文のとおり，「積替え」の際は，基準を遵守した上で，行ってよいとしている。

　この積替保管の基準として，(1)～(4)の事項が省令第1条の4，第1条の5，第1条の6で規定されているが，産業廃棄物では規定されている「保管数量」については，規定されていない。

正解　(5)

【法令】 政令3(1)(一)チ，省令1の4，省令1の5，省令1の6

次のうち，し尿処理施設に係る汚泥の再生として認められていないものはどれか。

(1) 発酵処理し堆肥とする方法

(2) 化学処理し堆肥とする方法

(3) 乾燥処理し堆肥とする方法

(4) 発酵処理し燃料とする方法

(5) 脱水処理し堆肥とする方法

■ 解 説 ■

「し尿処理施設に係る汚泥の再生」については，政令第３条第２号ホを受け，平成４年７月３日（直近改正平成22年３月31日）付けの厚生省告示第193号として規定されている。

平成22年の改正までは，堆肥とする方法のみが認められ，燃料とする方法は認められていなかったが，近年の技術の進展に伴い，燃料として利用する方法が加えられた。

現在のところ(5)は認められていない。

なお，浄化槽汚泥についても同様に規定されているが，下水道や産業廃棄物である汚泥の再生の方法については，このような規定は設けていない。

正解　(5)

【法令】政令３㈡ホ，平成４年７月３日厚生省告示第193号

次のうち，浄化槽に係る汚泥の埋立処分の方法として規定されていないものはどれか。

(1)　し尿処理施設において焼却を行うこと。

(2)　し尿処理施設において熱分解を行うこと。

(3)　焼却及び熱分解以外の方法により，し尿処理施設において処理し，当該処理により生じた汚泥を含水率85%以下にすること。

(4)　焼却及び熱分解以外の方法により，し尿処理施設において処理し，当該処理により生じた汚泥を焼却設備を用いて焼却を行うこと。

(5)　生活環境保全上及び公衆衛生上支障を生じさせない方法として環境大臣が定める方法。

【 解 説 】

　浄化槽に係る汚泥の埋立処分の方法については，政令第3条第3号ヘに(1)〜(4)の方法が規定されているが，(5)の「環境大臣が定める方法」は規定されていない。

　なお産業廃棄物の汚泥に関しても，埋立基準として「含水率85%以下」と規定されている。

正解　(5)

【法令】政令3㈢ヘ

次のうち，一般廃棄物の排出について廃棄物処理法で規定している内容は
どれか。

(1)　市町村長は，その区域内において事業活動に伴い多量の一般廃棄物を
生ずる土地又は建物の占有者に対し，当該一般廃棄物の減量に関する計
画の作成，当該一般廃棄物を運搬すべき場所及びその運搬の方法その他
必要な事項を指示することができる。

(2)　一般廃棄物（生活系，事業系，特別管理一般廃棄物の合計）を年間 1,000t
以上生ずる事業場を設置している者は，減量その他その処理に関する計
画を作成し，市町村長に提出しなければならない。

(3)　特別管理一般廃棄物を年間 50t 以上生ずる事業場を設置している者
は，減量その他その処理に関する計画を作成し，市町村長に提出しなけ
ればならない。

(4)　事業活動に伴い一般廃棄物を年間 1,000t 以上生ずる事業場を設置し
ている者は，減量その他その処理に関する計画を作成し，市町村長に提
出しなければならない。

(5)　１人１日 1,500g 以上の一般廃棄物を排出する住民は，減量その他その
処理に関する計画を作成し，市町村長に提出しなければならない。

■ 解 説 ■

　産業廃棄物の多量排出事業者に関しては，法第 12 条第 9 項他で，年間
排出量や計画の項目，提出期限等を規定しているが，一般廃棄物については，
法第６条の２第５項で(1)が規定されているだけである。

　これは，一般廃棄物に関しては市町村の自治事務であることや，地域によ
る状況が大きく異なることによるものと考えられ，市町村は必要に応じて条
例等により対応することとなる。

正解　(1)

【法令】法 12(9)，法６の２(5)

一般廃棄物の処理委託に関する記述として，正しいものはどれか。

(1)　一般廃棄物の処理には許可制度はないので無許可の者に委託してもよい。

(2)　一般廃棄物の処理を委託する場合には一般廃棄物処理業の許可業者に委託しなければならない。

(3)　事業系の一般廃棄物については，産業廃棄物処理業の許可業者に委託してよい。

(4)　他者の一般廃棄物を無許可で処理した場合は罰則の規定があるが，事業系の一般廃棄物を無許可の者に委託しても罰則は規定されていない。

(5)　一般廃棄物処分業の許可業者には，その業者に処分を委託するのであれば収集運搬業の許可がなくても収集運搬も委託できる。

【解説】

事業系であっても一般廃棄物は一般廃棄物処理業の許可を有するものに委託しなければならない。たとえ産業廃棄物処理業の許可を有する処理業者であっても，一般廃棄物処理業の許可がない処理業者に一般廃棄物の処理を委託した場合は無許可業者への委託となり，法第25条第1項第6号の罰則の対象となる。

なお，一般廃棄物処理業にも収集運搬業と処分業があり，それぞれ別の許可を受ける必要がある。

正解　(2)

【法令】法6の2(6)

VI-010　第6条の2　一般廃棄物委託基準　　基本

　次のうち，事業者が一般廃棄物の運搬又は処分を委託する場合に，廃棄物処理法（政省令を含む）で規定されている事項はどれか。
　(1)　他人の一般廃棄物の運搬又は処分もしくは再生を業として行うことができる者（許可業者等）に委託すること。
　(2)　委託契約は，書面により行うこと。
　(3)　委託契約書はその契約の終了の日から5年間保存すること。
　(4)　再委託を承諾をしたときは，承諾書の写しをその承諾をした日から5年間保存すること。
　(5)　処理委託するごとに，一般廃棄物委託管理票を交付すること。

【 解 説 】

　事業者の一般廃棄物処理委託の基準は法第6条の2を受けた政令第4条の4で規定されている。

【第4条の4（事業者の一般廃棄物の運搬，処分等の委託の基準）】
　法第6条の2第7項の政令で定める基準は，次のとおりとする。
一　他人の一般廃棄物の運搬又は処分もしくは再生を業として行うことができる者であつて，委託しようとする一般廃棄物の運搬又は処分もしくは再生がその事業の範囲に含まれるものに委託すること。

　産業廃棄物の処理委託に関しては，委託契約書，マニフェスト等多くの規定が設けられているが，一般廃棄物の委託基準としては，(1)の事項しか規定されていない。
　一般廃棄物はそもそも市町村の自治事務である要素が大きく，廃棄物処理法で規定されていない内容が市町村条例により規定されている場合もあることから，注意が必要である。

正解　(1)

【法令】政令4の4，法6の2

次のうち，一般廃棄物の再委託について正しいものはどれか。

(1) 一般廃棄物収集運搬業者は一般廃棄物の収集もしくは運搬又は処分を，一般廃棄物処分業者は一般廃棄物の処分を，それぞれ他人に委託してはならない。

(2) あらかじめ，事業者に対して当該事業者から受託した一般廃棄物の再受託者の氏名又は名称を明らかにし，当該委託について当該事業者の書面による承諾を受けていること。

(3) 再受託者に当該一般廃棄物を引き渡す際には，その受託に係る契約書に記載されている事項を記載した文書を再受託者に交付すること。

(4) 一般廃棄物の運搬にあっては，他人の一般廃棄物の運搬を業として行うことができる者であって委託しようとする一般廃棄物の運搬がその事業の範囲に含まれるものに委託すること。

(5) 再委託を承諾したときは，承諾書面の写しをその承諾をした日から5年間保存すること。

■【 解 説 】■

　法第7条第14項の規定により，一般廃棄物の再委託は例外なく禁止されている。

　そのため，(2)～(5)のような産業廃棄物の再委託の際の規定は設けられていない。

　なお，平成27年の災害廃棄物関連の改正により，省令第2条第13号として環境大臣から委託を受けた者の委託について許可不要とする規定ができた。

正解　(1)

【法令】法7⒁，省令2（十三）

Ⅵ-012　第７条　一般廃棄物委託基準　

事業者が一般廃棄物の運搬を委託できる者の組み合わせとして，正しいものはどれか。

a　市町村（運搬をその事務として行う場合に限る）

b　都道府県（運搬をその事務として行う場合に限る）

c　専ら再生利用の目的となる一般廃棄物のみの運搬を業として行う者

d　法第９条の８に基づき再生利用の認定を受けた者

e　法第９条の９に基づき広域処理の認定を受けた者

	a	b	c	d	e
(1)	○	×	○	○	○
(2)	×	○	○	×	○
(3)	○	○	×	○	×
(4)	○	○	○	×	×
(5)	○	○	○	○	○

■ 解 説 ■

一般廃棄物の運搬を委託できる者は，一般廃棄物収集運搬業者に加え，省令第２条各号に掲げる者（法第７条第１項の一般廃棄物収集運搬業の許可を要しない者）のほか次のとおり規定されている。

1	専ら再生利用の目的となる一般廃棄物のみの収集運搬を業として行う者
2	特別管理産業廃棄物収集運搬業者及び省令第10条の20第1項に掲げる者（同条第2項の規定により特別管理一般廃棄物の収集運搬を行う者に限る）
3	再生利用に係る特例の認定を受けた者
4	広域的処理に係る特例の認定を受けた者
5	無害化処理に係る特例の認定を受けた者
6	食品リサイクル法の規定によるループ認定者

ａの市町村は法第６条の２第１項で規定されているが，ｂの都道府県は省令第２条で規定されていない（都道府県は産業廃棄物の運搬を委託できる者となっているが，一般廃棄物の運搬を委託できる者とはなっていない）。

正解 (1)

【法令】法９の８，法９の９，法６の２(1)，省令２

環境大臣広域処理認定制度に関する記述として，誤っているものはどれか。

(1) 広域処理認定は拡大生産者責任の理念に則りつくられた制度である。

(2) 広域処理認定を受けた場合は処理施設設置許可も不要となる。

(3) 広域処理認定は効率的な再生利用等を推進することも目的としている。

(4) 乳母車やチャイルドシートは一般廃棄物広域処理認定の対象となっている。

(5) 広域処理認定は「下取り」と異なり処理料金を徴収できる。

■【 解 説 】■

　環境大臣広域処理認定制度は，拡大生産者責任に則り，製造事業者等自身が自社の製品の再生又は処理の工程に関与することで，効率的な再生利用等を推進するとともに，再生又は処理しやすい製品設計への反映を進め，ひいては廃棄物の減量その他適正な処理を確保することを目的とした制度である。

　(2)環境大臣再生利用認定制度においては処理施設の設置許可が不要となるが，広域処理認定制度では処理施設の設置許可は不要とはならない。したがって，(2)が誤りである。

　平成24年9月21日付の告示により，一般廃棄物の広域処理認定制度の対象品目として，廃乳母車，廃乳幼児用ベッド及び廃幼児用補助装置が追加された。認定の背景として，これらのものは，その使用形態上，使用済みのものと新品を買い換える，いわゆる下取りの機会も少ないことも対象品目に追加された一要因と推察される。

正解 (2)

【法令】法9の9，省令6の13，広域的処理に係る特例の対象となる一般廃棄物（平成15年環告131）

VI-014　第7条　一般廃棄物委託基準　　難解

　事業者が一般廃棄物の処分を委託できる者の組み合わせとして，正しいものはどれか。ただし，委託できる者は「○」と表す。

a　市町村（処分をその事務として行う場合に限る）

b　国（処分をその事務として行う場合に限る）

c　専ら再生利用の目的となる一般廃棄物のみの処分を業として行う者

d　法第9条の8に基づき再生利用の認定を受けた者

e　法第9条の9に基づき広域処理の認定を受けた者

	a	b	c	d	e
(1)	○	×	○	○	○
(2)	○	○	○	×	○
(3)	○	○	×	○	×
(4)	×	○	○	×	×
(5)	○	○	○	○	○

第6章　一般廃棄物の処理

▌解　説▐

　一般廃棄物の処分を委託できる者は，一般廃棄物処分業者に加えて，省令第2条の3各号に掲げる者（法第7条第6項の一般廃棄物処分業の許可を要しない者）のほか次のとおり規定されている。

1	専ら再生利用の目的となる一般廃棄物のみの処分を業として行う者
2	特別管理産業廃棄物収集運搬業者及び省令第10条の20第1項に掲げる者（同条第2項の規定により特別管理一般廃棄物の処分を行う者に限る）
3	再生利用に係る特例の認定を受けた者
4	広域的処理に係る特例の認定を受けた者
5	無害化処理に係る特例の認定を受けた者

b 国は省令第2条の3第5号で規定されている。

正解　(5)

【法令】法9の8，法9の9，省令2の3

【参照】VI-012

次のうち，市町村が市町村以外の者に一般廃棄物の処理を委託する基準として規定されていない事項はどれか。

(1) 受託者が自ら受託業務を実施する者であること。

(2) 委託料が受託業務を遂行するに足りる額であること。

(3) 一般廃棄物の処分又は再生を2年以上にわたり継続して委託するときは，当該委託に係る処分又は再生の実施の状況を2年に1回以上，実地で確認しなければならない。

(4) 受託者が受託業務を遂行するに足りる施設，人員及び財政的基礎を有し，かつ，受託しようとする業務の実施に関し相当の経験を有する者であること。

(5) 一般廃棄物の処分又は再生を委託するときは，市町村において処分又は再生の場所及び方法を指定すること。

【解　説】

　法第6条の2第2項の規定により市町村が一般廃棄物の収集，運搬又は処分（再生を含む）を市町村以外の者に委託する場合の基準は，政令第4条で規定している。

　設問の他には「受託者が処理業許可の欠格者ではないこと」や「基本的な計画の作成は委託してならないこと」等が規定されている。

　処分先の現地確認については，その頻度を省令第1条の8で「1年以上にわたり継続して委託するときは，1年に1回以上」と規定している。

　法第7条の処理業許可については，平成3年改正で一旦「1年間」としたが，その後平成9年の改正で「2年間」と再改正された経緯がある。委託の現地確認の期間は前述のとおり「年1回以上」であることから，注意を要する。

正解　(3)

【法令】法6の2(2)，政令4，省令1の8

408

一般廃棄物の収集運搬業に関する記述として，正しいものはどれか。

(1) 一般廃棄物の収集運搬業を行おうとする都道府県知事の許可を受けなければならない。

(2) 一般廃棄物の収集運搬業を行おうとする市町村長の許可を受けなければならない。

(3) 一般廃棄物の収集運搬業を行おうとする市町村長の許可を受けなければならないが，当該業を行おうとする都道府県知事の産業廃棄物収集運搬業の許可を受けていれば，改めて市町村長の許可を受ける必要はない。

(4) 一般廃棄物の収集運搬業を行おうとする都道府県知事の処分業の許可を受けていれば，改めて収集運搬業の許可を受ける必要はない。

(5) 一般廃棄物の収集運搬業を行おうとする市町村長の処分業の許可を受けていれば，改めて収集運搬業の許可を受ける必要はない。

■ 解　説 ■

法第7条では，「一般廃棄物の収集又は運搬を業として行おうとする者は，当該業を行おうとする区域（運搬のみを業として行う場合にあつては，一般廃棄物の積卸しを行う区域に限る。）を管轄する市町村長の許可を受けなければならない。」としている。

したがって，(2)が正しい。

たとえ産業廃棄物処理業（収集運搬業・処分業）の許可を有していたとしても，一般廃棄物を扱う場合は，市町村長から一般廃棄物処理業（収集運搬業・処分業）の許可を受けなければならない。また，収集運搬業の許可と処分業の許可はそれぞれ別に受ける必要がある。

なお，法第7条では，自らその一般廃棄物を運搬（又は処分）する事業者や環境省令で定める者など，許可が必要ない者についても規定している。詳しくはVI-026参照。

正解　(2)

【法令】法7(1)
【参照】VI-026

VI-017　第7条　一般廃棄物処理業

　次のうち，「適合していると認めるときでなければ，一般廃棄物処理業許可をしてはならない」と規定している項目でないものはどれか。

　⑴　当該市町村による一般廃棄物の処理が困難であること。

　⑵　その申請の内容が一般廃棄物処理計画に適合するものであること。

　⑶　その事業の用に供する施設及び申請者の能力がその事業を的確に，かつ，継続して行うに足りるものとして環境省令で定める基準に適合するものであること。

　⑷　申請者が欠格要件に該当しないこと。

　⑸　産業廃棄物処理業の許可を有していること。

【 解 説 】

　産業廃棄物処理業の許可の要件としては，⑶に相当する「的確に業務が遂行できる能力」と⑷に相当する欠格要件（一般廃棄物と産業廃棄物では欠格要件は若干異なっている）だけが審査の対象になる。

　しかし，一般廃棄物処理業の許可においては，この二つの要件に「市町村による処理困難性」と「一般廃棄物処理計画への適合性」が加わる。

　このため，産業廃棄物処理業の許可は覊束許可（要件が整えば許可しなければならない）であるが，一般廃棄物処理業の許可は処理計画の内容によることから，極めて裁量権の大きな許可となる。

　なお，一般廃棄物処理業と産業廃棄物処理業はそれぞれ別個の許可であるから，⑸のようなことは許可の要件とはなっていない。

正解　⑸

【参照】VI-013

VI-018　第7条　一般廃棄物処理業　　基本

次のうち，一般廃棄物処理業について規定されていない事項はどれか。

(1)　一般廃棄物処理業許可の有効期間は5年間である。

(2)　専ら再生利用の目的となる一般廃棄物のみの収集又は運搬を業として行う者については，一般廃棄物処理業許可は不要である。

(3)　市町村長は，当該市町村による一般廃棄物の収集又は運搬が困難でなければ，許可をしてはならない。

(4)　一般廃棄物処分業者は，一般廃棄物の処分につき，当該市町村が地方自治法第228条第1項の規定により条例で定める処分に関する手数料の額に相当する額を超える料金を受けてはならない。

(5)　一般廃棄物処分業者は，一般廃棄物の処分を他人に委託してはならない。

■ 解 説 ■

　一般廃棄物処理業の許可に関しては，産業廃棄物処理業許可とは異なった規定がある。これは，原則的に一般廃棄物の処理は市町村の固有の業務であり，自治事務であるとの理念に基づくものが多い。

　問VI-017でも説明したが，(3)のとおり一般廃棄物処理業の許可は，「市町村による処理困難性」が許可の要件となっている。

　また，直営業務と民間業務による住民サービスに差が生じないように(4)の規定もある。

　産業廃棄物の場合は，再委託は原則禁止ではあるが，一定の要件の下にこれを容認しているが，一般廃棄物ではこの例外規定はなく(5)のとおり，一般廃棄物の再委託は禁止である。

　一般廃棄物処理業の許可は，平成3年の改正では一般廃棄物処理計画との整合性から「1年間」としたが，その後規制緩和の観点から平成9年に政令を改正して「2年間」となっている。

　(2)の「専ら再生利用の目的となる廃棄物」については，産業廃棄物と同様に施行通知により，古紙，鉄くず，空き瓶類，古繊維の4品目については許可不要として運用されている。

正解　(1)

【参照】VI-017

411

一般廃棄物処理業の許可に関する記述の正誤の組み合わせとして、適当なものはどれか。

a 一般廃棄物の収集又は運搬を業として行おうとする者は、専ら再生利用の目的となる一般廃棄物のみの収集又は運搬を業として行う場合であっても、当該業を行おうとする区域を管轄する市町村長の許可を受けなければならない。

b 一般廃棄物処理業の更新の申請があった場合において、許可の有効期間の満了の日までにその申請に対する処分がされないときは、従前の許可は失効する。

c 一般廃棄物処理業の許可には、一般廃棄物の収集を行うことができる区域を定めることはできない。

d 一般廃棄物処理業の許可には、生活環境の保全上必要な条件を付することはできない。

e 一般廃棄物処理業者は、収集及び運搬並びに処分に関する手数料の額は自由に設定することができる。

	a	b	c	d	e
(1)	誤	正	正	正	正
(2)	正	誤	正	正	正
(3)	正	正	誤	正	正
(4)	正	正	正	誤	誤
(5)	誤	誤	誤	誤	誤

【 解 説 】

a 事業者（自らその一般廃棄物を運搬する場合に限る）、専ら再生利用の目的となる一般廃棄物のみの収集又は運搬を業として行う者その他環境省令で定める者については許可が不要であり、誤り。（法第7条第1項）

b 従前の許可は、許可の有効期間の満了後もその処分がされるまでの間は、なおその効力を有するので誤り。（法第7条第3項及び第8項）

c、d 一般廃棄物処理業の許可には、一般廃棄物の収集を行うことができる区域を定め、又は生活環境の保全上必要な条件を付することができるので誤り。（法第7条第11項）

e 一般廃棄物処理業者は，市町村が条例で定める収集及び運搬並びに処分に関する手数料の額に相当する額を超える料金を受けてはならないので誤り。（法第 7 条第 12 項）

正解 （5）

【法令】法 7 (1)，法 7 (3)，法 7 (8)，法 7 (11)，法 7 (12)

次のうち，一般廃棄物処理業の許可に際して，法に基づく条件を付することができるものはどれか。

(1) 生活環境の保全上必要な場合
(2) 他の業者と比較して著しく処理料金に格差がある場合
(3) 当該市町村内の排出量に著しい変動がある場合
(4) 他の市町村に一般廃棄物を搬出させる場合
(5) 他の市町村から一般廃棄物を搬入させる場合

【 解 説 】

法第7条第11項の規定により，一般廃棄物処理業の許可条件としては以下のとおり，生活環境の保全上必要なものに限定されている。

【法第7条第11項】

第1項又は第6項の許可には，一般廃棄物の収集を行うことができる区域を定め，又は生活環境の保全上必要な条件を付することができる。

ただし，そもそも一般廃棄物処理業の許可は，一般廃棄物処理計画に合うもの以外は許可をしてはならないと規定していることから，多くの要件，条件は一般廃棄物処理計画に盛り込むことによって，実質的な許可条件とすることができる面がある。

正解 (1)

【法令】法 7 (11)

VI-021　第7条　一般廃棄物処理業　　基本

　次のうち，廃棄物処理法に規定する許可の有効期間について誤っているものはどれか。

(1)　一般廃棄物の収集運搬業の許可は2年間である。

(2)　優良性の評価を受けていない産業廃棄物の収集運搬業の許可は5年間である。

(3)　特別管理産業廃棄物の処分業の許可は3年間である。

(4)　一般廃棄物処理施設設置許可は永年である。

(5)　産業廃棄物処理施設設置許可は永年である。

■ 解 説 ■

　(1)は政令第4条の5で，(2)は政令第6条の9で規定している（優良性の評価を受けている場合は7年）。

　(3)については，政令第6条の14で5年間（優良性の評価を受けている場合は7年）と規定している。

　処理施設設置許可については特段の規定がないことから，一旦許可を受ければ，その施設が存在する限り有効である。しかし，処理施設の特性として，劣化していくことから当初の能力が発揮できなくなったり，構造に欠陥が生じたときは維持管理基準違反や構造基準違反が問われ，それを大きく修繕することは「主たる構造設備の変更」となり，変更許可が必要となる場合が多い。

　なお，処理業の許可も平成4年までは許可期限が規定されておらず，一旦許可を取得すると永年有効とするものであった。

正解　(3)

【法令】政令4の5，政令6の9，政令6の14

次のうち，「一般廃棄物収集運搬業者」及び「一般廃棄物処分業者」が受け取る料金について正しいものはどれか。

(1)　当該市町村が地方自治法第228条第１項の規定により条例で定める収集及び運搬並びに処分に関する手数料の額に相当する額を超える料金を受けてはならない。

(2)　排出者と処理業者の委託契約による任意の金額である。

(3)　市町村の委託契約による金額と同額でなければならない。

(4)　当該市町村が地方自治法第228条第１項の規定により条例で定める収集及び運搬並びに処分に関する手数料の額に相当する額を下回る料金ではならない。

(5)　市町村が設置する「ごみ減量化委員会」で定める額を超える料金を受けてはならない。

■ 解 説 ■

　一般廃棄物処理業者の処理料金については，廃棄物処理法第７条第12項で規定されている。

【法第７条第12項】

　第１項の許可を受けた者（以下「一般廃棄物収集運搬業者」という）及び第６項の許可を受けた者（以下「一般廃棄物処分業者」という）は，一般廃棄物の収集及び運搬並びに処分につき，当該市町村が地方自治法第228条第１項の規定により条例で定める収集及び運搬並びに処分に関する手数料の額に相当する額を超える料金を受けてはならない。

　この規定は，直営と許可業者が行う便益を受ける住民の公平性を確保するために設けられたものとされている。

　なお，この条文によらず料金を定めることができる規定を制定しているリサイクル法もある。

正解　(1)

【法令】法７(12)，地方自治法228(1)

VI-023　第９条の９　一般廃棄物処理業　

　一般廃棄物処理業許可を受けることなく，一般廃棄物の処理を業として行うことができる環境大臣広域処理認定（以下「大臣広域処理認定」という）という制度がある。この大臣広域処理認定を受ける際の基準として規定されていない事項は次のうちどれか。

(1)　２以上の都道府県の区域において当該申請に係る一般廃棄物を広域的に収集することにより，当該一般廃棄物の減量その他その適正な処理が確保されるものであること。

(2)　再生又は再生がされないものにあっては熱回収を行った後に埋立処分を行うものであること。

(3)　当該申請に係る処理の行程で一般廃棄物処理基準に適合しない処理が行われた場合において，生活環境に係る被害を防止するために必要な措置を講ずることとされていること。

(4)　当該申請に係る一連の処理の行程を申請者が統括して管理する体制が整備されていること。

(5)　当該申請に係る一連の処理の行程を一般廃棄物管理票を用いて管理する体制が整備されていること。

第6章　一般廃棄物の処理

■ 解　説 ■

　法第９条の９には一般廃棄物処理業の許可が不要となる制度が規定されている。それが，環境大臣による「一般廃棄物の広域処理に係る認定」である。この広域処理認定は法第９条の８の「再生利用認定」と異なり，処理施設設置許可は不要とならないので注意を要する。

　この広域処理認定は必ずしも「再生」である必要はないが，複数の都道府県を対象にして，製造事業者等が事業の実施主体となることが求められている。

　認定を受ける際の基準として，(1)～(4)の他に「当該申請に係る処理を他人に委託して行い，又は行おうとする場合にあっては，経理的及び技術的に能力を有すると認められる者に委託するものであること」といった事項も規定されており，認定を受けた者が必ずしも自らで処理を行わなければならない，というものでもない。

　なお，(4)のとおりの管理体制が求められているが，産業廃棄物の許可業者

への委託処理の際に義務付けられている「管理票（マニフェスト）」制度までは，この大臣認定制度では規定されてはいない。

正解 ⑸

【法令】法9の9，法9の8

一般廃棄物広域的処理認定制度における車両表示事項として規定されている事項の組み合わせとして，正しいものはどれか。ただし，規定されている事項は「○」と表す。

a 当該認定に係る廃棄物の収集又は運搬の用に供する運搬施設である旨
b 認定番号
c 当該認定に係る廃棄物の収集又は運搬を行う者の氏名又は名称
d 認定を受けた者の氏名又は名称及び住所並びに法人にあつては，その代表者の氏名
e 当該認定に係る一般廃棄物の処分（再生を含む）を行う場所の所在地

	a	b	c	d	e
(1)	○	○	×	×	×
(2)	○	○	○	×	×
(3)	○	○	○	○	×
(4)	×	×	○	×	○
(5)	○	○	○	○	○

■ 解 説 ■

平成22年の改正で，広域的処理認定制度については，適正処理を確保しつつ円滑な事業を促進するため，それまでの車両表示事項及び書面備付け事項が見直された。

具体的には，広域的処理認定業者（その委託を受けて当該認定に係る処理を行う者を含む）が当該認定に係る廃棄物の収集運搬を行う際に使用する運搬車又は運搬船については，以下①の事項を車両に表示し，②の書面を備え付けることとしたこと。（省令第6条の19等）

① 車両表示事項
・当該認定に係る廃棄物の収集又は運搬の用に供する運搬施設である旨
・認定番号
・当該認定に係る廃棄物の収集又は運搬を行う者の氏名又は名称
② 書面備付け事項
・認定証の写し
・運搬先の事業場の名称，所在地及び連絡先を記載した書面

ちなみに，これまで広域的処理認定制度における車両表示事項は次のように規定されており，「小さい車両などでは記載事項で，文字が車両からはみ出してしまう」などと冗談も言われていたことから，一般廃棄物・産業廃棄物収集運搬業の許可業者の表示と同等のものにしたものである。

＜参考，旧表示事項＞

一　当該認定に係る一般廃棄物の種類及びその収集又は運搬の用に供する運搬施設である旨

二　認定を受けた者の氏名又は名称及び住所並びに法人にあつては，その代表者の氏名

三　認定の年月日及び認定番号

四　認定を受けた者の委託を受けて当該認定に係る収集又は運搬を行う者にあつては，その氏名又は名称及び住所並びに法人にあつては，その代表者の氏名

五　当該認定に係る一般廃棄物の処分（再生を含む）を行う場所の所在地

正解　(2)

【法令】法９の９，省令６の19

次のうち，一般廃棄物を輸出しようとするときの規定として誤っているものはどれか。

(1)　国内におけるその一般廃棄物の処理に関する設備及び技術に照らし，国内においては適正に処理されることが困難であると認められる一般廃棄物の輸出であること。

(2)　国内における一般廃棄物の適正な処理に支障を及ぼさないものとして，当該一般廃棄物が輸出の相手国において再生利用されることが確実であると認められる一般廃棄物の輸出であること。

(3)　その輸出に係る一般廃棄物が一般廃棄物処理基準（特別管理一般廃棄物にあっては，特別管理一般廃棄物処理基準）を下回らない方法により処理されることが確実であると認められること。

(4)　申請者は市町村か排出事業者であること。

(5)　一般廃棄物の輸出の確認を受けようとする者は，輸出確認申請書を輸出しようとする港湾の所在する都道府県知事に提出しなければならない。

■【 解　説 】■

　廃棄物の国内処理の原則に基づいて，一般廃棄物も産業廃棄物も輸出入について制限を設けている。しかし，法第 2 条第 4 項第 2 号で，輸入廃棄物に関しては産業廃棄物と定義していることから，一般廃棄物に関する輸入の規定は廃棄物処理法では存在しない。産業廃棄物については法第 15 条の 4 の 5 により「輸入の許可」が規定され，輸出については，法第 15 条の 4 の 7 により，法第 10 条で規定する「一般廃棄物の輸出の許可」の規定を準用する旨規定されている。

　(1)は規定されている事項であるが，経費が高額になるなどは「困難」とは見なされず，現在の日本の技術で「困難」で，外国で「困難ではない」一般廃棄物は想定されないことから，現状でこの規定が適用される一般廃棄物はない。

　(2)(3)も規定されている事項であり，輸出先の外国で再生利用され，相手国の環境法令等に適合する処理であれば輸出は認められる。

　しかし，廃棄物の輸出は廃棄物処理法だけの問題ではなく，有害物に関し

てはバーゼル条約や経済協力開発機構（OECD）加盟国間同士の条約等の関係もあり，相手国の状況により，輸出が認められない場合もある。

　(5)については，申請先は環境大臣である。

正解　(5)

　【法令】法2(4)(二)，法15の4の5，法15条の4の7，法10

VI-026　第７条　一般廃棄物処理業

　一般廃棄物の収集運搬を行う場合は，原則として収集運搬業の許可を取得する必要があるが，例外的に収集運搬業の許可を有せずに一般廃棄物の収集運搬を行える者を省令で規定している。次のうち，この例外として許可不要と規定されていないものはどれか。

　ただし，どの者も欠格要件に該当したり，不利益処分を受けた者ではなく，当該業を行う区域において，その物品又はその物品と同種のものが一般廃棄物となったものを適正に収集又は運搬できるものである。

(1)　家電リサイクル法の対象となっている家電（「特定家庭用機器」）の販売業者が行う特定家庭用機器廃棄物の収集運搬

(2)　スプリングマットレスの販売業者が行う廃スプリングマットレスの収集運搬

(3)　自動車用タイヤの販売業者が行う廃自動車用タイヤの収集運搬

(4)　自動車用鉛蓄電池販売業者が行う廃自動車用鉛蓄電池の収集運搬

(5)　容器包装リサイクル法の対象となっている飲料の販売業者が行う廃容器の収集運搬

解　説

　許可不要制度は複雑であり他法令による規定もあることから，非常に理解しづらい制度である。

　この問題の許可不要制度は，省令第２条第９号に規定している内容であり，(1)から(4)については具体的に列挙している。(5)は規定されていない。

　ここで注意したいのは，有価物や「再生４品目」「下取り」「大臣認定・指定」としての取引との区別である。（再生４品目→問Ⅷ-023参照）

　有価物が廃棄物処理法の許可が不要なのは，そもそも物体が廃棄物ではないからである。

　また，再生４品目については，誰が取り扱おうと「専ら再生の目的」とするのであれば，許可は不要である。すなわち処理料金を徴収しても許可は不要である。

　下取りは通知により販売しているのと同種の廃棄製品を「無償で」引き取るのであれば許可不要としている制度であるから，処理料金を徴収することは認められない。

大臣認定指定の廃棄物については，一定の要件，条件の下に大臣に申請し，申請した者が取り扱う，申請した廃棄物に限定された制度である。処理業許可がなくとも処理料金を徴収することも可能であるが，申請が認められた者だけができる行為である。

　設問の物体は，有価物でも，再生4品目，大臣認定・指定でもない。形態としては「下取り」であるが，許可がなくとも処理料金を徴収することが認められるという廃棄物になる。

　歴史的に「処理困難物」として扱われてきていた物品であり，製造者，販売者により適正な処理ルートが確立されているとの判断の下に，許可不要として取り扱われている廃棄物である。

　(5)の廃容器はこの条文では規定されていない。もし，現実に販売店が取り扱っている場合は，許可を取得しているか，有価物として取り扱っているか，「再生4品目」「下取り」「大臣認定・指定」又は他の制度の下で行っているものと考えられる。

　一般廃棄物ではこのように販売業者による許可不要制度が規定されているが，産業廃棄物ではこのような販売者による行為の許可不要制度の規定はないことから，注意が必要である。巻末資料「⑤認定・指定制度比較表」参照。

正解　(5)

【法令】省令2(九)
【参照】Ⅷ-023

VI-027　第8条　一般廃棄物処理施設

次のうち，一般廃棄物処理施設として民間が設置するときに設置許可が不要な施設はどれか。

(1)　埋立面積 800m² の最終処分場

(2)　処理対象人員 450 人のし尿処理施設

(3)　火格子面積が 3m² の焼却施設

(4)　一日あたりの処理能力が 9t の生活排水汚泥の脱水施設

(5)　処理対象人員 501 人の浄化槽

■【 解 説 】■

一般廃棄物処理施設を民間が設置する場合は設置許可が必要である。

なお，市町村が設置する場合は，設置許可ではなく設置届出となる。

一般廃棄物を処理する施設はなんでも設置許可の対象となるのではなく，その種類と規模が規定されている。

し尿処理施設と最終処分場は，その規模によらずすべて許可の対象である。

一方，浄化槽は「浄化槽法」が別途あることから，廃棄物処理法の設置許可対象施設からは除かれている。

焼却施設は 1 時間あたりの処理能力が 200kg 以上又は火格子面積が 2m² 以上は対象となり，産業廃棄物の焼却施設のように廃プラスチック類や廃油を対象とするか否かの別はない。

その他の一般廃棄物処理施設については，一律に「1 日あたりの処理能力が 5t 以上」との規定であることから，破砕施設であっても脱水施設であっても，この処理能力を超えるようなら設置許可の対象となる。

正解　(5)

【参照】VI-030

第6章

一般廃棄物の処理

一般廃棄物処理施設として設置許可を受けている処理施設で，変更許可にあたらない（軽微変更届出でよい）行為は次のうちどれか。

　なお，いずれの変更も現状より「生活環境への負荷を増大させることとなる行為」ではない。

(1)　焼却施設における燃焼室の変更

(2)　高速堆肥化処理施設における発酵槽の変更

(3)　破砕施設における破砕機の変更

(4)　し尿処理施設における生物化学的脱窒素処理設備の変更

(5)　最終処分場における浸出液の処理方法の変更

■ 解 説 ■

　一般廃棄物処理施設の変更許可については，法第9条を受けた省令第5条の2で具体的に規定してある。

　このうち，いわゆる「主たる構造設備」の部分についての変更は，変更許可となるが，各処理施設ごとに「主たる構造」を明示している。

　(1)〜(3)については設問のとおりであり，(4)については，設問の生物化学的脱窒素処理設備の他に嫌気性消化処理設備，好気性消化処理設備，湿式酸化処理設備，活性汚泥法処理設備が規定されている。

　(5)の最終処分場については，「遮水層又は擁壁もしくはえん堤」と規定されており，「浸出液の処理方法」の変更は変更許可の対象としていない。

　ただし，他の条項により，「生活環境への負荷を増大させることとなる」変更行為は変更許可の対象となることから，注意を要する。

正解 (5)

【法令】法9，省令5の2

VI-029　第8条　一般廃棄物処理施設　 難解

　民間が一般廃棄物処理施設を設置するときには設置許可が必要となるが，そのときの手続に関し，法令で規定されていない事項は次のうちどれか。

(1)　新たに一般廃棄物処理施設を設置する場合は，いずれの一般廃棄物処理施設についても，生活環境影響調査の結果を設置許可申請書に添付しなければならない。

(2)　一般廃棄物処理施設設置許可申請があった場合に，都道府県知事が告示,縦覧をしなければならないのは,焼却施設と最終処分場だけである。

(3)　設置許可を受けて完成した一般廃棄物処理施設であっても，使用前検査を受け，申請書に記載した設置に関する計画に適合していると認められた後でなければ，これを使用してはならない。

(4)　都道府県知事は，どのような一般廃棄物処理施設設置の許可をする場合においても，あらかじめ，生活環境の保全に関し環境省令で定める事項について専門的知識を有する者の意見を聴かなければならない。

(5)　都道府県知事は，その一般廃棄物処理施設の設置に関する計画及び維持管理に関する計画が当該一般廃棄物処理施設に係る周辺地域の生活環境の保全及び環境省令で定める周辺の施設について適正な配慮がなされたものと認めるときでなければ，許可をしてはならない。

【 解　説 】

　一般廃棄物処理施設を民間が設置する場合の設置許可手続については，法第8条及び法第8条の2各項や，これを受けた政省令で具体的に規定してある。

　(1)については，法第8条第3項で規定しているが，既に過去において許可を取得した施設であり，変更がない施設の場合は，生活環境影響調査を省略することが可能である。例えば，処理施設には何の支障もないが，設置者の欠格事項該当による取消を受けた場合などがこれにあたる。

　(2)と(4)については，一般廃棄物処理施設では政令第5条の2により，焼却施設と最終処分場に限定されている。

　(3)の使用前検査については設問どおりであるが,市町村が設置する場合は,使用前検査の規定はない。

　(5)については，法第8条の2第1項第2号で規定し，具体的には省令第

4条の2で規定している。

正解 (4)

【法令】政令5の2，法8の2(1)(ニ)，省令4の2
【参照】VI-030

VI-030　第9条の3　一般廃棄物処理施設　　難解

　市町村が一般廃棄物処理施設を設置するときの手続きとして，法令で規定
されていない事項は次のうちどれか。

(1)　市町村が一般廃棄物処理施設を設置するときは，その旨を都道府県知
　　事に届け出なければならない。

(2)　市町村が設置する一般廃棄物処理施設は使用する前に，使用前検査申
　　請を都道府県知事に行わなければならない。

(3)　市町村が条例で定める一般廃棄物処理施設を設置するときは，その旨
　　を都道府県知事に届け出る前に，生活環境影響調査の結果を記載した書
　　類を公衆の縦覧に供しなければならない。

(4)　都道府県知事は，市町村の一般廃棄物処理施設（最終処分場）設置届
　　出があった場合において，技術上の基準に適合していないと認めるとき
　　は，当該届出を受理した日から60日以内に限り，当該届出をした市町
　　村に対し，当該届出に係る計画の変更又は廃止を命ずることができる。

(5)　一般廃棄物処理施設（焼却施設）設置届出をした市町村は，当該届出
　　を受理した日から30日を経過した後でなければ，当該届出に係る一般
　　廃棄物処理施設を設置してはならない。ただし，当該届出の内容が相当
　　であると認める旨の都道府県知事の通知を受けた後においては，この限
　　りでない。

【 解 説 】

　民間が一般廃棄物処理施設を設置するときは「設置許可」であったが，市
町村が一般廃棄物処理施設を設置するときの手続は「設置届出」である。

　また，生活環境影響調査結果の告示縦覧も民間設置の場合は，申請を受け
た都道府県の行為となるが，市町村は自治体として，その能力があることか
ら，自らの条例によりあらかじめ告示縦覧を終了したものの添付が規定され
ている。

　使用前検査も法令上は規定されていない。

　使用実施の制限も，都道府県知事による「変更又は廃止命令」がなされな
ければ，届出から30日（最終処分場は60日）を経過すれば，着手してよ
いとする規定になっている。

正解　(2)

第6章　一般廃棄物の処理

市町村が法第9条の3の規定により設置する一般廃棄物処理施設の維持管理について，誤っているものは次のうちどれか。

(1)　市町村は，法第8条の3に規定する技術上の基準による維持管理及び法第9条の3の設置届出書に添付した維持管理計画に基づき維持管理をしなければならない。

(2)　都道府県は，市町村からその設置に係る一般廃棄物処理施設の維持管理にあたって行った放流水の水質，ばい煙等の検査結果の報告を徴することができる。

(3)　市町村が行う維持管理に関する検査は，法第8条の3で規定する省令第4条の5の維持管理基準並びに大気汚染防止法及び水質汚濁防止法に基づく検査のみを行えばよい。

(4)　市町村は，維持管理を記録し，一般廃棄物焼却施設及び最終処分場については，維持管理に関し生活環境の保全上利害関係を有する者の求めに応じ，記録を閲覧させなければならない。

(5)　市町村は，維持管理について，省令第4条の7による事項を記録しなければならない。

■ 解 説 ■

　市町村が設置する一般廃棄物処理施設の維持管理については，法第9条の3第5項で法第8条の3に規定する技術上の基準（省令第4条の5）によることとされ，法第9条の3第7項で法第8条の4に規定する一般廃棄物焼却施設及び最終処分場については，維持管理の記録を省令第4条の7の事項について記載し，省令第4条の6で利害関係者の求めに応じて閲覧に供することとされている。

　このほか，省令第5条の「精密機能検査」では「施設の機能を保全するため，定期的に，その機能状況，耐用の度合いについて精密な検査を行うようにしなければならない」と規定されている。この検査は，「一般廃棄物処理事業に対する指導に伴う留意事項について」（昭和52年11月4日環整第95号厚生省通知）の別紙4に「一般廃棄物処理施設精密機能検査要領」に基づきごみ質等検査を実施するよう定められている。

　平成22年の改正により，最終処分場，焼却施設等処理施設の維持管理情

報についてインターネットでの公表が義務付けられた。

正解　(3)

【法令】法9の3(5)，法9の3(7)，法8の3，法8の4，省令4の5，
　　　　省令4の6，省令4の7，省令5，昭和52年11月4日環整第
　　　　95号厚生省通知

許可施設（施設設置にあたり，法第8条に規定する一般廃棄物処理施設）の設置者である法人の合併の場合の手続として，誤っているものは次のうちどれか。

(1) 許可施設設置者である法人と許可施設設置者でない法人が合併する場合において，許可施設設置者である法人が存続するときは合併認可申請は不要である。

(2) 許可施設設置者である法人と許可施設設置者でない法人が合併する場合において，許可施設設置者でない法人が存続するときは，許可施設設置者でない法人が改めて設置許可申請を行ってもよい。

(3) 許可施設設置者である法人と許可施設設置者でない法人が合併する場合において，許可施設設置者でない法人が存続するときに都道府県知事の認可を受けたときは，合併後存続する法人もしくは合併により設立された法人により当該一般廃棄物処理施設を承継した法人は，許可施設設置者の地位を承継することができる。

(4) 合併による一般廃棄物処理施設の合併認可の申請書には，合併契約書の写しを添付しなければならない。

(5) 合併による一般廃棄物処理施設の承継認可の申請書には，一般廃棄物処理業の許可を受けている場合にあっては，当該許可に係る許可番号（許可を申請している場合にあっては，申請年月日）を記載しなければならない。

【 解 説 】

廃棄物処理施設の許可施設設置者である法人の合併又は分割の場合の手続が法第9条の6に規定されている（なお，法人合併については，法第15条の4で，産業廃棄物処理施設でも準用する旨が規定されている）。

この規定は，処理施設そのものはそのまま継続，存続しているにもかかわらず，設置者が変わることにより，再度設置許可の手続を要求するのは不要であるとの行政合理化の観点で平成12年に追加された条文である。

そもそも，合併，分割後に許可を有していた法人が継続するのであれば，許可は継続しているから，承継の手続は不要である。

また，なんらかの理由により簡素化した手続を希望せず，再度当初のとお

りの許可申請を行うことも可能である。

　(3)，(4)は法令の規定どおりである。

　(5)は，産業廃棄物処理業許可申請時には他の産業廃棄物処理業許可の状況を記載することが規定されているが，処理施設の承継にあたってはこのようなことは規定されていない。

正解　(5)

【法令】法9の6，法8，（関連）法15の4

次のうち，市町村が設置する一般廃棄物処理施設について，誤っているものはどれか。

(1)　一般廃棄物処理施設の届出について構造基準に適合していないと認めるとき，都道府県知事は市町村に対し，計画変更命令又は計画廃止命令が発出できる。

(2)　一般廃棄物処理施設について構造基準に適合していないと認めるとき，都道府県知事は市町村に対し，改善命令又は使用停止命令を発出することができる。

(3)　一般廃棄物処理施設について維持管理基準に適合していないと認めるとき，都道府県知事は市町村に対し，改善命令又は使用停止命令を発出することができる。

(4)　一般廃棄物処理施設について構造基準，又は維持管理基準に適合せず，改善命令により是正されないと認めるとき，都道府県知事は施設の廃止命令を発出することができる。

(5)　一般廃棄物処理施設のうち，政令で定める処理施設を設置しようと届出する場合は，あらかじめ生活環境影響調査を実施し，施設に関する書類と調査の結果を告示，縦覧を行い，利害関係者からの意見を徴した上で提出しなければならない。

【　解　説　】

　市町村が設置する一般廃棄物処理施設については，法第9条の3に規定され，同条第3項で構造基準に適合しない場合，都道府県知事は施設の計画変更命令又は計画廃止命令を発出できる。

　また，設置後に構造基準や維持管理基準に適合していない場合は，同条第10項で改善命令や使用停止命令が発出できるが，施設の廃止命令は規定されていない。

　なお，届出については，同条第2項により，政令第5条の6の事項を条例で規定し，利害関係者の意見を徴した上で届出することが規定されている。

正解　(4)

【法令】法9の3，政令5の6

VI-034　第15条　一般廃棄物処理施設　　難 解

一般廃棄物処理施設として設置許可を受けている最終処分場における終了，廃止について，次のうち法令で規定されていない事項はどれか。

(1)　最終処分場に係る埋立処分が終了したときは，その終了した日から30日以内に，都道府県知事に届け出なければならない。

(2)　あらかじめ当該最終処分場の状況が環境省令で定める技術上の基準に適合していることについて，都道府県知事の確認を受けなければ，当該最終処分場を廃止することができない。

(3)　石綿含有一般廃棄物を埋め立てた最終処分場の埋立処分の終了の届出には，石綿含有一般廃棄物が埋め立てられている位置を示す図面を添付しなければならない。

(4)　一般廃棄物の最終処分場の廃止の確認の申請書には，「ねずみの生息及び害虫の発生の防止に関する措置の内容」を記載しなければならない。

(5)　埋立処分が終了した最終処分場における技術上の基準の一つとして，厚さがおおむね30cm以上の土砂による覆いにより開口部を閉鎖しなければならない。

【 解 説 】

最終処分場は宿命として，その容量を満たすだけの廃棄物を埋め立てれば，それ以上受け入れることはできない。しかし，他の処理施設と異なり，新たな受け入れはやめても，それまで受け入れた廃棄物は地中に存在することとなることから，他の処理施設とは異なる様々な規定が設けられている。最終処分場を閉じるにあたり，「終了」「閉鎖」「廃止」といった似通った文言が使用されていることから，その使い分けを整理しておく必要がある。

「終了」は，法第９条第４項（産業廃棄物については第15条の２の６第３項で準用）で規定している行為で，「用意した容量が一杯になったことから，もうこれ以上の受け入れは行いません」という状態である。

「閉鎖」は，最終処分場基準省令第１条第２項第17号で規定している行為で，「廃棄物受け入れのために開けていた箇所を，一定の厚さの土砂等により覆う」ことである。「土を被せて整地する」といったイメージである。

「廃止」は，法第９条第５項（産業廃棄物については第15条の２の６第３項で準用）で規定している行為で，「そのまま，そっとしておけば，ま

435

ずは問題ありませんよ」という状態である。

　終了にあたり，最終覆土は最終処分場基準省令で「厚さがおおむね 50cm 以上の土砂による覆い」（又はこれに類する覆い）と規定されている。

正解　(5)

【法令】（関連）法 9 (4)，法 9 (5)，最終処分場基準省令 1 (2)（十七），法 15 の 2 の 6 (3)

VI-035　第9条の8　一般廃棄物処理施設

　一般廃棄物処理施設の設置許可を受けることなく，一般廃棄物処理施設を設置できる環境大臣再生利用認定（以下「大臣再生利用認定」という）という制度がある。この大臣再生利用認定制度で，該当になる一般廃棄物は次のうちどれか。

(1)　一般廃棄物の焼却に伴つて生じた焼却灰（資源として利用することが可能な金属を含むものを除く）

(2)　一般廃棄物の焼却に伴つて生じたばいじん（資源として利用することが可能な金属を含むものを除く）

(3)　廃肉骨粉

(4)　通常の保管状況の下で容易に腐敗し，性状が変化することによつて生活環境の保全上支障が生ずるおそれがあるもの

(5)　通常の保管状況の下で容易に揮発し，性状が変化することによつて生活環境の保全上支障が生ずるおそれがあるもの

【 解　説 】

　法第9条の8には一般廃棄物処理業の許可も一般廃棄物処理施設の設置許可も不要となる制度が規定されている。それが，環境大臣による「一般廃棄物の再生利用に係る認定」である。

　本来，処理業にしても，処理施設設置にしても許可制度を採用し，厳しい基準を適用していることから，許可制度の特例となる大臣認定は，相当限定した一般廃棄物のみを対象にしている。

　省令第6条の2で規定しているが，この規定の仕方が「次の各号に該当せず」として3項目を掲げている。

　概要は設問の(1)(2)(4)(5)であり，この他に「バーゼル条約附属書Iに掲げるものであつて，条約附属書IIIに掲げる有害な特性のいずれかを有するもの」がこれにあたる。

　誤解を覚悟であえて概要を書けば，金属が高濃度で含有しているものは例外だが，①焼却灰とばいじん，②すぐに腐敗・揮発するもの，③有害物が入つている一般廃棄物，この三つのものは認定の対象にしない，ということである。

　具体的な大臣告示としては，廃タイヤや廃肉骨粉等が認定を受けている。

【法令】法9の8，省令6の2

VI-036　第6条の2　一般廃棄物処理施設　難解

一般廃棄物の最終処分場に埋立する場合に，埋め立て可能な一般廃棄物の種類の組み合わせで誤っているものは次のうちどれか。

(1)　遮水工や水処理設備の設置がない最終処分場 − タイルの破砕物

(2)　遮水工や水処理設備の設置がない最終処分場 − 焼却灰

(3)　遮水工や水処理設備の設置がない最終処分場 − 焼却灰の溶融固化物（目標基準に適合したもの）

(4)　遮水工や水処理設備の設置がある最終処分場 − 焼却灰

(5)　遮水工や水処理設備の設置がある最終処分場 − 焼却灰の溶融固化物（目標基準に適合したもの）

■ 解 説 ■

一般廃棄物の最終処分場は，通常，産業廃棄物の管理型最終処分場と同様の構造で作られ，遮水工や水処理設備が設置されている。

しかし，最終処分場基準省令第1条第1項第5号の「ただし書き」で「公共の水域及び地下水の汚染を防止するために必要な措置を講じた一般廃棄物のみを埋め立てる埋立地については，この限りでない」旨規定されている。

すなわち，産業廃棄物の安定型最終処分場のように，「遮水工や水処理設備の設置がない一般廃棄物最終処分場」も存在が認められている。

この「遮水工や水処理設備の設置がない一般廃棄物最終処分場」に埋めてよい一般廃棄物として，示した通知が下記のものであり，その中の一つが「目標基準適合溶融固化物」である。

「目標基準適合溶融固化物」とは，「一般廃棄物の焼却灰の溶融固化物で溶融固化物に係る目標基準に適合するもの」をいう。

【参考】

「一般廃棄物の溶融固化物の取扱いについて」

通知日：平成19年11月19日環廃対発第071119001号

「一般廃棄物最終処分場の適正化に関する留意事項について」

通知日：平成10年3月5日衛環8号

目標基準適合溶融固化物については，路盤材等に有効に利用することが望

まれるが，有効な用途が確保されず，埋立処分を行う場合にあっては，一般廃棄物の最終処分場及び産業廃棄物の最終処分場に係る技術上の基準を定める命令（昭和52年総理府令・厚生省令第1号）第1条第1項第5号の「公共の水域及び地下水の汚染を防止するために必要な措置を講じた一般廃棄物」に該当するものであること。

正解 (2)

【法令】最終処分場基準省令第1条第5号，平成19年11月19日環廃対発第071119001号，平成10年3月5日衛環8号通知

VI-037　第2条の3　災害廃棄物　　難解

災害廃棄物に関する記述として，誤っているものはどれか。

(1)　災害廃棄物は事業活動を伴わずに発生することから一般廃棄物として
　　扱われている。

(2)　非常災害により生じた廃棄物は，当該廃棄物の発生量が著しく多量で
　　あり，円滑かつ迅速な処理を確保しなければならないことから，分別，
　　再生利用等により減量することまでは求められていない。

(3)　産業廃棄物処理施設設置許可を取得していれば，一般廃棄物処理施設
　　設置許可が不要となる制度があるが，災害廃棄物を扱うときには事後の
　　届出でもよいとする制度がある。

(4)　都道府県廃棄物処理計画には，非常災害時における廃棄物処理に関す
　　る事項が法定事項として規定されているが，廃棄物処理法第6条に規定
　　する市町村が定める「一般廃棄物処理計画」には規定されていない。

(5)　一般廃棄物は処理業者（許可業者）の再委託は例外なく禁止されてい
　　るが，災害廃棄物に関しては，市町村からの受託者は一定の要件の下で
　　再委託することが認められている。

【 解 説 】

　災害廃棄物は事業活動を伴わずに発生することから「一般廃棄物」として
扱われている。平成27年の法改正により，非常災害により生じた廃棄物の
処理の原則が追加され，「分別，再生利用等によりその減量が図られるよう，
適切な配慮がなされなければならない。」と規定された。

　したがって，(2)の「減量化については考慮する必要はない」は誤りである。

　(3)平時においては，一般廃棄物を既設産業廃棄物処理施設において処理す
るときは，都道府県知事に事前に届け出ることとされているが，平成27年
の法改正により，非常災害により生じた廃棄物の適正な処理を確保しつつ，
円滑かつ迅速に処理するための必要な応急措置として，産業廃棄物処理施設
の設置者は，当該施設において処理する産業廃棄物と同様の性状を有する一
般廃棄物を処理する場合には，事後の届出でその処理施設を当該一般廃棄物
を処理する一般廃棄物処理施設として設置できることとされた。

　(4)前述のように，そもそも災害廃棄物は一般廃棄物であり，一般廃棄物の
処理は市町村の自治事務である。法定事項でなくとも「一般廃棄物処理計画」

に記載することが当然であるとの解釈のためか，法定事項としては規定されていない。

(5)産業廃棄物に関しては再委託基準が規定されており，法定手続を行えば再委託は可能になるが，一般廃棄物処理業者に関しては再委託についての規定はない。そのため，処理業者（許可業者）に関しては，一般廃棄物の再委託は例外なく禁止されている。

一方で災害廃棄物に関しては，非常災害が発生した場合，平時において市町村が処理している日常生活に伴って生じたごみやし尿，事業系一般廃棄物とはその質，量ともに異なる廃棄物が発生し，被災市町村が当該廃棄物の処理体制を十分に確保できない場合が生じるおそれがあることから，市町村が非常災害により生じた廃棄物の処理を委託する場合について，一般廃棄物の処理の再委託が可能とされた。

ただし，一般廃棄物の収集，運搬，処分等の再委託が可能となるのは，非常災害により生じた廃棄物の処理に限られ，平時においては，引き続き再委託が禁止であることに変更はない。また，個々の災害が，再委託が適用される「非常災害」に該当するか否かについては，処理責任を有する市町村により判断されることになり，市町村が当該災害により生じた廃棄物について，通常の委託基準にのっとった処理が困難であり，再委託を適用することにより円滑かつ迅速な処理が期待できると判断した場合において適用されるものである。

なお，非常災害時に市町村から一般廃棄物の処理の委託を受けた者の委託を受けて当該一般廃棄物の処理を業として行う者については，一般廃棄物処理業の許可は不要である。

正解 ⑵

【法令】法2の3，法15の2の5，政令4㈢，省令1の7の6，法7，省令2⑴，省令2の3⑴

総則，雑則，罰則

次の廃棄物処理法第1条の目的における語句の正誤の組み合わせとして，適当なものはどれか。

第1条　この法律は，廃棄物の（a 処理を促進）し，及び廃棄物の適正な分別，（b 保管），収集，運搬，（c 再生），処分等の処理をし，並びに（d 公共の河川）を清潔にすることにより，（e 生活環境の保全）及び（f 公衆衛生の向上）を図ることを目的とする。

	a	b	c	d	e	f
(1)	誤	誤	正	誤	誤	誤
(2)	正	誤	誤	正	誤	正
(3)	誤	正	誤	正	正	誤
(4)	正	正	正	誤	正	正
(5)	誤	正	正	誤	正	正

■ 解 説 ■

正しい文章は次のとおりである。

（目的）

第1条　この法律は，廃棄物の<u>排出を抑制</u>し，及び廃棄物の適正な分別，<u>保管</u>，収集，運搬，<u>再生</u>，処分等の処理をし，並びに<u>生活環境</u>を清潔にすることにより，<u>生活環境の保全及び公衆衛生</u>の向上を図ることを目的とする。

　廃棄物処理法は昭和29年に成立した清掃法を引き継ぐ形で昭和45年に成立している。清掃法の時代は「公衆衛生の向上」を目的としていたが，昭和45年のいわゆる「公害国会」で成立した公害6法（水質汚濁防止法，大気汚染防止法等）と同様に，「生活環境の保全」を掲げている。

　さらに，平成3年に大改正が行われ，それまでの「廃棄物の適正処理」に「排出抑制」が加えられ，また，「処理」の種類に，「再生」の文言も追加されている。

　よって，誤りはa「処理を促進」とd「公共の河川」であるから，(5)が正解となる。

正解　(5)

次のうち，廃棄物処理法の目的の一つである生活環境の保全について，誤っているものはどれか。

(1) 生活環境の保全とは，廃棄物処理に伴い環境基準が定められている水質汚濁，大気汚染，土壌汚染及び騒音のみによる環境影響を防止するものである。

(2) 生活環境の保全とは，廃棄物処理に伴い周辺に居住する人への健康保護を含むものである。

(3) 生活環境の保全とは，廃棄物処理に伴い周辺の農作物への被害防止を含むものである。

(4) 生活環境の保全とは，廃棄物処理に伴う汚水の発生による地下水汚染の被害防止を含むものである。

(5) 生活環境の保全とは，廃棄物処理に伴い公共の区域や他人の所有地への産業廃棄物の飛散や流出防止を含むものである。

■ 解 説 ■

　「行政処分の指針について」（平成 30 年 3 月 30 日環循規発第18033028 号）では，「『生活環境』とは，環境基本法第 2 条第 3 項に規定する生活環境と同義であり，社会通念に従って一般的に理解される生活環境に加え，人の生活に密接な関係のある財産又は人の生活に密接な関係のある動植物若しくはその生育環境を含むものであること。また，『生活環境の保全』には当然に人の健康の保護も含まれること」とある。

　環境基本法の逐条解説では「この法律において保護しようとしている『生活環境』には，常識的な意味で理解される生活環境のほかに，人の生活に密接な関係のある財産及び人の生活に密接な関係のある動植物とその生育環境を含むことを明らかにしている。公害が社会問題として注目されるに至った事件の中には，農作物や漁業の対象とされている魚介類に係る被害が生じたり，家具や商品が腐食するなどの被害が生じたものも少なくない。このため，これらの被害を防止することは公害対策として当然に期待されているところである」とされ，また，「生活環境という用語は，様々な法律において用いられているが，法律上の明確な定義が置かれている例はなく，常識的な意味で理解されるものを指すものである。本法ではそうした意味の他に，更に『人

の生活に密接な関係のある財産及び人の生活に密接な関係のある動植物とその生育環境』をも含めた意味で『生活環境』という用語を用いることとしている」とある。廃棄物処理法では廃棄物処理に起因する生活環境の支障を発生させることなく，保全するということになり，この目的を達成するために措置命令などの行政処分が規定されている。

正解　(1)

【法令】平成 30 年 3 月 30 日環循規発第 18033028 号，環境基本法 2
　　　 (3)

Ⅶ-003 　第２条の４　総則

　次のうち，廃棄物処理法で「国民の責務」として規定されていない事項は
どれか。
(1)　廃棄物の排出を抑制すること。
(2)　再生品の使用等により廃棄物の再生利用を図ること。
(3)　廃棄物を分別して排出すること。
(4)　生じた廃棄物をなるべく専門の業者に処理委託すること。
(5)　廃棄物の減量その他その適正な処理に関し国及び地方公共団体の施策
　　 に協力すること。

【 解　説 】

　法第２条の４では，「国民の責務」として次のように規定されている。

　第２条の４　国民は，廃棄物の排出を抑制し，再生品の使用等により廃棄
　　物の再生利用を図り，廃棄物を分別して排出し，その生じた廃棄物をな
　　るべく自ら処分すること等により，廃棄物の減量その他その適正な処理
　　に関し国及び地方公共団体の施策に協力しなければならない。

　これは，平成３年の改正の時に追加された条文であり，それまで廃棄物
処理法では「国民の責務」は規定されていなかった。
　前述の正しい条文と比較すれば一目瞭然であるが，選択肢で間違っている
のは(4)で「専門の業者に処理委託」ではなく「自ら処分」である。
　しかし現実を考えると，堆肥にならない廃棄物を土に埋めることは，第
16条の不法投棄，また，焼却炉もないところで焼却すれば第16条の２の「野
焼き」として，違法行為となる。
　郡部では「生ごみの堆肥化」等は家庭（個々の国民）でも可能であろうが，
都市部では文言とおりの「なるべく自ら処分すること」は困難になっている
のが現状である。

正解　(4)

【法令】法２の４，法16，法16の２

第7章

総則・雑則・罰則

Ⅶ-004　第3条　総則

　次のうち，廃棄物処理法で「事業者の責務」として規定されていない事項
はどれか。
- (1)　その事業活動に伴って生じた廃棄物は，自ら処理するのではなく，専
門知識のある処理業者に委託して処理すること。
- (2)　その事業活動に伴って生じた廃棄物の再生利用等を行うことにより，その減量に努めること。
- (3)　物の製造，加工，販売等に際して，その製品，容器等が廃棄物となった場合における処理の困難性についてあらかじめ自ら評価し，適正な処理が困難にならないような製品，容器等の開発を行うこと。
- (4)　その製品，容器等に係る廃棄物の適正な処理の方法についての情報を提供すること等により，その製品，容器等が廃棄物となった場合においてその適正な処理が困難になることのないようにすること。
- (5)　廃棄物の減量その他その適正な処理の確保等に関し国及び地方公共団体の施策に協力すること。

【 解 説 】

　法第3条では，「事業者の責務」として(2)～(5)のように規定されている。

　(1)については，「自らの責任において適正に処理しなければならない」であり，この「自らの責任において適正」の趣旨として専門業者への委託処理もあるが，自らによる処理も当然許されるものである。

　(3)～(5)については，平成3年の改正で追加された条文で，これは事業者は排出者という立場だけでなく，製品等の製造者としての責任の重要性が増してきていることを踏まえたものである。

　この平成3年以降も大臣認定制度の拡大等により，廃棄物処理法は「排出者責任」とともに「拡大生産者責任」の色合いを濃くしてきている。

正解　(1)

Ⅶ-005　第３条　総則　難解

　次のうち，事業者及び地方公共団体の処理に関する記述として規定されていないものはどれか。

(1) 事業活動に伴って排出される一般廃棄物は自らの責任において適正に処理しなければならない。

(2) 一般廃棄物（特別管理一般廃棄物を除く）を他人に委託する場合は，種類，数量，性状その他環境省令で定める事項を文書で通知しなければならない。

(3) 産業廃棄物は自ら処理しなければならないが，これには適正に委託して処理する場合も含まれる。

(4) 産業廃棄物を他人に委託する場合は書面で委託契約を締結しなければならない。

(5) 産業廃棄物の適正な処理を確保するため，都道府県はその事務として産業廃棄物の処理を行うことができる。

■ 解　説 ■

(1) 事業者は，その事業活動に伴って排出されるすべての廃棄物について，その廃棄物が産業廃棄物に区分されるか一般廃棄物に区分されるかにかかわらず，全般的に処理責任を有するものである（法第３条）。「適正に処理する」とは，自家処理の場合は処理基準，保管基準，廃棄物処理施設の維持管理基準を遵守し，委託処理の場合は委託基準を遵守することを意味する。

(2) 事業者が特別管理一般廃棄物を委託する場合の基準（政令第４条の４第２号）であり，特別管理一般廃棄物に該当しない一般廃棄物を委託するときはこの規定は適用されない。

(3) 自家処理だけでなく，産業廃棄物処理業者等，地方公共団体への処理委託も含むものである。

(4) 産業廃棄物の委託基準（政令第６条の２第４号）である。

(5) 市町村及び都道府県は，その管轄区域内における企業活動の実態，産業廃棄物の排出実態等を考慮し，広域的に処理することが適当であると認められる産業廃棄物などについて，その処理事業を実施することができる（法第11条第２～３項）。

第7章

総則・雑則・罰則

449

【法令】法3，政令4の4㈡，政令6の2㈣，法11⑵～⑶

Ⅶ-006　第4条　総則　基本

　次のうち，廃棄物処理法で「国，地方公共団体の責務」として規定されていない事項はどれか。

(1)　市町村は，一般廃棄物の適正な処理に必要な措置を講ずるよう努めなければならない。

(2)　都道府県は，当該都道府県の区域内における産業廃棄物の状況を把握し，産業廃棄物の適正な処理が行われるように必要な措置を講ずることに努めなければならない。

(3)　都道府県は，市町村に対し，必要な財政的援助を与えることに努めなければならない。

(4)　国は，市町村及び都道府県に対し，必要な技術的及び財政的援助を与えることに努めなければならない。

(5)　国，都道府県及び市町村は，廃棄物の排出を抑制し，及びその適正な処理を確保するため，これらに関する国民及び事業者の意識の啓発を図るよう努めなければならない。

【解　説】

　法第4条では，「国及び地方公共団体の責務」として(3)を除き，設問の内容を規定している。

　(3)について，都道府県は，市町村に対し，必要な技術的援助を与えることに努めなければならないことは規定しているが，財政的援助については規定されていない。

　平成3年の改正で国，地方公共団体ともにその責務として「廃棄物の排出抑制」「国民の意識の啓発」等の趣旨が追加されたが，原則的な概念は次のとおりである。

①市町村は一般廃棄物の処理に関して，その責を負う。

②都道府県の責務は，市町村への技術的な援助とともに，産業廃棄物の処理に関して，「状況の把握」と「適正処理に関する責務」である。

③国の責務は「市町村，都道府県への技術的及び財政的援助」と「広域的見地からの調整」である。

正解　(3)

【法令】法4

次のうち，その行為をしなければならない人物とその行為の組み合わせで，法令で規定されていないものはどれか。

（清潔の保持）

(1)　土地又は建物の占有者（占有者がない場合には，管理者）

　　→占有し，又は管理する土地又は建物の清潔を保持しなければならない。

(2)　建物の占有者

　　→市町村長が定める計画に従った大掃除をしなければならない。

(3)　何人も（誰でも）

　　→キャンプ場，スキー場，海水浴場，港湾その他の公共の場所を汚してはならない。

(4)　市町村

　　→必要と認める場所に，公衆便所及び公衆用ごみ容器を設けなければならない。

(5)　便所が設けられている車両，船舶又は航空機を運行する者

　　→当該便所に係るし尿は自らくみ取らなければなければならない。

【 解 説 】

　法第 5 条には「清潔保持義務」が規定されている。これは清掃法時代から規定されていた内容で，廃棄物処理法の目的の一つである「公衆衛生の向上」を達成するための規定といえる。

　(2)の大掃除の規定などは，現状に合わなくなっている内容はあるものの，本来国民や自治体が当然にやるべき内容を教示的に規定している。

　なお，この法第 5 条の規定に違反したからといって罰則の規定はなく，状態が悪ければ，改善命令，措置命令，不法投棄罪の適用等，他の規定によることとなる。

　(5)は「環境衛生上支障が生じないよう処理する」との規定はあるが，「自らくみ取る」とは規定していない。

　なお，平成 22 年の改正により法第 5 条第 2 項に土地所有者等の「通報」義務が規定された。

正解 (5)

第7章

総則・雑則・罰則

次の事項は，環境大臣の定める廃棄物の排出の抑制，再生利用等による廃棄物の減量その他その適正な処理に関する施策の総合的かつ計画的な推進を図るための「基本方針」について記載したものであるが，規定されていない事項は次のうちどれか。

(1)　基本方針には，「廃棄物の減量その他その適正な処理の基本的な方向」が定められている。

(2)　基本方針には，「廃棄物の減量その他その適正な処理に関する目標の設定に関する事項」が定められている。

(3)　基本方針には，「各種リサイクル法の再生率」が定められている。

(4)　環境大臣は，基本方針を変更しようとするときは，あらかじめ，都道府県知事の意見を聴かなければならない。

(5)　環境大臣は，基本方針を定め，又はこれを変更したときは，遅滞なく，これを公表しなければならない。

■ 解　説 ■

法第5条の2では，「基本方針」として(3)を除き，設問の内容を規定している。

(3)については，「基本方針」ではなく，例えば，廃家電（4品目）については家電リサイクル法で，建設廃棄物については建設リサイクル法で再生商品化率が目標や義務の形で規定されている。

「基本方針」は単に環境省が唱えれば実現するというものではなく，減量化をはじめ種々の施策は事業者の事業等にかかわることなので，関係行政機関の長との協議や都道府県知事の意見を聴くことが規定されている。

正解　(3)

【法令】法5の2

次のうち，環境大臣が閣議の決定を得て実施する 廃棄物処理施設整備事業でないものはどれか。

 (1) 地方公共団体が行う廃棄物の処理施設の整備に関する事業
 (2) 広域臨海環境整備センターが広域臨海環境整備センター法第19条第2号の規定により行う廃棄物の処理施設の整備に関する事業
 (3) 中間貯蔵・環境安全事業株式会社が中間貯蔵・環境安全事業株式会社法第1条第1項の規定により行うポリ塩化ビフェニル（PCB）廃棄物の処理施設の整備に関する事業
 (4) 民間資金等の活用による公共施設等の整備等の促進に関する法律第2条第5項に規定する選定事業者が選定事業として行う廃棄物の処理施設の整備に関する事業
 (5) 地方公共団体が行う公共下水道及び流域下水道の整備に関する事業

■ 解 説 ■

 法第5条の3で規定する廃棄物処理施設整備計画は，昭和47年から平成15年までは廃棄物処理施設整備緊急措置法に基づき実施されてきた事業である。平成15年の廃棄物処理法改正により，同緊急措置法が廃止され廃棄物処理法の中に追加された条文である。

 この中で法第5条の2で規定する「基本方針」に即して，計画的に廃棄物処理施設を整備することとしている。

 (1)～(4)は政令で具体的に明示している事業であるが，(5)については所管が国土交通省となることから，廃棄物処理法で規定する事業からは除かれている。

 なお，(4)の「民間資金等の活用による公共施設等の整備」は，いわゆる「PFI方式」と呼ばれている手法である。

正解　(5)

【法令】法5の3，広域臨海環境整備センター法19(2)，中間貯蔵・環境安全事業株式会社法1(1)，民間資金等を活用する公共施設等の整備等の促進に関する法律2(5)

次のうち，都道府県が定めるとされている「廃棄物処理計画」について，規定されていない記述はどれか。

(1) 廃棄物の発生量及び処理量の見込みは，廃棄物の種類ごとに定めなければならない。

(2) 廃棄物の種類ごとに，廃棄物の排出量，再生利用量，中間処理量，最終処分量を定めなければならない。

(3) 一般廃棄物の適正な処理を確保するために必要な体制に関する事項を定めなければならない。

(4) 廃棄物の不適正な処分の防止のために必要な監視，指導その他の措置に関する事項を定める。

(5) 廃棄物処理計画を定めるときは，あらかじめ，環境大臣の意見を聴かなければならない。

【 解　説 】

　法第5条の5で規定する都道府県廃棄物処理計画は，平成12年の改正までは法第11条に規定される産業廃棄物処理計画であった。

　しかし，従来の「産業廃棄物処理計画」では，一般廃棄物の処理や産業廃棄物の広域的な対応を含めた総合的な取り組みには不十分なものであったことから，これらの要因も包括した形での計画を都道府県が作成することを義務付けたものである。

　この計画に盛り込むべき事項については，法第5条の5で規定し，その基準については省令第1条の2の2で規定している。

　法第5条の5では計画を定めるときの手続についても規定しているが，「あらかじめ意見を聴かなければならない」のは，「関係市町村」であり，「環境大臣」ではない。

正解 (5)

【法令】法5の5，省令1の2の2，法11

次のうち，市町村が定めるとされている「一般廃棄物処理計画」について，規定されていない記述はどれか。

(1) 一般廃棄物処理計画は基本計画及び実施計画を定めなければならない。

(2) 市町村は，地方自治法の基本構想に即して，一般廃棄物処理計画を定めなければならない。

(3) 市町村は，その一般廃棄物処理計画を定めるにあたっては，当該市町村の区域内の一般廃棄物の処理に関し関係を有する他の市町村の一般廃棄物処理計画と調和を保つよう努めなければならない。

(4) 市町村は，一般廃棄物処理計画を定めたときは，遅滞なく，これを公表するように努めなければならない。

(5) 当該市町村の区域内の一般廃棄物及び産業廃棄物の発生量及び処理量の見込みを定めなければならない。

【 解 説 】

　法第6条では，一般廃棄物処理計画について規定している。一般廃棄物処理計画は，一般廃棄物を実際に処理する存在としての市町村役場とともに，排出事業者による「自ら処理」や許可業者による「受託処理」も監督下においた，当該市町村で発生するすべての一般廃棄物について対象とするものである。

　この計画は，一般廃棄物の発生量，それを適正に処理するための処理施設の整備に関すること等を内容とするものである。近年は，自圏域だけでは処理が完結せず，他の市町村への搬出，他の市町村からの搬入もありえることであり，そのため「関係を有する他の市町村の一般廃棄物処理計画と調和を保つ」ことも求められている。

　一般廃棄物処理業の許可は，本来，市町村による処理が「困難」である場合に限り行われるものであることから，この「一般廃棄物処理計画」は法第7条の「一般廃棄物処理業許可」に直接かかわりをもつものである。

　都道府県計画では，産業廃棄物と併せて一般廃棄物に関してもその計画の中に盛り込むことが規定されていたが，一般廃棄物処理計画において，「産業廃棄物の発生量や処理量」に関しては，盛り込むべき事項とは規定されて

いない。

【法令】法6，法7

Ⅶ-012　第 15 条の 4 の 5　輸入廃棄物　〔超難〕

輸入廃棄物について正しいのは，次のうちどれか。

(1) 廃棄物を輸入しようとする者は，都道府県知事の許可を受けなければならない。

(2) 輸入申請できる者は，輸入した廃棄物を自分で処分できる処理施設を所有している者だけである。

(3) 輸入廃棄物のうち一般廃棄物は再委託してはならない。

(4) 産業廃棄物である輸入廃棄物は，災害その他の特別な事情があり，環境大臣の確認を受けたときは，再委託が可能である。

(5) 日本国内で処分することができない輸入廃棄物は，輸入後に輸出することを前提としていてもよい。

【 解 説 】

　国外廃棄物の輸入は我が国で適正に処理されることが確認できた場合にのみ認めることとされており，これまで，輸入の許可を申請できる者は，産業廃棄物処分業者又は産業廃棄物処理施設を有する者等，当該廃棄物を自ら処理できる者に限られていた。

　しかし，国内における適正処理が確保されることを前提に，廃棄物の輸入の許可の対象者を拡大することとし，国外廃棄物を国内において処分することにつき相当の理由があると認められる場合に限り，国外廃棄物を他人に委託して適正に処理することができると認められる者も，輸入許可の対象者とすることとなった。(法第 15 条の 4 の 5 第 3 項)

　自ら処分するものとして輸入の許可を受けた場合であっても，災害その他の特別な事情があることにより当該廃棄物の適正な処分が困難であることについて環境大臣の確認を受けたときは，当該産業廃棄物の処分を委託することができることとなった。(政令第 6 条の 2 第 3 号ただし書)。

　法第 2 条第 4 項第 2 号において，「輸入された廃棄物は産業廃棄物とする」という定義がなされていることから，そもそも輸入廃棄物に一般廃棄物が存在しない。

　(1)輸入許可は環境大臣が行う。(2)前述のとおり委託処理も認められる。(3)輸入廃棄物に一般廃棄物はない。(5)国内で適正に処理される場合のみ許可される。

【法令】法 15 の 4 の 5⑶,政令 6 の 2 ㊂,法 2 ⑷㊁

「廃棄物が地下にある土地であつて，土地の掘削その他の土地の形質の変更が行われることにより，当該廃棄物に起因する生活環境の保全上の支障が生ずるおそれがあるもの」として廃棄物処理法第15条の17の規定により指定される要件に該当しない埋立地は，次のうちどれか。

(1)　現行法の規定する廃止の確認を受けて廃止された産業廃棄物の最終処分場に係る埋立地

(2)　平成9年の改正法施行前の規定による廃止の届出があった産業廃棄物の最終処分場に係る埋立地

(3)　設置届出（平成3年の改正法施行前の施設届出制度のときに）があった産業廃棄物の最終処分場に係る埋立地のうち廃止の届出制度の施行日（平成4年7月4日以前）より前に廃止されたもの

(4)　市町村が設置した設置許可又は設置届出の対象外の最終処分場に係る埋立地のうち，法施行後に廃止されたもの

(5)　不法投棄現場で行為者が発覚をおそれて覆土した土地

【 解　説 】

　指定区域は，廃止された廃棄物の最終処分場等であって，現に生活環境の保全上の支障が生じるおそれはないが，土地の形質の変更に伴い生活環境の保全上の支障が生ずるおそれがあるものとして政令第13条の2で定められている。

　(5)においては法に基づく措置命令又は行政代執行等に基づいていないため，該当しない。(5)は不法投棄された現場が，法に基づく措置命令又は行政代執行等に基づき遮水工封じ込め措置，原位置封じ込め措置又は原位置覆土の措置が講じられた廃棄物の埋立地であれば指定される。（省令第12条の31）

正解　(5)

【法令】法15の17，政令13の2，省令12の31

　「廃棄物が地下にある土地であつて，土地の掘削その他の土地の形質の変更が行われることにより，当該廃棄物に起因する生活環境の保全上の支障が生ずるおそれがあるものとして法第 15 条の 17 の規定により指定される」指定区域台帳（法 15 条の 18）について，法令の趣旨にそぐわないのは次のうちどれか。

(1)　写しの交付の請求があったときは，必要に応じ応分の負担を求めつつこれに応じなければならない。

(2)　閲覧は，都道府県の担当課以外に情報公開窓口で行ってもよい。

(3)　指定区域台帳は，帳簿及び図面をもって，指定区域ごとに調製される。

(4)　都道府県知事は，指定区域台帳の記載事項に変更があったときは，速やかに訂正しなければならない。

(5)　都道府県知事は，請求があったときは，指定区域台帳又はその写しを閲覧させなければならないが，関係人以外から請求があったときは閲覧させなくてもよい。

■ **解　説** ■

　(1)台帳情報を電子化し，閲覧室のパソコン端末で検索，閲覧できるようにするなど処理手続の簡易化，迅速化を図ることが望ましいこと，指定区域台帳の閲覧を求められたときは，正当な理由がなければこれを拒むことができないこととされている。なお，「正当な理由」とは閲覧を求められた時点で指定区域台帳の編纂作業中であり，閲覧させられる状態にない等の限定された場合を指している。

　法第 19 条の 12 に規定される届出台帳においては閲覧の対象者は「関係人」と限定されているが，法第 15 条の 18 に規定される指定区域台帳には限定はない。混同されることのないよう注意が必要である。

　概略を説明すれば，次のようになる。

＜法第 15 条の 18 に規定される指定区域台帳＞

　土地の形質の変更が行われることにより，生活環境の保全上の支障が生ずるおそれがある場所として，①廃止確認を受けて廃止した最終処分場，②現制度となる以前に廃止した最終処分場，③かつてのミニ処分場，④代執行に

より封じ込めを行った場所等が記載の対象。

＜法第19条の12に規定される届出台帳＞
　埋立終了し終了届出があった最終処分場が記載の対象
　「終了」と「廃止」の別についてはⅥ-034参照。
　指定区域台帳と届出台帳では記載事項等が異なっている。

正解　⑸

【法令】法15の17，法15の18，法19の12，省令15の8
【参照】Ⅵ-034

次のうち，指定区域における土地の形質の変更について届出が必要となるのはどれか。

(1) 建物建設のための掘削で地表から 20cm の掘削。なお，覆土の厚さは不明である。

(2) 覆土が 100cm あることが明らかな指定区域において建物建設のための掘削で地表から 40cm の掘削。

(3) 雨水による侵食により生じた 20cm のくぼみに土砂を入れて均す工事。

(4) 30cm の高さまでの土砂の堆積。

(5) 非常災害のために必要な応急措置として行われる 1m 以上の高さまでの土砂の堆積。

【 解 説 】

「土地の形質の変更」とは，土地の形状又は性質の変更のことであり，例えば，宅地造成，土地の掘削，工作物の設置，開墾等の行為が該当し，廃棄物の搬出を伴わないような行為も含まれる。土地の形質の変更の届出が不要な行為については「ただし書き」で規定されており，特に通常の管理行為，軽易な行為その他の行為であって，環境省令で定めるものについて具体的な事例についてはガイドラインにある。

廃棄物埋立地を盛土する場合，擁壁等流出防止設備又は造成法面の安定性を損なわない場合のみ軽易な行為とする。通常，盛土造成に伴う擁壁等の安定計算を行う場合，宅地においては約 10kN/m^2，堤防などの車両通行を前提とする場合は 20kN/m^2 の上載荷重を想定している（道路土工指針，河川砂防技術指針等）。したがって，盛土等による増加荷重は，概ね 20kN/m^2 以下（単位体積重量 1.8t/m^3 の土砂で概ね厚さ 1m 以下の盛土に相当する）である行為が軽易な行為の目安となる。

廃止基準では，最終の覆いを土砂等で厚さ 50cm 以上施工することが義務付けられている。この覆いの機能により廃棄物の露出，臭気・ガスの発散，雨水の浸透防止等が図られている。したがって，土地の形質の変更に伴って覆いの厚さが 50cm を下回るような掘削をすることは，廃止基準を満足しない状態となることから，土砂等の覆いが 50cm 以上残存することが明ら

かな場合における掘削を軽易な行為等とする。

　一方，(1)のように土砂等の覆いの厚さが不明な場合，小規模な掘削であっても残存する覆いの厚さが50cm以上確保できるか事前に確認できない場合がある。このような場合における掘削は，小規模であっても軽易な行為等とはならない。

正解 (1)

【参照】Ⅶ-014

次のうち，廃棄物処理法第16条の投棄禁止について，誤っているものはどれか。

(1) 投棄禁止は，事業者，廃棄物処理業者などの事業活動に伴うものに限られ，一般人は対象とならないものである。

(2) 投棄禁止は，一般廃棄物，産業廃棄物にかかわらずすべての廃棄物が対象となるものである。

(3) 投棄禁止は，事業場内，廃棄物中間処理場，廃棄物最終処分場など場所の使用形態にかかわらず対象となるものである。

(4) 投棄禁止は，自己所有地，借地など，場所の権利関係にかかわらず対象となるものである。

(5) 投棄禁止は，土地に埋めることのみならず，大量の廃棄物を地上に放置していた場合も対象となるものである。

■【 解　説 】■

　法第16条の投棄禁止は，「何人も，みだりに廃棄物を捨ててはならない」と規定されている。ここでは，「何人も」であり主体は限定されていないので，事業活動にかかわる者のみならず，一般の人も含まれる。

　また，廃棄物は廃棄物処理法の対象となるすべての廃棄物であり，その場所や場所の権利関係にはかかわらず国土のすべての区域である。さらに，投棄禁止は土地に埋めて土をかぶせて埋却する行為のみならず，正当な理由なく地上に放置し，大量の廃棄物により生活道路に飛散するなどの生活環境の保全上の支障が発生している場合など社会通念に照らし許容される範囲を超えたものは不法投棄と認定されることがある。

正解 (1)

【法令】法16

第 16 条　不法投棄

次のうち，廃棄物の不法投棄について正しい記述はどれか。

(1)　家庭生活から排出される大量の無害な茶碗のかけらやガラスくずは市街化区域以外の自分の土地なら穴を掘って埋めてよい。

(2)　汚泥や廃酸は無害な物であれば，地先海面（3 海里以内）以外であれば捨ててよい。

(3)　がれき類，廃プラスチック類等の安定 5 品目であれば，1,000m^2 未満で，生活環境保全上の支障が生じないなら穴を掘って埋めてよい。

(4)　動植物性残さ，木くず等の産業廃棄物であっても，1,000m^2 未満で，浸出水の処理を行い，生活環境保全上の支障が生じないなら穴を掘って埋めてよい。

(5)　どのような人物も，社会秩序を乱し，正当な理由なく，廃棄物を捨ててはならない。

【 解 説 】

　現在の不法投棄の概念は(5)のとおりであるが，この規定になったのは平成 4 年 7 月からである。

　(1)関連では，こういった無害の固形物については，市町村処理計画区域外（平成 4 年までは市街区域のみが計画の対象とされ，郡部区域は処理計画の対象外であった）では，捨ててもよい物であった。

　(2)についても，有害な廃棄物については昭和 51 年までは捨てても違反とならず，無害な廃棄物については平成 4 年まで違反とはならなかった。

　(3)(4)は平成 9 年の改正まで，安定型物は 3,000m^2 未満，管理型物は 1,000m^2 未満の，いわゆる「ミニ処分場」が認められていたことから全国的に問題となり，現在はいくら小さくとも廃棄物の最終処分場は設置許可の対象となっている。(詳細は，長岡文明『廃棄物処理法，いつ出来た？この制度』（日本環境衛生センター）を参照のこと)

正解　(5)

次のうち，廃棄物処理法第16条の投棄禁止について，誤っているものはどれか。

(1)　排出事業者が自社敷地内に産業廃棄物を大量に埋めたときは，投棄禁止違反になる場合がある。

(2)　排出事業者が自社敷地内で産業廃棄物の野焼きを実行し，その残さを大量に堆積しているときは，投棄禁止違反になる場合がある。

(3)　排出事業者が本社から発生した産業廃棄物を支店の下水道に投入し，閉塞することなく流れた場合は，投棄禁止違反にはならない。

(4)　排出事業者の土地に隣接する市町村の最終処分場に当該排出事業者が産業廃棄物を投棄したときは，投棄禁止違反になる場合がある。

(5)　排出事業者が隣接する法人のコンテナに産業廃棄物を投棄したときは，投棄禁止違反になる場合がある。

■ 解 説 ■

法第16条の投棄禁止に規定する「何人も，みだりに廃棄物を捨ててはならない」の「みだり」とは，「正当な理由なく」，又は「本来予定されていない方法によって」と同義であり，社会通念上正当な理由の存在が認められない場合を指している。

また，「捨てる」は社会通念上許容されうる範囲を超えるような処理基準を違反している状態を指すが，本来予定されていない方法によって捨てられた場合，そのような潜脱行為は，法の目的である生活環境の保全を達成できないものである。

このことから，(3)から(4)は処理基準を違反する程度が著しく逸脱する可能性があり，かつ，本来の方法での処分ではなく，法益を侵している。

したがって，(3)の方法であっても投棄禁止違反を問われることがある（昭和54年11月26日環整第128号・環産第42号厚生省通知などを参考にされたい）。

正解　(3)

【法令】法16，昭和54年11月26日環整第128号・環産第42号厚生省通知

Ⅶ-019　第5条　不法投棄（通報の義務）

　次のうち，土地の所有者又は占有者は，その所有し，又は占有し，もしく
は管理する土地において，他の者によって不適正に処理された廃棄物と認め
られるものを発見したときは，速やかに，その旨を通報するように努めなけ
ればならないとされている相手は誰か。

　⑴　その廃棄物が産業廃棄物である場合は都道府県知事。

　⑵　産業廃棄物と一般廃棄物が混在している場合は環境大臣。

　⑶　その廃棄物が一般廃棄物である場合は市町村長。

　⑷　都道府県知事と市町村長ともに通報しなければならない。

　⑸　都道府県知事又は市町村長どちらでもよい。

■ 解　説 ■

　法第5条第2項に新たに規定された事項である。

　今までも，法第5条第1項には土地占有者等に対して清潔保持義務が規
定されていたが，第2項はさらに一歩進め，占有者等には不適正処理が自
らの管理地で行われていることを覚知した場合は，積極的に行政機関に通報
する義務を定めたものである。

　この規定に罰則はないが，本来的に不適正処理が行われた場合の一番の被
害者は土地の占有者等になるはずのものであることからも，今までも通常，
行われてきた行為である。

　不法投棄は法第16条，不法焼却は法第16条の2で禁止されている行為
である。これらの行為は直罰も規定されている行為であることから，警察へ
の通報もなされても当然のことである。

　なお，通報の相手方は「都道府県知事又は市町村長」とされており，どち
らでもよい。

正解　⑸

【法令】法5⑴，法5⑵，法16，法16の2

第7章

総則・雑則・罰則

次のうち，廃棄物処理法第 16 条の投棄禁止違反の罰則について，誤っているものはどれか。

(1)　不法投棄の罰則は，処理業者や事業者に限らず実行行為者が適用となる。

(2)　不法投棄の罰則は，実行行為者へ教唆した者，幇助した者については刑法によりその罰則の適用がある。

(3)　不法投棄の罰則は，廃棄物処理法上，最も量刑の重い法第 25 条に該当し，5 年以下の懲役もしくは 1,000 万円以下の罰金に処し，又はこれの併科である。

(4)　不法投棄の罰則は，実行行為者のみへの適用で，実行行為者の業務に関連した法人に対して適用はない。

(5)　不法投棄の罰則を受けても，投棄した廃棄物については，法第 19 条の 5 などの措置命令が発出された場合は，更に原状回復を行わなければならない。

■【 解 説 】■

　法第 16 条の投棄禁止に違反した場合は，法第 25 条第 1 項第 14 号により，5 年以下の懲役もしくは 1,000 万円以下の罰金に処し，又はこれを併科すると規定され，廃棄物処理法上最も重い量刑である。これは，不法投棄自体が環境破壊行為で，反社会性が高い行為であり，制裁の必要性が高く，法の生活環境の保全と公衆衛生の向上という目的に照らし，最高量刑に位置付けられているものである。

　さらに，法第 32 条では投棄禁止違反については，法人の代表者やその従業員などが，その業務に関して違反行為を行った場合は，行為者を罰するほか，その法人に対しても 3 億円以下の罰金刑を科すとし，いわゆる両罰規定を置いている。これは，法人が関与する不法投棄については，反復継続により，大規模な不法投棄に発展し，環境破壊につながるうえ，不法利得が大きく，その抑止効果をも併せて，平成 9 年法改正により規定されたものである。

　また，投棄禁止違反により罰則を受けた場合でも，行政から措置命令が発出された場合は，当然その命令を履行する義務が発生する。

正解　(4)

【法令】法 16，法 25 (1)（十四），法 32，法 19 の 5

VII-021　第16条　不法投棄

　次のうち，廃棄物処理法第16条の不法投棄に関する規定について，誤っているものはどれか。

(1)　廃棄物を不法に投棄した者は，5年以下の懲役又は1,000万円以下の罰金に処し，又はこれを併科する。

(2)　処理基準違反行為の程度が著しい場合でも，本条の対象とならない。

(3)　事業者，処理業者等が反復継続して不法投棄を行う場合のみならず，単に1回だけ処分した場合にも適用される。

(4)　廃棄物を不法に投棄した場合，投棄者が法人の使用人であって，当該法人の業務に関して投棄した場合には，投棄者だけでなく，その使用人の法人に対して3億円の罰金が課せられる場合がある。

(5)　軽度の処理基準違反であっても，公共性・密集性の高い地域において行われるなどの事情を勘案して判断され，社会通念上許容されない処分行為であれば対象となる。

■ 解　説 ■

(1)の第16条の罰則については第25条第1項第14号。

(2)の処理基準違反行為の程度が著しい場合においては対象となるので誤り。

(4)の両罰規定については第32条第1号に規定されている。

正解　(2)

【法令】法16，法25(1)（十四），法32(一)
【参照】VII-020

471

不法投棄に関する記述の正誤の組み合わせとして，適当なものはどれか。

a　不法投棄のため，ダンプカーの荷台操作を開始しても，実際に廃棄物を投下していなければ罰則が適用されることはない。

b　不法投棄が行われている現場付近まで不法投棄目的で廃棄物を搬入し，順番待ちをしている場合についても罰則が規定される場合がある。

c　不法投棄の未遂罪は既遂の場合と同じく5年以下の懲役もしくは1,000万円以下の罰金又はこれらの併科と規定されている。

d　不法投棄が行われることを知りつつ土地を提供した場合であっても，土地所有者が措置命令の対象となることはない。

e　不法投棄が行われることを知りつつ産業廃棄物の処理を委託した場合，排出者は措置命令の対象となることがある。

	a	b	c	d	e
(1)	誤	誤	正	正	正
(2)	正	正	誤	正	正
(3)	誤	正	誤	誤	誤
(4)	誤	正	正	誤	正
(5)	正	誤	誤	誤	誤

【 解 説 】

　不法投棄については，既遂，未遂，予備についてそれぞれ罰則が規定されている。「既遂」とは実際に不法投棄が行われた場合であり，「未遂」とは設問aのように一連の投棄行為に着手したものの監視に気づいて投棄行為を行わなかった場合などが該当し，「予備」とは設問bに示したように，不法投棄目的で廃棄物を収集運搬する場合が該当する。（法第25条第1項第14号，同条第2項，法第26条第6号）

　既遂と未遂は5年以下の懲役もしくは1,000万円以下の罰金又はこれらの併科と規定されているが，予備の場合は3年以下の懲役もしくは300万円以下の罰金又はこれらの併科と規定されている。

　不法投棄が行われた場合の措置命令の対象者としては，実際投棄を行った者のほか，不法投棄などを斡旋又は仲介したブローカーやこれを知りつつ土地を提供するなどした土地所有者，無許可業者の事業場まで廃棄物を運搬し

た者，無許可業者に対して資金提供を行っていた者など，不適正処分に関与
した者が広く含まれる。

正解 (4)

【法令】法 16，法 25 (1)（十四），法 25 (2)，法 26 (六)

不法投棄に関する記述の正誤の組み合わせとして，適当なものはどれか。

a　一般廃棄物を海洋投入処分した場合，不法投棄となる場合がある。

b　自分の所有する土地に廃棄物をみだりに投棄しても不法投棄とならない。

c　一般家庭から出る少量の生ごみを家庭菜園に鋤き込むことは不法投棄にはあたらない。

d　ふん尿から尿のみを分離し，肥料として散布することは不法投棄にあたらない。

e　不法投棄目的で廃棄物を不法投棄現場まで運搬しただけで不法投棄となる。

	a	b	c	d	e
(1)	正	誤	正	誤	正
(2)	誤	正	誤	正	正
(3)	正	誤	正	正	誤
(4)	誤	正	誤	誤	正
(5)	正	誤	正	誤	誤

【 解　説 】

　a 一般廃棄物の海洋投入処分は禁止されており，不法投棄となる場合があるので正しい。

　b 土地の所有権，使用権限の有無に拘わらず，みだりに投棄した場合は，不法投棄となるので誤り。

　c 少量のごみを庭先に埋めることや余剰の農作物を畑に鋤き込むことは規制の対象外であるので正しい。

　d ふん尿の使用方法として省令第13条第4号に規定されており正しい。

　e 不法投棄目的で廃棄物を不法投棄現場まで運搬しただけで不法投棄には当たらないが，罰則は規定されている。問Ⅶ-022 の解説を参照。

正解　(3)

【法令】法16，省令13㈣

【参照】Ⅶ-022

Ⅶ-024　第16条の2　その他

基本

　廃棄物処理法第16条の2では「何人も廃棄物を焼却してはならない」と規定しているが，いくつかの方法による場合だけ，この例外とされている。

　次に掲げる方法のうち「焼却禁止の例外となる廃棄物の焼却」となっていないもの（すなわち，焼却禁止となっているもの）はどれか。

- (1)　震災の復旧のための焼却で，周辺地域の生活環境に与える影響が少ない廃棄物の焼却
- (2)　他の法令やこれに基づく処分による廃棄物の焼却
- (3)　廃棄物処理業者が処理委託を受けた産業廃棄物であるが，焼却施設が故障したため，野外で行う，周辺地域の生活環境に与える影響が少ない廃棄物の焼却
- (4)　宗教上の行事を行うための，周辺地域の生活環境に与える影響が少ない廃棄物の焼却
- (5)　たき火等，周辺地域の生活環境に与える影響が少ないもの

【 解 説 】

　平成12年の法律の改正（施行は平成13年4月1日）で，新たに法第16条の2で，「何人も廃棄物を焼却してはならない」と規定した。

　この条文は，野焼き行為に対して直接罰することができるようにしたものであり，これ以前の野外焼却は単に処理基準違反を問われるだけで，改善命令を経なければ罰することができなかった。そのため，全国で野焼きによる不適正処理が相次いだ。

　前述のとおり，当該条文は意図的に行う悪質な焼却を罰するためのものであることから，懲罰の対象とするには酷な行為は例外規定を設けている。この趣旨は平成12年9月28日の厚生省部長通知（生衛発第1469号），同課長通知（衛環第78号）に記されている。

　「焼却禁止の例外となる廃棄物の焼却」では，各処分基準に従って行う廃棄物の焼却や他の法令あるいは社会慣習上もしくは生活環境に与える影響が少ない焼却はこの例外としている。例えば，自然災害や火災の予防や復旧のための焼却や風俗習慣上の門松やしめ縄等の焼却（どんど焼きなど），またキャンプファイヤーなどが含まれる。

正解　(3)

第7章

総則・雑則・罰則

【法令】法 16 の 2，平成 12 年 9 月 28 日の厚生省部長通知（生衛発第
　　　　1469 号），同課長通知（衛環第 78 号）

Ⅶ-025　第 16 条の 2　その他　　　　　　　　基本

　次の一～五は焼却禁止の例外となる廃棄物の焼却に関する規定であるが，下線部 a ～ e の正誤の組み合わせとして，適当なものはどれか。

一　(a)製造工場管理者がその施設の管理を行うために必要な廃棄物の焼却

二　震災，風水害，火災，凍霜害その他の災害の(b)予防，応急対策又は復旧のために必要な廃棄物の焼却

三　(c)町内会又は学校の行事を行うために必要な廃棄物の焼却

四　(d)農業，林業又は漁業を営むためにやむを得ないものとして行われる廃棄物の焼却

五　たき火その他(e)日常生活を営む上で通常行われる廃棄物の焼却であって軽微なもの

	a	b	c	d	e
(1)	誤	誤	正	正	正
(2)	正	正	誤	誤	正
(3)	誤	正	誤	正	正
(4)	誤	誤	正	誤	正
(5)	正	正	誤	正	誤

■ 解 説 ■

　焼却禁止の例外となる廃棄物の焼却については，政令第 14 条において次のように規定されている。したがって，a，c は誤り。

一　国又は地方公共団体がその施設の管理を行うために必要な廃棄物の焼却。

二　震災，風水害，火災，凍霜害その他の災害の予防，応急対策又は復旧のために必要な廃棄物の焼却。

三　風俗慣習上又は宗教上の行事を行うために必要な廃棄物の焼却。

四　農業，林業又は漁業を営むためにやむを得ないものとして行われる廃棄物の焼却。

五　たき火その他日常生活を営む上で通常行われる廃棄物の焼却であって軽微なもの。

正解　(3)

【法令】法 16 の 2，政令 14
【参照】Ⅶ-024

廃棄物処理法第 16 条の 3 において,「保管してならない」と規定している廃棄物（指定有害廃棄物）は次のうちどれか。

(1)　硫酸ピッチ

(2)　強アルカリのソーダ灰

(3)　テトロドトキシンを含むフグの肝臓

(4)　埋立基準値の 10 倍以上の濃度のダイオキシン類を含むばいじん

(5)　溶出基準の 100 倍以上の濃度のトリクロロエチレンを含む汚泥

■ **解　説** ■

　法第 16 条の 3, 政令第 15 条及び省令第 12 条の 41 では次のとおり規定している。

【法第 16 条の 3（指定有害廃棄物の処理の禁止）】

　何人も, 次に掲げる方法による場合を除き, 人の健康又は生活環境に係る重大な被害を生ずるおそれがある性状を有する廃棄物として政令で定めるもの（以下「指定有害廃棄物」という）の保管, 収集, 運搬又は処分をしてはならない。

【政令第 15 条（指定有害廃棄物）】

　法第 16 条の 3 の政令で定める廃棄物は, 硫酸ピッチ（廃硫酸と廃炭化水素油との混合物であつて, 著しい腐食性を有するものとして環境省令で定める基準に適合するものをいう）とする。

【省令第 12 条の 41（令第 15 条 の環境省令で定める基準）】

　令第 15 条の環境省令で定める基準は, 水素イオン濃度指数が 2.0 以下であることとする。

　現在,「指定有害廃棄物」は硫酸ピッチだけが指定されている。この規定は, 平成 16 年に制定された条文で, 全国的に硫酸ピッチの不法投棄が相次いだことによる。

　廃棄物が発生することはやむを得ないことであり, それ以後いかに適正に

処理するかという視点で処理基準が規定されている。

　そのため，発生した廃棄物はそれ以降適正に保管，処理していれば，違法性はない。

　しかし，硫酸ピッチは不法軽油製造に伴って発生するものであり，そのため，発生以降適正処理ルートに乗ることはなく，いずれはドラム缶を腐食させ地下や公共河川を汚染することになる。

　このことから，硫酸ピッチについては「保管しているだけでも違法」としたものである。

　他の選択肢の物体はいずれも毒性の強い物であるが，前述のとおり適正に保管しているのであれば，「保管しているだけで違法」というものではない。

正解 (1)

【法令】法 16 の 3，政令 15，省令 12 の 41

廃棄物処理法第 16 条の 3 において，「保管，収集，運搬又は処分してならない」と規定している硫酸ピッチとは，次のうちどれか。

(1) 廃硫酸で水素イオン濃度指数が 2.0 以下。

(2) 廃炭化水素油であって水素イオン濃度指数が 2.0 以下。

(3) 廃硫酸と廃炭化水素油との混合物であって水素イオン濃度指数が 2.0 以下。

(4) 廃硫酸と廃炭化水素油との混合物（水素イオン濃度指数の規定はない）。

(5) 廃酸（酸の種類の規定はない）と廃炭化水素油との混合物であって水素イオン濃度指数が 2.0 以下。

■ 解 説 ■

硫酸ピッチは灯油と軽油を識別するために，識別剤として灯油に含まれている「クマリン」を取り除くことから発生するものである。そのため，石油の成分である「炭化水素油」（いわゆるタール分）と，抽出に用いた濃硫酸を多量に含有する。

このことから，法第 16 条の 3 で規定している「指定有害廃棄物」は，政令第 15 条及び省令第 12 条の 41 により「廃硫酸と廃炭化水素油との混合物であつて水素イオン濃度指数が 2.0 以下」と限定している。

正解 (3)

【法令】法 16 の 3，政令 15，省令 12 の 41
【参照】Ⅶ-026

Ⅶ-028　第 17 条　その他

　廃棄物処理法第 17 条で規定している「ふん尿を肥料として使用するときの方法」として，誤っているものは次のうちどれか。
- (1)　市街的形態をなしている区域内で，発酵処理して使用するとき。
- (2)　市街的形態をなしている区域内で，乾燥又は焼却して使用するとき。
- (3)　市街的形態をなしている区域内で，燃料として処理して使用するとき。
- (4)　市街的形態をなしている区域内で，糞のみを分離して使用するとき。
- (5)　市街的形態をなしていない区域内で，生活環境に係る被害が生ずるおそれがない方法により使用するとき。

【 解 説 】

　法第 17 条は，廃棄物処理法の前身の清掃法，汚物掃除法の規定を引き継いだ規定をしており，その中で，

【法第 17 条（ふん尿の使用方法の制限）】

　ふん尿は，環境省令で定める基準に適合した方法によるのでなければ，肥料として使用してはならない。

と規定している。

　省令第 13 条では「ふん尿の使用方法」として，(1)(2)(3)(5)の他に，
「市街的形態をなしている区域内で，し尿処理施設又はこれに類する動物のふん尿処理施設により処理して使用するとき」と「市街的形態をなしている区域内で，十分に覆土して使用するとき」を掲げている。
　なお，(4)については「糞」ではなく「「尿」のみを分離して使用する」ときを規定している。
　このように「ふん尿」は，いくら「肥料」として価値があっても，公衆衛生の観点から，その使用方法は廃棄物処理法の規定を受けることとなっている。
　当然の話ながら，「肥料」としての目的を持たずに，河川などに「ふん尿」を投棄した場合は「廃棄物の不法投棄」となる。

正解　(4)

【法令】法 17，省令 13

第7章
総則・雑則・罰則

481

都道府県知事による事業者に対する産業廃棄物に関する立入検査について，次のうち正しいものはどれか。
　⑴　立入検査は事業者が産業廃棄物処理施設を有している場合のみに限られる。
　⑵　立入検査は事業者が自社処理を行っている場合のみできる。
　⑶　立入検査は事業者が委託処理を行っている場合のみできる。
　⑷　立入検査は事業者の自社処理又は委託処理にかかわらずできる。
　⑸　立入検査は事業者の委託契約書やマニフェスト等は対象とならない。

■【　解　説　】

　産業廃棄物の適正な処理を確保するために，都道府県知事又は政令市長は，その職員に事業者もしくは産業廃棄物処理業者の事務所もしくは事業場又は廃棄物処理施設のある土地もしくは建物に立ち入り，廃棄物の処理又は施設の構造もしくは維持管理に関し，帳簿書類その他の物件を検査させ，又は試験の用に供するのに必要な限度において廃棄物を無償で収去させることができる旨が法第19条に規定されている。
　これに対する立入検査拒否，妨害及び忌避については報告徴収同様に罰則が適用されるなどの法的効果を伴う処分である。
　また，事業者については，例えば委託先の処理業者の不適正処理を行った場合などに，排出元調査として，事業者の委託処理の状況を検査するために委託に関する書類も検査の対象となる。

正解　⑷

【法令】法19

産業廃棄物の不適正処理に伴って発生した「生活環境保全上の支障」を，都道府県知事が自らその生活環境保全上の支障を除去する，いわゆる「代執行」については法第 19 条の 8 で規定している。この代執行ができるとされている事項にあたらないものは，次のうちどれか。

(1)　法第 19 条の 5 第 1 項の規定により支障の除去等の措置を講ずべきことを命ぜられた処分者等（いわゆる「被命令者」）が，当該命令に係る期限までにその命令に係る措置を講じないとき，講じても十分でないとき，又は講ずる見込みがないとき。

(2)　法第 19 条の 5 第 1 項の規定により支障の除去等の措置を講ずべきことを命じようとする場合において，過失がなくて当該支障の除去等の措置を命ずべき処分者等を確知することができないとき。

(3)　法第 19 条の 5 第 1 項の規定により支障の除去等の措置を講ずべきことを命じようとする場合において，不適正処理を行った者が外国籍のとき。

(4)　法第 19 条の 6 第 1 項の規定により支障の除去等の措置を講ずべきことを命ぜられた排出事業者等が，当該命令に係る期限までにその命令に係る措置を講じないとき，講じても十分でないとき，又は講ずる見込みがないとき。

(5)　緊急に支障の除去等の措置を講ずる必要がある場合において，法第 19 条の 5 第 1 項又は法第 19 条の 6 第 1 項の規定により支障の除去等の措置を講ずべきことを命ずるいとまがないとき。

■ 解　説 ■

　産業廃棄物に関する代執行は，法第 19 条の 8 に規定されており，四つの場合に限定されている。これは，本来，生活環境保全上の支障の除去は，その原因を作った人物（不法投棄の行為者，依頼者，関与者等）により行われるべきものであり，税金を使ってやることになる代執行は安易に行うものではない，という考えによる。

　具体的には設問(1)(2)(4)(5)が列挙されている。被命令者の国籍は関係しない。

正解　(3)

【法令】法 19 の 8，法 19 の 5 (1)，法 19 の 6 (1)

次のうち, 再生事業者登録について誤っているものはどれか。

(1) 廃棄物の再生を業として営むもので, 廃棄物再生事業者の登録を受けようとする場合, 申請者は事業場の所在地を管轄する都道府県知事に登録の申請をしなければならない。

(2) 廃棄物の再生を業として営み, 事業場の所在地が政令市にあるもので, 廃棄物再生事業者の登録を受ける場合, その所在地を管轄する政令市長の登録を受けることができる。

(3) 廃棄物再生事業者登録を受けるためには, 保管施設及び当該廃棄物の再生に適する処理施設を有する必要がある。

(4) 登録を受けた者でなければ, 登録廃棄物再生事業者という名称を用いてはならない。

(5) 廃棄物再生事業者の登録は, その事業の用に供する施設がなくなる等の要件に該当すれば取り消しになる。

【 解 説 】

　廃棄物処理法において, 法第 24 条の 2 により, 知事の権限の多くは「政令第 27 条で規定する市長が行うことができる」旨規定されている。

　しかし, 廃棄物再生事業者の登録はこれに該当せず, 知事がその事務を行っている。

　なお, 法第 24 条の 2 で規定する「政令で定める市の長」とは, 政令第 27 条で規定する①指定都市の長 (地方自治法第 252 条の 19 に規定される政令指定都市の市長のこと), ②中核市の長 (地方自治法第 252 条の 22 に規定される市長) のことである。

　なお, 廃棄物再生事業者の登録が取り消しとなるのは, 施設がなくなった場合等登録の基準に適合しなくなったときである。(政令第 22 条)

正解　(2)

【法令】法 20 の 2, 法 24 の 2, 政令 27, 地方自治法 252 の 19, 地方自治法 252 の 22, 政令 22

Ⅶ-032　第20条の2　その他　　難解

次のうち，再生事業者登録について誤っているものはどれか。

(1) 古紙の再生を行う場合にあっては，当該古紙の再生に適する梱包施設を有している場合に登録することができる。

(2) 古繊維の再生を行う場合にあっては，当該古繊維の再生に適する裁断施設を有している場合に登録することができる。

(3) 空き瓶の再生を行う場合にあっては，当該空き瓶の再生に適する破砕施設を有する場合に登録することができる。

(4) 金属くずの再生を行う場合にあっては，当該金属くずの再生に適する選別施設及び加工施設を有している場合に登録することができる。

(5) 廃棄物を再生したものの運搬に適するフォークリフトその他の運搬施設を有することが必要である。

■ 解 説 ■

廃棄物再生事業者の登録基準は省令第16条の2に規定されており，(3)の空き瓶の再生を行う場合は生活環境の保全上支障を生じることがないように必要な措置が講じられた選別施設を有することが必要となる。

また，本来専ら物（専ら再生利用の目的となる廃棄物）は廃棄物であっても許可不要であるが，専ら再生利用できない廃棄物を扱うときには廃棄物処理業の許可が必要となる。

正解　(3)

【法令】法20の2，省令16の2
【参照】Ⅶ-031

第7章
総則・雑則・罰則

VII-033　第24条の2　その他

　政令第27条に規定される指定都市の長等が行う事務ではないものは，次のうちどれか。

　(1)　一般廃棄物収集運搬業の許可に関する事務

　(2)　廃棄物再生事業者の登録に関する事務

　(3)　積替保管を含む産業廃棄物収集運搬業の許可に関する事務

　(4)　産業廃棄物処分業の許可に関する事務

　(5)　産業廃棄物処理施設の許可に関する事務

【 解 説 】

　VII-031 参照

正解　(2)

【法令】法24の2，政令27，法7

486

Ⅶ-034　第25条　その他　　　　　　　　　　基本

次のうち，最高刑が「5年以下の懲役」でない違反行為はどれか。
(1)　産業廃棄物収集運搬業の無許可営業
(2)　特別管理産業廃棄物処分業の無許可営業
(3)　委託契約書を締結しないままに産業廃棄物の処理を委託する行為
(4)　廃棄物の不法投棄
(5)　無許可業者への委託

【 解 説 】

廃棄物処理法では第25条から第34条まで罰則を規定している。

もっとも重い罰則は第25条の「5年以下の懲役もしくは1,000万円以下の罰金に処し，又はこれを併科する」と規定しているが，第32条で法人への両罰を規定していて，法人の罰金の最高額は3億円としている（以降，懲役，罰金ともに最高刑で記す）。

第25条で規定している違反は，不法投棄や無許可営業，無許可処理施設設置，命令違反等，法制度の根幹に関わる非常に重大な違反行為である。

主な罰則については，巻末資料「⑥罰則一覧」を参考にしていただきたい。

廃棄物処理法は排出者処理責任の原則に立っていることから，排出者に対する罰則は許可業者と同等レベルに制定されているときが多い。

例えば，無許可行為は極めて重大な違反であるが，無許可業者に委託する行為もともに懲役5年，罰金1,000万円である。

これは，無許可行為を行う者はもちろん悪いが，そもそもその廃棄物の処理を頼む者が存在しなければ，また，その廃棄物が排出されていなければ，無許可行為もなかったはずであるからである。

(3)の「委託契約書を締結しないままに産業廃棄物の処理を委託する行為」は，契約書を締結しなかったが，委託した人物は許可を有していた場合であり，(5)の無許可業者への委託より罰則は軽く第26条で規定する懲役3年，罰金300万円である。

正解　(3)

【法令】法25，法32

第7章　総則・雑則・罰則

法人重課（両罰規定）の量刑が「3億円以下の罰金」の対象とならないのは，次のうちどれか。
　(1)　不法投棄
　(2)　不法焼却
　(3)　無許可営業
　(4)　無許可処理施設設置
　(5)　無確認輸出

■ 解 説 ■

　廃棄物処理法の罰則は，不法投棄の頻発やその社会問題化を受けた累次の改正において強化され，不法投棄の件数・量の減少などに一定の成果を挙げてきた。一方で，依然として多くの不法投棄が行われているほか，罰則の上限を超えて不当利得を得る事案が存在するなど，廃棄物の処理をめぐる法違反はいまだ跡を絶たない。

　このような状況を踏まえ，不法投棄，不法焼却，無確認輸出，無許可営業及び許可の不正取得に係る法人重課の量刑が3億円以下の罰金に引き上げられた。（法第32条第1項第1号）

　(4)の無許可処理施設設置にも両罰規定はあるが，法第32条第1項第2号にあたり，こちらは「各本条の罰金刑」となる。無許可処理施設設置の本条は法第25条第1項第8号であるから，「1000万円以下の罰金刑」である。

正解　(4)

【法令】法32(1)(一)(二)，法25(1)(ハ)

Ⅶ-036　第25条　その他

事業者に関する行為について，罰則の有無の組み合わせとして，正しいものはどれか。

a　立入検査を拒んだとき。

b　報告徴収に対し虚偽の報告をしたとき。

c　他人に産業廃棄物を委託し産業廃棄物管理票を交付した場合で，管理票交付状況報告をしなかったとき。

d　特別管理産業廃棄物を生じる事業者が帳簿に記載せず，又は保管していなかったとき。

e　管理票が回付されなかったにもかかわらず必要な措置を講じなかったとき。

	a	b	c	d	e
(1)	無	無	無	有	有
(2)	無	無	有	有	無
(3)	有	無	有	無	有
(4)	有	有	有	無	無
(5)	有	有	無	有	無

【 解 説 】

a 立入検査を拒んだときは30万円以下の罰金となるので正しい。（法第30条第7号）

b 報告徴収に対し虚偽の報告をしたときは30万円以下の罰金となるので正しい。（法第30条第7号）

c 管理票交付状況報告をしなかったときについては罰則の規定はない。ただし，管理票そのものを交付しなかったときは，1年以下の懲役又は100万円以下の罰金となる。（法第27条の2第1号）

d 特別管理産業廃棄物を生じる事業者が帳簿を備えず，帳簿に記載せず，もしくは虚偽の記載をし，又は帳簿を保管していなかったときは30万円以下の罰金となるので正しい。（法第30条第1号）

e 管理票が回付されなかったにもかかわらず必要な措置を講じなかったときについては罰則の規定はないので誤り。ただし，法第12条の6第1項の勧告を受け，勧告に従わず公表された後において，なお，勧告に係る措置

をとらないときは，その勧告に係る措置をとるべきことを命令されることがあり，この命令に従わなかった場合は1年以下の懲役又は100万円以下の罰金となる。（法第27条の2第11号）

正解 (5)

【法令】法30㈦，法27の2㈠，法30㈠，法12の6(1)，法27の2
　　　(11)

Ⅶ-037　法第 25 条　その他　　　　　　難解

次の違反と罰則の組み合わせで正しくないものはどれか。

(1)　維持管理積立金の積立て義務違反→罰則なし

(2)　熱回収施設設置者認定呼称詐称→罰則 10 万円以下の過料

(3)　再生利用認定制度及び広域的処理認定制度変更の認定違反→罰則なし

(4)　自らが交付した産業廃棄物管理票（以下「管理票」という）の写しの
保存義務違反→罰則 1 年以下の懲役又は 100 万円以下の罰金

(5)　優良産廃処理業者呼称詐称→罰則なし

【 解 説 】

　これらはすべて平成 22 年改正により新たに設けられた（又は大きく改正
された）制度である。「罰則なし」であっても，法令上禁止されていることや，
社会通念上許されない行為である。こういった行為に対しては，「許可取消」
「改善命令」といった行政処分の対象となる場合も多いので，罰則がないか
らといってやってよいというわけではない。

　既に制度化されている「再生事業登録」に関しては，呼称独占規定やこれ
に伴う罰則も規定されているが，(2)(5)については，呼称独占や詐称とする罰
則の規定はないので(2)の 10 万円以下の過料は誤り。

　なお，(4)の管理票の違反については平成 22 年改正当時は罰則 6 か月以下
の懲役又は 50 万円以下の罰金であったが，他の管理票関連の違反と合わせ
平成 29 年の改正で引き上げられたものである。

【第 20 条の 2（廃棄物再生事業者）】（参考）

　3 第一項の登録を受けた者でなければ，登録廃棄物再生事業者という名称
を用いてはならない。

【第 34 条】（参考）

　第 20 条の 2 第 3 項の規定に違反して，その名称中に登録廃棄物再生事業
者という文字を用いた者は，10 万円以下の過料に処する。

正解　(2)

【法令】法 20 の 2 (3)，法 34

Ⅶ-038　法第 25 条　その他

次の違反と罰則の組み合わせで正しくないものはどれか。

(1)　受託産業廃棄物の処理が困難となった産業廃棄物処理業者による委託者への通知（処理困難通知）義務違反→罰則 6 か月以下の懲役又は 50 万円以下の罰金

(2)　排出事業者が上記の通知を受けたときの，生活環境保全上の支障の除去又は発生の防止のために必要な措置義務違反→罰則 6 か月以下の懲役又は 50 万円以下の罰金

(3)　輸入許可条件違反→罰則 3 年以下の懲役もしくは 300 万円以下の罰金又はこれの併科

(4)　下請負人が行う建設工事現場内での産業廃棄物保管基準違反→罰則なし

(5)　多量排出事業者の処理計画の未提出→罰則 20 万円以下の過料

■ 解　説 ■

前問同様，これらはすべて平成 22 年改正により新たに設けられた（又は大きく改正された）制度である。「罰則なし」であっても，法令上禁止されていることや，社会通念上許されない行為である。こういった行為に対しては，「許可取消」「改善命令」といった行政処分の対象となる場合も多いので，罰則がないからといって，やってよいというわけではない。

(2)は(1)の，いわゆる「処理困難通知（ギブアップ通知）」を受けたときの排出事業者側の対応であるが，これについては直接的な罰則の規定はない。

しかし，この義務を怠り，生活環境保全上の支障が発生した場合は，措置命令の対象となり得る。

【法第 19 条の 5（趣旨）】（参考）

産業廃棄物処理基準又は産業廃棄物保管基準（中略）に適合しない産業廃棄物の保管，収集，運搬又は処分が行われた場合において，生活環境の保全上支障が生じ，又は生ずるおそれがあると認められるときは，都道府県知事（中略）は，必要な限度において，次に掲げる者（中略）に対し，期限を定めて，その支障の除去等の措置を講ずべきことを命ずることができる。

ヘ　第 12 条の 3 第 8 項の規定に違反して，適切な措置を講じなかった

者

【法令】法 19 の 5

第
7
章

総則・雑則・罰則

次の違反行為の中で，罰則が重い順に並べてあるのはどれか。

a 一般廃棄物処理業許可の名義貸し

b 不法投棄をする目的で廃棄物の運搬を行った（実際の不法投棄には至らなかった）。

c 指定区域内（元最終処分場等で廃棄物が土中にあると知事が指定している区域）の土地の形質変更計画の変更命令違反

d 特定欠格要件届出違反（欠格要件に該当するのに届け出なかった）

e 産業廃棄物処理業変更届出義務違反（変更事項があったのに，届出をしていない）

　　　　　重い←→軽い

　(1) a b c d e

　(2) b a c e d

　(3) c b a d e

　(4) a c d b e

　(5) b c a e d

■【 解 説 】

　違反行為に対する罰則は法第25条から第34条まで規定してある。

　法律が社会のルールである限り，社会秩序を大きく乱す行為は重く罰せられるべきものである。

　なお，法律で規定している罰則はあくまでも最高刑であり，実際の罰は実情や情状などを酌量し，この最高刑以下で裁判所が裁判を経て決定することになる。注意しなければならないことの一つとして，廃棄物処理法の場合，罰金以上の刑に処せられると，第7条，第14条の廃棄物処理業の許可，第8条，第15条の廃棄物処理施設の設置許可の取消を受けることとなり，5年間は許可が取得できなくなることがある。

　巻末資料「⑥罰則一覧」参照。なお，dの特定欠格要件届出についてはⅤ-007参照。

　　　　　　　　　　　　　　　　　　　　　　　　　　　　正解　(1)

【法令】法7，法14，法8，法15，法25～法34

【参照】Ⅶ-034

第II部

通知，運用，他法令根拠編

以降の問題はその根拠を廃棄物処理法そのものにおいているものではありませんが，環境省からの施行通知等を根拠として「通常はそのように運用されている」というレベルのものです。

実際に同様の事案が発生し，行動するときなどは，関係行政窓口等でご確認いただくよう申し添えます。

通知，運用，他法令根拠

物が廃棄物かどうかは「総合的に判断する」とされているが，次のうち，一般的に総合判断の要因にあたらないものはどれか。

(1) 物の性状
(2) 排出の状況
(3) 通常の取扱い形態
(4) 取引価値の有無
(5) 廃棄物処理業許可の有無

■ 解 説 ■

環境省は平成30年3月30日環循規発第18033028号「行政処分の指針について（通知）」の中で，「廃棄物該当性の判断について」として一項設け次のように述べている。

廃棄物とは，占有者が自ら利用し，又は他人に有償で譲渡することができないために不要となったものをいい，これらに該当するか否かは，その物の性状，排出の状況，通常の取扱い形態，取引価値の有無及び占有者の意思等を総合的に勘案して判断すべきものであること。

このように，総合判断の要因として「物の性状」「排出の状況」「通常の取扱い形態」「取引価値の有無」「占有者の意思」の五つを挙げている。
各要因の詳細な説明も同通知で行っていることから，参照願いたい。
処理業の許可を有しているかどうかについては，物が廃棄物かどうかを判断する際の直接的な要因としては挙げていない。

正解　(5)

【法令】平成30年3月30日環循規発第18033028号

次の空欄に入る言葉の組み合わせとして適当なものはどれか。

　廃棄物とは，占有者が自ら利用し，又は他人に（　a　）することができないために不要となったものをいい，これらに該当するか否かは，その物の性状，排出の状況，通常の取扱い形態，（　b　）及び占有者の意思等を（　c　）して判断すべきものであること。

	a	b	c
(1)	有償で譲渡	取引価値の有無	総合的に勘案
(2)	無償で譲渡	専門家の意見	一義的に限定
(3)	有償で譲渡	専門家の意見	総合的に勘案
(4)	無償で譲渡	取引価値の有無	一義的に限定
(5)	有償で譲渡	取引価値の有無	一義的に限定

■ 解 説 ■

　設問の記述は，廃棄物該当性に関する記述で，いわゆる「総合判断説」と呼ばれているものである。（平成30年3月30日環境省通知「行政処分の指針について」）

　本来廃棄物たる物を有価物と称し，法の規制を免れようとする事案が後を絶たないことから，行政では，廃棄物の疑いのあるものについては各種判断要素（物の性状，排出の状況，通常の取扱い形態，取引価値の有無及び占有者の意思）の基準に基づいて慎重に検討し，それらを総合的に勘案してその物が有価物と認められるか否かを判断し，有価物と認められない限りは廃棄物として扱っている。

正解　(1)

【法令】平成30年3月30日環循規発第18033028号

次のうち，誤っているものはどれか。

(1) 建設混合廃棄物とは建設工事から発生する廃棄物で安定型産業廃棄物とそれ以外の廃棄物が混在しているものをいう。

(2) がれき類や木くずが混合している建設混合廃棄物を処理する場合，総体として安定型産業廃棄物として委託処理ができる。

(3) 建設混合廃棄物のうち，現場事務所から排出された雑誌は一般廃棄物として処理しなければならない。

(4) 建設混合廃棄物から安定型産業廃棄物のみを選別すれば，選別後の安定型産業廃棄物は安定型最終処分場に埋め立てできる。

(5) 建設混合廃棄物のうち資材の紙製や発泡スチロールの梱包材は，産業廃棄物に該当する。

【 解 説 】

建設廃棄物については，不法投棄などがされやすいため，その適正処理を確保するために，「建設工事から生ずる廃棄物の適正処理について」（平成23年3月30日環廃産第110329004号環境省通知）において「建設廃棄物処理指針」が定められている。

この中で，「建設混合廃棄物」とは「安定型産業廃棄物（がれき類，廃プラスチック類，金属くず，ガラスくず及び陶磁器くず，ゴムくず）とそれ以外の廃棄物（木くず，紙くず等）が混在しているものとし，この処理にあたっては，総体として安定型産業廃棄物以外の廃棄物として取扱い，中間処理施設，又は管理型最終処分場において適切に処理しなければならない」とされ，例えば安定型産業廃棄物に管理型産業廃棄物が付着している廃棄物を指している。また，建設混合廃棄物から安定型産業廃棄物をふるい機や風力により選別したもので，熱しゃく減量を5％以下とした場合の廃棄物は安定型産業廃棄物として埋立処分ができる。（平成10年6月16日環境庁告示第34号）

また，建設混合廃棄物に事務所から排出される生ごみや新聞，雑誌が含まれてしまった場合は，これらのものは一般廃棄物に分類されるので，市町村の指示により処理しなければならない。

図1　建設廃棄物の種類（例）

事務所から排出される一般廃棄物の具体的内容（例）	
現場事務所における生ゴミ，新聞，雑誌等	

分　　類	工事から排出される産業廃棄物の具体的内容（例）
＊ 廃プラスチック類	廃発泡スチロール等梱包材，廃ビニール，合成ゴムくず，廃タイヤ，廃シート類
＊ ゴムくず	天然ゴムくず
＊ 金属くず	鉄骨鉄筋くず，金属加工くず，足場パイプ，保安塀くず
＊ ガラスくず，コンクリートくず（工作物の新築，改築又は除去に伴って生じたものを除く。）及び陶磁器くず	ガラスくず，製品の製造過程で生じるコンクリートブロック，インターロッキングブロックのくず，タイル衛生陶磁器くず，耐火れんがくず
＊ がれき類	工作物の新築，改築，又は除去に伴って生じたコンクリートの破片，その他これに類する不要物 ①コンクリート破片 ②アスファルト・コンクリート破片 ③れんが破片
汚泥	含水率が高く微細な泥状の掘削物 掘削物を標準ダンプトラックに山積みできず，またその上を人が歩けない状態（コーン指数がおおむね200kN/m²以下又は一軸圧縮強度がおおむね50kN/m²以下）具体的には場所打杭工法・泥水シールド工法等で生ずる廃泥水
木くず	工作物の新築，改築，又は除去に伴って生ずる木くず（具体的には型枠，足場材等，内装・建具工事等の残材，抜根，伐採材，木造解体材等）
紙くず	工作物の新築，改築，又は除去に伴って生ずる紙くず（具体的には包装材，段ボール，壁紙くず）
繊維くず	工作物の新築，改築，又は除去に伴って生ずる繊維くず（具体的には廃ウエス，縄，ロープ等）
廃油	防水アスファルト，アスファルト乳剤等の使用残さ（タールピッチ類）

特別管理産業廃棄物

廃油	揮発油類，灯油類，軽油類
廃PCB等及びPCB汚染物	トランス，コンデンサ，蛍光灯安定器
廃石綿等	飛散性アスベスト廃棄物

＊ 安定型最終処分場に持ち込みが可能な品目。ただし石膏ボード，廃ブラウン管の側面部（以上ガラスくず及び陶磁器くず），鉛蓄電池の電極，鉛製の管又は板（以上金属くず），廃プリント配線板（廃プラスチック類，金属くず），廃容器包装（廃プラスチック類，ガラスくず及び陶磁器くず，金属くず）は除く。

建設廃棄物 ─ 一般廃棄物 ─ 産業廃棄物 ─ 特別管理産業廃棄物

第8章　通知・運用・他法令根拠

正解　(2)

【法令】平成23年3月30日環廃産第110329004号環境省通知，平成10年6月16日環境庁告示第34号

501

Ⅷ-004　第2条　建設廃棄物

次のうち，誤っているものはどれか。

(1)　建設現場内の掘削工事で排出した砂利を破砕したものは廃棄物でない。

(2)　建設現場内の掘削工事で排出した岩石を破砕したものは廃棄物でない。

(3)　建設現場内の掘削工事で排出した含水率が高く微細な泥状のものは産業廃棄物である。

(4)　建設現場内の掘削工事で排出したコンクリート殻などは廃棄物でない。

(5)　建設現場内の掘削工事で水を注入しながら削孔して生じた微細粒状物（くり粉）と水の混合物は産業廃棄物である。

■ 解 説 ■

　廃棄物は発生した時点で判断されるものであるが，「土砂及び専ら土地造成の目的となる土砂に準ずるもの」については廃棄物ではないと通知されている。（昭和46年10月16日環整第43号厚生省通知）したがって，これらのものを破砕しても廃棄物にはあたらない。

　建設工事にかかる掘削工事に伴って排出されるもののうち，含水率が高く粒子が微細な泥状のものは，無機性汚泥として取り扱うことと通知され，泥状の状態とは，標準仕様ダンプトラックに山積みできず，その上を人が歩けない状態をいい，コーン指数がおおむね $200kN/m^2$ 以下又は一軸圧縮強度がおおむね $50kN/m^2$ 以下と通知されている。（平成23年3月30日環廃産第110329004号環境省通知）

　また，工事現場の掘削工事などで排出されるコンクリート殻や金属くずなどは当然土砂ではないので，廃棄物として処理する必要がある。

正解　(4)

【法令】昭和46年10月16日環整第43号厚生省通知，平成23年3月
30日環廃産第110329004号環境省通知

次のうち，誤っているものはどれか。

(1)　コンクリート製品の製造工程から発生するコンクリート製品の不良品は，ガラスくず・コンクリートくず及び陶磁器くずに該当する。

(2)　工作物の解体から発生したコンクリート破片はがれき類に該当する。

(3)　工作物の新築にあたって，工事に使用するコンクリートの強度試験を工事現場で行い，その際の供試体が廃棄物となったものは，がれき類に該当する。

(4)　工事現場でコンクリート製品が破損し，廃棄物となったものはがれき類に該当する。

(5)　工事に使用するコンクリート製品を工事現場で事業者が自ら製造するなどした際に発生するコンクリート系の廃棄物はガラスくず・コンクリートくず及び陶磁器くずに該当する。

■ 解　説 ■

　不要となったコンクリートは発生過程により政令第2条第7号のガラスくず・コンクリートくず及び陶磁器くずと第9号のがれき類に分けている。第7号の廃棄物は「製造過程で生ずるもの」，第9号の廃棄物は「工作物の新築，改築又は除去に伴って生じたコンクリートの破片」であり，工事現場から発生したものとしている。

　この内容については，平成14年1月17日環廃産第29号環境省通知に示されている。

正解　(5)

【法令】政令2(七)，政令2(九)，平成14年1月17日環廃産第29号環境省通知

次のうち，誤っているものはどれか。

(1)　建設現場内から発生したコンクリート片など再生利用されるものであっても廃棄物である。

(2)　建設現場内から発生した廃棄物でも埋め戻し可能なものは廃棄物ではない。

(3)　建設現場内から発生した地山掘削からの土砂は廃棄物ではない。

(4)　建設現場内の掘削孔から発生した泥状のものは廃棄物である。

(5)　建設現場内の掘削孔から発生した泥状のものをプレスしたものは廃棄物である。

■【　解　説　】

　廃棄物は発生した時点で判断されるもので，その後再生利用されるとしても，中間処理され有価物となるまでの間は廃棄物として規制されるものである。

　また，建設現場内でも廃棄物の埋め戻しなどを行うと不法投棄に該当する。

　なお，廃棄物の定義にある「土砂及び専ら土地造成の目的となる土砂に準ずるもの」については廃棄物ではないと通知されている。(昭和46年10月16日環整第43号厚生省通知)

正解　(2)

【法令】昭和46年10月16日環整第43号厚生省通知

504

次のうち，法第 15 条の産業廃棄物処理施設に該当するものはどれか。

(1) 容積 200m^3 の施設に 1 日あたり汚泥 10m^3 ずつ 20 日間入れ，21 日目には 1 日目に入れたものを取り出して新たに 10m^3 入れるような作業を繰り返す汚泥天日乾燥施設

(2) ベントナイトを薬品として注入して掘削する下水道の敷設工事から発生する建設汚泥の脱水施設であって，1 日あたりの処理能力が 10m^3 を超えるもの

(3) 製鋼工場の転炉から発生するばいじんだけを湿式集じん機で集め，シックナーで濃縮したものの脱水施設であって，1 日あたりの処理能力が 10m^3 を超えるもの

(4) 化学工場において排水を活性汚泥処理施設に一体となった脱水施設であって，1 日あたりの処理能力が 10m^3 を超えるもの

(5) 時間あたり 1.2m^3 の処理能力のある脱水施設であって，1 日 6 時間しか稼動しない施設

■ 解　説 ■

(1)は 1 日あたりの処理能力は 10m^3 であり，政令で定める規模の 100m^3 以下なので該当しない。

(3)は廃棄物の種類がばいじん（ダスト類）の脱水施設であるため，対象外。なお，ばいじんの集じん方法ついては乾式，湿式のいずれの方法であるかは問わないものであること。（昭和 46 年 10 月 25 日通知環整第 45 号）ただし，湿式で回収した後，他の産業廃棄物（他の施設から出た廃水）と混合して一括して処理する場合は汚泥となる。（昭和 54 年 11 月 26 日環整第 128 号，環産 42 問 13）

(4)は昭和 46 年 10 月 25 日環整第 45 号通知により対象外。

(5)は規模未満の施設。

正解　(2)

【法令】法 15，昭和 46 年 10 月 25 日通知環整第 45 号，昭和 54 年 11 月 26 日環整第 128 号，環産 42

【参照】IV-002

次のうち，産業廃棄物に該当しないものはどれか。
(1) 産業廃棄物処分業者が設置する許可を受けた産業廃棄物焼却施設から発生する燃え殻
(2) 産業廃棄物処分業者の事務所から発生する紙くずを焼却して発生した燃え殻
(3) 機械製造業者が設置する製造工程から発生する廃プラスチック類を焼却して発生する燃え殻
(4) 旅館業を営む者が設置する温泉用の加温ボイラーから発生する燃え殻
(5) 一般廃棄物処分業者の事務所から発生する不要となったファイルなどのプラスチック製のものを焼却して発生した燃え殻

【 解 説 】

　産業廃棄物のうち燃え殻については，業種の指定がないので，事業活動に伴って発生した燃え殻は産業廃棄物になる。しかし，(2)のように業種指定により産業廃棄物ではない紙くずなどの一般廃棄物を焼却処理した後に発生するものは，一般廃棄物の燃え殻に該当する。

　これは，市町村のごみ焼却施設から発生する燃え殻が一般廃棄物であるのと同じ考えである。

　この考えについては，複数の通知に示されている。（例えば，地方分権一括法施行により廃止された昭和54年11月26日環整第128号・環産第42号厚生省通知の問3，問8や漁業系廃棄物の処理に関する通知（平成3年12月26日衛生第74号厚生省通知の表3の2））

正解 (2)

【法令】昭和54年11月26日環整第128号・環産第42号厚生省通知，
　　　　平成3年12月26日衛生第74号厚生省通知

Ⅷ-009　第2条　廃棄物の種類　　　　　　　　　　　基 本

次のうち，産業廃棄物に該当しないものはどれか。

(1)　下水道終末処理場から発生する汚泥

(2)　食料品製造業者が設置する食品製造工程から発生する汚水を生物処理
し，公共用水域に放流する排水処理施設から発生する有機性汚泥

(3)　精密機械製造業者が設置する脱脂工程から発生する汚水を物理処理
し，下水道に接続する排水処理施設から発生する無機性汚泥

(4)　旅館業を営む者が設置するし尿と厨房排水を処理する合併浄化槽から
発生する有機性汚泥

(5)　産業廃棄物処分業者が設置するがれき類破砕施設の散水施設から発生
する汚水を排除する沈殿槽から発生する無機性汚泥

▌ 解 説 ▌

　産業廃棄物のうち，汚泥については業種の指定がないので，事業活動に伴っ
て発生した汚泥はすべて産業廃棄物になる。しかし，(4)のようにし尿と併せ
て事業系の雑排水を処理する合併浄化槽から発生する汚泥は一般廃棄物にな
る。(昭和54年11月26日環整第128号・環産第42号厚生省通知)

　なお，工場排水などの特殊な排水は，浄化槽法で定義する浄化槽では処理
できないことになっている。

正解　(4)

【法令】昭和54年11月26日環整第128号・環産第42号厚生省通知

第**8**章

通知・運用・他法令根拠

次の中間処理後の産業廃棄物（不要なもの）で，政令第２条第13号に該当する廃棄物はどれか。
　(1)　死亡牛を化成処理した肉骨粉
　(2)　産業廃棄物である木くずを粉砕処理したチップ
　(3)　浄水汚泥を脱水処理した脱水ケーキ
　(4)　がれき類を破砕処理したクラッシャーラン
　(5)　感染性産業廃棄物を焼却処理した燃え殻

■【　解　説　】■

　政令第２条第13号に該当する廃棄物（13号廃棄物）とは，法第２条第４項及び政令第２条第１号から第12号までに掲げる産業廃棄物を処分するために処理したものであって，その形態又は性状からみてこれら19種類の産業廃棄物に該当しないものに変化したものである。(1)はこれに該当する。（平成16年３月31日環廃対発第040331007号，環廃産発第040331007号）
　(2)木くずを粉砕処理したチップであっても不要であれば木くずに該当する。
　(3)浄水汚泥を脱水処理した脱水ケーキは汚泥に該当する。
　(4)がれき類を破砕処理し粒度調整したクラッシャーランであっても，不要であればがれき類に該当する。
　(5)燃え殻に該当する。

正解　(1)

【法令】法２(4)，政令２（一～十三），平成16年３月31日環廃対発第040331007号，環廃産発第040331007号

次のうち，社会的に通常行われている行為において，廃棄物の排出者にあたる者はどれか。

(1)　解体工事における業務発注者

(2)　解体工事における元請工事業者

(3)　解体工事において実際に解体工事に携わった下請業者

(4)　解体工事において実際に解体工事に携わった作業員

(5)　解体工事において実際に発生したがれき類を収集運搬した収集運搬業者

【 解 説 】

　廃棄物処理法において，廃棄物の排出者はどのような立場にある人物なのかは，法令上の定義は行っていなかった。しかし，建設廃棄物は不法投棄も多く，その排出形態が多層的であり，特に排出責任が不明確となることから，平成 22 年の改正により，法第 21 条の 3 を新たに設け，原則的には建設系の廃棄物の排出者責任は元請業者にあることを規定した。

　したがって，設問の他の選択肢である「発注者」「下請業者」「作業員」「収集運搬者」などは通常は排出者にはあたらないとされている。

正解　(2)

　【法令】平成 23 年 2 月 4 日環廃産第 110204001 号通知，平成 23 年
　　　　 2 月 4 日環廃産第 110204002 号通知

第8章　通知・運用・他法令根拠

次のうち，建設業から排出される産業廃棄物の処理に関し，正しいものは
どれか。
⑴　工作物の新築，改築又は除去に伴う産業廃棄物の排出者は発注者であ
る。
⑵　道路の清掃業務に伴い排出される廃棄物の排出者は受託業者である。
⑶　木くずなどの産業廃棄物の処理を委託する場合は，再生処理であって
も，委託契約書に施設の処理能力を記載しなければならない。
⑷　系列会社の産業廃棄物は自社の産業廃棄物として処理しても違法では
ない。
⑸　解体工事現場で発生した産業廃棄物を産業廃棄物収集運搬業の許可が
ない下請け業者に運搬させても，自社運搬となるので違法ではない。

■ 解 説 ■

⑴　排出者は工作物の新築，改築又は除去を請負った元請業者となるので
誤り。
⑵　道路清掃に伴い排出される廃棄物の排出者は道路管理者となるので誤
り。
⑶　設問のとおりであり正しい。
⑷　法人格が異なり，自社処理にあたらないので誤り。
⑸　解体工事現場で発生した産業廃棄物の排出者は一般的には元請業者で
あり，下請業者に運搬させることは廃棄物の運搬の委託にあたるので誤
り。なお，平成22年の改正で，収集運搬業者の許可が不要となる（一
定の条件下で極少量の産業廃棄物を運搬する等）ケースを規定している。

正解 ⑶

【参照】Ⅷ-011

　第21条の3　排出者　　

　建設系廃棄物において，下請負人が自らその運搬を行う場合には，当該下請負人を事業者とみなし，廃棄物処理業の許可がなくとも当該廃棄物の運搬を行うことを可能とする状況がある。次のうち，その状況ではないのはどれか。

(1)　請負代金の額が500万円以下であること。

(2)　解体工事，新築工事又は増築工事以外の建設工事，すなわち維持修繕工事であること。

(3)　特別管理廃棄物以外の廃棄物であること。

(4)　1回あたりに運搬される量が，3m³以下であること。

(5)　当該廃棄物の運搬途中において保管が行われないものであること。

解　説

　法第21条の3第1項の規定により建設工事に伴い生ずる廃棄物については元請業者が事業者とされることから，廃棄物を排出した事業者ではない下請負人は廃棄物処理業の許可がなければ廃棄物の運搬を行うことはできないこととなる。しかし，廃棄物処理業の許可がない限り下請負人が一切廃棄物の運搬ができないとすると，建設工事に伴い生ずる廃棄物が建設工事現場に放置されるなど，適正処理の観点からかえって望ましくない事態を招くおそれがある。

　そこで，生活環境の保全に支障が生じない範囲内であり，かつ，法の遵守について担保可能な範囲内であるものとして環境省令で定める廃棄物については，建設工事に係る書面による請負契約で定めるところにより下請負人が自らその運搬を行う場合には，当該下請負人を事業者とみなし，廃棄物処理業の許可がなくとも当該廃棄物の運搬を行うことを可能とした。(1)～(5)（他に，運ぶ先が元請の管理下にある場所であることや，発生都道府県又はその隣接県等の要件もある）すべてに合致しているときは，法第21条の3第3項の環境省令で定める廃棄物として規定されているが，(4)の量は3m³ではなく1m³である。(省令第18条の2)

正解　(4)

【法令】法21の3(1)，法21の3(3)，省令18の2

建設系廃棄物において，下請負人が自らその運搬を行う場合には，当該下請負人を事業者とみなし，廃棄物処理業の許可がなくとも当該廃棄物の運搬を行うことを可能とする状況がある。次のうち，その状況として規定されていないのはどれか。

(1)　元請，下請間で書面による請負契約で定めていること。

(2)　元請業者が所有権を有するものに運搬されるものであること。

(3)　元請業者が所有権を有しない場合には，当該施設を使用する権原を有するものに運搬されるものであること。

(4)　当該廃棄物を生ずる事業場の所在地の属する都道府県又は当該都道府県に隣接する都道府県の区域内に存する施設であること。

(5)　引渡しがされた建築物等の瑕疵の修補に関する工事であって，これを請負人に施工させることとした場合における適正な請負代金相当額が1,000万円以下であること。

【 解 説 】

前問と同様の問題である。前問で説明した状況に加えて，当問の状況を満たす必要がある。

(5)の「請負代金相当額が1,000万円以下」は，正しくは「500万円以下」である。

整理をすると，下請が収集運搬業の許可なくやれる行為は次の状況を満たした場合となる。

①元請，下請間で書面による請負契約で定めていること。

②元請業者が所有権又は使用権を有するものに運搬されるものであること。

③当該廃棄物を生ずる事業場の所在地の属する都道府県又は当該都道府県に隣接する都道府県の区域内に存する施設であること。

④修繕工事等（解体，新築，増築工事は該当にならない）に関する工事であって，請負代金額が500万円以下であること。

⑤特別管理廃棄物以外の廃棄物であること。

⑥1回あたりに運搬される量が，1m^{3}以下であること。

⑦当該廃棄物の運搬途中において保管が行われないものであること。

正解 (5)

【法令】法21の3
【参照】Ⅷ-013

次のうち，店舗・事務所から排出される産業廃棄物の処理に関し，正しいものはどれか。

(1) 店舗・事務所の清掃に伴う廃棄物は，清掃受託者が排出者となる。

(2) 店舗・事務所の改築工事を発注した場合，この改築工事に伴い排出される廃棄物の排出者は元請業者である。

(3) 不要となった金属製の事務用机・椅子，キャビネットを委託処理する場合であっても，再生処理（リサイクル）を委託する場合は書面による委託契約を締結する必要はない。

(4) 不要となった金属製の事務用机・椅子，キャビネットを委託処理する場合であっても，数年に1回程度の場合はマニフェストを交付する必要はない。

(5) 不要となったクリアファイルなどのプラスチック製事務用品の廃棄処理を委託する際，少量であれば，マニフェストの交付をもって委託契約の締結とみなすことができる。

■ 解 説 ■

(1) 店舗・事務所の清掃に伴う廃棄物は，建物の管理者が排出者となるので誤り。

(2) 設問のとおり正しい。

(3) 契約の締結に関しては，委託する産業廃棄物の量，回数，処分方法による例外規定がないので誤り。

(4) マニフェストの交付に関しては，委託する産業廃棄物の量や頻度による例外規定はないので誤り（マニフェストの交付を要しない場合は問Ⅱ
-081の解説を参照）。

(5) マニフェストを委託契約書の代用とすることはできないので誤り。

正解 (2)

【参照】Ⅱ-081

Ⅷ-016　第18条　排出者

　建設廃材の不法投棄現場における産業廃棄物に関する法第18条に基づく報告徴収について，対象者とならないものは，次のうちどれか。

(1) 投棄に全く関与，関知していない発注者

(2) 元請業者

(3) 運搬に関与したとの疑いがある下請業者

(4) 運搬に関与したとの疑いがある孫請業者

(5) 建設廃材を運搬したと疑われる運搬業者

【 解 説 】

　建設工事に伴う廃棄物の場合，通常，元請業者が排出事業者の立場にあると判断されることから，特段「関与したとの疑い」の有無にかかわらず，報告徴収の対象になり得る。

正解　(1)

【法令】法18(1)

【参照】V-035，Ⅷ-011

産業廃棄物管理票に関する記述の正誤の組み合わせとして，適当なものはどれか。

a　複数の運搬車に同時に引き渡され，かつ，運搬先が同一であれば，1回の引渡しとして管理票を交付しても違法とはならない。

b　産業廃棄物が1台の運搬車に引き渡された場合であっても，運搬先が複数である場合には，運搬先ごとに管理票を交付しなければならない。

c　複数の産業廃棄物が発生段階から一体不可分の状態で排出される場合であっても，産業廃棄物の種類の欄には構成するすべての産業廃棄物の種類を記載しなければ違法となる。

d　産業廃棄物の再生処理を委託する場合は，「最終処分を行う場所の所在地」に当該再生処理施設の所在地を記載する。

e　「最終処分を行う場所の所在地」が複数ある場合は，委託量の多い事業場の所在地を代表として記載する。

	a	b	c	d	e
(1)	正	誤	正	誤	正
(2)	正	正	誤	正	正
(3)	誤	正	正	正	誤
(4)	正	誤	誤	正	正
(5)	正	正	誤	正	誤

【 解 説 】

管理票に関しては，「産業廃棄物管理票制度の運用について（平成23年3月17日環廃産発第110317001号）」（以下「管理票通知」）において，運用の仕方が詳細に記載されている。

a管理票通知2管理票の交付(1)交付手続①に記載されており正しい。

b管理票通知2管理票の交付(1)交付手続④に記載されており正しい。

cシュレッダーダストのように複数の産業廃棄物が発生段階から一体不可分の状態で混合しているような場合には，その混合物の一般的な名称を記載してよいこととされているので誤り。（管理票通知2管理票の交付(1)交付手続③）

d「最終処分」とは，埋立処分，海洋投入処分又は再生をいうことから正

しい。なお，委託した産業廃棄物について中間処理後に一部分が再生され，その余の部分が埋立処分される場合には，再生処理施設と最終処分場のいずれも記載しなければならない。（管理票通知 2 管理票の交付(1)交付手続⑦）

　e 最終処分の予定先が複数である場合は上記「d」のとおり，いずれも記載しなければならないので誤り。なお，最終処分の予定先が複数である場合など管理票に記載することが困難である場合には，別途委託契約書に記載されたとおりであることを記載し省略することは可能となっている。

正解　(5)

【法令】平成 23 年 3 月 17 日環廃産発第 110317001 号
【参照】Ⅱ-068

産業廃棄物管理票（マニフェスト）の記載事項として具体的に列挙されている事項でないものは次のうちどれか（自主的，任意様式で記載している事項は除く）。

(1)　運搬又は処分を受託した者の許可番号

(2)　中間処理業者（当該産業廃棄物に係る処分を委託した者が電子情報処理組織使用事業者である場合に限る）にあっては，当該産業廃棄物に係る処分を委託した者の氏名又は名称及び情報処理センターへの登録番号

(3)　中間処理業者（当該産業廃棄物に係る処分を委託した者が電子情報処理組織使用事業者である場合を除く）にあっては，交付又は回付された当該産業廃棄物に係る管理票を交付した者の氏名又は名称及び管理票の交付番号

(4)　当該産業廃棄物に石綿含有産業廃棄物が含まれる場合は，その数量

(5)　当該産業廃棄物に係る最終処分を行う場所の所在地

■ **解　説** ■

　省令第8条の21第2項で規定する産業廃棄物管理票（マニフェスト）の様式第2号の15には「数量」の項目があるが，マニフェストの記載事項を規定した第1項で「数量」が明示されているのは，第11号に規定されている石綿含有産業廃棄物，水銀使用製品産業廃棄物又は水銀含有ばいじん等が含まれる場合に限定されている。

　これは，後述の運用通知でも「数量は，重量，体積，個数など，その単位系は限定されないこと」としており，排出現場では重量計があるところの方が少なく，「フレコンバッグ1袋」「トラック1台」のような表現，いわゆる目分量でもやむを得ないとしていることが一要因となっているものと思われる。

　しかし，前述のとおり，様式としては「数量」の欄があることから，無記載の場合は「虚偽の交付」や「無交付」が問われる場合も考えられるので，平成23年3月17日付環廃産発第110317001号「産業廃棄物管理票制度の運用について」環境省産業廃棄物課長通知等を参考に取り扱うことが求められている。

　マニフェスト1枚ずつに「運搬又は処分を受託した者の許可番号」の記

載は求められていない。

正解 (1)

【法令】省令8の21⑴（十一），省令8の21⑵（様式2号の15），平成23年3月17日環廃産発第110317001号環境省産業廃棄物課長通知

【参照】Ⅷ-017

排出事業者が記載する産業廃棄物管理票（マニフェスト）の記載事項である「最終処分を行う場所の所在地」（省令第8条の21第2項の様式第2号の15の表示は最終処分の場所）に関する記述として，誤っているものはどれか。

(1) 最終処分を行う場合の所在地については，実際に処分を行った事業場の所在地の市町村名及び事業場の名称などを記載する。

(2) 最終処分を行う場合の所在地が複数の場合は，実際に処分を行ったすべての事業場の所在地の市町村名を記載する。

(3) 再生される場合においては，中間処分で完了するため「最終処分なし」とだけ記載する。

(4) 委託契約書において最終処分の予定の場所が複数であっても，実際に最終処分を行う事業場が1か所であれば，その所在地の市町村名及び事業場の名称を記載する。

(5) 最終処分の予定先が複数である場合など管理票に記載することが困難である場合には，別途委託契約書に記載されたとおりであることを記載し，これを省略してもよい。

■【 解　説 】■

　平成23年3月17日付環廃産発第110317001号「産業廃棄物管理票制度の運用について」環境省産業廃棄物課長通知より，「最終処分を行う場所の所在地」は最終処分を行う予定先の事業場の所在地を記載するものであって，事業場の所在地の市町村名及び事業場の名称などを記載することで差し支えないこと。(3)については「最終処分なし」だけでなく再生が最終処分にあたるものなので，その再生した所在地及び事業場の名称を明らかにする旨の記載が必要である。

正解　(3)

【法令】省令8の21(2)（様式2号の15），平成23年3月17日環廃産発第110317001号環境省産業廃棄物課長通知

産業廃棄物管理票に関する記述の正誤の組み合わせとして，適当なものはどれか。

a 「数量」の記載は，重量，体積，個数など単位は限定されない。

b 「交付を担当した者の氏名」には，事業者の氏名又は名称を記載する。

c 「運搬又は処分を受託した者の氏名又は名称」は，受託者が記載する。

d 「荷姿」には，バラ，ドラム缶，ポリ容器など具体的な荷姿を記載する。

e 「最終処分を行う場所の所在地」は，一部が再生され，その余りが埋立処分される場合は，再生処理施設と最終処分場のいずれも記載しなければならない。

	a	b	c	d	e
(1)	正	誤	正	正	正
(2)	正	正	誤	正	正
(3)	正	正	正	正	誤
(4)	正	誤	誤	正	正
(5)	誤	正	正	誤	正

【 解 説 】

管理票通知参照。

a「数量」については，設問のとおり単位系は限定されないので正しい。

b「交付を担当した者の氏名」には，事業者の氏名又は名称を記載するのではなく，実際に管理票の交付を担当した従業者の氏名を記載しなければならないので誤り。

c「運搬又は処分を受託した者の氏名又は名称」は事業者が管理票を交付する際に記載しなければならないので誤り。

d「荷姿」については，設問のとおり具体的な荷姿を記載することとされており正しい。

e 設問のとおり正しい。ただし，最終処分の予定先が複数である場合など管理票に記載することが困難である場合には，「別途委託契約書に記載されたとおり」と記載してもよいこととされている。

正解　(4)

【参照】Ⅷ-018

産業廃棄物管理票（マニフェスト）の記載事項として具体的に列挙されている事項でないものは次のうちどれか（自主的，任意様式で記載している事項は除く）。

(1)　運搬又は処分を受託した者の住所

(2)　管理票の交付を担当した者の住所

(3)　管理票の交付を担当した者の氏名

(4)　産業廃棄物を排出した事業場の所在地

(5)　産業廃棄物を排出した事業場の名称

【 解　説 】

　法令条文で「氏名又は名称及び住所」という表現は，申請者，届出者等の対象者が，個人（個人経営）であればその個人（自然人）の氏名と住所のことであり，法人（株式会社，財団法人等）の場合は，その法人の名称と，法人として登記している本社所在地を指す。

　もし，排出事業者，収集運搬業者ともに株式会社であれば，(1)の「運搬又は処分を受託した者の住所」には，会社が法人として登記している本社所在地を書くことになる。

　(4)の「産業廃棄物を排出した事業場の所在地」には，実際に産業廃棄物が排出された事業所の所在地，建設廃棄物であれば建設現場の所在地を書くことになる。

　(3)産業廃棄物管理票（マニフェスト）は，一回一回の排出について交付することになるために，虚偽交付を防止する意味でも，交付担当者の氏名を書かせることになっている。

　しかし，交付担当者個人の住所までは不要なことから，(2)は規定されていない。平成23年3月17日環廃産発第110317001号環境省産業廃棄物課長通知参照。

正解　(2)

【法令】平成23年3月17日環廃産発第110317001号環境省産業廃棄物課長通知

　次のうち，排出事業者が記載する産業廃棄物管理票（マニフェスト）の記載事項である「最終処分を行う場所の所在地」（省令第 8 条の 21 第 2 項の様式第 2 号の 15 の表示は最終処分の場所）について誤っているものはどれか。

(1) 最終処分場の所在地（○○市）及び事業場名（○○最終処分場）

(2) 最終処分場の予定が複数である場合など管理票に記載することが困難である場合は「別途委託契約書に記載されたとおり」と記載し，省略することができる。

(3) 中間処理後にすべてが再生される場合は，再生処理施設の事業場所在地及び事業場（再生）を記載する。

(4) 中間処理後に一部分が再生され，その余の部分が埋立処理される場合は，再生処理施設と最終処分場のいずれかの事業場所在地及び事業場記載をする。

(5) 中間処理後に一部分の有価物のみが抜きとられ，その余りの部分が埋立処理される場合は，最終処分場の事業場所在地及び事業場を記載する。

▋ 解 説 ▋

　平成 23 年 3 月 17 日付環廃産発第 110317001 号「産業廃棄物管理票制度の運用について」環境省産業廃棄物課長通知より，「最終処分を行う場所の所在地」は最終処分を行う予定先の事業場の所在地を記載するものであって，事業場の所在地の市町村名及び事業場の名称などを記載することで差し支えないこと。中間処理後に一部分が再生され，その余の部分が埋立処理される場合は，再生処理施設と最終処分場のいずれも記載をしなければならないこととある。

正解 (4)

【法令】平成 23 年 3 月 17 日環廃産発第 110317001 号環境省産業廃棄物課長通知

専ら再生利用の目的となる廃棄物のみの収集運搬を業として行う者は業許可が不要であるとされているが，通常，この「専ら再生利用の目的となる廃棄物」として取り扱われていない廃棄物は，次のうちどれか。

(1)　古紙

(2)　くず鉄

(3)　古繊維

(4)　コンクリートくず

(5)　空き瓶類

【 解 説 】

　一般廃棄物については，法第 7 条，産業廃棄物については第 14 条で業許可について規定しているが，この条文の中で設問の趣旨が「ただし書き」により規定されている。

　また，法律では具体的な廃棄物の種類までは言及していないが，廃棄物処理法施行時に出された昭和 46 年 10 月 16 日の厚生省局長通達（環整第 43 号）により，この「専ら再生利用の目的となる廃棄物」として，古紙，くず鉄，古繊維，空き瓶類の 4 品目が提示されており，それ以降この 4 品目に限り許可不要として運用されている。

正解　(4)

【法令】法 7，法 14，昭和 46 年 10 月 16 日の厚生省局長通達（環整第 43 号）

難解

　専ら再生利用の目的となる廃棄物のみの収集運搬を業として行う者は業許可が不要であるとされているが，通常，この「専ら再生利用の目的となる廃棄物」として取り扱われていない廃棄物は，次のうちどれか。

(1)　古紙

(2)　古銅

(3)　古繊維

(4)　木くず

(5)　ガラス繊維くず

【 解 説 】

　(2)については昭和 46 年 10 月 16 日の厚生省局長通達（環整第 43 号）の中で「くず鉄（古銅等を含む）」とあり，鉄以外の金属であっても「専ら再生利用の目的」として扱うときは許可不要として運用している。

　また，(5)のガラス繊維くずについては，平成 5 年 3 月 31 日付衛産 36 号「産業廃棄物処理業及び特別管理産業廃棄物処理業の許可に係る廃棄物の処理及び清掃に関する法律適用上の疑義について」の中で旧厚生省産業廃棄物対策室長通知で次のように述べている。

（ガラス繊維くず）

問 43

再生利用される排出事業者の不要としたガラス繊維くずは，法第 14 条第 1 項ただし書又は第 4 項（現第 6 項）ただし書に規定する専ら再生利用の目的となる産業廃棄物に該当すると解してよいか。

答　お見込みのとおり。当該ガラス繊維くずは，平成 5 年 2 月 25 日付衛産第 20 号通知「産業廃棄物処理業及び特別管理産業廃棄物処理業の許可事務取扱要領について」第 7 の 2 において示された空き瓶類に該当する。

　この通知は平成 12 年 12 月 28 日付の地方分権一括通知（生衛発第 1904 号，厚生省部長通知）の中で廃止されているが，ガラス繊維くずは「空き瓶類」として，現在も多くの自治体で，この通知の趣旨を踏襲し許可不要と運用されている。

【法令】昭和 46 年 10 月 16 日環整第 43 号厚生省局長通達，平成 5 年
　　　　3 月 31 日衛産 36 号産廃対策室長通知，平成 5 年 2 月 25 日付
　　　　衛産 20 号，平成 12 年 12 月 28 日生衛発第 1904 号厚生省部
　　　　長通知

Ⅷ-025　第7条　再生利用

　次のうち，専ら再生利用の目的となる廃棄物（以下「専ら物」と記す）について誤っているものはどれか。

　(1)　専ら物には一般廃棄物と産業廃棄物がある。
　(2)　専ら物については収集運搬を受託する業者の許可は不要である。
　(3)　専ら物については処分を受託する業者の許可は不要である。
　(4)　専ら物を排出・搬出するとき，管理票は不要である。
　(5)　専ら物については，施設設置許可は不要である。

【 解　説 】

　「専ら物」は処理業許可（一般廃棄物は法第7条，産業廃棄物は法第14条）を規定している条文の「ただし書き」について，国の通知に基づいて運用しているものである。

　「ただし書き」は業許可については記載してあるが，施設設置許可（一般廃棄物は法第8条，産業廃棄物は法第15条）についてはこの記載はない。このことから，「専ら物」はあくまでも処理業許可を不要とするものであり，処理施設設置許可を不要とするものではないとして運用してきている。

　なお，「専ら物」は4品目（問Ⅷ-023参照）として扱ってきていることから，法第15条施設で要許可となる施設はない（産業廃棄物である古紙，古繊維，ガラス瓶，鉄くずを再生利用目的とする処理施設で法第15条の許可対象となっている施設はない）。

正解　(5)

【法令】法7，法8，法14，法15
【参照】Ⅷ-023

第8章　通知・運用・他法令根拠

病院業を営む事業者甲の廃棄物の処理について記載したものであるが，違法とならない行為はどれか。

(1) レントゲン廃液（定着液（2.0 ＜ pH ＜ 7.0），現像液（7.0 ＜ pH ＜ 12.5）。以下同じ）は，事業の範囲に廃酸・廃アルカリが含まれる産業廃棄物収集運搬業の許可を受けた業者乙に委託している。

(2) レントゲン廃液は年 1 回の排出と回数が少ないことから，委託契約を書面で行わず，電話で連絡し収集運搬業者乙に回収してもらっている。

(3) レントゲン廃液を産業廃棄物収集運搬業者乙に引き渡す際，一つのマニフェストに廃酸と廃アルカリを記載し交付している。

(4) マニフェストの交付状況は毎年 8 月に，前年度分を取りまとめ，都道府県知事に報告している。

(5) レントゲン廃液の処分は処理業者丙に委託しているが，昔から専ら廃液の再生利用のみを行っており，産業廃棄物処分業の許可は不要であると処理業者丙から説明を受けている。

■ 解 説 ■

(1) 定着液は廃酸に，現像液は廃アルカリに該当するので違法ではない。

(2) 契約の締結に関しては，委託する産業廃棄物の量や回数による例外規定はないので違法となる。

(3) 産業廃棄物の種類ごとに交付しなければならないので違法となる（省令第 8 条の 20 第 1 号）。

(4) マニフェストの交付状況は毎年 6 月末までに前年度分を取りまとめ，都道府県知事に報告しなければならないので違法となる。

(5) 専ら再生利用の目的となる産業廃棄物のみの処分を業として行っている者は産業廃棄物処分業の許可は不要となるが，「専ら再生利用の目的となる産業廃棄物」は古紙，くず鉄（古銅等を含む），空き瓶類，古繊維であり，廃液である廃酸，廃アルカリは含まれないので違法となる。

正解　(1)

【法令】省令 8 の 20 (一)

Ⅷ-027　第14条　再生利用　　難解

次のうち，産業廃棄物処理業の無許可営業となるものはどれか。

(1) 自社工場の不要となった資材を自社の車両で委託先の中間処理施設まで運搬した。

(2) 新しい処理技術を開発し，性能試験に使用するため産業廃棄物を譲ってもらい試験を行った。

(3) 処分業の許可のみを受けている者が，中間処理業後の残さを自社の車両で委託先の最終処分場まで運搬した。

(4) 廃棄物処理法の施行前から空き缶やくず鉄，古紙の回収を行い，再生工場に運搬している。

(5) 産業廃棄物収集運搬業の許可はないが，自動車リサイクル法の引取業者に登録されているので，産業廃棄物である使用済自動車の引取依頼があったときは，自社でフロン類回収業者まで運搬している。

■ 解　説 ■

(1) 事業者が自らその産業廃棄物を運搬する場合は許可が不要とされており無許可営業とならない。

(2) 試験研究を行う場合については，「『規制改革・民間開放推進三か年計画』（平成17年3月25日閣議決定）において平成17年度中に講ずることとされた措置（廃棄物処理法の適用関係）について・平成18年3月31日環廃産発060331001号環境省課長通知」において産業廃棄物の処理を業として行うものではないため，産業廃棄物処理業又は特別管理産業廃棄物処理業の許可を要しないものであることが改めて明示されたので無許可営業とならない。

(3) 中間処理後の中間処理産業廃棄物を運搬する場合，当該中間処理産業廃棄物の排出者は，中間処理をする前の元々の排出者となり，許可が不要な場合には該当しないので無許可営業となる。（平成17年9月30日環廃対発第050930004号，環廃産発第050930005号環境省部長通知）

(4) 専ら再生利用の目的となる産業廃棄物のみ収集運搬する者は許可が不要とされており無許可営業とならない。

(5) 自動車リサイクル法第122条第1項に規定されており無許可営業とはならない。

【法令】平成 18 年 3 月 31 日環廃産発 060331001 号環境省課長通知，
平成 17 年 9 月 30 日環廃対発第 050930004 号，環廃産発第
050930005 号環境省部長通知，自動車リサイクル法第 122 条
第 1 項

Ⅷ-028　第 14 条　再生利用

　次のうち，産業廃棄物処理業の許可が不要な場合として誤っているものは
どれか。

(1)　再生事業者として都道府県知事の登録を受けた場合

(2)　都道府県知事から再生利用業の指定を受けた場合

(3)　専ら再生利用の目的となる産業廃棄物のみの処理を行う場合

(4)　事業者が自ら産業廃棄物を処理する場合

(5)　営利を目的としない試験研究のために廃棄物処理を行う場合

■ 解 説 ■

　(1)については問Ⅱ-041，(5)については問Ⅷ-027 参照。

　産業廃棄物処理業の許可が不要な場合については巻末資料「⑤認定・指定
制度比較表」を参照。

正解　(1)

【参照】Ⅱ-041，Ⅷ-027

次のうち，産業廃棄物処理施設の無許可設置となるものはどれか。

(1) 再生利用に係る特例（法第15条の4の2）の認定を受け，産業廃棄物を処理するための施設を設置した。

(2) 広域的処理に係る特例（法第15条の4の3）の認定を受け，産業廃棄物を処理するための施設を設置した。

(3) 無害化処理に係る特例（法第15条の4の4）の認定を受け，産業廃棄物を処理するための施設を設置した。

(4) 産業廃棄物処理施設の設置者に係る一般廃棄物処理施設の設置についての特例（法第15条の2の5）の届出を行い，一般廃棄物処理施設としても設置している。

(5) 営利を目的としない試験研究のために産業廃棄物を処理する施設を設置した。

■ 解 説 ■

　産業廃棄物処理業の許可が不要な場合については，問Ⅲ-027で記載したとおりであるが，この問題は処理施設設置許可についてである。

　特例の認定（再生利用，広域的処理，無害化処理）のうち，広域的処理に係る特例は廃棄物処理施設の設置許可の特例が設けられていないので注意が必要である。

　試験研究のため設置する産業廃棄物処理施設については，「『規制改革・民間開放推進三か年計画』（平成17年3月25日閣議決定）において平成17年度中に講ずることとされた措置（廃棄物処理法の適用関係）について・平成18年3月31日環廃産発060331001号」において設置許可が不要であることが改めて明示された。また，試験研究を行う場合は，産業廃棄物の処理を業として行うものではないため，産業廃棄物処理業又は特別管理産業廃棄物処理業の許可を要しないものである。(5)については問Ⅷ-027参照。

正解 (2)

【法令】法15の4の2〜4，法15の2の5，平成18年3月31日環廃産発060331001号

【参照】Ⅲ-027，Ⅷ-027

Ⅷ-030　第15条　規制緩和通知

次のうち，法第 15 条の産業廃棄物処理施設に該当するものはどれか。

(1) 汚泥式シールド工法の泥水循環工法において発生する泥水の処理施設の一施設として組み込まれている 1 日あたりの処理能力が 10m³ を超える脱水施設

(2) 浄水場における水処理において高速沈殿池等で発生する汚泥の脱水施設について 1 日あたりの処理能力が 10m³ を超えるもの

(3) 汚染土壌を浄化する事業の浄化工程における脱水施設であって，この本体工程と一体不可分の工程を形成しており，1 日あたりの処理能力が 10m³ を超えるもの

(4) ダム工事の骨材製造工程において発生する濁水の処理施設の一装置として組み込まれている脱水施設であって，1 日あたりの処理能力が 10m³ を超えるもの

(5) 砂利を洗浄する事業の洗浄工程における脱水施設であって，この本体工程と一体不可分の工程を形成しており，1 日あたりの処理能力が 10m³ を超えるもの

■ 解　説 ■

　工場又は事業場内のプラントの一部として組み込まれたものの廃棄物処理施設の扱いについては，昭和 46 年 10 月 25 日付環整第 45 号に通知されている。また，平成 17 年 7 月 4 日付環境省廃棄物・リサイクル対策部産業廃棄物課の「規制改革通知に関する Q&A 集」※の「第 2」において，「汚泥の脱水施設に関する廃棄物処理法上の取扱い」が明確化された。

　通知の 3 要件の第 1「生産工程本体から発生した汚水」に建設汚泥の泥水が該当し，「生産工程本体」や「一定の生産工程」は，製品の製造工程に限定されるものではなく，建設工事の工程も該当しうると拡大された。

　浄水の製造のための脱水施設は「水処理」としての類似性が一見ありそうだが，水処理工程そのものを生産工程とみなすことは適当でないため，本通知の対象とはならない。

※平成 17 年 3 月 25 日環廃産発第 050325002 号環境省大臣官房廃棄物・リサイクル対策部産業廃棄物課長通知

正解　(2)

533

【法令】法 15，昭和 46 年 10 月 25 日付環整第 45 号厚生省課長通知，
　　　　平成 17 年 3 月 25 日環廃産発第 050325002 号環境省課長通
　　　　知

製造業から排出される産業廃棄物の処理に関する記述の正誤の組み合わせとして，適当なものはどれか。

a　生産工程から排出される副産物を再び原料として生産工程に投入することは廃棄物の処理にはあたらない。

b　生産工程で使用する原料の販売業者（処理業の許可はない）に，生産工程本体から発生した不要物のみの処理委託をする行為は下取行為なので違法とはならない。

c　生産工程本体から発生した汚水のみを処理するための水処理工程の一装置として組み込まれているなど一定の要件を満たしている汚泥の脱水施設は産業廃棄物処理施設に該当しない。

d　生産工程本体から発生した不要物である産業廃棄物のみを焼却する場合，産業廃棄物処理基準は適用されない。

e　生産工程本体から発生した汚泥などの不要物は有害物質を含まなければ自社の敷地内に埋立処分しても違法ではない。

	a	b	c	d	e
(1)	正	正	正	正	正
(2)	正	誤	誤	正	正
(3)	正	誤	正	誤	誤
(4)	正	誤	誤	誤	誤
(5)	誤	誤	誤	誤	誤

■ 解 説 ■

a 設問のとおり正しい。（昭和 46 年 10 月 25 日付環整第 45 号厚生省課長通知）

b の下取行為とは，新しい製品を販売する際に同種の製品で使用済のものを無償で引き取る行為であり，設問の不要物は「同種の製品で使用済のもの」にはあたらないので誤り。（平成 25 年 3 月 29 日環廃産発第 13032910 号環境省課長通知他）

c 設問のとおり正しい。（「規制改革・民間開放推進 3 か年計画」（平成 16 年 3 月 19 日閣議決定）において平成 16 年度中に講ずることとされた措置（廃棄物処理法の適用関係）について（平成 17 年 3 月 25 日環廃産発

第 050325002 号環境省課長通知))

　　d 産業廃棄物を処理する場合は，自社処理する場合も処理基準は適用されるので誤り。

　　e 有害物質の有無に拘わらず，当該行為は投棄禁止に違反するので誤り。

正解 (3)

　【法令】昭和 46 年 10 月 25 日環整第 45 号厚生省課長通知，平成 25 年 3 月 29 日環廃産発第 13032910 号環境省課長通知，平成 17 年 3 月 25 日環廃産発第 050325002 号環境省課長通知

Ⅷ-032　第15条　規制緩和通知

　事業者が自ら処理のために汚泥の脱水施設を設置しようとする場合，産業廃棄物処理施設設置許可について，正しいものはどれか。

(1)　処理能力が時間 $2m^3$ であっても，実際に1日4時間しか稼動しない場合，許可は不要である。

(2)　施設の処理能力が日 $12m^3$ であるが，実際の処理は $10m^3$ を超えないように時間を区切って稼動する場合であれば，許可は不要である。

(3)　施設の処理能力が日 $10m^3$ を超える場合であれば，水処理施設と一体となっている脱水施設であっても，許可は必要となる。

(4)　施設の処理能力が日 $20m^3$ で，製造工程で発生する汚泥の保管施設から処理施設まで車両にて汚泥を運搬して処理する場合であれば，許可は必要になる。

(5)　製造工程で発生する汚泥の保管施設から処理施設まで車両にて汚泥を運搬して処理する場合であれば，施設の処理能力が日 $5m^3$ であっても，許可は必要になる。

▌ 解　説 ▐

　(1)，(2)は実働時間が8時間未満の場合は8時間稼働として，8時間を超える場合は実働時間が施設の処理能力とされる。(3)は規制改革通知により一体となっているものは許可施設に該当しない。(5)は規模未満。(4)は独立した施設となっているため，施設として許可が必要。

正解　(4)

【参照】Ⅳ-002, Ⅳ-005

第8章

通知・運用・他法令根拠

537

処理業許可を有する処理業者に排出事業者が産業廃棄物を委託したところ，その処理業者が生活環境保全上の支障のおそれがある不適正な処分を行った場合において，次のうち正しいものはどれか。

(1) 排出事業者が産業廃棄物を引き渡した時点で排出事業者としての処理責任は完結しているので，当該事業者に対する措置命令はない。

(2) 排出事業者が委託契約を締結していなくても，マニフェストを交付していれば，軽微な違反なので当該事業者に対する措置命令はない。

(3) 排出事業者が委託契約を締結していれば，マニフェストを交付しなかった場合でも，軽微な違反なので当該事業者に対する措置命令はない。

(4) 排出事業者が委託契約を締結し，マニフェストを交付した場合でも，記載不備や保存しなかった場合等があれば当該事業者に対する措置命令がありうる。

(5) 排出事業者が委託契約を締結し，マニフェストを交付し，委託基準に適合していれば，たとえ事業者が処理費を安価にするために不法投棄などの不適正処理を処理業者に依頼したとしても，実行行為者は処理業者なので当該事業者に対する措置命令はない。

【 解 説 】

産業廃棄物を委託した事業者に対する行政処分は法第19条の5と第19条の6に規定されており，ここでは委託基準違反などがある場合の法第19条の5を解説する。

法第19条の5は「産業廃棄物処理基準に適合しない産業廃棄物の処分が行われた場合において，生活環境の保全上支障が生じ，又は生ずるおそれがあると認められるときは，都道府県知事は，必要な限度において，『次に掲げる者』に対し，期限を定めて，その支障の除去等の措置を講ずることができる」と規定されている。ここで「次に掲げる者」とは，実行行為者の他，事業者に対するものとしては，無許可業者への委託（法第12条第5項），委託契約を締結せずに委託等の委託基準違反（法第12条第6項），管理票（マニフェスト）の不交付，保存せず，期間内に管理票が回付されない場合の措置義務違反（法第12条の3）が規定されている。さらには，実行行為者に対して，不適正な処理を要求，依頼，教唆，幇助した者も措置命令の対象と

なる。

　また，法第12条第7項には「事業者は，産業廃棄物の運搬又は処分を委託する場合には，産業廃棄物について発生から最終処分が終了するまでの一連の行程における処理が適正に行われるために必要な措置を講ずるよう努めなければならない」とされ，処理が終了するまでの注意義務を事業者は負っており，「許可業者に対する処理委託が排出事業者の責任を免ずるものではない」（平成25年3月29日環廃産発第1303299号環境省通知）に注意しなければならない。

正解 (4)

【法令】法19の5，法19の6，法12⑸，法12⑹，法12の3，法12⑺，
　　　　平成25年3月29日環廃産発第1303299号環境省通知

排出事業者（A 社）は産業廃棄物処理業の許可を有する処理業者（B 社）に産業廃棄物を委託した。B 社が道路への飛散流出などの生活環境保全上の支障のおそれがある不法投棄を行った場合で，B 社が原状回復できないとき，A 社に関し，次のうち正しいものはどれか。

(1) A 社が委託契約を締結の上，マニフェストを交付し，委託基準に適合している場合であれば，A 社にその責はないので，A 社に対する措置命令はない。

(2) A 社が委託契約を締結の上，マニフェストを交付し，委託基準に適合している場合でも，B 社に原状回復する資力がない場合で安価に委託していたなどの場合は，A 社に対する措置命令がありえる。

(3) A 社が委託契約を締結の上，マニフェストを交付し，委託基準に適合している場合であれば，B 社に許可した自治体がその責を負い，行政代執行で原状回復をするので，A 社に対する措置命令はない。

(4) A 社が委託契約を締結の上，マニフェストを交付し，委託基準に適合している場合であって，他の事業者の産業廃棄物が混在しているような不適正な処分の現場では委託した廃棄物が特定できないので，A 社に対する措置命令はない。

(5) A 社が委託契約を締結の上，マニフェストを交付し，委託基準に適合していれば，当然，不法投棄を委託したわけではないので，A 社に対する措置命令はない。

【 解 説 】

　産業廃棄物を委託した事業者に対する原状回復命令は法第 19 条の 5 と第 19 条の 6 に規定されており，ここでは法第 19 条の 6 を解説する。

　法第 19 条の 6 は「産業廃棄物処理基準に適合しない産業廃棄物の処分が行われた場合において，生活環境の保全上支障が生じ，又は生ずるおそれがあり，かつ，次の各号のいずれにも該当すると認められるときは，都道府県知事は，その事業活動に伴い当該産業廃棄物を生じた事業者に対し，期限を定めて，支障の除去等の措置を講ずべきことを命ずることができる」と規定されている。

　この趣旨は「事業者はその事業活動に伴って生じた廃棄物を自ら適正に処

分するものとする『排出事業者の処理責任』を負っており，その処理を許可業者等に委託したとしても，その責任は免じられるものではなく，これを踏まえ，事業者が産業廃棄物の発生から最終処分に至るまでの一連の処理の行程における処理が適正に行われるために必要な措置を講ずるとの注意義務に違反した場合には，委託基準や管理票に係る義務等に何ら違反しない場合であっても一定の要件の下に事業者を措置命令の対象とする」ことである。

そして，一定の要件である各号とは「第1号　処分者等の資力その他の事情からみて，処分者等のみによっては，支障の除去等の措置を講ずることが困難であり，又は講じても十分でないとき」「第2号　排出事業者等が当該産業廃棄物の処理に関し適正な対価を負担していないとき，当該処分が行われることを知り，又は知ることができたときその他第12条第7項，第12条の2第7項及び第15条の4の3第3項において準用する第9条の9第9項の規定の趣旨に照らし排出事業者等に支障の除去等の措置を採らせることが適当であるとき」である。

これら各号の具体的な内容は「行政処分の指針について」（平成30年3月30日環循規発第18033028号環境省通知）の「第9 排出事業者に対する措置命令（第19条の6）」に解説されているが，第1号は「処分者等に資力がないこと，命令を行う行政庁に過失がなくて処分者等を確知できないことなどの事情から支障の除去等の措置の確実な実施が客観的に期待できない場合」などで，第2号の「適正な対価を負担していないときとは，不適正処分された産業廃棄物を一般的に行われている方法で処理するために必要とされる処理料金からみて著しく低廉な料金で委託することをいうものであり，例えば一般的な処理料金の半値程度又はそれを下回るような料金で，当該料金に合理性があることを排出事業者において示すことができない限りは，適正な対価を負担していないときに該当し，当該処理料金の半値程度よりも高額の料金で処理委託をした場合においても，これに該当する場合がある」としている。また，同号の「『当該処分が行われることを知り』とは，排出事業者等において当該不適正処分が行われることの認識予見があること，『知ることができたとき』とは，排出事業者等において，一般通常人の注意を払っていれば当該不適正処分が行われることを知り得たと認められる場合をいうこと。後者の例としては，処理業者が，過剰保管等を理由として改善命令等の行政処分を受け，又は，不適正処分を行ったものとして行政の廃棄物主管局による立入検査等を受け，もしくは，周辺住民から訴訟を起こされるなど，不適正処分が行われる可能性が客観的に認められる状況があったにもかかわらず，排出事業者がその状況等について問い合わせや現場確認な

どの調査行動を何ら講ずることなく，当該業者に対して処理委託を行い，又は継続中の処理委託契約について解約等の措置を講じず，結果的に不適正処理に至った場合が該当する。なお，排出事業者が何らかの調査行動を講じながらも当該処理業者に処理委託を行った場合に，排出事業者において，不適正処分が行われないものと判断したことに正当な理由があったことを示すことができない場合も，これに該当する」としている。

さらに第3号は「例えば，委託先の選定にあたって，合理的な理由なく，適正な処理料金か否かを把握するための措置（例えば，複数の処理業者に見積もりをとる），不適正処理を行うおそれのある産業廃棄物処理業者でないかを把握するための措置（例えば，最終処分場の残余容量の把握，中間処理業者と最終処分業者の委託契約書の確認，処理実績や処理施設の現況確認，改善命令等を受けている場合にはその履行状況の確認）等の最終処分までの一連の処理が適正に行われるために講ずべき措置を講じていない場合が該当する」としている。

なお，「行政処分の指針」において，不法投棄現場で複数の排出事業者からの産業廃棄物が混在している場合は，どの部分が当該事業者によって排出された産業廃棄物であるかを特定することは必要でなく，この現場にいずれかに排出された廃棄物が含まれていることさえ特定できればよいとしている。

正解 (2)

【法令】法19の6，法12(7)，法12の2(7)，法15の4の3(3)，法9の9(9)，平成30年3月30日環循規発第18033028号環境省通知

次のうち，工場又は事業場から発生した産業廃棄物の保管について，正しいものはどれか。

(1)　工場又は事業場の土地について，事業者自ら所有している場合，当該土地での産業廃棄物の保管は，長期間放置した場合でも措置命令はありえない。

(2)　工場又は事業場の土地について，事業者に使用権原がある場合，当該土地での産業廃棄物の保管は，長期間放置した場合でも措置命令はありえない。

(3)　工場又は事業場の土地について，事業者自ら所有している場合，当該土地での自社処理後の再生品の保管については，長期間放置した場合でも措置命令はありえない。

(4)　工場又は事業場の土地について，事業者に使用権原がある場合は，当該土地での自社中間処理後の再生品の保管については，長期間放置した場合でも措置命令はありえない。

(5)　工場又は事業場の土地の事業者の所有権原又は使用権原にかかわらず，当該土地での産業廃棄物又は自社中間処理後の再生品について，その状況によっては，措置命令がありえる。

【 解　説 】

　事業者の工場又は事業場から発生した産業廃棄物を運搬するまでの間の保管については，法第 12 条第 2 項に規定され，事業者に省令第 8 条の「産業廃棄物保管基準」を適用しているものの，特に保管期間については規定されていない。

　しかし，この産業廃棄物保管基準は数次の改正を経てきており，特に平成 10 年の改正では「廃棄物の保管について，保管の場所の囲いを越えて飛散や流出する事例等があり，そのような状態に至る前に改善措置が可能となるよう，掲示板の設置や屋外で容器を用いずに保管する場合の高さ制限を設ける」とし，「このような保管に関する基準の強化・明確化の趣旨を踏まえ，違反者に対しては，改善命令や措置命令の発動等の行政処分等を速やかに行う等厳格に対処されたい」と通知されている（平成 10 年 5 月 7 日生衛発 780 号厚生省通知）。

第 8 章　通知・運用・他法令根拠

また，中間処理後の再生品などで有価物と称するものでも「使途がある旨の占有者の主張がなされる廃タイヤのようなものが長期間にわたりその放置が行われ，生活環境保全上の支障を発生するおそれのあるものについては，そのものの有償性を契約などにより確認し，有価物として引き渡しが確実であることが社会通念上合理的に認定し得ない場合は，廃棄物と判断する」旨の通知がされている（平成 12 年 7 月 24 日衛環第 65 号厚生省通知）。

　さらに「『長期間にわたりその放置が行われている』とは，概ね 180 日以上の長期に渡り乱雑に放置されている状態をいう」としている（平成 12 年 7 月 24 日衛産第 95 号厚生省通知）。その上で，これらの通知については廃タイヤ以外にも準用できるとし，廃棄物の特性及び放置の状態等に照らし 180 日以内であっても処分として行政処分を行うことは可能」としている（平成 13 年 11 月 29 日環廃産第 513 号環境省通知）。

　以上のことから，産業廃棄物はもとより，自社中間処理後の粉砕された廃プラスチック類や木くずチップなどの再生原材料であっても，それが利用されず乱雑に放置され，汚水の発生や飛散流出などの状況がある場合は，占有者の意思等から廃棄物該当性を判断し，そのものが廃棄物と判断されれば，撤去などの原状回復の措置命令を受ける可能性がある。

正解　(5)

【法令】法 12 (2)，省令 8，平成 10 年 5 月 7 日生衛発 780 号厚生省通知，平成 12 年 7 月 24 日衛環第 65 号厚生省通知，平成 12 年 7 月 24 日衛産第 95 号厚生省通知，平成 13 年 11 月 29 日環廃産第 513 号環境省通知

Ⅷ-036　第19条の5　行政処分指針　

次のうちで，措置命令が発出される可能性が最も小さいものはどれか。

(1) 木くずが放置され，木くず内部の温度が上昇している場合

(2) 木くずが放置され，多量の有機分を含む汚水が地下に浸透している場合

(3) 木くずが放置され，隣接する公衆道路に崩落している場合

(4) 屋外で保管されている木くずが単に50%勾配（こうばい）を超えているのみで，飛散，流出や汚水の発生のおそれがない場合

(5) 屋外で保管されている木くずから，鉛やひ素を含む汚水が地下に浸透している場合

【 解 説 】

産業廃棄物に関する措置命令は，法第19条の5に規定され，「処理基準に適合しない産業廃棄物の処分が行われた場合において，生活環境の保全上の支障を生じ，又は生ずるおそれのあるときは必要な限度においてその支障の除去又は発生の防止のために必要な措置を講ずるよう命ずることができる」とある。

この命令発出要件は，「処理基準に適合しない産業廃棄物の処分」であり，「生活環境の保全上の支障を生じ，又はそのおそれがある場合」である。

放置は，産業廃棄物処理基準による保管の省令第7条の6の規定の「処分又は再生のためのやむを得ない期間」を超え，処理基準違反であり，また，生活環境保全上の支障が生じないように措置が講じられていないことも同様である。

また，温度上昇による火災の発生，汚水の地下浸透，道路への流出，崩落などが生活環境の保全上の支障があると認定できるものである。

ただし，生活環境の保全上の支障又はおそれがなく外形的な処理基準違反の場合は，措置命令の対象とはならない。

正解　(4)

【法令】法19の5，省令7の6

次のうち，措置命令が発出される可能性が最も小さいものはどれか。

(1) 廃油を土砂と混合した状態で土地造成材として使用し，油を含む汚水が発生している場合

(2) 脱水したメッキ汚泥を砂礫(されき)と混合した状態で土地造成材として使用し，鉛を含む汚水が発生している場合

(3) 破砕した鉱さいを再生砂として土地造成材として使用し，六価クロムを含む粉じんが発生している場合

(4) ばいじんをキレート剤で固化して土地造成材として使用し，ダイオキシン類を含む汚水が発生している場合

(5) 脱水した建設汚泥を焼成処理及び粒径調整して土地造成材として使用し，工法上の問題から亀裂が発生している場合

■ 解 説 ■

　産業廃棄物に関する措置命令は，法第 19 条の 5 に規定され，「処理基準に適合しない産業廃棄物の処分が行われた場合において，生活環境の保全上の支障を生じ，又は生ずるおそれのあるときは必要な限度においてその支障の除去又は発生の防止のために必要な措置を講ずるよう命ずることができる」とある。この命令発出要件は「処理基準に適合しない産業廃棄物の処分」であり，「生活環境の保全上の支障を生じ，又はそのおそれがある場合」である。

　この命令の発出要件は，当然産業廃棄物についてであり，措置すべきものが産業廃棄物であることを認定する必要がある。これは，廃棄物該当性判断により総合的に判断することになるが，ことに「物の性状」として，「生活環境保全上の支障が発生するおそれのないものであること」を立証した上で，態様を「産業廃棄物処理基準に適合しない処分であり，生活環境保全上の支障の発生又はそのおそれがある」ことを認定する必要がある。特に中間処理後のものについては，中間処理により産業廃棄物であるか再生品であるかを用途に応じて判断する必要があり，建設汚泥については，建設資材として市場が一般的に認める方法として，焼成処理により粒径調整の上，盛土などの用途に使用する方法が通知されている。（平成 17 年 7 月 25 日環廃産発第 050725002 号環境省通知）

したがって，再生品と認定できるか否かを生活環境への影響の観点から判断するとともに，生活環境への支障が再生品のそのものによるものであれば，なお産業廃棄物と認定しえるものであるし，再生品の工法上の問題に起因するのであれば，措置命令の対象になる可能性は少ないと思慮される。

正解　(5)

【法令】法 19 の 5，平成 17 年 7 月 25 日環廃産発第 050725002 号環
　　　境省通知

Ⅷ-038　第 19 条の 5　行政処分指針

次のうち，過剰に堆積されている産業廃棄物について，措置命令の発出要件として的確に記述しているものはどれか。

(1) 他人の隣接地に産業廃棄物が崩落するおそれがあることだけで発出することができる。

(2) 他人の隣接地に産業廃棄物が現に崩落し落下したことをもってはじめて発出することができる。

(3) 他人の隣接地に産業廃棄物が現に崩落し自動車や塀を毀損したことをもってはじめて発出することができる。

(4) 他人の隣接地に産業廃棄物が現に崩落し生活居住空間である住宅が毀損したことをもってはじめて発出することができる。

(5) 他人の隣接地に産業廃棄物が現に崩落し負傷者が発生したことをもってはじめて発出することができる。

■ 解 説 ■

　産業廃棄物に関する措置命令は，法第 19 条の 5 に規定され，「産業廃棄物処理基準に適合しない産業廃棄物の処分が行われた場合において，生活環境の保全上の支障を生じ，又は生ずるおそれのあるときは必要な限度においてその支障の除去又は発生の防止のために必要な措置を講ずるよう命ずることができる」とある。ここで，「生活環境の保全上の支障を生じ，又は生ずるおそれのあるとき」とは，「社会通念に従う生活環境に加え，人の生活に密接な関係のある財産や人に密接な関係のある動植物，生育環境を含むもので，人の健康の保護も当然含まれるもの。また，『おそれ』とは危険と同義語で実害としての支障の生ずる可能性やないしは蓋然性のある状態をいい，高度の蓋然性や切迫性までは要求されておらず，通常人として支障の生ずるおそれがあると思わせるに相当な状態をもって足りること」と「行政処分の指針について」（平成 30 年 3 月 30 日環循規発第 18033028 号）では解説している。

　このことから，措置命令は，堆積されている産業廃棄物が現に崩落する事実ではなく，そのおそれをもって，これから発生するだろう危険を避けるために発出できる命令である。また，措置命令は，「必要な限度において命令ができる」とされており，この「必要な限度」とは，「行政処分の指針」で

は「支障の程度及び状況に応じ，その支障を除去し又は発生を防止するために必要であり，かつ経済的にも技術的にも最も合理的な手段を選択して措置を講ずるように命じなくてはならないこと」とある。これは，産業廃棄物の種類や性状，地域の状況，土地利用状況，地理的条件，期間や費用などから個別に都道府県知事が判断して命令を発出することになる。したがって，例えば不法投棄について，すべての案件を一律に「全量撤去する」という命令でなく，「生活環境保全上の支障の除去や発生の防止のための方法」から合理的な手段として，「有害な産業廃棄物又は特別管理産業廃棄物がない場合，現場の範囲をコンクリートや土砂により覆う」という内容を選択することもある。

　参考までに，法第 15 条の 17 の規定にある「廃棄物が地下にある土地の形質変更」の制度には，その土地の対象が政令第 13 条の 2 に定められ同条第 3 号ロの規定に「環境省令で定める生活環境の保全上の支障の除去又は発生の防止のために必要な措置が講じられたもの」とあり，省令第 12 条の 32 に法第 19 条の 5 の措置命令などにより措置された土地が規定されている。

正解 (1)

【法令】法 19 の 5，平成 30 年 3 月 30 日環循規発第 18033028 号，
　　　　法 15 の 17，政令 13 の 2，政令 13 の 2 ㊂ロ，省令 12 の 32

次のうち，産業廃棄物処理業者にかかわる行政処分について，誤っているものはどれか。

⑴　廃棄物処理法上，産業廃棄物処理業者への改善命令，又は措置命令による原状回復命令について，都道府県知事の公表は規定されていない。

⑵　廃棄物処理法上，産業廃棄物処理業者への事業停止命令，又は許可取消命令について，都道府県知事の公表は規定されていない。

⑶　廃棄物処理法上，廃棄物処理業者への改善命令，措置命令，事業停止命令又は措置命令の行政処分について，都道府県知事の公表は規定されていないが，積極的に公表するよう通知がなされている。

⑷　廃棄物処理法上，廃棄物処理業者への事業停止命令や許可取消命令についてのみ公表するよう規定されている。

⑸　廃棄物処理法上，一定の状況下において，廃棄物処理業者への事業停止命令や許可取消命令について，被命令者は排出事業者に通知しなければならない規定がある。

■【 解　説 】

　産業廃棄物処理業者は，違反行為をしたときなどは法第14条の3による事業停止命令や，法第14条の3の2による許可の取消が規定されている。また，不適正処理については，法第19条の3の改善命令や，法第19条の5の措置命令による原状回復命令が規定されている。しかし，これらの行政処分についての公表は，廃棄物処理法には規定されていない。

　一方，「行政処分の指針について」（平成30年3月30日環循規発第18033028号）では，「排出事業者が適正な処理業者に処理委託できるよう，行政処分（取消命令，停止処分，改善命令，措置命令）を発出した場合には，その内容を積極的に公表されたいこと」と通知している。これらは処理業者への制裁的なものではなく，法第12条第7項に規定する排出事業者が委託処理する場合の最終処分するまでの一連の処理行程における適正処理への注意義務を果たすための，処理業者に関する情報公開により，許可取消業者への委託基準違反の予防的な対応であり，措置命令などをうけた不適正な処理を行う可能性のある処理業者の不適正処理を未然に防ぐ意味での情報公開である。

なお，この指針は都道府県への技術的助言の通知であり，情報公開の範囲などは各自治体に裁量があるため，十分な情報公開がされていない場合は，必要に応じて産業廃棄物担当部局に確認する必要がある。

　(5)については，平成22年の改正により，処理業者の処理が困難となったときには排出者に対して直接通知しなければならない規定が，法第14条第13項に「処理困難通知（いわゆる「ギブアップ通知」）」として新たに設けられた。

正解　(4)

【法令】法14の3，法14条の3の2，法19の3，法19の5，平成30年3月30日環循規発第18033028号，法12(7)，法14(13)

次のうち，焼却禁止の例外とならないものはどれか。

(1)　河川管理者である都道府県が，河川管理のため伐採した草木を焼却した。

(2)　森林病害虫防止法による駆除命令に基づき，松くい虫が付着している枝条，樹皮をその場で焼却した。

(3)　農業者が凍霜害（とうそうがい）防止のため廃タイヤを焼却した。

(4)　神社がどんど焼きにおいて，プラスチック部分を外した門松やしめ縄で不要となったものを焼却した。

(5)　学校行事で草木を用いてキャンプファイヤーを行った。

■【 解 説 】■

焼却禁止の例外となる場合については法第16条の2において次のとおり規定されている。

一　一般廃棄物処理基準，特別管理一般廃棄物処理基準，産業廃棄物処理基準又は特別管理産業廃棄物処理基準に従つて行う廃棄物の焼却

二　他の法令又はこれに基づく処分により行う廃棄物の焼却

三　公益上もしくは社会の慣習上やむを得ない廃棄物の焼却又は<u>周辺地域の生活環境に与える影響が軽微である廃棄物の焼却として政令で定めるもの</u>

震災，風水害，火災，凍霜害その他の災害の予防，応急対策又は復旧のために必要な廃棄物の焼却であっても，生活環境の保全上著しい支障を生ずる廃タイヤ，廃ビニールなどの焼却は，焼却禁止の例外に含まれるものではない。

この趣旨は平成12年9月28日付生衛発第1469号厚生省部長通知及び衛環第78号同課長通知で示されている。

正解　(3)

【法令】法16の2，平成12年9月28日付生衛発第1469号厚生省部長通知，衛環第78号同課長通知

【参照】Ⅶ-024

次のうち，誤っているものはどれか。

(1) 産業廃棄物処理基準に従った産業廃棄物の焼却は禁止されていない。

(2) 他の法令又はこれに基づく処分により行う廃棄物の焼却は禁止されていない。

(3) 災害時における木くず等の廃棄物の焼却は禁止されていない。

(4) 生活環境の保全上著しい支障を生ずる廃ビニールの焼却は原則禁止されている。

(5) 廃棄物を焼却することは原則禁止されているが，政令によりその例外がいくつか規定されている。その例外的な焼却の場合は処理基準を遵守しない焼却であっても改善命令，措置命令等の行政処分はされない。

■ 解 説 ■

　焼却禁止は，悪質な産業廃棄物処理業者や無許可業者による廃棄物の焼却に対して，これらを罰則の対象とすることにより取締りの実効を上げるためのものとして規定されたものであり，罰則の対象とすることに馴染まないものについて，例外が設けられている。したがって，焼却禁止の例外とされる廃棄物の焼却についても，処理基準を遵守しない焼却として改善命令，措置命令の行政処分や行政指導を行うことは可能となっている。

正解 (5)

【法令】法 16 の 2
【参照】Ⅶ-024，Ⅷ-040

第8章
通知・運用・他法令根拠

次のうち，焼却禁止の例外として政令で規定されていないものはどれか。

(1)　処理能力が時間あたり50kg未満で処理基準に適合した焼却炉による焼却

(2)　海岸管理者による海岸の管理を行うための漂着物等の焼却

(3)　凍霜害防止のための稲わらの焼却

(4)　林業者が行う伐採した枝条等の焼却

(5)　漁業者が行うプラスチック製の魚網の焼却

■解　説■

　廃棄物の処理及び清掃に関する法律及び産業廃棄物の処理に係る特定施設の整備の促進に関する法律の一部を改正する法律の施行について（課長通知：平成12年9月28日衛環第78号）の第12 廃棄物の焼却禁止のとおり。

　(5)が例外となる場合は漁業者が行う魚網に付着した海産物等の焼却。

　(1)については処理基準も守ることが必要。これは第16条の2第1号による例外で，その他は第3号による例外。

正解　(5)

【法令】法16の2，平成12年9月28日衛環第78号課長通知
【参照】Ⅶ-024，Ⅷ-040

554

次のうち，焼却禁止の例外とならないものはどれか。

(1)　家畜伝染病予防法に基づく患畜の死体の焼却

(2)　海岸管理者による海岸の管理を行うための漂着物等の焼却

(3)　凍霜害防止のための廃タイヤの焼却

(4)　家畜伝染病予防法に基づく擬似患畜の死体の焼却

(5)　森林病害虫等防除法による駆除命令に基づく森林病害虫の付着している枝条又は樹皮の焼却

【 解 説 】

　廃棄物の処理及び清掃に関する法律及び産業廃棄物の処理に係る特定施設の整備の促進に関する法律の一部を改正する法律の施行について（課長通知：平成 12 年 9 月 28 日衛環第 78 号）の第 12 廃棄物の焼却禁止のとおり。(1)，(4)及び(5)は法第 16 条の 2 第 2 号による例外で，(2)は同条第 3 号による例外である。(3)が例外となる場合は凍霜害防止のための稲わらの焼却が該当する。

正解　(3)

【法令】法 16 の 2，平成 12 年 9 月 28 日衛環第 78 号課長通知

【参照】Ⅶ-024，Ⅷ-040

産業廃棄物収集運搬業の更新申請の審査において，法第 23 条の 3 の規定により警視総監又は道府県警察本部長の意見で同申請人の役員が暴力団員との回答を得た。不許可処分のほか従前の許可取消をする場合，次のうち，正しいものはどれか。
　(1)　行政手続法に基づく弁明の機会の付与が必要である。
　(2)　行政手続法に基づく聴聞が必要である。
　(3)　欠格該当として行政手続法に基づく手続は不要である。
　(4)　許可取消処分はできない。
　(5)　許可処分するため，当該役員の退任を求める。

【 解 説 】

　　産業廃棄物処理業に係る許可又は変更許可を行おうとする場合は，法第 14 条第 5 項第 2 号ロからハに係る暴力団員等に係る意見を法第 23 条の 3 により警視総監又は道府県警察本部長の意見を聞き，意見の陳述が行われることとされ，これは産業廃棄物処理業等から暴力団員等の排除を徹底することである。

　　「行政処分の指針について（平成 30 年 3 月 30 日環循規発第 18033028 号）」の第 2 の 3 の(2)により市町村の刑罰等調書や裁判所の判決書は，行政手続法第 13 条第 2 項第 2 号に規定する「資格の不存在又は喪失の事実」を証明する客観的な資料と判断され，処分の名宛人の意見を聞かなくてもその証明力が十分とされているので聴聞は不要としているが，暴力団該当性等に関する警視総監又は道府県警察本部長の意見等は「客観的な資料」に該当し難く，聴聞の手続を執る必要がある。

　　なお，聴聞については，行政手続法第 13 条に規定されている。

正解 (2)

【法令】法 14 (5)(二)ロ～ハ，法 23 の 3，平成 30 年 3 月 30 日環循規発
　　　　第 18033028 号，行政手続法 13 (2)
【参照】Ⅶ-025，Ⅷ-040

Ⅷ-045　第 19 条の 5　その他の法令，通知書運用　　超 難

次のうち，措置命令の発出手続について，誤っているものはどれか。

⑴　被命令者に行政手続法に基づき弁明の機会が付与される。

⑵　被命令者に行政手続法に基づき必要に応じて聴聞が開催される。

⑶　被命令者に行政手続法に基づく弁明の機会や聴聞の機会は与えられない。

⑷　命令要件の処分行為が地下水汚染を生じているなど緊急性を要する場合は行政手続法に基づく聴聞の開催や弁明の機会の付与は与えられないことがある。

⑸　被命令者は行政手続法に基づく聴聞において，代理人を選任できる。

【 解 説 】

　産業廃棄物に関する措置命令は法第 19 条の 5 に規定され，「処理基準に適合しない産業廃棄物の処分が行われた場合において，生活環境の保全上の支障を生じ，又は生ずるおそれのあるときは必要な限度においてその支障の除去又は発生の防止のために必要な措置を講ずるよう命ずることができる」とある。この命令発出要件は「処理基準に適合しない産業廃棄物の処分」であり，「生活環境の保全上の支障を生じ，又はそのおそれがある場合」である。

　また，この命令発出にあたっては，行政手続法第 13 条の規定により被命令予定者に対して防御権を与えるために，聴聞や弁明の機会の付与が定められている。命令内容により聴聞か弁明の機会を執るかは，同条第 1 号に許可の取消や取消以外でも行政庁が認める場合は聴聞，同条第 2 号には第 1 号以外の場合は弁明の機会の付与が書面や口頭で行われることが規定されている。さらに同条第 2 項では緊急性のある場合や，施設の設置や維持について遵守すべき事項が法令において技術的な基準が明確に定められ，この基準が充足されていないと客観的に認められている場合は，聴聞や弁明の機会の付与は不要とされている。したがって，硫酸ピッチによるガスの発生があり生活環境の保全上支障があるような緊急に原状回復する必要がある場合や，法第 19 条の 3 の改善命令を発出しようとする場合は産業廃棄物処理基準に外形的に違反しているときであり，これらの場合は聴聞や弁明の機会の付与は不要となる。

　また，聴聞の際は行政手続法第 16 条の規定により代理人を選任できるこ

とが定められている。

正解 (3)

【法令】法 19 の 5, 行政手続法 13, 法 19 の 3, 行政手続法 16

次のうち，最終処分場を設置しようとする場合に，正しいものはどれか。

(1) すべての最終処分場について，設置場所が水道水源に近接している場合でも，許可の基準にはないので法上支障なく設置できる。

(2) すべての最終処分場について，設置場所が水道水源に近接している場合は，許可の基準の一つであるので配慮しない限り設置できない。

(3) 水道水源が近接している場合でも，放流水のない遮断型最終処分場であれば，許可の基準にないので法上支障なく設置できる。

(4) 水道水源が近接している場合でも，放流水のない浸透水のみの安定型最終処分場であれば，許可の基準にないので法上支障なく設置できる。

(5) 水道水源が近接している場合でも，雨水が入らないよう必要な措置を講じられる埋立地（基準省令第1条第1項第5号ニ）である管理型最終処分場であれば，許可の基準にないので法上支障なく設置できる。

■ 解 説 ■

　最終処分場を含む法第15条の産業廃棄物処理施設は，第15条の2第1項に許可の基準が規定されている。このうち，第2号は「その産業廃棄物処理施設の設置に関する計画及び維持管理に関する計画が当該産業廃棄物処理施設に係る周辺地域の生活環境の保全及び環境省令で定める周辺の施設について適正な配慮がなされたものであること」と規定されている。この条文の環境省令は平成12年省令改正で追加された省令第12条の2の2で定められ「当該施設の利用者の特性に照らして，生活環境の保全について特に適正な配慮が必要であると認められる施設」とし，この施設の例示として学校，病院等が通知されている。（平成12年9月28日生衛発第1469号厚生省通知）

　一方，「周辺地域の生活環境の保全」は平成9年法改正で追加された事項で，当時ダイオキシン問題や最終処分場の設置の紛争を背景にその解決のための対策の一環として，廃棄物処理施設に係る規制の見直しの一つとして許可要件に追加された。そして，通知には「地域ごとの生活環境の保全への配慮を組み込んだ施設の設置手続き」（平成9年12月26日衛環第318号厚生省通知），「周辺地域の生活環境の保全について適正な配慮がなされたものであるか否か」（平成10年5月7日生衛発780号厚生省通知），「周辺地域の

第8章 通知・運用・他法令根拠

生活環境の保全について適正な配慮がされたものであるか否かの科学的な判断を生活環境の保全上の観点から審査すること」(平成 10 年 5 月 7 日衛環第 37 号)、「水道水源に近いところに設置するというふうな場合には、特にそういう点に十分配慮したものになっているのかどうか、すなわち汚染されるおそれがないのかどうかという点は、当然重点的に審査されるべきもの」(平成 9 年 6 月 4 日第 140 回国会衆議院厚生委員会、厚生省生活衛生局長答弁) から、地域の実情に応じて、この許可基準の適用については、許可は羈束化されているものの、都道府県・政令市が科学的な見地から判断される裁量といえる。

正解 (2)

【法令】法 15、法 15 の 2 (1)、省令 12 の 2 の 2、平成 12 年 9 月 28 日生衛発第 1469 号厚生省通知、平成 9 年 12 月 26 日衛環第 318 号厚生省通知、平成 10 年 5 月 7 日生衛発 780 号厚生省通知、平成 10 年 5 月 7 日衛環第 37 号、平成 9 年 6 月 4 日第 140 回国会衆議院厚生委員会、厚生省生活衛生局長答弁

次のうち，高病原性鳥インフルエンザにかかった鶏を処理しようとする場合に，正しいものはどれか。

⑴　許可を受けた一般廃棄物処分業者が処理しなければならない。

⑵　市町村の委託を受けた一般廃棄物処分業者が処理しなければならない。

⑶　許可を受けた産業廃棄物処分業者が処理しなければならない。

⑷　許可を受けた産業廃棄物処理施設で処理しなければならない。

⑸　許可不要で一定条件のもとで焼却や埋め立てができる。

■ 解　説 ■

　家畜伝染病発生時に発生した家畜の死体の処理については，平成 12 年 8 月 3 日付 12-83 により農林水産省畜産局衛生課長から各都道府県畜産主務部長あてに次の文書が発出されている。

　「家畜伝染病予防法」（昭和 26 年法律第 166 号）に基づき家畜防疫員の指示の下で行われる家畜死体等の焼却及び埋却については，「廃棄物の処理及び清掃に関する法律」（昭和 45 年法律第 137 号，以下「廃掃法」という）の適用を受けるものでなく，家畜伝染病予防法施行規則別表第 2 に掲げられた場所又は施設であれば，廃掃法に基づく家畜死体の処理施設の許可の有無にかかわらず実施可能であること。この別表第 2 では，人家，飲料水，河川などに近接しない場所で日常人及び家畜が接近しない場所等で焼却炉での焼却や一定の穴を掘り焼却したり埋却したりすることが認められている。廃棄物処理法の制定直後の昭和 46 年 10 月 25 日環整第 45 号により，「廃棄物処理法は，固形状や液状の全廃棄物（放射能を有する物を除く）についての一般法となり，特別法の立場にある水質汚濁防止法，鉱山保安法や下水道法により規制される」旨通知されているが，本問の鳥インフルエンザも同様に，廃棄物処理法ではなく特別法によって措置されるものである。

正解　⑸

【法令】家畜伝染病予防法，家畜伝染病予防法施行規則別表第 2，昭和 46 年 10 月 25 日環整第 45 号厚生省課長通知

次のうち，法19条の12に規定する「埋立が終了した最終処分場に関する届出台帳」について，誤っているものはどれか。

(1)　都道府県知事は，土地の管理をしようとする者から請求があったときは，届出台帳又はその写しを閲覧させなければならない。

(2)　都道府県知事は，土地の所有者から請求があったときは，届出台帳又はその写しを閲覧させなければならない。

(3)　都道府県知事は，届出台帳又はその写しの閲覧を求められたときは，何人（どのような立場の人間であろうと）からの請求であってもこれを拒むことはできない。

(4)　都道府県知事は，土地の権利を取得しようとする者から請求があったときは，届出台帳又はその写しを閲覧させなければならない。

(5)　届出台帳の対象は，許可を得て設置され，埋立が終了した旨の届出がされた産業廃棄物の最終処分場である。

【　解　説　】

　届出台帳の調製等について法19条の12第3項において「都道府県知事は，関係者から請求があつたときは，届出台帳又はその写しを閲覧させなければならない」とあり，その関係人については埋立終了後の土地に関して所有権，地上権等の権利を有する者，それらの権利を取得しようとする者等，当該土地について具体的な権利関係を有するか又は有することが予定されている者とされ，限定されている。

　このことは，平成4年8月13日衛環第232号厚生省部長通知に示されている。

正解　(3)

【法令】法19の12(3)，省令12の34，法15の18，平成4年8月13日衛環第232号厚生省部長通知
【参照】Ⅶ-014

Ⅷ-049　第2条　その他の法令，通知書運用 〔超 難〕

自動車リサイクル法に関する記述として，誤っているものはどれか。

(1) 自動車リサイクル法に基づく使用済自動車は，廃棄物処理法の廃棄物に該当する。

(2) 自動車リサイクル法に基づく解体自動車（使用済自動車を解体し部品などの有用な物を分離し回収した後の残存物）は，解体自動車全部利用者に引き渡された以降も廃棄物処理法の廃棄物に該当する。

(3) 自動車リサイクル法に基づく特定再資源化物品とは，自動車破砕残さ及びエアバッグをいう。

(4) 自動車リサイクル法に基づく自動車破砕残さは，廃棄物処理法の廃棄物に該当する。

(5) 自動車リサイクル法に基づく使用済自動車から取り外したエアバッグは廃棄物処理法の廃棄物に該当する。

▌解　説▐

平成14年に制定された「使用済自動車の再資源化等に関する法律」（自動車リサイクル法）の第2条に使用済自動車，解体自動車，特定再資源化物品（自動車破砕残さ及びエアバッグ）の定義がある。そして，この定義に関して，第121条に「廃棄物処理法との関係」の規定がおかれ，「使用済自動車，解体自動車（法の規定により解体自動車全部利用者に引き渡されたものを除く）及び特定再資源化物品についてはこれらを廃棄物（廃棄物処理法第2条第1項に規定する廃棄物をいう）とみなして，この法律に別段の定めがある場合を除き，廃棄物処理法の規定を適用する」とある。したがって，(2)を除きすべて廃棄物処理法の廃棄物とみなされることとなる。

正解　(2)

【法令】自動車リサイクル法第2条，第121条，法2(1)

廃棄物処理法の特別法として各種リサイクル法が定められているが，実際
にないものは次のうちどれか。なお，名称はすべて略称としている。

(1) 家電リサイクル法

(2) 建設リサイクル法

(3) 家具リサイクル法

(4) 自動車リサイクル法

(5) 容器包装リサイクル法

■ 解 説 ■

廃棄物処理法の特別法として各種リサイクル法が定められ，その中には廃
棄物処理法の許可の不要制度が規定されているものもあることから，注意を
要する。

例えば，家電リサイクル法では家電リサイクル法対象としている廃家電4
品目（テレビ，洗濯機，エアコン，冷蔵庫）については，これら製品の小売
店は，廃棄物処理法の収集運搬業の許可なく，廃家電4品目を収集運搬し
てよいと規定している。

なお，正式な法律名は次のとおりであるが，(3)の「家具リサイクル法」は
存在せず，設問にはないが「食品リサイクル法」（食品循環資源の再生利用
等の促進に関する法律（平成12年6月7日法律第116号））が制定され
ている。

(1) 特定家庭用機器再商品化法（平成10年6月5日法律第97号）

(2) 建設工事に係る資材の再資源化等に関する法律（平成12年5月31日
法律第104号）

(4) 使用済自動車の再資源化等に関する法律（平成14年7月12日法律第
87号）

(5) 容器包装に係る分別収集及び再商品化の促進等に関する法律（平成7
年6月16日法律第112号）

正解 (3)

巻末資料

①特別管理一般廃棄物・特別管理産業廃棄物の一覧

区分	主な分類		概要
特別管理一般廃棄物	PCB使用部品		廃エアコン・廃テレビ・廃電子レンジに含まれるPCBを使用する部品
	廃水銀		水銀使用製品が一般廃棄物となったものから回収した廃水銀
	ばいじん		ごみ処理施設の集じん施設で生じたばいじん
	ばいじん、燃え殻、汚泥		ダイオキシン特措法の特定施設である廃棄物焼却炉から生じたもので、ダイオキシン類を3ng/gを超えて含有するもの
	感染性一般廃棄物*		医療機関等から排出される一般廃棄物であって、感染性病原体が含まれ若しくは付着しているおそれのあるもの
特別管理産業廃棄物	廃油		揮発油類、灯油類、軽油類(難燃性のタールピッチ類等を除く)
	廃酸		著しい腐食性を有するpH2.0以下の廃酸
	廃アルカリ		著しい腐食性を有するpH12.5以上の廃アルカリ
	感染性産業廃棄物*		医療機関等から排出される産業廃棄物であって、感染性病原体が含まれ若しくは付着しているおそれのあるもの
	特定有害産業廃棄物	廃PCB等	廃PCB及びPCBを含む廃油
		PCB汚染物	PCBが染みこんだ汚泥、PCBが塗布され、又は染みこんだ紙くず、PCBが染みこんだ木くず若しくは繊維くず、PCBが付着し、又は封入されたプラスチック類若しくは金属くず、PCBが付着した陶磁器くず若しくはがれき類
		PCB処理物	廃PCB等又はPCB汚染物を処分するために処理したものでPCBを含むもの★
		廃水銀等	①特定の施設において生じた廃水銀等* ②水銀若しくはその化合物が含まれている産業廃棄物又は水銀使用製品が産業廃棄物となったものから回収した廃水銀
		指定下水汚泥	下水道法施行令第13条の4の規定により指定された汚泥★
		鉱さい	重金属等を一定濃度を超えて含むもの★
		廃石綿等	石綿建材除去事業に係るもの又は大気汚染防止法の特定粉じん発生施設が設置されている事業場から生じたもので飛散するおそれのあるもの
		燃え殻*	重金属等、ダイオキシン類を一定濃度を超えて含むもの★
		ばいじん*	重金属等、1,4-ジオキサン、ダイオキシン類を一定濃度を超えて含むもの★
		廃油*	有機塩素化合物等、1,4-ジオキサンを含むもの★
		汚泥、廃酸又は廃アルカリ*	重金属等、PCB、有機塩素化合物等、農薬等、1,4-ジオキサン、ダイオキシン類を一定濃度を超えて含むもの★

(参照:廃棄物処理法施行令第1条、第2条の4)

(備考)

1. これらの廃棄物を処分するために処理したものも特別管理廃棄物の対象

2. *印:排出元の施設限定あり

3. ★印:廃棄物処理法施行規則及び金属等を含む産業廃棄物に係る判定基準を定める省令(判定基準省令)に定める基準参照

出典:環境省ホームページ

②大気汚染防止法の対象となるばい煙発生施設

	施設名	規模要件
1	ボイラー	• 伝熱面積 10m² 以上 • 燃焼能力 50L/ 時以上
2	ガス発生炉，加熱炉	• 原料処理能力 20t/ 日 • 燃焼能力 50L/ 時以上
3	ばい焼炉，焼結炉	• 原料処理能力 1t/ 時以上
4	（金属の精錬用）溶鉱炉，転炉，平炉	• 火格子面積 1m² 以上 • 羽口面断面積 0.5m² 以上 • 燃焼能力 50L/ 時以上 • 変圧器定格容量 200kVA 以上
5	（金属の精錬又は鋳造用）溶解炉	
6	（金属の鍛練，圧延，熱処理用）加熱炉	
7	（石油製品，石油化学製品，コールタール製品の製造用）加熱炉	
8	（石油精製用）流動接触分解装置の触媒再生塔	• 触媒に付着する炭素の燃焼能力 200kg/ 時以上
8-2	石油ガス洗浄装置に付属する硫黄回収装置の燃焼炉	• 燃焼能力 6L/ 時以上
9	（窯業製品製造用）焼成炉，溶解炉	• 火格子面積 1m² 以上 • 変圧器定格容量 200kVA 以上 • 燃焼能力 50L/ 時以上
10	（無機化学工業用品又は食料品製造用）反応炉（カーボンブラック製造用燃料燃焼装置含），直火炉	
11	乾燥炉	
12	（製鉄，製鋼，合金鉄，カーバイド製造用）電気炉	• 変圧器定格容量 1000kVA 以上
13	廃棄物焼却炉	• 火格子面積 2m² 以上 • 焼却能力 200kg/ 時以上
14	（銅，鉛，亜鉛の精錬用）ばい焼炉，焼結炉（ペレット焼成炉含），溶鉱炉，転炉，溶解炉，乾燥炉	• 原料処理能力 0.5t/ 時以上 • 火格子面積 0.5m² 以上 • 羽口面断面積 0.2m² 以上 • 燃焼能力 20L/ 時以上
15	（カドミウム系顔料又は炭酸カドミウム製造用）乾燥施設	• 容量 0.1m³ 以上
16	（塩素化エチレン製造用）塩素急速冷凍装置	• 塩素処理能力 50kg/ 時以上
17	（塩素第二鉄の製造用）溶解槽	
18	（活性炭製造用〔塩化亜鉛を使用するもの用〕）反応炉	• 燃焼能力 3L/ 時以上
19	（化学製品製造用）塩素反応施設，塩化水素反応施設，塩化水素吸収施設	• 塩素処理能力 50kg/ 時以上
20	（アルミニウム精錬用）電解炉	• 電流容量 30kA 以上

21	（燐，燐酸，燐酸質肥料，複合肥料製造用〔原料に燐石を使用するもの〕）反応施設，濃縮施設，焼成炉，溶解炉	• 燐鉱石処理能力 80kg/ 時以上 • 燃焼能力 50L/ 時以上 • 変圧器定格容量 200kVA 以上
22	（弗酸製造用）凝縮施設，吸収施設，蒸留施設	• 伝熱面積 10m² 以上 • ポンプ動力 1kW 以上
23	（トリポリ燐酸ナトリウム製造用〔原料に燐鉱石を使用するもの〕）反応施設，乾燥炉，焼成炉	• 原料処理能力 80kg/ 時以上 • 火格子面積 1m² 以上 • 燃焼能力 50L/ 時以上
24	（鉛の第 2 次精錬〔鉛合金の製造含〕・鉛の管，板，線の製造用）溶解炉	• 燃焼能力 10L/ 時以上 • 変圧器定格容量 40kVA 以上
25	（鉛蓄電池製造用）溶解炉	• 燃焼能力 4L/ 時以上 • 変圧器定格容量 20kVA 以上
26	（鉛系顔料の製造用）溶解炉，反射炉，反応炉，乾燥施設	• 容量 0.1m³ 以上 • 燃焼能力 4L/ 時以上 • 変圧器定格容量 20kVA 以上
27	（硝酸の製造用）吸収施設，漂白施設，濃縮施設	• 硝酸の合成，漂白，濃縮能力 100kg/ 時以上
28	コークス炉	• 原料処理能力 20t/ 日以上
29	ガスタービン	• 燃焼能力 50L/ 時以上
30	ディーゼル機関	
31	ガス機関	• 燃焼能力 35L/ 時以上
32	ガソリン機関	

（出典：環境省ホームページ）

③特別管理産業廃棄物の判定基準（廃棄物処理法施行規則第 1 条の 2）

	燃え殻・ばいじん・鉱さい			廃油（廃溶剤に限る）		汚泥・廃酸・廃アルカリ			
	燃え殻・ばいじん・鉱さい（検出されないこと）¹⁾ (mg/L)	処理物（廃酸・廃アルカリ）(mg/L)¹⁾	処理物（廃酸・廃アルカリ以外）(mg/L)¹⁾	処理物（廃酸・廃アルカリ）(mg/L)	処理物（廃酸・廃アルカリ以外）(mg/L)	汚泥 (mg/L)	廃酸・廃アルカリ (mg/L)	処理物（廃酸・廃アルカリ）(mg/L)	処理物（廃酸・廃アルカリ以外）(mg/L)
アルキル水銀化合物	ND（検出されないこと）¹⁾	ND¹⁾	ND¹⁾			ND	ND	ND	ND
水銀又はその化合物	0.005¹⁾	0.05¹⁾	0.005¹⁾			0.005	0.05	0.05	0.005
カドミウム又はその化合物	0.09	0.3	0.09			0.09	0.3	0.3	0.09
鉛又はその化合物	0.3	1	0.3			0.3	1	1	0.3
有機燐化合物						1	1	1	1
六価クロム化合物	1.5	5	1.5			1.5	5	5	1.5
砒素又はその化合物	0.3	1	0.3			0.3	1	1	0.3
シアン化合物						1	1	1	1
PCB				（廃油：0.5mg/kg）		0.003	0.03	0.03	0.003
トリクロロエチレン				1	0.1	0.1	1	1	0.1
テトラクロロエチレン				1	0.1	0.1	1	1	0.1
ジクロロメタン				2	0.2	0.2	2	2	0.2
四塩化炭素				0.2	0.02	0.02	0.2	0.2	0.02
1,2-ジクロロエタン				0.4	0.04	0.04	0.4	0.4	0.04
1,1-ジクロロエチレン				10	1	1	10	10	1
シス-1,2-ジクロロエチレン				4	0.4	0.4	4	4	0.4

物質									
1,1,1-トリクロロエタン				30	3	3	30	30	3
1,1,2-トリクロロエタン				0.6	0.06	0.06	0.6	0.6	0.06
1,3-ジクロロプロペン				0.2	0.02	0.02	0.2	0.2	0.02
チウラム						0.06	0.6	0.6	0.06
シマジン						0.03	0.3	0.3	0.03
チオベンカルブ						0.2	2	2	0.2
ベンゼン				1	0.1	0.1	1	1	0.1
セレン又はその化合物	0.3	1	0.3	1	0.3	0.3	1	1	0.3
1,4-ジオキサン	0.5[2]	5[2]	0.5[2]	5	0.5	0.5	5	5	0.5
ダイオキシン類（単位はTEQ換算）	3ng/g[3]	100pg/L[3]	3ng/g[4]	100pg/L	3ng/g	3ng/g	100pg/L	100pg/L	3ng/g
根拠法令	判定基準省令	廃掃法施行規則	判定基準省令	廃掃法施行規則	判定基準省令	判定基準省令	廃掃法施行規則	廃掃法施行規則	判定基準省令
	別表第1・5	別表第2	別表第6	別表第2	別表第6	別表第5	別表第2	別表第2	別表第6

注 1）ばいじん及び鉱さい並びにその処理物に適用する。
2）ばいじん及びその処理物に適用する。
3）鉱さい及びその処理物は除外する。

測定方法：H4.7.3厚生省告示第192号「特別管理一般廃棄物及び特別管理産業廃棄物に係る基準の検定方法」

資料本巻

④**廃棄物処理法第15条第1項の政令で定める産業廃棄物の処理施設（許可が必要な施設）**

廃棄物の処理及び清掃に関する法律施行令から抜粋

	処理施設の種類		能力の規定	条文
1	汚泥脱水施設		$10m^3$/日を超えるもの	第7条第1号
2	汚泥の乾燥施設		$10m^3$/日を超えるもの 天日乾燥は$100m^3$/日を超えるもの	第7条第2号
3	焼却施設	汚泥焼却施設	$5m^3$/日を超えるもの 200kg/時以上 火格子面積$2m^2$以上	第7条第3号
		廃油焼却施設	$1m^3$/日を超えるもの 200kg/時以上 火格子面積$2m^2$以上	第7条第5号
		廃プラ焼却施設	100kg/日を超えるもの 火格子面積$2m^2$以上	第7条第8号
		その他の焼却施設	200kg/時以上, 火格子面積$2m^2$以上	第7条第13号の2
4	廃酸,廃アルカリの中和施設		$50m^3$/日を超えるもの	第7条第6号
5	破砕施設	廃プラの破砕施設	5t/日を超えるもの	第7条第7号
		木くず,がれき類の破砕施設	5t/日を超えるもの	第7条第8号の2
6	最終処分場		能力指定なし （いかなる施設も）	第7条第14号
7	廃油の油水分離施設		$10m^3$/日を超えるもの	第7条第4号
8	シアン化合物の分解施設 （汚泥,廃酸,廃アルカリ）		能力要件なし （いかなる施設も）	第7条第11号

※このほかに「PCB関連処理施設」「有害汚泥のコンクリート固型化施設」「水銀などのばい焼施設」等がある。（詳細は施行令第7条参照）

⑤認定・指定制度比較表（1）

	再生利用認定制度	
認定者・指定者	環境大臣	
	一般廃棄物	産業廃棄物
規定根拠	法第9条の8	法第15条の4の2
許可が不要になるもの	収集運搬業，処分業，施設設置	収集運搬業，処分業，施設設置
現在の認定・指定状況（廃棄物）	①廃ゴム製品（廃ゴムタイヤ（自動車用のものに限る。））に含まれる鉄をセメントの原材料として使用する場合【一般廃棄物、産業廃棄物】 ②廃ゴム製品を鉄鋼の製造の用に供する転炉その他の製鉄所の施設において溶銑に再生し、かつ、これを鉄鋼製品の原材料として使用する場合【一般廃棄物、産業廃棄物】 ③廃プラスチック類を高炉で用いる還元剤に再生し、これを利用する場合（④の場合を除く。）【一般廃棄物、産業廃棄物】 ④廃プラスチック類をコークス炉においてコークス及び炭化水素油に再生し、これらを利用する場合【一般廃棄物、産業廃棄物】 ⑤廃肉骨粉（化製場から排出されるものに限る。）に含まれるカルシウムをセメントの原材料として使用する場合【一般廃棄物、産業廃棄物】 ⑥廃木材（廃棄物となった木材で、容易に腐敗しないように適切な除湿の措置を講じたものに限る。）を鉄鋼の製造の用に供する転炉その他の製鉄所の施設において溶銑に再生し、かつ、これを鉄鋼製品の原材料として使用する場合（構造改革特別区域法第2条第1項に規定する構造改革特別区域のみに限定）【一般廃棄物、産業廃棄物】 ⑦金属を含む廃棄物（当該金属を原料として使用することができる程度に含むものが廃棄物になったものに限る。）から、鉱物又は鉱物の製錬若しくは精錬を行う工程で生ずる副生成物等を原材料として使用する非鉄金属の製錬若しくは精錬又は製鉄の用に供する施設において、金属を再生品として得る場合【一般廃棄物、産業廃棄物】 ⑧建設汚泥（シールド工法若しくは開削工法を用いた掘削工事、杭基礎工法、ケーソン基礎工法若しくは連続地中壁工法に伴う掘削工事又は地盤改良工法を用いた工事に伴って生じた無機性のものに限る。）を河川管理者の仕様書に基づいて高規格堤防の築造に用いるために再生する場合【産業廃棄物のみ】 ⑨シリコン含有汚泥（半導体製造、太陽電池製造若しくはシリコンウエハ製造の過程で生じる専らシリコンを含む排水のろ過膜を用いた処理に伴って生じたものに限る。）を脱水して再生し、加工品を転炉又は電気炉において溶鋼の脱酸に利用する場合【産業廃棄物のみ】 ※平成30年9月現在	
管理票の要否	－	不要
契約書締結の要否	－	要
報告徴収	環境大臣，市町村長	環境大臣，都道府県知事
立入検査	環境大臣，市町村長	環境大臣，都道府県知事
改善命令	環境大臣，市町村長	環境大臣，都道府県知事
帳簿整備の要否	要	要
基準の適用	一般廃棄物処理基準（法第7条第13項）	産業廃棄物処理基準（法第14条第12項）

		広域認定制度		無害化認定制度	
指定者・認定者		環境大臣		環境大臣	
		一般廃棄物	産業廃棄物	一般廃棄物	産業廃棄物
根拠規定		法第9条の9	法第15条の4の3	法第9条の10	法第15条の4の4
許可が不要になるもの		収集運搬業，処分業	収集運搬業，処分業	収集運搬業 処分業 施設設置	収集運搬業 処分業 施設設置
現在の認定・指定状況（廃棄物）		○廃スプリングマットレス ○廃パーソナルコンピュータ ○廃密閉型蓄電池 ○廃開放形鉛蓄電池 ○廃二輪自動車 ○廃FRP船 ○廃消火器 ○廃火薬類 ○廃印刷機 ○廃携帯電話用装置 ○廃乳母車 ○廃乳幼児用ベッド ○廃幼児用補助装置 ※平成15年環境省告示第131号（最終改正：平24年環境省告示第134号）	○繊維製品（合成繊維又は合成樹脂を含む） ○窯業系サイディング製品 ○けい酸カルシウム製品の廃材 等現在200超の事業が認定されている ※令和2年8月現在	○石綿含有一般廃棄物 ※平成18年環境省告示第98号（最終改正：令和元年12月環境省告示第36号）	○廃ポリ塩化ビフェニル等 ○ポリ塩化ビフェニル汚染物 ○ポリ塩化ビフェニル処理物 ○廃石綿等 ○石綿含有産業廃棄物 ※平成18年環境省告示第98号（最終改正：令和元年12月環境省告示第36号）
管理票の要否		－	不要	－	要
契約書締結の要否		－	要	－	要
報告徴収		環境大臣，市町村長	環境大臣，都道府県知事	環境大臣	環境大臣
立入検査		環境大臣，市町村長	環境大臣，都道府県知事	環境大臣	環境大臣
改善命令		環境大臣，市町村長	環境大臣，都道府県知事	環境大臣	環境大臣
帳簿整備の要否		要	要	要	要
基準の適用		一般廃棄物処理基準（法第7条第13項）	産業廃棄物処理基準（法第14条第12項）	一般廃棄物処理基準（法第7条第13項）	産業廃棄物処理基準（法第14条第12項）

⑤認定・指定制度比較表 (3)

	広域収集運搬廃棄物・広域処分廃棄物				適正処理困難廃棄物許可不要制度		
指定者・認定者	環境大臣				（省令で直接規定，廃棄物処理法第6条の3を受けて平成6年厚生省告示第51号で理念規定）		
	一般廃棄物		産業廃棄物		一般廃棄物		
根拠規定	法第7条第1項但書 規第2条第4号	法第7条第6項但書 規第2条の3第4号	法第14条第1項但書 規第9条第4号	法第14条第6項但書 規第10条の3第4号	法第7条第1項但書 規第2条第8号	法第7条第6項但書 規第2条の3第6号	法第7条第1項但書 規第2条第9号
許可が不要になるもの	収集運搬業	処分業	収集運搬業	処分業	収集運搬業	処分業	収集運搬業
現在の認定・指定状況（廃棄物）	○廃自動車 ○廃原動機付自転車				○廃タイヤ（自動車用）		○ユニット型エアコンディショナー ○テレビジョン受信機（ブラウン管式，液晶式・プラズマ式） ○電気冷蔵庫，電気冷凍庫 ○電気洗濯機，衣類乾燥機 ○スプリングマットレス ○自動車用タイヤ ○自動車用鉛蓄電池
管理票の要否	−	−	要	要	−	−	−
契約書締結の要否	−	−	要	要	−	−	−
徴収報告	市町村長	市町村長	都道府県知事	都道府県知事	市町村長	市町村長	市町村長
立入検査	市町村長	市町村長	都道府県知事	都道府県知事	市町村長	市町村長	市町村長
改善命令	市町村長	市町村長	都道府県知事	都道府県知事	適用なし	適用なし	適用なし
帳簿整備の要否	要	要	要	要	不要	不要	不要
基準の適用	一般廃棄物処理基準（法第7条第13項）	一般廃棄物処理基準（法第7条第13項）	産業廃棄物処理基準（法第14条第12項）	産業廃棄物処理基準（法第14条第12項）	一般廃棄物処理基準（法第7条第13項）	一般廃棄物処理基準（法第7条第13項）	一般廃棄物処理基準（法第7条第13項）

巻末資料

	市町村長指定制度		都道府県知事指定制度	
認定・指定者	市町村長		都道府県知事	
	一般廃棄物		産業廃棄物	
根拠規定	法第7条第1項但書 規第2条第2号	法第7条第6項但書 規第2条の3第2号	法第14条第1項但書 規第9条第2号	法第14条第6項但書 規第10条の3第2号
許可が不要になるもの	収集運搬業	処分業	収集運搬業	処分業
現在の認定・指定状況（廃棄物）	（執筆者県に例なし） （全国でも稀だと思われる）		○執筆者県では「木くず」や家畜の糞尿の堆肥化の事例等有り	
管理票の要否	－	－	不要	不要
契約書締結の要否	－	－	要	要
報告徴収	市町村長	市町村長	都道府県知事	都道府県知事
立入検査	市町村長	市町村長	都道府県知事	都道府県知事
改善命令	適用なし	適用なし	適用なし	適用なし
帳簿整備の要否	不要（但し，事業計画書，事業報告書提出要）	不要（但し，事業計画書，事業報告書提出要）	不要（但し，事業計画書，事業報告書提出要）	不要（但し，事業計画書，事業報告書提出要）
基準の適用			産業廃棄物収集運搬業の許可基準（規第10条）（委託者には委託基準適用）	産業廃棄物処分業の許可基準（規10条の5）（委託者には委託基準適用）

⑥罰則一覧

　廃棄物処理法に違反すると，刑事処分（罰則）の対象になる場合があります。主な罰則は以下のとおりです。

(1) 5年以下の懲役（個人のみ），1,000万円以下（法人は3億円以下）の罰金又はこの併科
・無許可営業（又は不正手段による営業許可取得），無許可変更（又は不正手段による変更許可取得） ・廃棄物の無確認輸出（未遂罪を含む） ・廃棄物の投棄禁止違反（未遂罪を含む） ・廃棄物の焼却禁止違反（未遂罪を含む）
(2) 5年以下の懲役（個人のみ），1,000万円以下の罰金又はこの併科
・事業停止命令違反 ・措置命令違反 ・委託基準違反（無許可業者への委託） ・名義貸禁止違反 ・処理施設の無許可設置（又は不正手段による設置許可取得） ・処理施設処理能力構造等無許可変更違反（又は不正手段による変更許可取得） ・受託基準違反 ・指定有害廃棄物の処理基準違反
(3) 3年以下の懲役（個人のみ），300万円以下の罰金又はこの併科
・委託基準違反（政令で定める委託基準の違反） ・再委託基準違反 ・処理施設の改善命令・使用停止命令違反 ・改善命令違反 ・処理施設の譲受け・借受け違反 ・廃棄物の輸出禁止違反 ・国外廃棄物の輸入禁止違反 ・輸入許可条件違反 ・廃棄物の投棄禁止・焼却禁止違反目的の収集・運搬
(4) 2年以下の懲役（個人のみ），200万円以下の罰金又はこの併科
・廃棄物の無確認輸出目的の収集・運搬
(5) 1年以下の懲役（個人のみ），50万円以下の罰金
・指定区域の土地の形質変更命令（又は変更に係る措置命令）違反
(6) 6ヶ月以下の懲役（個人のみ），50万円以下の罰金
・欠格要件該当の届出義務違反（無届，虚偽の届出） ・処理施設使用開始前受検義務違反 ・管理票交付義務違反・記載義務違反・虚偽記載 ・管理票写し送付義務違反・記載義務違反・虚偽記載（収集運搬，処分） ・管理票回付義務違反・管理票の運搬終了報告の違反 ・管理票写し保存義務違反 ・虚偽管理票交付 ・引受禁止違反

◦電子管理票虚偽登録（排出事業者）
◦電子管理票報告義務違反・虚偽報告（収集運搬，処分）
◦管理票制度違反の勧告の措置命令違反
◦土地形質変更届出義務違反
◦特定施設における事故時の応急措置命令違反

(7)　30万円以下の罰金
◦帳簿備付け保存等義務違反
◦廃棄物処理業・処理施設の廃止・変更等の届出義務違反
◦最終処分場の埋立終了届出義務違反
◦処理施設継承届出義務違反
◦処理施設の維持管理記録違反および閲覧拒否
◦産業廃棄物処理責任者設置義務違反
◦特別管理産業廃棄物管理責任者設置義務違反
◦報告義務違反（報告拒否，虚偽報告）
◦立入検査拒否，妨害，忌避
◦技術管理者設置義務違反

（出典：東京都環境局産業廃棄物対策課ホームページ）

【あ】

アスファルト・コンクリート破片 011
アセス法 305
跡地 384
あわせ産廃 134
安定型5品目 111
安定型最終処分場 065, 107, 111, 113, 114, 115
安定型産業廃棄物 029, 112
安定型物 467

【い】

維持管理基準 316
維持管理情報の公開 308
維持管理積立金 325, 491
委託基準違反 538
一時停止命令 379
一酸化炭素濃度 316
一般廃棄物 005, 007, 369
一般廃棄物の焼却施設 310
一般廃棄物処理委託 403
一般廃棄物処理基準 394
一般廃棄物処理業 410, 412, 457
一般廃棄物処理業の許可条件 414
一般廃棄物処理計画 410, 457

一般廃棄物処理施設 330, 425, 427, 429, 430
一般廃棄物処理施設精密機能検査要領 430
一般廃棄物の運搬を委託できる者 405
一般廃棄物の再委託 404
一般廃棄物の最終処分場 310
一般廃棄物の処分を委託できる者 407
一般法 561
移動式がれき類等破砕施設 329
違反行為 366
依頼 381
インターネット 307

【う】

請負代金相当額 512
埋立終了 125
埋立処分業 285
埋立地 125, 384
運搬車両である旨の表示 102

【え】

ACアダプター 070
えん堤 426

【お】

大掃除 452
汚泥の再生 399

親子会社 236

【か】

改善命令 359, 361, 362, 363, 379, 434, 550
化学処理 399
拡大生産者責任 448
家畜ふん尿 015
合併 432
家電リサイクル法 070, 278, 564
カドミウム 052
紙くず 017
ガラスくず 503
がれき類 010, 011, 503
乾き排ガス量 313
環境影響調査法 305
環境基本法 445
関係市町村 456
含水率85%以下 400
感染性産業廃棄物 037
感染性廃棄物 030
乾燥施設 293
乾燥処理 399
含有マーク 150, 151
管理型最終処分場 107, 114, 294
管理型産業廃棄物 115
管理型物 467
管理票 274, 280
管理票の写し 186
管理票の義務違反 376
管理票の交付を要しない者 190

【き】

木くず 013, 021
技術管理者 208, 227, 321, 326, 327
技術的援助 451
羈束許可 410
気体状 004

寄附行為 257
基本方針 454
旧型処分場 109
教唆 381, 392
行政処分 553
行政手続法 557
行政処分の指針 499
共犯 392
共謀 392
許可 250, 273
許可基準 247
許可取消 344, 345, 349, 366
虚偽の報告 489
金属等を含む産業廃棄物に係る判定基準を
　　　定める省令 048

【く】

国及び地方公共団体の責務 451
クマリン 480

【け】

計画廃止命令 434
計画変更命令 434
形質の変更 384
掲示板 086
携帯廃棄物 028, 029
軽微変更届 314
軽微変更届出 426
欠格要件 265, 337, 339, 340, 347, 353
原位置封じ込め措置 384
建設業 027, 324, 510
建設混合廃棄物 500
建設廃棄物 020, 500
建設リサイクル法 564
減量 200

【こ】

広域処理認定　406
広域的処理認定制度　419, 420
広域的処理認定制度変更　491
広域臨海環境整備センター　275
航行廃棄物　028, 029
公衆衛生の向上　444
公称能力　296
更新許可　260
勾配　091
高病原性鳥インフルエンザ　561
小型家電リサイクル法　070
小型焼却炉　363
国民の責務　447
ごみ質等検査　430
コンクリートくず　503

【さ】

再委託　216, 219, 220, 267, 268
最終処分場　, 325, 384, 462
最終処分場基準省令　435
最終処分場の廃止の確認の申請書　435
最終覆土　436
再生4品目　423
再生事業登録　491
再生品　546
再生利用　447
再生利用認定制度　491
裁量権　410
産業廃棄物　005, 007, 010, 506
産業廃棄物管理票　179, 518, 520, 523
産業廃棄物管理票状況等報告書　180
産業廃棄物管理票（マニフェスト）
　　　回付違反　494
産業廃棄物の最終処分場　310
産業廃棄物収集運搬業　272, 273, 275, 276
産業廃棄物収集運搬業許可申請書　257

産業廃棄物の焼却施設　310
産業廃棄物処分業　286, 298
産業廃棄物処分業許可申請書　259
産業廃棄物処分業の保管施設の
　　　施設基準　279
産業廃棄物処理基準　112, 359, 362, 363, 546
産業廃棄物処理業　246, 248, 250, 254
産業廃棄物処理業許可　271
産業廃棄物処理業者　368, 550
産業廃棄物処理業者の許可取消　383
産業廃棄物処理業の許可が不要な場合　531
産業廃棄物処理計画　456
産業廃棄物処理施設　252, 340, 344, 345, 349, 379
産業廃棄物処理責任者　321
産業廃棄物の輸出に係る運搬を行う者　275
産業廃棄物保管基準　098, 359, 543

【し】

識別剤　480
事業系一般廃棄物　009, 023, 024, 211, 212, 214, 219, 221
事業者の責務　448
事業停止命令　368, 550
事業の範囲　263
事業範囲　264
事業範囲の変更許可　262
試験研究　529, 532
資源有効促進法　150
事故時の措置　322
自社運搬　255
下請負人　511
下取り　423
市町村　369
市町村による処理困難性　411
市町村の委託　396
指定業種　009, 018, 025

索引

指定区域台帳　462
指定再利用促進製品の判断基準省令　150
指定有害廃棄物　480
自動車等破砕物　039
自動車リサイクル法　278, 563
し尿　028
し尿処理施設　399, 400, 425
事務所　514
事務所から排出される廃棄物　019
湿り排ガス量　313
遮水層　426
車両表示　394
車両表示事項　419, 420
収集運搬業　263, 269, 270
縦覧　302
終了　435
主たる構造設備　426
浄化槽汚泥　028
浄化槽法　425
焼却　400
焼却禁止　373, 475
焼却禁止の例外　477, 552, 553, 554, 555
焼却施設　284, 425
焼却設備　115
焼却炉　126
承諾書　267
使用停止命令　434
情報公開　550
情報処理センター　178, 183, 187
使用前検査　427
食品リサイクル法　564
書面備付け事項　419
処理困難通知　194, 492
処理困難物　424
処理施設　415
処理責任　449
処理能力　319, 425
申請書記載事項　259

【す】

水銀含有ばいじん等　058
水銀使用製品産業廃棄物　054
水銀廃棄物　054
水銀廃棄物ガイドライン　055, 063
水素イオン濃度指数　480

【せ】

生活環境影響調査　305, 427
生活環境の保全　444, 445
生活環境保全上の支障　483
清潔保持義務　452, 469
製造業　024, 535
政令で定める使用人　337
石綿含有一般廃棄物　395
石綿含有産業廃棄物　039, 042, 116, 151, 231
石綿含有廃棄物　299
石綿溶融後のスラグ　107
石綿溶融施設　307, 309
切断施設　284
設置許可　324, 425, 427, 532
設置届出　429
繊維工業　025
繊維製品製造業　025
船舶表示　396
専門的知識を有する者の意見　427
占有者の意思　498

【そ】

相互乗り入れ規定　278
総熱量　318
措置内容報告書　180
措置命令　364, 369, 370, 372, 373, 375, 380,
　　　381, 384, 472, 492, 538, 541, 545, 548,
　　　550, 557
損益計算書　257

【た】

ダイオキシン類　053, 122
代執行　483
貸借対照表　257
大臣広域処理認定　417
大臣再生利用認定　437
大臣認定・指定　423
堆肥　399
堆肥化施設　293
ダスト類　026
立入検査　204, 209, 392, 482
脱水施設　505, 533
多量排出事業者　198, 205, 216, 217, 226, 227,
　　229, 233, 401
多量排出事業者処理計画　200

【ち】

中間処理産業廃棄物　268
中間処理残さ物　149
中和施設　294
帳簿　222
帳簿の備え付け　198
調和　457

【つ】

通常の取扱い形態　498
積み卸し　269, 270
積替えのための保管　231
積替保管　080, 271

【て】

定款　257
定期検査受験義務　319
手数料　249, 413
転居廃棄物　029, 276
電子情報処理組織　179, 183

電子マニフェスト　178, 181, 183
店舗　514
店舗・事業所　040

【と】

投棄禁止　466
登記事項証明書　257
陶磁器くず　503
動植物性残さ　022
動物の死体　016
動物のふん尿　014
特定欠格要件　342
特定の化学物質　150
特定有害産業廃棄物　041, 045, 047, 049, 050,
　　053
特別管理一般廃棄物　030, 033, 035, 036
特別管理産業廃棄物　033, 034, 037, 038, 042,
　　043, 044, 045, 048, 051, 118, 157, 158,
　　221, 226, 489
特別管理産業廃棄物管理責任者　189, 205,
　　216, 218, 220, 226, 228, 235, 251, 274,
　　280
特別管理産業廃棄物収集運搬業　280
特別管理産業廃棄物収集運搬業の許可が不
　　要な者　277
特別管理産業廃棄物処分業　274
特別管理産業廃棄物処理責任者　227, 230,
　　321
特別管理産業廃棄物の処理基準　118
特別法　561
特例の認定　532
土砂　502, 504
土地の形質変更計画の変更命令違反　494
都道府県知事の指定　286
届出台帳　562
トリクロロエチレン　046
取消処分　334, 356

取引価値の有無　498

【に】

日本下水道事業団　275
日本産業廃棄物処理振興センター　178
認定熱回収施設　319
認定熱回収施設設置者　200

【ね】

熱回収施設　318
熱回収率　318
熱しゃく減量　115, 316
熱分解　400
燃焼ガスの温度　316

【の】

野焼き　475

【は】

廃油　047
廃棄物　502, 563
廃棄物再生事業者　484, 485
廃棄物再生事業者登録証明書　155
廃棄物処理施設　311
廃蛍光管　040, 054, 062
廃止　124, 435
排出形態　018, 025
排出者　510
排出の状況　498
排出抑制　444
排出を抑制　447
ばいじん　026, 030
廃水銀　030, 054, 068
廃水銀等　055, 068
廃石綿　299
廃石綿　118
廃石綿等　042

廃炭化水素油　480
廃プラスチック類の焼却施設　313
廃プラスチック類の処分業　284
廃油処理事業　276
廃油処理事業を行う者　286
廃硫酸　480
バグフィルター　316
破砕施設　284, 293, 294, 295
罰金　472
発酵処理　399
罰則　390, 489

【ひ】

PCB 処理物の分解施設　310
PCB 処理物の洗浄施設　310
PCB 部品　030
火格子面積　425
飛散性の廃石綿　037
非常災害　441
引越時に発生する廃棄物の取扱マニュアル
　　019
引越荷物運送業者　276
被命令者　372, 381
病院　023, 225
肥料　481

【ふ】

不法焼却　488
不法投棄　466, 470, 472, 487, 488
不要物　004
ブルドーザー　285
ブローカー　392
分割　432
ふん尿　481

【へ】

閉鎖　435

変更許可　263, 314, 426
変更届　262, 263, 314

【ほ】

報告徴収　386, 387, 389, 390, 391, 392, 515
放射性廃棄物　004
幇助　381
法人税　257
保管量　080, 083, 094
保管量の上限の特例　095
ポリ塩化ビフェニル　044
ポリ塩化ビフェニル処理物　044
ポリ塩化ビフェニル（PCB）処理施設　307

【ま】

マニフェスト　168, 201, 210, 211, 213, 370,
　　514, 518, 523, 528
マニフェスト制度　186

【み】

ミニ処分場　109, 125, 467

【む】

無害化処理認定制度　299
無確認輸出　488
無許可営業　487, 529

【め】

名義貸し　494

【も】

燃え殻　122, 506
木製の廃パレット　024
木製パレット　018
目標基準適合溶融固化物　439
専ら再生利用業者　141, 192

専ら再生利用の目的　136
専ら再生利用の目的となる廃棄物　411
専ら物　527
物の性状　498

【や】

役員　337

【ゆ】

有害使用済機器　070
有害使用済機器の保管等に関するガイドラ
　　イン　071
有害使用済機器保管等業者　071
有害な産業廃棄物　051
有価証券報告書　257
有価物　423
有価物の拾集量　153
優良認定業者　287
優良認定処理業者　200
輸入された廃棄物　005
輸入廃棄物　028, 459

【よ】

容器包装リサイクル法　564
要求　381
擁壁　426
溶融施設　284, 293, 310

【り】

硫酸ピッチ　480
両罰規定　470, 471

【れ】

連鎖　339

索引

【著者プロフィール】

長岡文明

BUN 環境課題研修事務所

山形県職員として長らく廃棄物処理法に携わる。（平成 21 年 3 月早期退職）

栃木県環境審議会専門委員

環境省環境調査研修所，基礎研修・産廃アカデミー講師

（一財）日本環境衛生センター専任講師

（公財）日本産業廃棄物処理振興センター講習会講師

（一社）産業環境管理協会講習会講師

〔著書〕

「土日で入門，廃棄物処理法」「どうなってるの？廃棄物処理法」

「いつ出来た？この制度」（（一財）日本環境衛生センター刊行）

〔資格〕

環境計量士・一般計量士・公害防止管理者（水質 1 種，大気 1 種，騒音，振動，

ダイオキシン類）・危険物取扱者（甲種）・建築物環境衛生管理技術者・宅建主任者

ここまでわかる！廃棄物処理法問題集　改訂第 2 版

2020 年 12 月 15 日　発行
2024 年 2 月 10 日　2 刷

編著者　長岡文明・廃棄物処理法研究会
発行所　一般社団法人 産業環境管理協会
　　　　〒 100-0011 東京都千代田区内幸町 1-3-1
　　　　　　　　　　幸ビルディング
　　　　TEL 03（3528）8152
　　　　FAX 03（3528）8164
発売所　丸善出版株式会社
　　　　〒 101-0051 東京都千代田区神田神保町 2-17
　　　　TEL 03（3512）3256
　　　　FAX 03（3512）3270
装　丁　テラカワ アキヒロ（Design Office TERRA）
印刷所　三美印刷株式会社

ISBN 978-4-86240-183-0　　　　　　　　　　　Printed in Japan